マーティン・J・S・ラドウィック

化石の意味

古生物学史挿話

菅谷 暁
風間 敏
共訳

みすず書房

THE MEANING OF FOSSILS

Episodes in the History of Palaeontology
Second Edition

by

Martin J. S. Rudwick

First published by American Elsevier, 1972

目次

凡例

1 本書は Martin J. S. Rudwick, *The Meaning of Fossils : Episodes in the History of Palaeontology*, Second Edition, The University of Chicago Press, 1985 の全訳である。

2 原注（参照文献）は（1）（2）（3）…の番号で示しその内容は巻末にまとめた。

3 本文中の引用文における［ ］内の語句は引用者ラドウィックによる補足である。

4 本文中の†が付された注と参照文献における［ ］内の語句は著者によるものである。

5 本文と参照文献における〔 〕内の語句は訳者による補足である。

6 図版説明における【 】内の数字は参照文献の番号である。

7 用語解説にある語の本文（少数のものは図版解説）における初出時には＊のしるしをつけた。

第二版への序

本書の新版を準備する過程で、本書の目的と構成を手短に明確にする機会が与えられた。

本書の初版が、主として古生物学者と地質学者に提供されている雑誌と、科学史家が主たる読者である雑誌双方で寛大な論評を受けたことに、わたしはことのほか喜びを覚えている。これはこの書が、執筆の対象とした二重の読者――重複しているにせよ――に届いたことを示す歓迎すべき徴候である。わたしは有益で建設的な批評をしてくれた書評者たちにも感謝し、それに促されて本書が試みているものといないものについて若干の明確化をはかることにした。

他のいかなる点よりも、わたしが本書の副題に「挿話」という語を用いたことの含意が、わたしの意図について若干の混乱を招くことになったと思われる。それでもわたしは、本書を最初から書き直す機会に恵まれたとしても、他のどんな語を選ぶか定かではないし、その書のために根本的に異なる構成を採用するとも思えない。おそらくわたしはもっと慎重になり、実際に本書の結論部分の一節（三〇四ページ）でそうしているように、「挿話」を「試論」の語で置き換えるかもしれない。それでも五つの章がある意味では古生物学の歴史における分離した「試論」であるにもかかわらず、「挿話」という用語は、各章がその歴史の中の継起する時代に関連していることを強調するのに役立っている。言い換えれば、わたしの主たる目的の一つは、「時代の感覚」、すなわちわたしが選択した歴史の各時代において、化石研究の理論と活動が有する知的・社会的一貫性の感覚を、読者に伝えようとすることであった。

　他方で各時代の一貫性をこのように強調したことが、「挿話」の間の不連続性の度合を、わたしが意図した以上に強く示唆することになったかもしれない。そのような印象は、各章を正確な日付のついた出来事で始めたという事実によって強化されるだろう。だがこの文学的工夫の目的は、各「挿話」を歴史における具体的な瞬間につなぎとめ、各時代の記述と分析の出発点――厳密に年代学的な意味というよりは、説明を円滑にする上での――として機能させるためだったにすぎない。もっと深刻なのは、分離した「挿話」の使用が、ミシェル・フーコーの著作とある種の類縁をもつ、歴史における不連続性の概念を含意しているように見えるかもしれず、したがってわたしの「挿話的」な取り扱い方が、ある時代から次の時代への概念の連続性と発展を説明するという問題を、回避しがちであると考えられてしまうことである。

　だが実際には、「挿話」の使用はそのような歴史記述上の深い意味をもつものではなく、むしろ本書を完成させて五年経ったいまでも切実さはほとんど減じていない、ある実際的な制約の結果であった。広い範囲の非専門的読者を想定した本では、科学史家たちが現在解釈を異にしている多くの点についての論争的議論に、参画することが適切だとはわたしには思えなかった。わたしはいまでもわたし自身の解釈を、一貫した率直な形式で提示する方が有益であると考えている。そうすれば非専門的読者は、それがいかに個人的な見解であっても、ある描像がひとりの歴史家にはどのように見えているかを少なくとも知ることができる。他方で専門家は、わたしのアプローチが他の歴史家のそれとどのように関連しているかを、彼ら自身で知るのに困難は感じないであろう。

　だがわたしがいま言及した実際的な制約は、着実に数を増しつつある地球科学史家の間の論争よりも、この小さな学者の集団が、現代の専門的水準においてこれまでに生みだしてきた、研究の総量が強要する限界の方にかかわりをもっている。何年も前に、本書のもとになる講義を計画していた初期の段階で、わたしは一次資料を読むことに比べれば、最も明瞭な「二次的」著作でさえ信頼性に欠けることを発見し、講義の題目を、一次資料を直接研究する時間が見出せるものだけに限定することにした。この主題に関して公刊された歴史研究の全般的な質は、ここ一〇年から一五年の間に大いに改善されたとはいえ、わたしは本書を執筆する際にもこの一次資料重視の方針は堅持することにした。だがこのために、他の歴史家がもっと徹底的に探究してきたこの主題のいくつかの重要な側面より、資料の直接的知識に確証を感じることのできた別の側面の方に、重点を置かざるをえなかったことをわたしは自覚している。

それでもより建設的に、いまは本書の五つの章を、古生物学の歴史の特定の時期を異なる視点から取り扱った、一連の「試論」として説明することでわたしの意図を明確にしておきたい。関連する一次資料の調査のために許された時間的制約の中で、これらの試論は歴史記述における二、三種類の実験であったし、いまでも依然としてそうである。何人かの書評者が指摘したように、本書を通じて歴史の記述の仕方に変化が見られるのは、古生物学自体の歴史的発展のかなり直接的な結果でもある。この点は初版の序文で簡単に言及しておいたが、ここでよりいっそう強調しておく価値があるかもしれない。

はじめの二章は、「地質学」――「古生物学」はいうまでもなく――がそれと認識されるか定義される知識の分野となる以前の、(大まかにいって)一六、七世紀を扱っている。だがこの時代には、将来古生物学となる科学のための基本的な現象、すなわち化石と呼ばれる特異な事物が、「ナチュラリスト」や「自然哲学者」の成長しつつあった集団の中で、すでに論争の材料になっていた。この時代の化石の解釈は、厳密に技術的な問題としてよりも、非常に広い歴史的枠組みの中で記述し分析した方が明らかに適切である。したがってわたしは「化石問題」を、その時代の一般的な知的潮流に関連づけ、化石がその中で研究され議論された社会的文脈を示すよう努めた。同時にわたしは科学史家が過小評価しがちなもの、すなわちある一定の時期にたまたま発見された種類の証拠——いいかえれば特定の化石——によって課せられた、解釈に対する本来的な制約を指摘しようと試みた。この最初の二章のそれぞれを、わたしは正確な日付をもつ出来事で始めたとはいえ、それらは——すでに説明したように——単にわたしの解釈を、歴史の中の具体的な瞬間につなぎ止めるための便利な「標識」にすぎない。実際には、はじめの二章は結び合わされた全体を構成しており、「化石問題」の歴史を一六世紀中葉（あるいはそれ以前）から一八世紀初頭にまで導く、基調をなす物語の形式をとっている。わたしが言及した個々人のより非公式の文書——たとえば彼らの書簡——がもたらす証拠にもっと注意を払うなら、わたしの解釈が豊かになったことは間違いないが、わたしに許された時間の中では、彼らが公表した形で利用できるようにしたものに集中することは、妥当な判断であろうと思われた。それはおそらく氷山の一角であろうが、その下に横たわるものに連続している一角ではある。

第二章のあとには、一八世紀の大半を含む歴史的な空白が存在している。地球科学において、一八世紀は完全に停滞の時期、あるいは衰退の時期でさえあったとする見解にわたしはもちろん同意しない（そして同意しなかった）。そのような見解は部分的には、自分たちの自意識過剰な「新」科学を正当化するために、先人たちの価値を減じた地質学者によって広められた、一九世紀初めの宣伝の産物であると見なすことがいまや可能である。最近の歴史研究は、一八世紀はフィールドワークや標本収集、さらには観察にもっと密接に関連した理論を構築する試みといった、のちの地質学の基本的特徴の多くが、初めて堅固に確立された時代であったことを着実に明らかにしつつある。しかし二つの実際的な制約により、わたしはこの世紀をほとんど「未知の土地」のように扱わざるをえなかった。この主題について現代の学問的水準において出版されたものはまだ比較的わずかしかなく、関連する一八世紀一次資料の表面的な研究を行なうことでさえ、わたしが用意した時間を超えていることをわたし自身がすぐに発見したからである。本書においてこの点では、一八世紀の初頭と末期との間隙を埋める充分な説明がなされていないことの弁解として、「挿話」という語が使用されていると残念ながら見なされるに違いない。しかし他の研究者がその間隙を、しかるべきときに満たしてくれることを期待したい。

第三章のはじめでわたしが再び物語にとりかかるときまでに、われわれは化石の研究が、社会の中のある個人の活動としても、観察や概念や理論の集合としても、法外に拡大し深化した時代に到達している。常につきまとう時間と空間の制約のために、ここでわたしは化石研究の概念の発展に関心を集中させるという、やむをえない決断をしなければならなかった。この点では第三章と第四章は、一八世紀の末期から一九世紀の中葉におよぶ、一つの連続した物語を構成している。わたしはこの時代に理論化がなされた社会的文脈と、他の知的・社会的潮流に対するその含意を示そうと努めた。しかし避けられないことだが、それらは主として古生物学の理論の発展に対する「背景」として取り扱われている。

歴史家に転じた古生物学者として、わたしがなしうる最も有益な貢献は、この時代における理論構築と、たえず豊かになる証拠——すなわち化石それ自身——の蓄積との間の相互作用を、強調することにあるとわたしは感じた。というのも抽象的な歴史記述を行なう傾向のある科学史家は、彼らの親類である科学哲学者と同様に、まさにこの本来的に累積的な要素が欠けているか目立たない自然科学の分野から、自分たちの事例を採りがちだからである。そこでわたしはそれに劣らず興味深い他の科学に彼らの関心を向けさせ、古生物学のような科学が単なる「切手収集」として斥けられるべきではないことを彼らに納得させるのは、価値のあることだと感じた——そしていまも感じている。

魅力的な選択肢の間でなされるすべての決定の常として、わたしの比較的「内在主義的」な取り扱い方は、この時代の他の同様に興味深い側面を、わたしが望んだほどには強調しない結果となった。規定の資料のみならず、書簡やフィールドノートのような非公式の証拠も利用しながら、社会的活動としての化石研究の発展を、より詳細に追跡することはたしかに可能であり、正当であり、重要であろう。しかしわたしは未公刊の資料によってさらなる洞察が得られることはよく自覚しているものの、ここでも公表された著作において追跡できる公の論争に集中する方が重要であると考えた。さらにわたしが選んだアプローチの範囲内でさえ、わたしは自分の議論を、「高理論」の発展における、言い換えれば生命の歴史の高水準の描像の構築と、その高水準の解釈における、化石の使用という主要テーマに限らなければならなかった。

古生物学の概念的発展のいくつかの側面に焦点を絞らざるをえなかったことは、最後の第五章にとりわけよく当てはまる。わたしはそこにおいて、一九世紀後期までに古生物学――この語はここでついにもはや時代錯誤ではなくなった――という科学は、その現代の形態に固有の特徴のほとんどを獲得したと主張した。出版された著作の量だけをとっても、二〇世紀後期の標準からすればさほどのことはないものの、陳腐な一般的叙述を避けたいと思うなら、歴史家にもさらなる専門化が強制されるほどである。わたしはこの最後の章において、生物学における「高理論」の大問題に関係すると当時は見られていた古生物学的研究の側面、したがってとりわけ進化論の発展に記述を集中させようと決心した。だがこれは一九世紀科学の歴史記述における、「すべての道はダーウィンに通ず」症候群とでも呼べるものに加えられたもう一つの例なのではない。むろんこの時代の多くの古生物学者は、進化論には関心を抱かず、ただ彼らの科学の分類学的・層序学的側面に対する定型的な（といってもしばしば大いに洗練された）研究を続けていた。それでもわたしが古生物学の進化論への貢献に焦点を絞ったことは、関係する指導的科学者の大半が――古生物学者にせよ、その科学を外側から見ていた人々にせよ――それこそ古生物学が自然界の総体的な科学的理解に対して行なった、最も重要な貢献であると見ていたという意味において、歴史的に正当化されると考えている。

わたしはこの序文を、防御的な調子で終わらせたくはない。わたしはここまで本書のさまざまな章が、むしろ従来とは異なることを、いかに行なおうと試みているかを説明しようとしてきた。異なったアプローチを使用して、この主題が他の方法で取り扱われるのをわたしが歓迎することはいうまでもない。それでもやはりわたし自身の論じ方が、この新版において、化石の研究がかつて提起した諸問題に対する有益な洞察を、歴史家と古生物学者に与え続けること、また心ある読者が、この主題のさらなる研究へと誘われることをわたしは願っている。

技術的な理由により、この版の本文に大きな変更を施したり、最近の出版物への完全な参照表を付け加えることはできなかったが、文通者が指摘してくださった、いくつかの誤植や、一、二の小さな事実の誤りは訂正する機会が得られた。初版挿絵の校正刷りを見ていなかったため、その一つ（図1・11）が天地逆に印刷されてしまったが、ここでは修正されている。ニール・ワトソン氏と彼のスタッフには、この版を準備するにあたり行き届いた配慮をしてくださったこと、とりわけ挿絵複製の質の向上に尽力してくださったことに感謝したい。

一九七六年、四月、アムステルダムにて

初版への序

化石はしばしば驚くべき形態の事物である。あるものは壮観を呈し、多くは美的に快い形状を備えている。したがっていくつかの化石が、多くの異なる時代と文化にあった人々に注目され、註釈されてきたことも驚くにはあたらない。だがこの化石についてのとりとめのない自覚から古生物学が出現し、一貫した科学の分野へと発展したのは、ルネサンス後の時代の西洋文化においてだけであった。本書はこの出現と発展を理解しようとする試みである。だがこの主題は、近代科学が全体として発展してきたことを語るもっと広範な物語の、単なる周辺に位置するものでは決してない。化石についての知識と理解は、地球の膨大な年齢を認識することや、進化論を発展させることにおいて決定的な役割を果たした。このように古生物学は、自然界とその内部におけるわれわれ人間の位置を考察することに根本的な影響を与えてきた。

本書は科学史科学哲学委員会の招きに応じ、数年前にケンブリッジで行なった一連の講義に端を発している。その講義は科学史・科学哲学を専攻する学部学生を主な対象としていたが、そこには地質学を専門とする他の自然科学者も出席していた。したがってわたしは、はっきりと異なる背景をもつ二つの集団に向けて話さなければならないことに気づき、古生物学の専門的事項に通じていることや、科学史について概略以上の知識をもっていることを、当然の事態と見なすことはできなかった。この講義を出版のために書き直すときにも、二つの対応する読者集団を念頭に置き、どちらの分野でも過大な基礎知識を前提とすることは避けるよう努めた。しかしそのような二つの集団の要求の間で、ちょうどよいバランスをとることはほとんど不可能であり、わたしはその講義が行なわれた当時研究仲間であった、古生物学者に向けて書く傾向があったことを自覚している。したがって科学史家は、歴史の取り扱い方がいくらか初歩的であると感じるかもしれないが、それはわたしが各時代の化石解釈の実際的な問題を強調したことによって、相殺されていることを期待したい。化石解釈の論争の底にある「科学外的」要因を力説するという現在の流行の中では、各時代に利用できた証拠そのものによって制約が課せられていたことが見逃されがちである。一つの標本がたまたま発見されたことでさえ、根本的な問題についての論争の中核になりうる（そしてなってきた）古生物学ほど、その種の制約が重要である科学はほとんどない。古生物学になじみのない読者の便宜を図るため、巻末に学術語の用語解説が置かれている。

本書の完成はやむをえず遅延したが、わたしは講義で用いた基本的枠組みの多くをそのまま残した。本書が古生物学の歴史の徹底的、あるいは「決定的」説明であるなどというつもりは毛頭ないことを強調するためだけにでも、わたしは講義のスタイルもなにがしか保持した。科学の単一の分科の詳細な説明に歴史的価値があるかどうかは、こんにち多くの科学史家によって疑問視されている——たしかにわたしも同感である。だがいずれにせよ、現時点でそのような古生物学の歴史を書くことは不可能であろう。一次資料の範囲は膨大で、その大部分がまだ読まれていない。二次資料の多くは時代遅れで頼りにならない。そこでわたしは歴史的に重要であるか、少なくともその時代の特徴を伝えていると思われる少数の側面や挿話に関心を集中させ、それらの周囲で物語をつむぐことを選んだ。わたしは化石に関する詳細な論争を、各時代の思想と関心が織りなすもっと広い枠組みの内部に置くよう努めてきた。しかしこの主題の取り扱い方が、後半の数章においで必然的により専門的になってしまったのは、古生物学の成長と専門化を反映してのことと考えている。

地球科学の歴史の研究は、たとえば物理学や宇宙論の歴史の研究に比べれば、全体としてはまだ初期の段階にある。現代の最良の歴史研究の多くは、専門誌の中の論文としてか、古生物学や一般的な科学の問題にさえ、周縁的な関心しかもっていないように見える書物の中で発表されている。古生物学の歴史についてのもっと利用しやすい著作の大半は、その他の科学史はすでに脱却してしまった従来の歴史的伝統の内部で書かれている。たとえばアダムズの『地質科学の誕生と発展』は、現役の科学者の間ではこんにちでさえ頻繁に出会う視点によって記述されている。アダムズは「地質学にまつわるこのような初期の寓話は、精神の気晴らしを必要とし、そのための余暇と多少のユーモアの感覚をもちあわせているすべての人々に読まれるべきである」と述べていた。ギーキーも、些末なものであることを認めて自己の題材を侮辱する愚は犯さなかったにせよ、『地質学の創始者たち』の中で科学の歴史に対して同様の見解を表明していた。すなわち科学とは人間の知識を、蒙昧主義的な態度の足枷から解放するための、啓発された知性の前進的な闘争であった。そして一般に過去の名士は、「正しかった」者とその意見が「誤っていた」者とに区分できる。こんにちの科学史家にとって、この種の歴史記述はもはや鞭打つ価値のない死馬である。だがこの主題に関しては、古生物学者が利用できる現代の歴史研究がほとんど存在しないので、わたしは古生物学史の「登場人物」を英雄と悪役に区分することなど、彼らの時代の文脈に置いてみるなら、決して可能ではないことを指摘する価値はあると感じてきた。その意見に応じて彼らに及第点や落第点を割り当てることを全面的に控え、代わりに彼らを彼ら自身の時代の人間として、すなわち解くために必要な証拠はめったにもてなかった問題にもあえて取り組み、彼ら自身の世界観にもとづいて少しでもそれを解こうとした人間として、理解しようとすることはむろんもっと実りのある興味深い試みである。実際わたしはこれこそが、数世紀にわたる科学の一分科の「偏狭な通史」を、記述することに対する唯一の正当な理由であり、各時代の化石の意味の解釈は、自然界についてのその時代の観念を鮮やかに映しだすことになると確信している。

本書の草稿への有益な論評に対し、同僚のロバート・ヤング博士とマイケル・ホスキン博士に感謝する。しかし本書の最終的な形態について両氏に責任はない。わたしが記述した各挿話をもっと詳しく研究するよう何人かの読者が促されたなら、化石の研究によって提起されたいくつかの歴史的問題への手引きとして、本書はその目的を達したことになるだろう。

第一章　化石物

1

一五六五年七月二八日、一六世紀最大のナチュラリスト、コンラート・ゲスナー（一五一六―一五六五）はその著作『化石物について』[1]を完成させた。これから述べる古生物学の歴史の出発点としては、この日付を選ぶのが適当である。ゲスナーの書は、この科学が世に現われた決定的瞬間を示している。というのもそれは古生物学の将来にとってきわめて重要な、三つの新機軸を具現していたからである。だが同時にその形式と内容は、古生物学を出現させた科学的・社会的基盤をものの見事に要約している。

ゲスナーの書の表題は、つづめてしまうと人を欺きかねない。より完全な表題は『化石物、主として石と宝石、その形状と外観についての書』である。ここからすぐにわかるように、「化石」という語はゲスナーの時代以後、その意味を根本的に変えてしまった。もともとこの語は単に「掘りだされたもの」を意味し、ゲスナーはすべての同時代人やアリストテレス（前三八四―前三二二）にまでさかのぼる先駆者たちと同様に、地中から掘りだされたり地表に横たわっていたりする、あらゆる特異な事物や素材を記述するためにこの語を用いていた。これはもちろん現代の意味での化石を含んでいたが、もっと多くのものも包含していた。

ゲスナーの書は、現在われわれが生物の化石遺骸と認めるだろう多くのものを扱っていたが、それらは多種多様な鉱石・天然結晶・石材の文脈の中で記述されていた。

「化石」という語の意味のこのような変化は、語源学にまつわる些末な論点ではまったくない。それは古生物学の歴史における最初の重要な問題を解く手がかりである。この問題とは、単に化石の起源が生物にあるか否かを決定するというものではなかった。化石と現生動植物との「明白な」類似を認め、化石がそのような生物の遺物以外のものでありうるなどという、「ばかげた」考えと闘うことが単に重要なのでもなかった。それどころか化石と現生生物との類似は、一般に明白であったり容易に知覚できるものでは決してなかった。またそれが知覚できたときでさえ、そのような類似に因果関係はないと述べることは、少しもばかげたことではなかったのである。

ゲスナーのような初期のナチュラリストは、きわめて多様で特異な「掘りだされたもの」に直面していた。生物との類似に関して、それらの事物は幅広いスペクトルの中に配置できる。そのスペクトルの一方の端には、生物にほとんど、あるいはまったく似ていない事物が位置する。宝石用原石のような結晶や大理石のような石材は、こうした性質のものである。スペクトルの反対の端には、生物に明瞭に似ているため、類比を見逃すことのできない事物が存在する。多くの貝化石や化石骨はこうした性質のものである。しかしこの両極端の間には、生物にある程度類似しているが、その類似が曖昧で解釈の難しい非常に多様な事物が置かれている。現代の用語でいえば、このカテゴリーには紛らわしい保存のされ方をした多くの化石や、絶滅した生物群に属する化石が含まれている。だがここには、たまたま生物に似ることになった、結核*のような多くの非生物的構造も含まれているのである。

現在から見ると、本質的問題はこの広範囲の事物のどれが生物に関連し、どれがそうでないかを決定することであったことが理解できる。したがってある初期の著述家は化石が生物起源であると信じたのに対し、他の者はそうではなかったと述べることは誤解を招く。彼らの心に浮かんでいたのが、どのような種類の「化石」であったかを知ることが不可欠である。(2) スペクトルの途中のどこかで、生物によく似た事物と、そのような類似は欠けているかまったくの偶然である事物とが区別されなければならなかった。それでもこの区別を行なうための基準は自明ではなかった。やがてその基準がより明確になると、生物と因果的に重要な類似をもつ事物は、残りの広範囲にわたる「掘りだされたもの」から区別するために、「有機化石」とか「外来化石」とか呼ばれるようになった。だが修飾語なしの「化石」という語が、スペクトルのこの端に最終的に限定されるようになるのは、一九世紀初期のことでしかなかった――こんにちでさえ、この語が以前もっていた意味の広がりの痕跡は、石炭や石油に対し「化石燃料」という用語を使用することに見ることができる。その間に、他の多くの「化石物」が非生物起源であることもより明確になった。その結果、スペクトルの中央に、起源が不明確な事物の徐々に縮小する集団が残された。そして現代の古生物学において、この集団は生物であることが疑わしかったり、少なくとも類縁が不確実な事物の集まりとして、「プロブレマティカ*」という名のもとで存続している。したがって化石の本質という問題は、「正しい」意見と「誤った」意見との単純な闘いにおいて解決したのではなかった。それは「化石物」の全スペクトルの意味と分類をめぐる、はるかに微妙な論争だったのである。

2

「化石」をめぐる論争の初期の段階を分析する前に、化石が一六世紀のナチュラリストたちによって、どのような文脈で研究されていたかを考察しておく価値がある。ゲスナーは「化石」に関する小著を、序論にすぎないと考え、のちにこの主題についての本格的な著作によって補完するつもりであった。だがより大部の著作は決して書かれなかった。序論的作品を完成させたわずか数ヶ月後、大量の未発表の資料を残しながら、疫病が発生した際にチューリヒの自宅で死去したからである。「化石」に関する彼の研究は、自然誌の全領域を網羅するずっと広範な計画の小部分にすぎなかったので、公刊された彼の『動物誌』[3]（一五五一―八）は、「化石」に関するもっと大部の著作が備えるはずであった性格をわれわれに教えてくれる。『動物誌』の構成と内容の中に、われわれはルネサンスのナチュラリストに特有の態度と方法が反映されているのを見ることができるし、同様の特徴は小著『化石物について』の中にさえ小規模にだが認めることが可能である。

　自己の時代を、古典古代の価値と業績を再生し、回復を試みる時機と見なしていたルネサンス人の歴史に対する特徴的な態度によって、ゲスナーのようなナチュラリストたちは、彼らの主題に対し百科全書的なアプローチを採用するよう導かれた。ある程度まで、これは一六世紀に何度も再刊された『博物誌』において、プリニウス（二三／二四―七九）が設定していた古典的範例の意図的な模倣であった。だがそれは古代の著述家と彼らの同時代人たち双方の価値を、彼らが認めていたことの反映でもあった。たとえばゲスナーの『動物誌』は、アリストテレスの同名の偉大な著作の正当な後継たらんとしていた。しかしそれはアリストテレスの観察を、ゲスナーの同時代人の観察と並置していた。そこではアリストテレスの時代からゲスナーの時代までの、動物に関して書かれたすべての項目を集め、それらの見解を比較考量することにより、将来の研究のための堅固な基盤を提供することがもくろまれていた。古今の著述家の見解を、たとえ彼らの意見がしばしば矛盾し、編纂者自身が彼らのきわもの的な断定にときには懐疑的であったとしても、省略せずに記録することが必要不可欠だと見なされていた。もっとも、地理的探検が毎年のように自然誌の境界を拡大し、思いがけない驚くべき生物がしばしば発見されていた時代にあっては、吟味もせずにばかげたものとして斥けてよい報告などほとんど存在しなかった。それゆえゲスナーは、その信憑性に疑念を表明しながらも、多くの奇妙な怪物を自己の編纂物の中に含めるのが賢明であると考えた。

このように包括的であることが編纂の目的であった以上、一六世紀のナチュラリストによって、きわめて大部の百科全書的作品が制作されたことも驚くにはあたらない。ゲスナーの著作はその好例である。彼は動物についての著作を巨大な二つ折り判で四巻公刊したが、さらに二巻が彼の死によって未刊のまま残され、またその頃同様の規模をもつ植物についての編纂も行なっていた。彼がもし生き長らえて、「化石」に関するもっと完全な著作を書いていたら、それが同様の性格をもつものになっただろうことはまず間違いがない。このことは、彼とほぼ同時代のボローニャのナチュラリスト、ウリッセ・アルドロヴァンディ（一五二二―一六〇五）の類似した著作によっても示唆される。アルドロヴァンディはゲスナーよりもはるかに長い生涯の中で、自然誌のあらゆる分野に関する同様の百科全書的な著作を著した。彼の『金属博物館』[4]（一六四八）――この「金属」という語も「化石」と同じくその後意味が狭められたものであり、この時代においては一般にすべての鉱物的物質を意味していた――は、ゲスナーの小著『化石物について』が世にでてから八〇年以上も未刊のままであった。だがこのアルドロヴァンディの著作は、その膨大なことと百科全書的内容において、ゲスナーのより大部の著作が実現しただろうものによく似ていると思われる。

　ゲスナーの著作のルネサンス的背景は、その百科全書的性格だけでなく、文献学を重視したその内容にも示されている。これは彼が人文主義の学者として訓練を受けたことの反映である。古典語に基礎を置く文芸教育を施されたため、彼はエラスムス（一四六五―一五三六）のような学者による新しい校訂版を根底から支える、原典についての正確な知識という規範を尊重することになった。自然誌に関する著作に対象を移せば、このことはゲスナーに、古典期の著者たちが動植物について書いた事柄を正確に決定することを重視し、彼らの意見に重きを置くよう促すことになった。古代のナチュラリスト、とりわけアリストテレスの業績は傑出したものだったので、そのような尊崇の念も当然ではある。だがその業績を全面的に活用するためには、正確な同定が絶対に必要であった。したがって各生物を取り扱う際に、ゲスナーは命名と異名の問題に第一の地位を与えた。さらに彼の「化石」についての小著は、記載している事物のラテン語・ギリシア語・ドイツ語の名称に言及し、より大部の著作で彼はそれらの「文献学」も詳細に扱うつもりであると約束していた（図1・1）。

正確な同定に対するゲスナーの関心が、その著作『化石物について』に組み入れられた最も重要な新機軸の背景をなしている。この書は「化石」についての本文を補完するために、挿絵が体系的に用いられた最初の例となっている。このことの重要性は、どれほど強調しても足りないほどである。同様の範囲の事物を記載した数冊の本が一六世紀初期に出版されており、そこにおいて使用されている名称のいくつかは、中世の「宝石誌」を経て古典期の著者の作品にまで由来を求めることができる。しかし挿絵なしでは、ある名称を先人たちと同じ意味で用いていると、確信できる著述家はいなかったであろう。ゲスナーの書を、ドイツのナチュラリスト、ゲオルク・バウアー（一四九四―一五五五）――筆名のアグリコラの方がよく知られている――のより早期のもっと有名な著作『化石の本性について』[5]（一五四六）と比べてみれば、ゲスナーの新機軸の効果が驚くべきものであったことがよくわかる。両者ともほぼ同じ範囲の事物を扱っている。だがアグリコラの本には挿絵が完全に欠如していたので、彼がどんな事物を記載していたのかを正確に知ることはしばしば非常に困難である。それに対しゲスナーの本では、木版画の挿絵によってそれは直ちに明らかであることが多い。ほとんどの「化石物」の本性が充分に理解されていなかったので、一六世紀のナチュラリストにとっては、どの特徴が記載にとって本質的であり、どの特徴が単に偶発的であるかを決めることや、ある特徴を言葉によって記述するにはどのような方法が最善であるかを知ることは困難であった。挿絵は著者と読者との非言語的伝達を可能にし、それゆえ不適切な言語的表現手段の危険を緩和することにより、そのような問題を回避する道を開いた。ゲスナー自身が、自分が行なっていることの重要性を認めていた。というのも彼は可能なかぎり多くの挿絵を掲載することにより、「言葉では明瞭に記述できない事物を、研究者

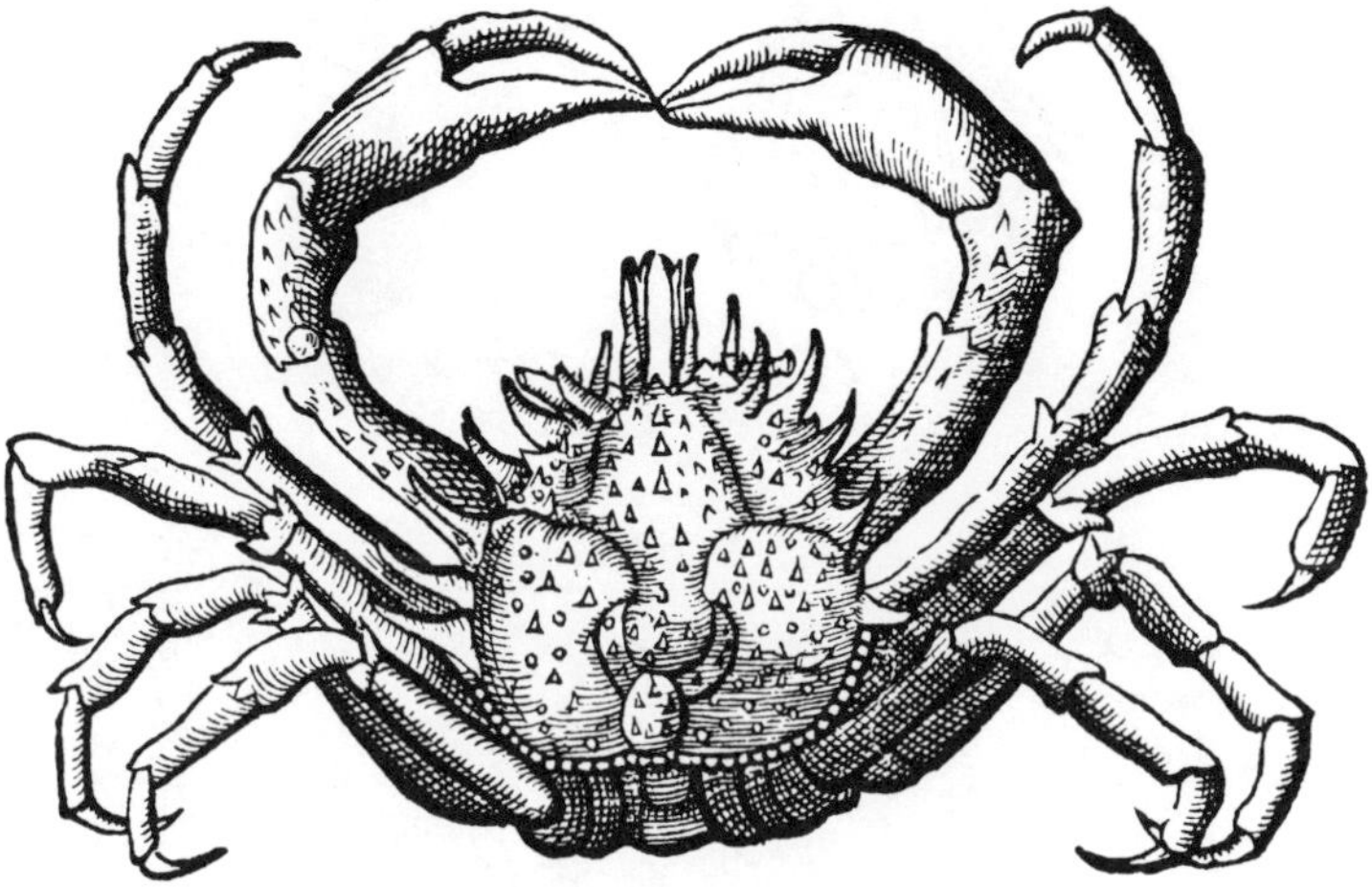

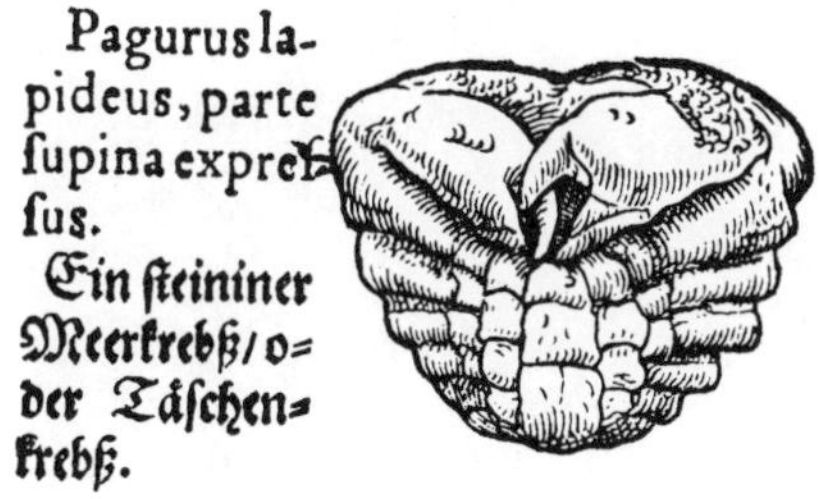
Pagurus la-
pideus, parte
ſupina expreſ-
ſus.
Ein ſteininer
Meerkrebß/ o=
der Táſchen=
krebß.

図 1.1　化石のカニ（下）と，それと似ている現生のカニ（「Pagurus」）（上）のゲスナーによる木版挿絵（1565，1558）【1】【15】．化石の説明が 2 カ国語になっていることに注意．

図 1.2　西欧において印刷本の中で発表されたおそらく最初の化石の挿絵である，貝化石の 2 つの木版画（1557）【8】．これはのちにゲスナーによって翻刻された．

がより容易に認識できるようにした」[6]と述べているからである。

学術的な本文を補足し説明するために挿絵を採用することは、それ自体では新機軸ではなかった。自然誌のより確立した分野では、木版画の使用は芸術的にも科学的にもすでに高度な水準に達していた。どちらもきわめて質の高い線画で図解された、レオンハルト・フックス（一五〇一―一五六六）の壮麗な『植物誌注釈』（一五四二）と、アンドレアス・ヴェサリウス（一五一四―一五六四）の偉大な著作『人体の構造について』（一五四三）は、ゲスナーの小著より二〇年以上も前に出版されていた。[7]またゲスナー自身も『動物誌』において数百の木版画を使用しており、その各巻は挿絵が同定の助けとなることを示した記念碑的作品である（図1・9を参照）。だが「化石物」を描写することについては、従うべき先例も、図像学的伝統もほとんど存在しなかった。ゲスナーの作品より数年前に出版されたさほど重要でないある著作には、少数の小さな木版画が含まれており、そのうちの二つは貝化石を描いていると認められる（図1・2）。[8]だがこれだけがゲスナーの唯一の先行例だったと思われる。ゲスナーの『化石物について』は本の規模と扱う範囲はほぼ同じであったが、はるかに多くの木版画を含んでおり、題材のすべての部分に対して体系的に挿絵を提供していた。だがどの特徴を最も強調すべきかが常に明らかではなかったため、「化石」の素描でさえ、言語による記述と同様の限界をある程度抱えていた。ゲスナーはこのことを自覚していたので、もし読者が「見分けにくいことがあったとしても、わたしではなく課された仕事の難しさの方を責めてほしい」と述べていた。にもかかわらず、彼の木版画のいくつかは粗雑なものであったにせよ、将来の古生物学にとってきわめて重要な技術革新はここで着手されたのである。

「化石」の同定を補助するための挿絵のさらなる利用は、アルドロヴァンディの著書にある数百の木版画において見ることができる。その書はこの点でも、ゲスナーのより大部の著作がどのようなものになるはずであったかを暗示しているだろう（図1・3）。しかし木版画にはそれ自体の限界があった。非常に大型のもの（アルドロヴァンディのいくつかの挿絵のような）でなければ、木版画は比較的粗悪な素描法を強制するため、正確な描写がますます重視される対象にはあまり適さなかった。それゆえ一六世紀の終わりまでに、ナチュラリストはルネサンス芸術家の驚くべき新発明の一つ、すなわち銅版画の技法を利用し始めていた。銅版画はより費用のかかるものであったが、有能な彫版師の手にかかれば、細部をより鮮明に示し、微妙な陰影によって三次元の固体という印象をより強く与えることができた（図1・4）。この点では、アルドロヴァンディの「化石」に関する書は、遅れて出版されたときにはすでに古臭いものになっていた。銅版画はその頃までに、三〇年以上にわたって化石の挿絵として利用されており、最初期のいくつかはナポリのナチュラリスト、ファビオ・コロンナ（一五六七―一六五〇）によって一七世紀の初頭に公にされていた[9]（図1・11参照）。木版画から銅版画への移行は、挿絵における多くの技術的進歩の最初の例であるにすぎない。一般に視覚芸術から引き継いだそのような技術的進歩のおかげで、古生物学者は非言語的伝達の質と正確さを向上させることができた。このような図解への依存は、古生物学が「未熟」な状態にあったことの反映ではなく、その科学の構造に不可欠の要素であり、その題材に本来備わった性質に由来するものである。挿絵の技術的進歩は、物理科学における器械の改良と同様の役割を、古生物学の歴史において果たしてきたといえるかもしれない。

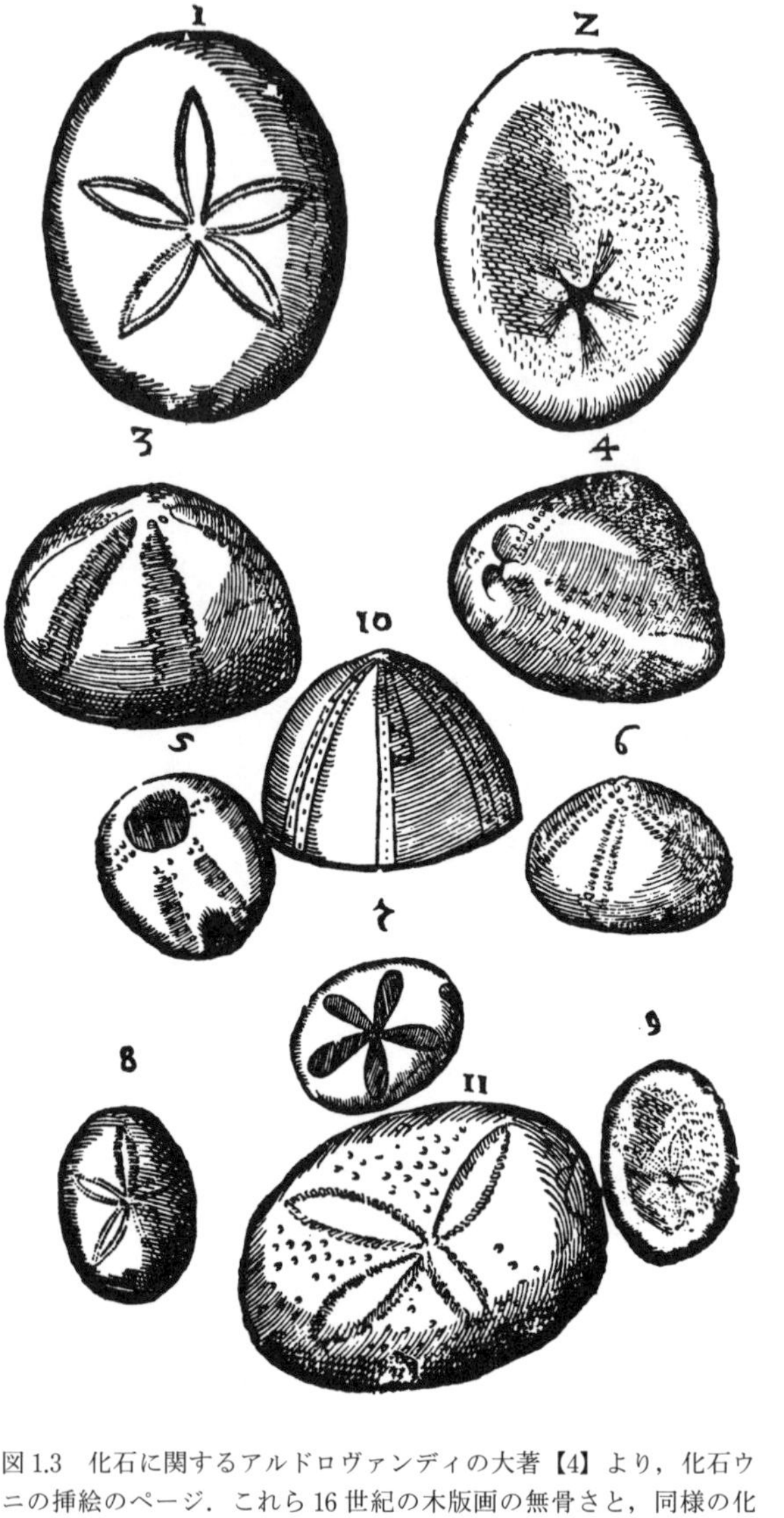

図 1.3　化石に関するアルドロヴァンディの大著【4】より，化石ウニの挿絵のページ．これら 16 世紀の木版画の無骨さと，同様の化石を描いた 17 世紀初期の銅版画（図 1.4）の繊細さを対比されたし．

図 1.4　1622 年に出版された博物館カタログ【12】より，化石ウニの銅版画．以前の木版挿絵（図 1.3）では，同様の化石がかなり無骨に扱われていることと比較されたし．

3

自然誌におけるゲスナーの挿絵の使用には、古代人によって記述された素材を正確に同定しようという配慮だけでなく、直接的経験の重要性を強調したいという意向も反映されている。古典期の著者の見解に対する彼の尊崇の念は、個人的観察の価値に大いに重きを置く研究の方法によって緩和されていた。自然誌に関するすべての著作において、ゲスナーは素材を可能な限り直接的観察にもとづいて、あるいはそれが不可能な場合には、少なくとも保存されていた標本の研究にもとづいて編纂した。実際に彼はフックスの例にならい、下絵師と彫版師を雇って自己の直接の監督のもとで挿絵を制作し、みずから収集したり送付されたりした標本を再現する際に最高度の正確さが保たれるようにした。

自分自身で自然を見ることの重要性を強調するこのような姿勢は、一六世紀の思想を構成する一要素の特徴であるが、それはある程度まで、古代人の著作を正確に再生することを強調する人文主義者の姿勢の対極に位置する。科学技術の進歩と探検航海が提供し始めていた人間の歴史の一つの「模範」は、輝かしい過去の再生に専念することから人々の関心をそらし、自分たちの時代こそ古代を凌駕すると人々に確信させつつあった。このような感覚が、とりわけ新発見に影響された実際的探究にじかに携わる者たちの間で、自然も古代人の意見を無批判に尊重せずに研究されるべきであるという見解を助長することになった。「化石」について著述した人々の中では、フランスの陶工ベルナール・パリシー（一五一〇?―一五九〇）がこのような反伝統的傾向の好例である。「独り立ちした」陶工としてパリシーが行なった旅は、広範囲の「化石」について、とくに陶磁器の原料について直接的経験を彼にもたらした。それと同時に彼は、古典語や大学での伝統的な教育について無知であることを誇りとし、より「学識ある」著述家たちの誤りと思われるものを暴露することに喜びを見出していた。

このような反権威主義的な態度は、プロテスタントがカトリック的伝統を拒絶したことと直接結びつけられることもあった。だが「主流の」プロテスタントにとって、個人的経験の重要性は、聖書がすべての中心にあることを強調することによって常に均衡が保たれており、後者が彼らにより広い人文主義的な運動への自然な親近感を与えていた。人文主義の学者たちは、古典古代の著作だけでなく、聖書資料を再生することにも関心を抱いていた。聖書資料も古代世界の遺産であり、したがって同様の本文批評を受けるべきであった。いずれの場合も、目標は最近の数世紀に蓄積された改竄の背後に存在する、原テキストの純粋さに到達することであった。宗教改革思想の中心地の一つである、チューリヒで生まれ生涯の大半をそこで過ごしたゲスナーは、このような任務に共感を覚えていたであろう。たとえば彼は聖書資料を原文で読むために、ギリシア語のみならずヘブライ語も学んでいた。キリスト教の源泉に回帰しようとするプロテスタントの関心が、自然界全体を直接的に研究しようとする同様の関心を、積極的に促進したという主張は実際に行なわれてきたが、ゲスナーはそのような命題にとって格好の例である。[10] 伝統の権威をもっと断固として拒絶したより急進的な思潮は、宗教の中にも自然科学の中にもたしかに存在した。だがゲスナーは古代人の価値を知りすぎていたので、自然誌においてそのような路線をたどることはできなかった。彼の親友にしてチューリヒの宗教改革者であったハインリヒ・ブリンガー（一五〇四―一五七五）が、新約聖書がすべての中心にあることを知りすぎていたので、神学においてそのような路線に従えなかったのと同様に。

自然の個人的な観察を強調することと結合した百科全書的なアプローチが、ゲスナーの書『化石物について』に組み入れられた第二の新機軸の背景をなしている。この記載的著作にとっての基盤は、標本のコレクションを作成することであった。公刊された挿絵は、実際には博物館の手頃な代用品にすぎなかった。それらは印刷することによって大量に複製されたため、どこにいるナチュラリストでも同じデータを自由に利用することができた。しかし挿絵でさえ誤解を招いたり曖昧だったりすることがあったので、疑問が生じた場合に挿絵のもとになった原標本を研究することができれば、挿絵の価値は大いに高められた。こうしたことから、博物館コレクションの計画的な編成と保存が必要になった。ここでも挿絵の場合と同様、自然誌のより確立した分野がすでに先導役をつとめていた。植物園は一六世紀に多くの大学において設立され、押し葉標本のための「乾式庭園」(hortus siccus) の発明によって補完されていた。動物は少なくとも骨格や殻は収集できたにせよ、保存はより難しかった。自然誌のための素材を収容する博物館の形成は、古代の遺物を収集するルネサンス期の熱狂から自然に成長した。そのため初期の多くの博物館では、天然のものも人工のものも、あらゆる種類の事物が手当たり次第に集められていた。

だが「化石物」にとって、博物館での保存は動植物の場合より適していた。それは単に生きている生物集団の有益ではあるが質の劣った代用品なのではなく、むしろ古物のコレクションと同じく、当該の事物を保存する可能な限り最善の方法であった。アグリコラなどの初期の著述家は、彼ら自身のコレクションを作成していたと思われるが、ゲスナーの書はそのようなコレクションに明確に言及している最初の「化石」を扱った著作である。ゲスナーは友人の医者トルガウのヨハン・ケントマン（一五一八―一五七四）が、彼の標本を補完するために、所有していた標本を送ってくれたことに謝意を表している。またケントマンのコレクションのカタログを、ケントマンの著作も綴じられている合本の巻頭に置いてその恩義に報いている。[11] 自然誌のこの分野における新機軸としての博物館の重要性は、ケントマンのカタログの口絵――カタログに含まれている唯一の挿絵――によって象徴されている。番号のついた引出しのある小さな整理棚（図1・5）は、意味深長に「箱舟」と名づけられ、「化石物」を保存する機能を強調している。博物館での保存という伝統が確立しなかったら、古生物学という科学がいかにして出現しえたかを想像することは難しい。挿絵の使用と同じく、博物館の重要性はこの科学の未熟さのしるしでも、それがまだ「記載的」段階を脱していないことの証拠でもない。それどころか博物館は化石研究という活動のなくてはならない主要な特徴であり、これも素材本来の性質に由来するのである。

ケントマンの「箱舟」とその内容を示すカタログの出版のあとには、類似してはいるがより壮大な計画がすぐに続いた。たとえば教皇図書館（Bibliotheca）に対応する「鉱物館」（Metallotheca）がバティカンに設立され、その内容は教皇の侍医にしてナチュラリストであったミケーレ・メルカーティ（一五四一―一五九三）によってカタログの中に記載され、のちには植物学者アンドレアス・チェザルピーノ（一五一九―一六〇三）によって補完された。ナチュラリストのフランチェスコ・カルツォラーリ（一五二二―一六〇〇）も、大規模ではあるが雑多な事物からなる自然史博物館をヴェローナに創設し、それは息子に受け継がれた。公刊されたカタログは、ここでもそのような博物館の所蔵品の範囲だけでなく、雰囲気までもわれわれによく伝えてくれる。[12] この種のカタログは、化石や関連する事物を公表する際の長く続く伝統を確立し、それはむろんこんにちにまで及んでいる。

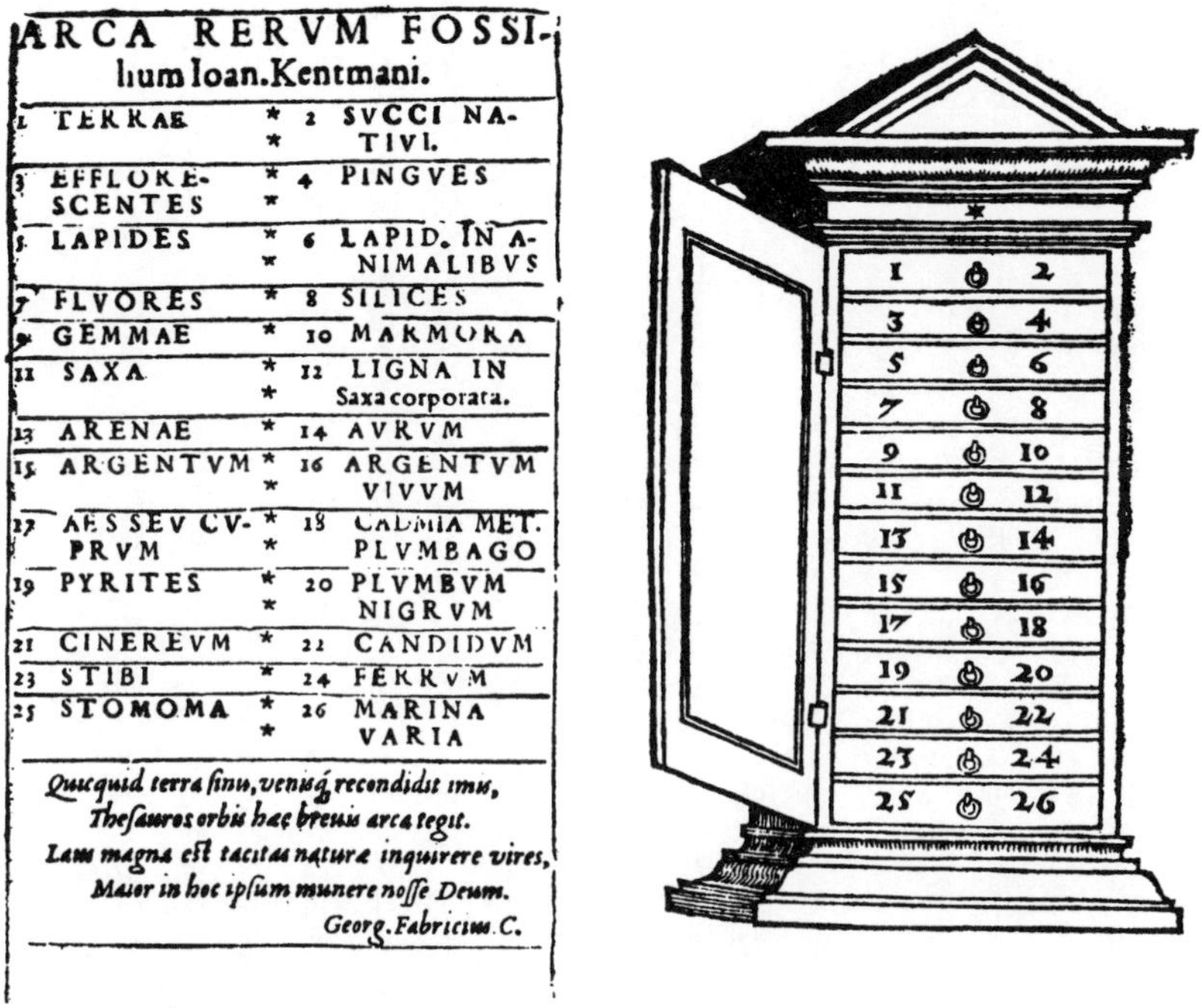

ARCA RERVM FOSSI- lium Ioan. Kentmani.			
1 TERRAE	*	2	SVCCI NATIVI.
3 EFFLORE- SCENTES	*	4	PINGVES
5 LAPIDES	*	6	LAPID. IN A- NIMALIBVS
7 FLVORES	*	8	SILICES
9 GEMMAE	*	10	MARMORA
11 SAXA	*	12	LIGNA IN Saxa corporata.
13 ARENAE	*	14	AVRVM
15 ARGENTVM	*	16	ARGENTVM VIVVM
17 AES SEV CV- PRVM	*	18	CADMIA MET. PLVMBAGO
19 PYRITES	*	20	PLVMBVM NIGRVM
21 CINEREVM	*	22	CANDIDVM
23 STIBI	*	24	FERRVM
25 STOMOMA	*	26	MARINA VARIA

Quicquid terra sinu, venisq́; recondidit imis,

Thesauros orbis hac brevis arca tegit.

Iam magna est tacitae naturae inquirere vires,

Maior in hoc ipsum munere nosse Deum.

Georg. Fabricius. C.

図 1.5　ヨハン・ケントマンの「箱舟」すなわち整理棚という，「化石物」の博物館コレクションが初めて描かれた挿絵（1565）【11】．検索表に示された事物の範囲の広さに注意．たとえば（1）「土類」，（8）*フリント，（10）大理石，（14）金，（15）銀，（24）鉄，（6）「動物体内の石」，（26）「さまざまな海産物」など．現代の意味による化石のほとんどは，（5）「石類」と（12）「岩石の中に組み入れられた木材」の中に含まれていたと思われる．

ゲスナーがケントマンに負っていた恩義は、彼のすべての研究の根底にある活動様式の一例にすぎない。ゲスナーの編纂物は、古今の著者たちが以前に公表した研究や、彼自身の個人的観察だけでなく、学問的な文通者のネットワークによって供与された、新しい未発表の情報を利用する能力にも依存していた。多くの文通者をもっていた点で、彼が例外的だったわけではない。古典的伝統を復活させた学問的な書簡のやりとりは、ラテン語を国境を越えた容易なコミュニケーションの手段としたことに加え、ルネサンス期の人文主義的教育が自然の研究に直接役立ったもう一つの例である。旅行が気軽に行なえなかった時代には、書簡による学者間の接触は、いかなる学問の分野でも意見を交換し刺激を得るためにむろん有益であった。だがそれは自然誌のすべての分野では、別の理由によってとくに重要であった。天文学や化学の題材は地域性にそれほど左右されなかったのに対し、植物学や動物学の研究は必然的にそれに依存せざるをえなかった。したがってゲスナーが『動物誌』を編纂し、それに類似した植物学の著作のための資料を収集する過程で、ことのほか広い範囲の文通者のネットワークを築いたのも偶然ではない。その範囲は地理的には、イタリアからイングランドまで、ポーランドからスペインまで広がり、宗教改革期の分裂したヨーロッパの、あらゆるイデオロギー的・政治的境界を横断するものであった。

4

これがゲスナーの書『化石物について』に組み入れられた第三の新機軸の背景である。この書は「化石」についての共同研究の計画が明確に表明されている最初の著作である。ゲスナーはケントマンや他の数人の文通者から標本や素描をすでに受けとっていたが、彼の書はさらなる同種の情報を誘いだすことをあからさまに意図していた。彼の説明によれば、この書は他の研究の合間に、とくにこの主題への関心を引き起こすために「かなり性急に、充分な準備もなく」書かれたものであった。この書は「他の地域に住むこれらの事物の研究者が、記録するに値し、正確な再現に適した石の実例を、もっとわたしのもとへ送ってくれるよう奨励することを」目的としていた。この要求が広い範囲に届いたことは、イングランドは一六世紀の自然科学の世界ではむしろ周縁に位置していたにもかかわらず、ケンブリッジの図書館だけでも、ゲスナーのこの書が半ダースも保管されている（その大半が当時取得されたものである）ことによって示されている。このように、ゲスナーのこの書が予備的な段階で出版されたという事実そのものが、これから開始されることを望んでいた彼の研究計画を反映している。

この新機軸の重要性は、挿絵の使用や博物館コレクションの作成と同様、どれほど強調してもし過ぎではない。動植物の研究はたしかに地域性に依存していたが、化石の研究は昔も今もなおさらそうである。ほとんどの動植物種はかなり広い地域で、それにふさわしい生息環境のもとで見出すことができる。だが化石は最もありふれたものでさえ、一般に非常に限られた産地——たとえば特定の石灰岩の採石場とか、特定の建築物の基礎工事のために一時的に掘削された場所——で採集しなければならず、そこは近隣の住人でなければ知りえないか近づけないであろう。したがって化石の研究は、自然誌の他の分野の研究よりも、異なる場所で生活する多くのナチュラリストの協調した取り組みが必要になる。

ゲスナーが「化石」についての書を、いつものように地方の有力者や王侯の庇護者にではなく、文通のみで知っていて、会ったこともないポーランドの一学者に献じたことは、一六世紀ナチュラリストの大半が抱いていた学者共同体の感覚を示している。同様の共同体の感覚は、ゲスナーがある本を出版した形態にも反映されている。彼は他の著者たちによる、関連する主題についての七つの短い著作を収集して編纂し、自分の著作とまとめて『あらゆる種類の化石物に関する数冊の書』と題された一巻本として公刊した[13]。この方法により、彼は若くして非業の死を遂げたあるナチュラリスト仲間の短い著作を世にだし、他の学者が以前発表した著作をより広く普及させ、さらには彼自身の名の威光を友人ケントマンの二つの著作に貸し与えることができた。ゲスナーは彼特有の謙虚さで、自分自身の作品をその編著の最後に置いている。それがこの編著の最も重要な部分であったにもかかわらず。

ゲスナーのようなルネサンス期学者の文通のネットワークが、会員相互の接触を保つために、印刷された会報を発行する学会へと形式を整え始めたのは、一七世紀後半のことでしかなかった。だが断続的だったとはいえ、一七世紀のもっと早い時期に、科学者の共同体は組織化された形態をとり始めた。ローマにおけるフェデリーコ・チェージ公（一五八五―一六三〇）の「山猫学会」(Accademia dei Lincei) は、社会の変革をめざす高邁でしばしばユートピア的な理想を掲げた、多くの短命な学者共同体の一つであったにすぎない。自然科学の新しい理想に献身する、広範囲の学者の共同体を創造するために、活動的な修道会を模範として、「山猫」の「コロニー」があらゆる都市に設立されるはずであった。実際にはたった一つのコロニーがナポリに作られただけであったが、「学会」のこの支部にはファビオ・コロンナが所属しており、彼が自然誌に関する研究を行なったのは、このような理想主義的な共同体を背景にしてであった(14)。有名な同時代人ガリレオ（一五六四―一六四二）と同様に、一七世紀初期に、コロンナは自分の出版物の扉に、「山猫」の称号をひときわ目立つように掲げることを誇りとした。一七世紀初期に発表された化石研究の中で、コロンナの研究が最も重要なものに属することは偶然ではないだろう。彼の研究は、この世紀の後期に同様の組織化された環境の内部で行なわれた、化石をめぐる大幅に拡張された議論を、他のどの研究よりも鮮やかに予表しているのである。

5

三つの重要な新機軸が、こうしてゲスナーの小著『化石物について』の中に具現されている。言葉による記述を補うための挿絵の使用、標本コレクションの確立、そして文通によって協働する学者共同体の形成

——これらの新機軸は、自然誌の他の分野では、いずれもすでに頻繁に使用されていたものであった。だがゲスナーの多産な生涯の最後の著作によってのみ、われわれはそれらが「化石」の研究において利用され始めるのを目にするのであり、ゲスナー死後のこの世紀に出版された著作が、「化石」の本性に関する議論の範囲を拡大するために、それらに潜在的価値があることを証明したのである。それでもそのような議論を考察する前に、ゲスナーとその同時代人を、一般には自然誌の研究に、個別には「化石」の研究に導いた動機に触れておくことが重要である。

第一に、自然界は神の創造活動の産物であるという理由だけで、記述するに値すると感じられていた。神の属性の合理的で説得力のある証明を提供するために自然界を利用することは、伝統的なスコラ神学において以前から確立しており、反宗教改革期のカトリック神学にも影響を及ぼし続けた。他方でプロテスタント神学は、堕落した理性の行使によっては、神についての真の知識に到達することは不可能であることを強調していた。とはいえこのことがプロテスタント神学に、自然の研究の価値を減じるよう促したわけではない。それどころかプロテスタント神学は、信者は恩寵と信仰によってのみ神を知るとしても、信者がその中に置かれている自然界の神的な芸術的手腕を承認し、実際にそのことを喜ぶべき積極的な義務があることを力説した。ゲスナーは自著の『魚類と水生動物の本性について』[15]（一五五八）を献呈したとき、その内容が主として海の深みにおける神の驚くべき御業の証明であることに皇帝の注意を喚起した。同様にその書『化石物について』の序文において、ゲスナーは「化石」の間で見つかる宝石が、宝玉をちりばめた天上の「神の国」を地上において想起させるという考えにいたく喜んだため、その書の世俗的な記述にいわば渋々と立ち戻らねばならなかった。[16] そのような感情は単なる敬虔な儀礼ではなかった。それらはゲスナーのみならず、他の多くの一六世紀ナチュラリストの記載的著作の背後にある、原動力の本質的部分を表現するものであった。神の創造力の多様な産物すべてに対する彼らの関心と歓喜は、たまたま人間に役立つことになった被造物や事物の限界を越えて、自然誌の範囲を拡大するための重要な要因であった。このように自然誌において人間を強調する度合が減じたことは、天文学の発達が宇宙論の領域で人間中心主義的視点をより根本的に突き崩したことと同じく、それなりに重要であった。

だが同時に、一六世紀のナチュラリストは強力な功利主義的動機も抱えていた。これにも強い宗教的基盤があったと考えられるのは、カトリックとプロテスタント双方の神学が、人間にはその住まう世界の産物を利用する、神に認可された能力があることを強調していたからである。自然の研究に対するこの功利主義的な動機の直截な表現は、たとえばアグリコラによる有用鉱物と採鉱技術についての素朴な事実の説明の中に見ることができる。(17)一部の著述家、とくにパラケルスス（一四九三―一五四一）のあとに続く化学者たちにおいては、実用的動機はきわめて反伝統的な、反知性的でさえある態度と密接に結びついていた。(18)「化石」について著述した者の中では、アリストテレスを無視したのと同様にパラケルススを軽侮して斥けたとはいえ、パリシーがそのような傾向の好例である。彼は最も重要な著作『感嘆すべき話』（一五八〇）において、「実践家」の直接的経験と「理論家」の視野の狭い机上の学問を対照させるために、挑発的な対話形式を採用した。この書の完全な表題と内容は、「実践家」の指南に従えば発見されるはずの、「自然の秘密」の実用的価値を強調するものであった。(19)彼の以前の書の表題『すべてのフランス人がその富を倍増させる手段を学びうる真の処方箋』（一五六三）は、気恥ずかしいほどの明瞭さで、彼の科学の功利主義的な基盤を物語っている。(20)両書でパリシーが「化石」に言及するのは、実際には耕作の方法や、水源の保全と泉と井戸や、難攻不落の要塞の巧みな設計など、実用的情報の幅広い集積という文脈においてであった。しかも「化石」でさえ、陶磁器などの有用な工芸品の材料として、実用的価値を有することが主として記述されている。

ゲスナーの著作は、決して反伝統的ではないものの、そのために功利主義的要素が欠けているわけではない。単純なレベルでは、自然誌の実用的価値に対する彼の関心は、彼が記載した各動物の有用性――農業において、料理においてなど――に関する体系的な注釈に示されている。また「化石」についての書では、同様の関心は彼が多くの有用な岩石や鉱物を含めたことに認められる。だがもっと明確な功利主義的動機は、彼の研究の医学的な背景から発していた。これまで「ナチュラリスト」と呼ばれてきた他のほとんどの著述家と同様、ゲスナーは訓練によって人文主義の学者になっただけでなく、資格を有する医師にもなった。後半生には、彼はケントマンがトルガウにおいて、アグリコラがヨアヒムシュタールとケムニッツにおいてそうであったように、チューリヒにおける主任医務官（Stadtarzt）であった。一六世紀の植物学的著作の背後にある主要な動機は、かなり明らかに医学的なものであった。たとえばフックスのもののような「植物誌」は、主に薬効のある植物の正確な同定を援助するために書かれていた。(21) このような医学的な目的は、ゲスナーとその同時代人による多くの自然誌の根底を支えていた。

だがこれはパラケルスス派の医学がますます人気を博するにつれ強化拡大された。病気を対照的な「体液」の間の不均衡とするガレノス（一二九―一九九）流の観念を否定し、代わりに特定の身体の衰弱には同じく特定の治療が必要であるという観念をもちだすことで、パラケルススとその信奉者は特定の物質の薬効に注意を集中させた。さらに身体の生理学的過程を、外界で起こっている化学作用と直接対比される一連の化学作用と見なすことにより、彼らは潜在的に価値のある物質の範囲を、より保守的な医師が好む古くから認められていた植物的医薬に加え、鉱物や金属も含むように拡大した。ゲスナー自身もたしかに自分の医業において、広範囲の天然素材から有効成分や「精髄」を抽出するために、新しく開発された蒸留技術を利用することに心を砕いていた。(22) また彼の同時代人の間でも、たとえばパドヴァの解剖学者にして医師であったガブリエーレ・ファロッピオ（一五二三―一五六二）の『医療水および化石についての論文』（一五六四）におけるように、「化石」の議論はしばしば同様の文脈の中に置かれていた。(23) ゲスナー自身の「化石」についての書の中には、この事物の薬効についての記述はほとんどないが、これはその書が予備的な性格のものであった結果にすぎない。より大部の著作では「あらゆる種類の石と鉱物、その能力と本性、さらにその文献学までも充分に記述する」ことを彼は約束していたのだから。またしてもアルドロヴァンディの大著が、ゲスナーが何を作りだそうとしていたかを知るための有益な指標になる。アルドロヴァンディの書の「石」の項には、種々の石と「化石物」が、建築などの実用的目的にとってだけでなく、とくに薬としても有用であることを示す記述が含まれていた。(24)

6

たったいま引用した句において、ゲスナーが「化石」の「能力」(vis) を最初の位置に、その「本性」よりも前に置いたことは意味深長である。彼がその「能力」に重要性を付与したことをこの句は示唆している。しかしこの語によって、われわれなら天然に産出する化学物質の薬効と呼ぶようなものを、彼が単に意味していたと想定するのは非歴史的であろう。一六世紀のナチュラリストにとって、その語ははるかに深遠な意味をもっていた。パラケルススの教えをすべて受け入れていたか否かにかかわりなく、彼らの多くはその根底を支える新プラトン主義哲学に深く影響を受けていた。パラケルスス派の医学の根本には、人間とその外界との間には存在論的類比があるという、古い観念への装いを新たにした確信があった。(25) 人間は「ミクロコスモス」、すなわち宇宙の縮図であり、その外部にある「マクロコスモス」の構造、多様性、目的を小規模に反映しているのであった。したがって人間を取り巻く宇宙のすべての特徴は、人間の存在の内部に何らかの類似、何らかのしるしや象徴をもつことが期待された。特定の疾病に特定の療法を探すことは、単なる経験的直観ではなく、むしろ自然の基本的様式の含意を追跡する試みであるということになった。実際にルネサンス期新プラトン主義の全宇宙は、隠された類縁と「照応」のネットワークであり、それはミクロコスモスとマクロコスモスの間のみならず、天界と地球、動物と植物、生物的実体と非生物的実体の間にも見られる類似によって明白にされるはずであった。だがこの隠された類縁のネットワークは、距離を隔てて作用することが可能な力と能力、「共感」と「反感」のネットワークでもあった。これらを基盤として、一片の天然磁石や琥珀が有する誘引力のような、他の方法では説明できない多くの現象に、合理的に満足のいく解釈が与えられたのである。

このような宇宙において最も強力な力は、天体から発するものであった。新プラトン主義的宇宙の階層的構造においては、すべての被造物の中で天界が最も高貴な位置を占めていたからである。古代的形式による占星術は、決定論的な含意のため、キリスト教思想においては長い間疑いの目を向けられてきた。だがルネサンス期の「自然魔術」は、微妙に異なる形式のもとでそれを再度受容可能なものにした(26)。人文主義の学者によって再発見された資料の中に、ヘルメス・トリスメギストスと呼ばれた古代エジプトの神官の作とされるものがあった。のちにこれらの文書は、キリスト紀元の始めの数世紀に記されたにすぎないことが判明したものの、ルネサンス期には、モーセの同時代人であり、キリストを予言した初期の異教徒であり、プラトン（前四二七—前三四七）の知恵の究極の源泉をなす者の著作と信じられていた。このような非の打ちどころのない立派な出自をもっていたため、星の能力すなわち感応力を意図的に利用して地上で効果を生みだすという「ヘルメス的」説明は、新形式の占星術の基礎として受容可能なものになった。人間の運命に対する天体の力の決定論的能力を強調し、人間から自由意志と主導権を奪いとるかわりに、この「自然魔術」は人間には自己の企画と目的のために、それらの力を操作する能力があることを証明した。「自然魔術」は、宇宙全体に張りめぐらされた魔術的力の神秘的なネットワークを活用することにより、効果をもたらそうとする点で「魔術的」であった。だがそれは悪魔的力の利用を拒否し（それゆえ魔法の実践を断罪した）、神によって創造された自然界の潜在的な力を、開発しようとだけ望むという点で「自然的」でもあった。たしかに自然魔術は、実践的操作という目的に密接に関連した自然の研究に根本的な裁可を与え、それゆえ科学とテクノロジーのきわめて近代的な統合の根源に位置するという意味で、近代科学の出現に決定的な役割を演じたと論じることは可能である。(27)

そのような主張が正当化されうるか否かはともかく、一六世紀における「化石」の研究は、ヘルメス的新プラトン主義という複雑なアマルガムを背景にしなければ、充分に理解できないことは確かである。天体の強大な感応力を捕捉し利用するためには、その能力が近づきやすいかたちで集中している、天体に照応する地上の実体を明らかにすることが必要であった。そうした実体の中で卓越しているのが、その色彩、澄明性、光輝、希少性が天界の霊妙な性質を映していると思われる宝石であった。したがって自然魔術の文脈の内部では、そのような石に最も驚くべき能力があると考えるのは理にかなっていた。宝石がカットされたり研磨されれば、光輝という天上的な性質が増大するのでこの能力は増進した。またその能力は、正しい占星術的条件のもとで、適切な図像や象徴をその石に刻めばさらに高められた。そうすることで、その石との神秘的な類縁がある、天体の能力をより効果的に降臨させせられたからである。

「石」に関心をもつ理由として自然魔術が重要だったことは、たとえば一六世紀に何度も再版されたカミーロ・レオナルディの大衆書『石の鑑《かがみ》』（一五〇二）によって知ることができる。中世の宝石誌の直系の子孫であるこの簡潔な編纂物は、宝石用原石の神秘的「効力」を大いに強調し、レオナルディはその書の約三分の一を、魔術的図像が彫られた「護符」を論じることに捧げていた。(28) 同様の関心は自然哲学者ジェローラモ・カルダーノ（一五〇一―一五七六）の同じく大衆的な百科全書的著作『精妙さについて』の中で、より広い文脈において見ることができる。(29) この書は新プラトン主義的枠組みの中に置かれた、宇宙のすべての側面についての情報の大要であった。その内容は第一原理と基本元素の議論から、天体現象の記述を経て、地上の物質の考察へと下降し、次いで階層を再上昇し、動植物、人間とその学芸、人間より上位の「知性」を経て、最後には神自身へといたるものである。「石について」の項では、カルダーノは宝石用原石に属するとされた「効力」を完全に受け入れていたが、他の実体との「照応」という観点からそれに自然的説明を与えようとした。[30]

ゲスナーも、もし長生きして「化石」に関する本格的な著作を書いていたら、ほぼ間違いなくそれらの「能力」を同様に自然魔術の見地から記述したであろう。彼は一五五二年にカルダーノに会っており、その著作になじんでいたのは確かである。さらにゲスナーはその編著『あらゆる種類の化石物に関する数冊の書』の中で、宝石用原石に関するあるフランス人の著作を再刊することにしたが、[31]そこでは原版で検閲によって削除されていた占星術に関するいくつかの章句を実際に復活させている。その著作は宝石の神秘的な能力をあからさまに取り扱っており、ピュタゴラス（前五七〇頃―?）、プロティノス（二〇五―二七〇）、そして「ヘルメス」からの引用は、ヘルメス的新プラトン主義との類縁を明示している。たしかにゲスナーは、彫刻された宝石に宿るとされた数種の能力については懐疑的であったが、宝石そのものに天界の影響が及んでいることを信じなかったわけではない。『数冊の書』の中のもう一つの著作は、ユダヤ教の大祭司の胸当てを飾る、イスラエル十二支族の名が彫られた一二の石についての、中世の著作のギリシア語本文とラテン語訳であった。そしてゲスナーはこの文章に、その石の同定と異名に関する彼自身の長い補遺を加えていた。[32]そのような石は、『黙示録』に記された天国のエルサレムの一二の神秘的な石としばしば同一視された。また古来の伝承がそれらを獣帯の宮と同等のものとしていたので、それらの神秘的・カバラ的意味は占星術的次元も有していた。この編著に加えた彼自身の著作では、ゲスナーは実際にはこの一二の石を、胸当ての中に配置されたものとしてではなく、研磨されるかカットされた宝石のかたちで図示した。また彼はこのきわめて強力な石の集合を、ネックレスのように、二つの指輪のまわりに並べている――これは好ましい特性をもつ石を身にまとう最も普通の方法であった。一つの指輪には最も輝かしい石であるカットされたダイヤモンドが、もう一つの指輪には黄金虫の彫られた石がはめ込まれていたが、黄金虫の「図像」こそ、自然魔術の原初のヘルメス的源泉を記録したと信じられていた、象形文字と密接に関連するものであった。彼の著作『化石物について』を彩る何ダースもの木版画の中から、ゲスナーは自然魔術を強く連想させるにもかかわらず、まるで全体の内容を要約するかのように、編著の表題紙を飾るためにとくにこの一枚を選んだのである（図1・6）。

それゆえゲスナーにとっては、「化石」について叙述した他の多くの者にとってと同様、そのような事物を自然魔術において利用しうるということが、それらを研究する動機の本質的な部分であった。だがそうした側面は、物質としての「化石」の実用的価値——とりわけその薬効——からも、神の作品として思いをめぐらすことの価値からも、明確には区別されていなかった。すべての部分が隠された類縁のネットワークを通じて結び合わされている、神によって創造された宇宙の内部で、これらすべての目的は首尾一貫した全体の中に溶け込んでいた。たとえばアルドロヴァンディが「化石」の記載につけ加えた、奇妙に思われる題目の混淆もこのことによって説明される。彼の話題は建築や医療における実用的価値のみならず、諺や寓話や神話、あるいは夢や奇跡における登場、またその神秘的ならびに「道徳的」な意義、さらには祈禱や異教徒の儀式における使用にまで及んでいた。[33] そのような題目がどれほど「非科学的」に見えようとも、実際に「化石」に関する記述的な研究のほとんどは、一六世紀にはこのような背景の中で行なわれていたのである。そうした研究がなければ、この事物の因果的起源を決定するという問題は、取り組まれることがほとんどなかったであろう。

図 1.6 「化石物」に関する（ゲスナーと他の者たちによる）著作（1565）【13】のゲスナーの巻の表題紙．この本を以前に所有していた者たちの書き込みが見える．指輪と宝石用原石の意味については本文を参照．

7

「化石」の本性を解釈するという問題は、ゲスナーやその同時代人にとって、「掘りだされたもの」の広範なスペクトルの内部で、生物的なものと非生物的なものとを区別する事柄として現われていたのではなかった。そのような見方は、のちに展開されたたぐいの論争を、後知恵の助けを得て再構成したものにすぎない。それでも一六世紀のナチュラリストは、彼らの「化石」を分類する問題に関与していた。ある種のグループ分けは、「化石」の本性をよりよく理解するためには不可欠の準備作業であった。とはいえ使用される基準が非常に恣意的であれば、分類の体系に解釈が付帯することは避けられなかったのであるが。

ゲスナーの書より二〇年ほど前に出版された『化石の本性について』の中で、アグリコラはそれまでの編纂物において通例であった、「化石」の恣意的なアルファベット順の掲載を意図的に排除した。そのかわりに「化石」をまず第一に、物質的特性によって分類しようとした。彼は「宝石」、陶土のような「土類」、大理石のような「岩類」、鉱石のような「金属」、塩や瀝青《れきせい》や琥珀のような「固化した液体」、そして最後に「石類」を区別した。この最後の範疇には、いまでは現代的な意味で真の化石と認められるような多くの事物に加え、天然磁石、石膏、雲母といった物質が含まれていた。だがアグリコラの体系は、「化石」という語を広い意味にとったときでさえ、一目で異質と思われるものも包含していた。彼は「宝石」の中に真珠と胆石、「固化した液体」の中に貴サンゴ、また「石類」の中には天から落ちてくると一般に信じられていたいくつかの事物――アグリコラ自身はその考えを無学者の迷信にすぎないと見なしていたようであるが――を含めていた。アグリコラの著作を常に敬意をもって引用していたゲスナーは、彼自身の編纂物の中に同様の事物を挿絵とともに含め、人間の胆石に関するケントマンの独立した短いモノグラフを、実際に合本において発表している。(34) このような事物を「化石」と見なす際に、アグリコラとゲスナーは長い伝統に従っていたのであり、ある程度まで、それは彼らの関心が医学とおそらく自然魔術にあったことから説明できる。だがより注目に値するのは、こうしたすべての事物を他の「化石」とともに一つの集団にまとめさせたのが、主として「石らしさ」というそれらの共通の特性だったことである。

「化石」の「石らしさ」は、最も頻繁に議論された成因にかかわる問題であった。アリストテレスは蒸気的発散物の観点から概説を与え、それはアラビアの著述家アヴィセンナ（九八〇—一〇三七）とそののちのザクセンのアルベルト（一三一六頃—一三九〇）によって、石化する液体（succus lapidificatus など）の理論に練りあげられた。この種の説明は、「化石」について叙述した一六世紀ナチュラリストの大半によって受け入れられた。石化作用が絶えず機能し、あらゆる種類の石質の事物が生みだされていることを示唆する事実は数多くあった。たとえば鍾乳石が洞窟内の間断なくしたたり落ちる水から成長する様子はほぼ実見することができたし、ある種の泉は石の層によって事物を覆う不思議な能力を備えていた。鉱夫たちの間には、おそらく縦坑や横坑の壁面で二次鉱物が目に見えるほど成長することに助長されたのであろうが、彼らが採掘している鉱石は絶えまなく補塡されているという根強い信念があった。鉱脈の側面を縁どる結晶は、他の結晶が化学者の実験室で溶液から作られるのと同じくらい確実に、水晶のような物体が地球の深部で形成されていることを示唆していた。[35] 石化作用は地球の内部に限定されているようには見えなかった。サンゴや石灰藻は、海中の植物組織の内部でその作用が行なわれていることを示していた（サンゴが動物であることは、一八世紀まで明らかではなかった）。同様に胆石や真珠は、動物の体内や人体の内部でさえ石が形成されることを証明していた。また隕石や同種の事物は、おそらく霰や雹との類推にもとづくのであろうが、石質の物体が地表より上方でも生産されることを暗示していた。この最後の範疇に属する事物は、大気の内部で生じると想定されていた（これは「隕石」meteorite と「気象学」meteorology という単語の共通の語幹に、こんにちでも不調和に保存されている信念である）。なぜならアリストテレス的宇宙論の枠組みの中では、このような不規則な現象は、雷鳴や稲妻のごとく「大気現象」(meteora) 以外のものであるとは想像できなかったからである。石化作用はこうして月下界全体に遍在しているように思われた。またこの石化作用の産物を、地球の内部、表面、上方のいずれで生じたものであれ、すべてまとめて研究することは正当であると考えられた。

石化過程の正確な本性はまったく明らかではなかった。何人かのアリストテレス主義者は「蒸気」という術語を使って、他の者は液体や「液汁」(succus) という術語を使ってそれを記述していた。ファロッピオは「化石」の主要な集団の物理的特性を説明するためには、数種の液体が必要であると考え、他方でパリシーは浸透する「塩」の働きによってすべてを解釈した。だが正確な説明がいかなるものであったにせよ、このような理論は少なくとも原理的には、「化石」に石の性質があることを説明すると思われた。

同様に新プラトン主義的な枠組みの内部では、石化過程のすべての形跡は、石の「成長」のしると解釈することができた。新プラトン主義思想においては、生物と非生物との区別は非現実的であるにすぎなかった。すべての実体は、表現の様式は大いに異なるとはいえ、「生命」と呼ばれる性質をある意味で共有していた。カルダーノが断言するところでは、動植物の生命の方が明白ではあるが、すべての石はある意味で生存している。だが鍾乳石や結晶が証明しているように、石も成長という特徴を明らかに共有している。さらにある種の鉱物の腐食は、病気や老齢や死との類似を示唆していた。また大いに論議された石である「子持ち石」(おそらく結核性の団塊)*は、しばしば中央の空洞の中により小さな石を内包し、それが生殖の最中であることを暗示していた。地球自身でさえ、体内の血液に照応した浸透する地下水をもち、生物に類似しているように思われた。「化石」の形成が、一つもしくは複数の液体からのある種の沈積によって、あるいは成長という生物との類比によって考えられていたにせよ、そのような事物の実質すなわち物質(質料)は、合理的に理解できると思われた。石質の物質は、いかなる種類の「化石」にとっても自然な性格であった。

他方で「化石」の形態（形相）は、別の問題であるように見えた。

ここで形態と物質という範疇を使用するのは、それが素材の本性を反映しているため、化石の問題を分析するのに部分的に便利だからである。現代の用語でいえば、化石が構成されている素材に主に関係する化石化の問題と、化石の形態に主に関係する生物学的類縁の問題を区別するのは理にかなったことである。だが本来的に適切であるこのような区別は、ほとんどの一六世紀ナチュラリストのアリストテレス的思想に奇妙に適合していた。任意の実体の本性が形態と物質の観点から分析できるなら、同様の範疇は「化石」の本性を理解するためにも使用することができた。したがって「化石」の形態は、その物質とは別個の問題として研究することが可能であった。

アグリコラは多くの「化石物」が特徴的な形状をもち、そのうちのいくつかは他の事物を模倣しているように見えることを指摘していた。また「石類」の範疇に属する事物を記載するために、そのような形状を広範囲に利用した。こうしてたとえばよく知られた一つの石「ベレムナイト」*は矢じりを模し、もう一つの石「アンモンの角」は雄羊の角に似ていた。カルダーノはある種の石を常に特徴づけているそのような類似と、偶然の類似——斑入り大理石の石板の上に、ときおり想像することができる曖昧な肖像のような——は区別すべきことを強調していた。ゲスナーにとって、彼の記載は動物の「種」が個別的であることにもとづいていたので、アリストテレス的な種差の概念は、彼の生物学的著作すべてにおいて基本的なものであった。したがって「化石」の予備的通覧において、ゲスナーはアグリコラやカルダーノが与えた手がかりを発展させながら、このような「種」の概念を適用し、「化石」の形態をその分類の基盤とした。「化石」の形状は植物の形状と同じく、「（いわば）種に特有のものであり、特定の集団の事物に、それに固有であるかのごとく常に所属しているように見える」と彼は述べていた。さらに彼の考えでは、そのような事物が示す「図像」は明らかに自然のものであり、ヘルメス的な象形文字のような、単なる人間の働きによって彫られたものではないだけに、かえって繊細なのであった。

ゲスナーは自然誌のための資料においてと同じく、自然哲学においても折衷的だったので、このようなアリストテレス的な単位を、カルダーノによる新プラトン主義的な宇宙の通覧を思い起こさせる集団にまとめあげた。「化石」は自然の他の領域における事物との類似にもとづいて分類された。またその集団は階層的な宇宙の体系における「化石」の類似物の位置に従って配置され、(ゲスナーが指摘している通り)霊魂が神に向かって上昇しようと熱望するのとは反対方向に、その階層を下降した。こうして彼は宇宙における最も基本的な実体である、幾何学的図形やアリストテレス的元素に関連する形状の石から始め、次に天体に似ている石や「大気現象」の領域に何らかの点で関連する石を経て、地上の事物に類似した石に下降する。その結果この集団は人間が製作したものに似た石を(ちなみにカットされた宝石用原石や彫刻された大メダルのような、実際にその形態を人間の細工に負っている事物を)含み、そして最終的にはさまざまな種類の動植物に類似した石にいたるのである。

8

ゲスナーの木版画を一瞥すればわかる通り、彼の体系の中の最後の集団をもって、われわれはついに「化石」という語の現代的な定義にふさわしい事物に到達した。だが一六世紀のナチュラリストが、そのような生物との類似に与えた解釈を考察する前に、現代的な意味での多くの化石が、ゲスナーによっては生物に類似した事物の集団に含められていなかったことに注目しておく必要がある。これは次の世紀の終わりにおいてさえ、化石に生物との類似を認める際、すべてのナチュラリストが直面した本来的な困難を反映している。

第一に、化石の保存様式に起因する困難があった。この問題の存在と深刻さは、現代の古生物学者にとってさえ明白ではないかもしれないが、それは彼が化石化の気まぐれを認識し理解するときに覚えた当初の困難を、都合よく忘れてしまったからであろう。たとえば地質学的に最近の時代に由来する多くの貝化石の生物的本性は、比較的容易に認識できる。それらは固化していない堆積物の中で発見されやすく、そこからはよい保存状態にある完全なものを取りだすことができる。またそれらは本来の色彩が失われていることを別にすれば、実質はほとんど変わっていないであろう。だが大部分の化石は解釈することがはるかに困難である。保存様式が混乱を招くほど多様なため、化石の本性は決して明瞭ではない。ごく普通の化石軟体動物でさえ、大いに謎めいた状態のことがある。たとえば実際の殻が溶け去り、ある種の稠密な岩石の中に「陰画」としての*雄型《おがた》（キャスト）や*雌型《めがた》（モールド）をともなった空洞だけが残される場合や、殻自体が再結晶して原物とは外見がかなり異なる*スパー状物質となり、純粋に非生物起源の結晶質物質と紛らわしいほど類似している場合である。

*アンモナイト（アグリコラによるアンモンの角）のような絶滅軟体動物はなおさら謎を呼ぶことがある。それらは一般に、硬い岩石や結晶質*方解石の中に雄型として、あるいは金属に似た*黄鉄鉱のような他の物質によって置換された殻をもって、もしくは*頁岩《けつがん》の表面に平らに伸ばされた紙のように薄い印象として保存されているからである（図1・7）。初期のナチュラリストにとって、最もありふれた化石の多くが断片的に保存されていたため、そのような困難はさらに増大した。たとえばベレムナイトの生物的本性は、もしそれがもっと完全な保存状態で知られていたなら、より容易に気づかれたであろう。実際には、中身が詰まった結晶質の「*鞘」しか保存されていない通常の標本は、類似した構造をもつ鍾乳石などの非生物的事物にきわめて似ていると思えたに違いなかった（図1・8、A）。さらに*ウミユリ化石の完全な標本は、たとえ実際とは異なり植物のように見えたとしても、外見は明らかに生物的である。しかしそのような比較的まれな標本が発見されるまで、茎の分離した破片や単一の*小骨を表わすはるかにありふれた化石は、当然ながら解釈が非

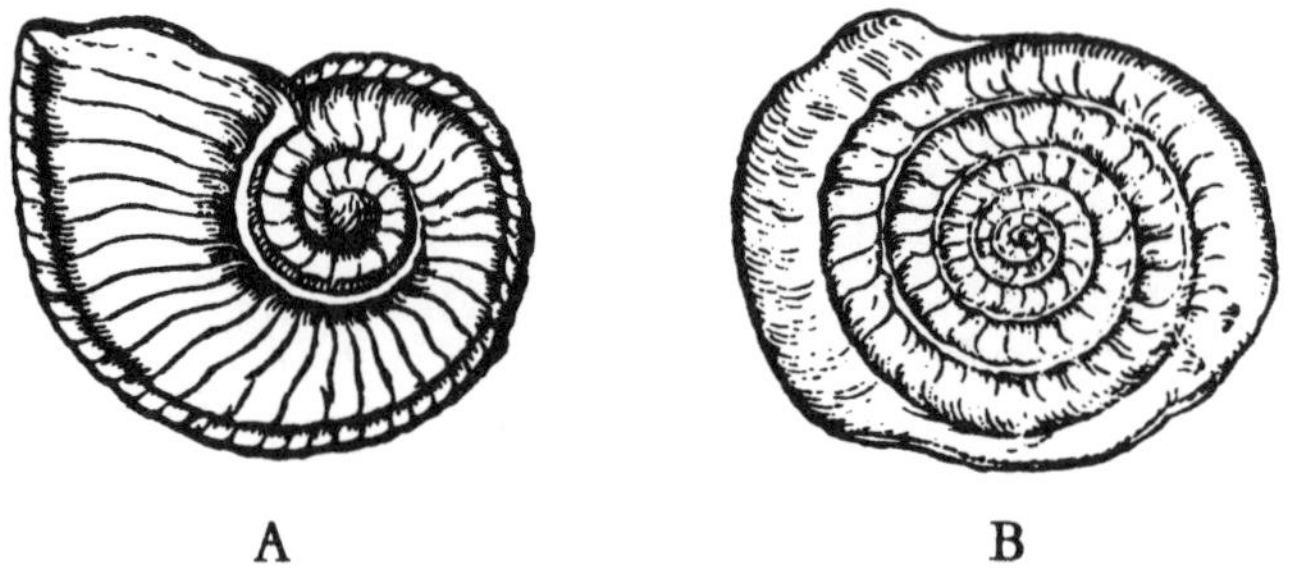

図1.7　ゲスナーの書（1565）【1】より，アンモナイトを描いた2つの木版挿絵．彼は一方（A）をさまざまな貝化石と同じ集団の中に含めたが，他方（B）はヘビに似たものと考えた．

常に困難であった（図1・8、B、C）。実はそのような困難は、それらの保存様式によって大いに増大した。それらが通常もつ方解石の＊劈開《へきかい》は、それらに結晶質の、したがって非生物にそっくりの外見を与えたからである。

逆に化石とある現生生物との間に顕著な形態の類似があったときでも、それは——現代の見方からすれば——まったくの偶然であるかもしれなかった。たとえば一つのフリントの団塊が人間の足に、もう一つの団塊がウニによく似ているという事態が生じたかもしれない。正確な身元は不明ながら、どちらの事物も生物の構造を想起させるであろう。こんにちのわれわれは、類似は前者では偶然であり、後者では因果的に意味があると確信するだろうが、化石化の過程が明確に理解されていなければ、そのような結論は決して明らかではなかったであろう。

化石に生物との類似を認めるのが困難であった第二の原因は、多くの化石のもとになった生物がよく知られていなかったことにある。ここでも地質学的に最近の時代の化石についてなら困難はごく少なかった。それらは現生種と同一ではないにせよ、しばしばそれに酷似していたからである。だが最もありふれた化石の多くについて、解釈の難しさはそれらがほとんど、あるいは完全に絶滅した集団に属していたという事実によって増大させられた。ベレムナイト、ア

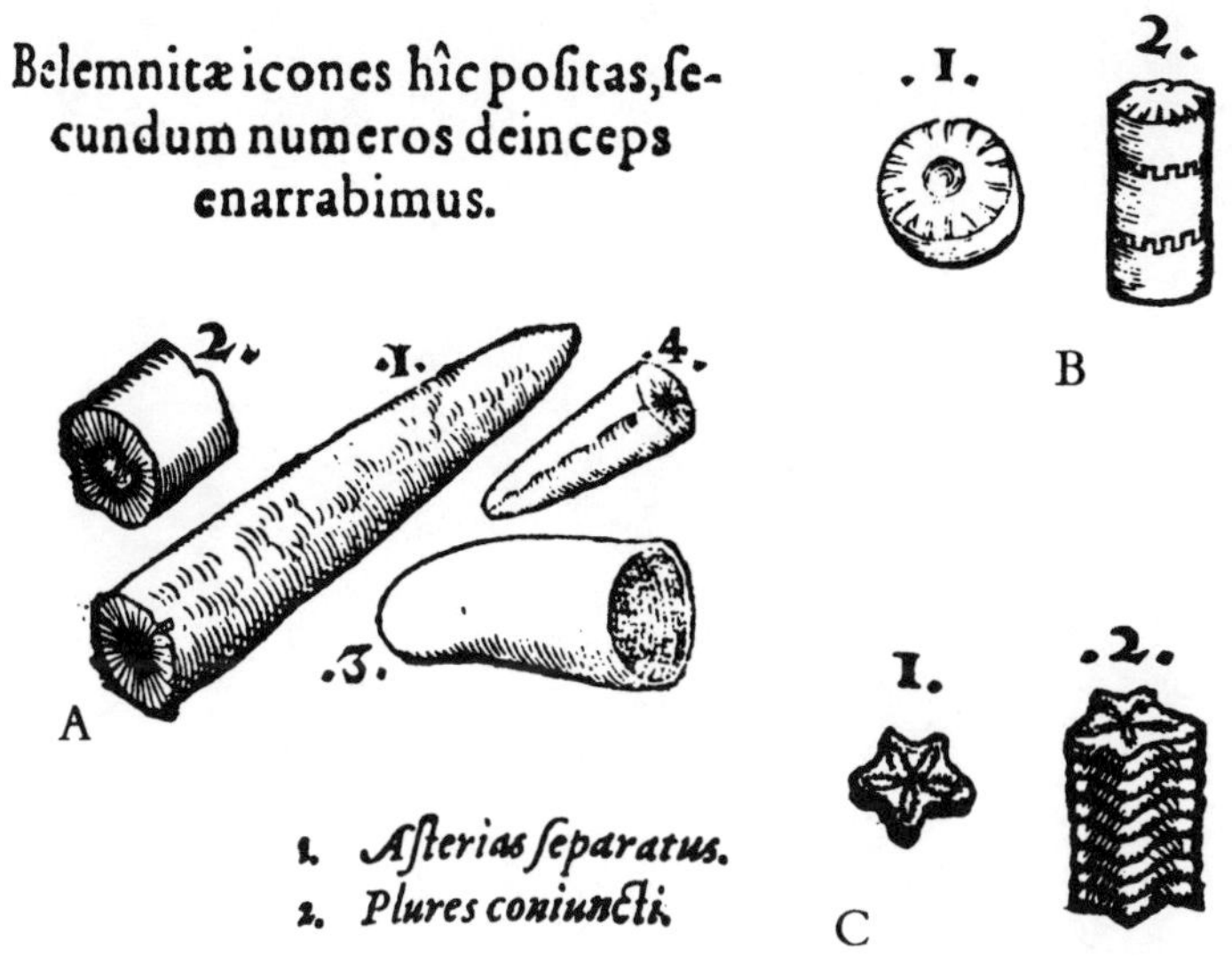

図 1.8　ベレムナイト（A）とウミユリの小骨（B，C）のゲスナーによる木版挿絵（1565）【1】．彼はこれらと比較できる現生動物を知らなかった．

ンモナイト、そしてウミユリはいずれもその好例である。ベレムナイトは完全に絶滅したため、近縁の現生類似種をまったくもたず（最も近縁のありふれた同類であるイカは、顕著な類似点を有していない）、アンモナイトがもつような殻室を有する現生*頭足類は一七世紀まで知られておらず、また現生の有柄ウミユリは一八世紀なかばまで発見されなかった。したがって与えられた化石に生物との類似を認めることは、部分的には、その現生類似種に関する同時代の生物学的知識の状態に依存していた。

このような困難がもたらした結果は、ゲスナーの著作によってとくに明瞭に例証される。なぜならわれわれは彼の『動物誌』から、彼がどのくらいの現生動物になじんでいたかを正確に評価することが可能となるし、その動物を彼の著作『化石物について』で図示されている化石標本と比較できるからである。多くの先人たちと同様に、彼は材化石や化石骨や化石歯の生物との類似にはっきりと気づいていたので、それらの事物を、木や木の部分に似た事物、四足動物の部分に似た事物を扱う章の中にそれぞれ配置した。現代的な意味で化石であるゲスナーの事物の大半は海生動物の遺骸であり、彼がわずか七年前に『魚類と水生動物の本性について』の中で記載したものと比較することができる。

この書はそれまでに編纂された水生動物に関する著作の中で最も包括的であった。ゲスナーは海洋生物学に関するアリストテレスのすぐれた研究を堅固な基盤とすることができた。また出版されたばかりだったフランスのナチュラリスト、ギヨーム・ロンドレ（一五〇七―一五六六）とピエール・ブロン（一五一七―一五六四）の著作を参照し、(36) ヨーロッパ中の文通仲間から素描と標本を受けとり、さらに魚市場にもちこまれる動物をじかに研究するために、ヴェネチアでしばらくの時を過ごした。一六世紀のナチュラリストで、ゲスナーほど海洋生物学の幅広い知識を有する者、すなわち広範囲のありふれた化石に生物との類似を認めるために、彼ほど恵まれた立場にある者はほとんどいなかった。

したがってゲスナーが「水生動物に似た石について」の章の中に、その範疇に正しく置かれていると見なすことができる、かなりの数の事物を含めているのも驚くべきことではない。たとえば彼はザクセン地方アイスレーベンのペルム系*含銅頁岩*から産出した、化石魚を一つ所有していた。それは頁岩の表面に平らに伸ばされ、奇妙なことに「銅のような鱗とともに」保存されていたものの、完全な標本で明らかに魚に似ていた。彼はグロッソペトラすなわち「舌石」と伝統的に呼ばれてきた事物が、「舌石」の方がはるかに大きいとはいえサメやツノザメの歯に似ていることも認めていた。実際にゲスナーは彼の生物学書においてサメを記載するとき、この類似について図示し、註釈を加えていた（図1・9）。彼は広範囲の現生軟体動物に親しんでいたので、腹足類*と二枚貝に属するさまざまな軟体動物の殻は、同様に彼に困惑をもたらさなかった。また自分が所有する化石標本の一つとロンドレが記載したカニとの間に、明らかな類似を見ていた（図1・

図 1.9 「舌石」（中央の挿入画）と，その歯が「舌石」に似ているサメのゲスナーによる挿絵（1558）【15】．これはおそらく現生動物との関連で化石が描かれた西欧で最初の挿絵であろう．

1)。

だが彼の標本の多くは解釈がもっと困難であった。むしろ驚くべきことに、彼はあるウニのフリントの雄型が、棘と殻の取り除かれた現生のウニの一つに似ていることを首尾よく認識できたが（図1・10、A、C）、これは化石化につきまとう難問に対する見事な勝利であった。他方で彼がなじんでいたすべてのウニは小さく細い棘をもつ種類だったので（図1・10、B）、非常に大きな棍棒形の棘をもつ、キダリス類*の化石遺骸を見分けることには失敗した。通常は殻から分離して保存されるキダリス類の棘（図1・10、F）は、形の点で一般にドングリや果実に似ていると見なされたので、ゲスナーはそれらを材化石と同じ章の中で扱っている。一方で結節*のある殻（図1・10、E）については、彼はそれらが「蛇の卵」であるという伝統的な見解に後退し、それらを「蛇や虫に似た石について」の章に割り当てている。その章には、緩く巻かれたアンモナイトも、とぐろを巻いた蛇という伝統的な解釈にもとづいて配置された。ところがよりきつく巻かれたアンモナイトは、通常の腹足類の殻に似ていることに彼は気づいていた（図1・7）。すでに言及した困難を考慮するなら、彼がベレムナイトの鞘やウミユリの小骨に、生物との類似をなんら見出せなかったのもそれほど驚くことではない。投げ矢に似たベレムナイトと車輪に似たある種の小骨は、人間の加工品に似た事物の集団に割り当てられ、星形のある種の小骨は、天体に似た事物の集団の中に置かれたのである（図1・8）。

こうしてわれわれはゲスナーの著作において、現生の動植物について驚くほど該博な知識を有する当代の最も有能なナチュラリストのひとりにとってさえ、化石と現生生物との類似を知覚するのは容易ではなかったことを知るのである。収集された化石資料は、類似が明瞭なものから曖昧なものにまで広がっていると見える種類のものであった。スペクトルの観点からすれば、そうした類似をもつ事物ともたない事物とを分離する線は、単純に引くことはできなかったのである。

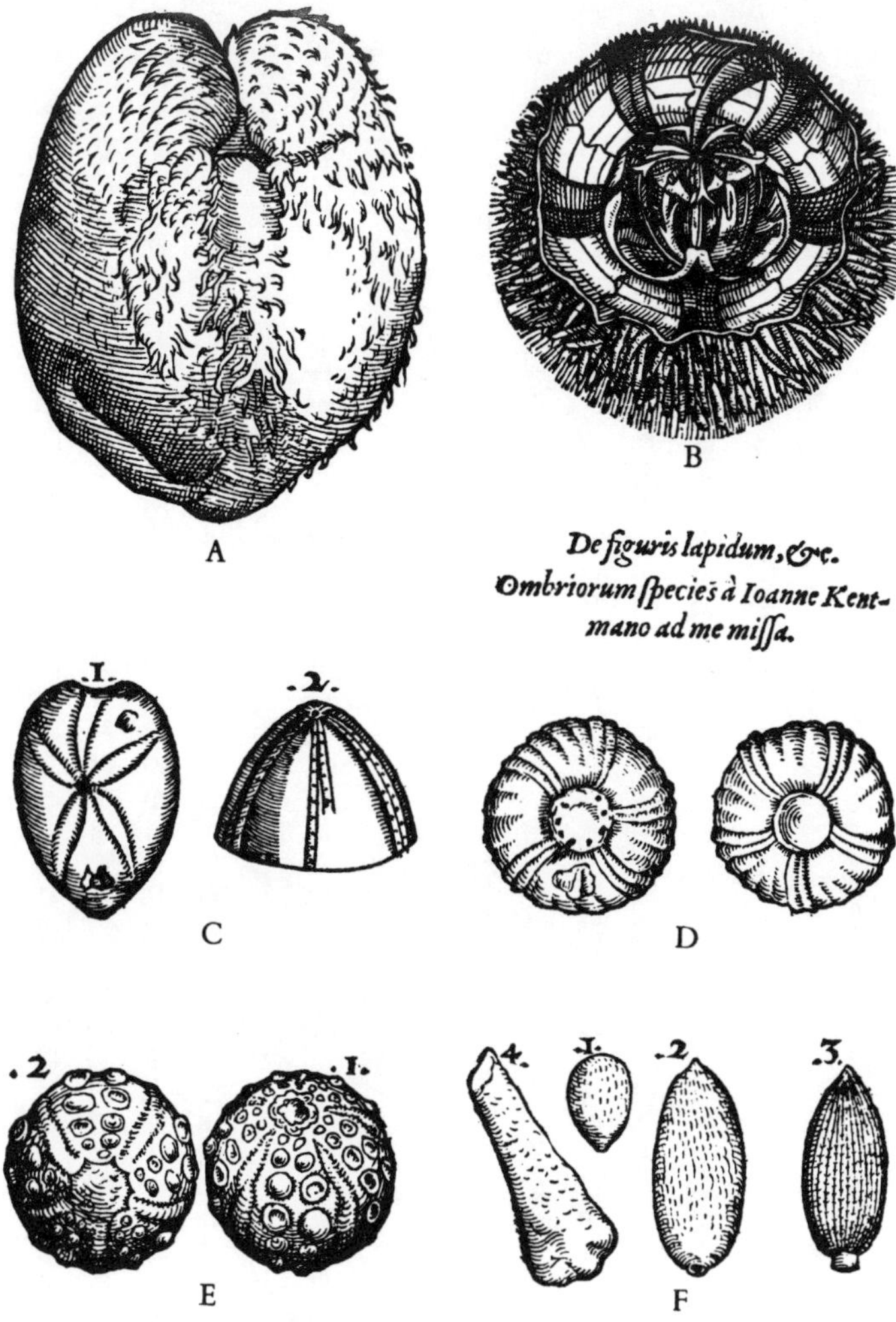

図 1.10　2 種の現生ウニ（A，B），3 種の化石ウニ（C，D，E），およびそれらの分離した棘（F）のゲスナーによる木版挿絵（1558，1565）【1】【15】．彼は A と C の類似は認めたが，キダリス類の D，E，F は彼がいまも生きていることを知っている「正規の」ウニには似ていなかった（B の細い棘に注意．またそこでは複雑な顎器すなわち「アリストテレスの提灯」が切開によって露出させられている）．

9

ゲスナーが「化石」の因果的起源について明確な議論を差し控えたのは、部分的には彼の書がその主題の予備的通覧にすぎなかったからである。彼はとりあげた事物のいくつかが生物に似ているのは、単にそれらが正真正銘の生物の遺骸だからであると考えていたのかもしれない。現生のサメを記載する文脈で「舌石」を扱ったことは、彼がそれを真のサメの歯であると信じ、化石の貝殻や骨や木材のいくつかについても同様の結論に達していたことを示唆している。だがこのようなことは、彼にとってはそれほど関心も意味もない説明と思われていた可能性がある。彼の分類の枠組み全体が示すように、中心的課題は任意の種類の類似ということだったからである。そもそもなぜ多くの石が独特の形状をもたねばならないのか。またなぜそれほど多くの形状が、生物のみならず宇宙の他の実体をも想起させねばならないのか。

ゲスナーは新プラトン主義思想に、「化石」の分類をそれにもとづいて構築するほど共感していたので、彼が知覚した多くの類似（すべてではないにせよ）が、宇宙に統一を与えている類比と照応の隠された絆を、明示していると見なすことは適切だと感じていたであろう。彼は類似のいくつかは単なる偶然であり、結果として行なった各集団への割り当ても、同定のための便利な補助にすぎないと考えていたのかもしれない。しかし彼は彼の体系が「自然の歩みと配置そのものに従っている」と述べていたのだから、その類似に意味があると信じていたことの方がはるかにありそうである。この観点からすれば、「車輪石」（円形のウミユリの小骨――図1・8、Bを参照）さえ人工の車輪に似ることができたのは、どちらもそれぞれの領域で同じ超物質的なプラトン的イデアを具現していたからであった。同様に「星石」（五角形のウミユリの小骨――図1・8、Cを参照）が星形になれたのは、その形態をヘルメス的な星辰の影響に負っていたからである。ヘルメス的新プラトン主義の枠組みの内部では、ゲスナーが指摘した類似で偶然と見なさなければならないものは何一つなかった。したがって動植物に似ている石も、その類似をさまざまな生物との類縁の絆に負っているのであり、生物の遺骸としての起源にではないのである。

このように一六世紀の新プラトン主義思想は、単にいくつかの「化石物」と現生生物との類似に別の説明を提供したがために、化石の現代的解釈の説得力をあるべき姿より弱める結果になった。すでに見たとおり、そのような類似を認めるにはそもそも本来的な困難があった。だがたとえ類似が認められた場合でさえ、それらの化石がかつて生きていた生物の遺骸に違いないという結論が生じるとは思えなかった。そのような結論はわれわれにとっては自明のことに見えるだろうが、一六世紀のナチュラリストにとっては決して疑う余地のないものではなかった。素材につきまとう困難のため、彼らがなんとか知覚できた生物との類似の大半は、決して完全なものとは思えなかったので、彼らがしばしばそれらを単に「図像」(imagines) とか「模像」(icones) と称したことも驚くにはあたらない。実際に宇宙が隠された類縁のネットワークであるなら、多くの「化石」が他の実体の形態を模倣しているのは当然であろう。そのような形態の因果的起源については、現生生物の成長を支配しているのと同じ「形成力」(vis plastica) が、地中で働いていると考えることができた。

それでも新プラトン主義の自然哲学が拒絶されたり修正されたりしたところでさえ、化石の生物との類似に関する現代的解釈は依然として説得力をもたなかった。とくにパドヴァ大学と結びついた、改革され純化されたアリストテレス主義は、ヴェサリウスの業績からウィリアム・ハーヴィ（一五七八―一六五七）のその地での訓練にまで及ぶ一六世紀において、非常にすぐれた生物学的研究の基盤であった。だが化石の問題について、このアリストテレス的思想はしばしばそれと対立した新プラトン主義と同様、現代的説明に負けぬほど説得力があるように思われる、生物との類似についての解釈をもっていた。生物と非生物の間には、新プラトン主義思想におけるよりも明確な線が引かれ、最も単純な生物でさえ、その基本的な生命活動においてあらわになる「植物的霊魂」（anima vegetativa）を所有していた。だがそのような活動の少なくとももいくつかが、地中で起こりえないとは考えられていなかった。単純な生物は、少なくともときおり、非生物的物質から「自然発生」（generatio aequivoca）によって形成されると信じられていたので、その生物に特有の種の形態は、地表や海中だけでなく地中でも発達することが可能であり、その場合にはそこで利用できる「石質の」物質から成長するのであった。より複雑な生物も、それに特有の「種子」が、潜在的な種の形態を保持しながら浸透する地下水の中にたまたま入り込むなら、地中で成長することができるだろう。たとえばある魚に特有の「種子」が地中に流れ込むなら、その種子は「石質の」物質から成長し、岩石の中に魚に似た化石を発生させることが可能である。そのような化石は、生きている魚の成長と非常に類似した過程を経て成長したのであろう。またそれは（たとえば）スズキに似た種の形態を同一の形成的「種子」に負っているが、物質は異なっているので、かつて生きていた魚の遺骸ではないであろう。海から地下を経由する直接的な水の循環が存在し（主として水量の豊富な枯渇しない泉の観察からわかるように）、そのために海生生物の「種子」が地中に宿ることもあると一般に信じられていたので、海生生物に似た化石でさえこのように説明するのはもっともらしいことであった。

こうして新プラトン主義とアリストテレス主義双方の観点からすれば、「化石」の全領域にわたり現生生物に似た形態のものがいくつか存在することは、合理的に理解可能であるように思われた。それらは宇宙の中の隠された類縁のネットワークを顕在化する、形成力によって作られたのかもしれなかった。あるいは生きている生物の発生に、限定的に類似した過程によって生みだされたのかもしれなかった。だがいずれの場合も、それらが実際にはかつて生きていた動植物の遺骸であるという、仮説を引き合いにだす必要はなかったのである。

10

このようにアリストテレス主義と新プラトン主義のどちらも、生物との類似について、とりわけその類似が明瞭なものから曖昧なものにまで変化するという事実について、満足のいく解釈を提供していた。だがその類似の現代的説明が、一六世紀のナチュラリストにとってなぜさほど重要ではない仮説の域にとどまったかについては、さらにもう一つの理由があった。類似がきわめて明白な――その事物がスペクトルの「最も容易な」端に置かれている――場合でさえ、それを紛れもない生物起源のものとして受け入れるには深刻な困難があった。そのような推論を行なうためには、化石が発見された位置によって暗示される、自然地理的変化も説明しなければならなかった。

このような困難が最も少なかったのは、ここでも地質学的に最近の時代の海成化石であった。それらは一般に低地の、しばしば海に近い固化していない堆積物の中で発見されるからである。地理的変化がいかに陸と海を置き換え、そのような化石をそれが発見される位置にまで運んだかを想像することはかなり容易であった。古代の港が沈泥にふさがれて何マイルも内陸に取り残されていたり、地震がときとして同様の結果をもたらすことはよく知られていた。しかし最もありふれた種類の化石の大半に対してそのような説明を行なうことは、健全な想像力をあまりにも遠くまで伸張させることであった。というのもそれらはしばしば海から遠く離れた山の頂で見つかったからである。したがってそれらが生物起源であると断言することは、地理的変化は確かな歴史的証拠が存在するものよりも、激しかったという信念をともなっていた。さらにこのような化石の多くは、緩い堆積物とは明白な類似点をもたない密な岩石の中に埋め込まれていた。したがってこの化石がたとえ生物から生じたのであったとしても、いかにしてその岩石の内部に侵入できたのかは決して明らかではなかった。

吟味されている化石が現生の海生動物に酷似しているため、その生物起源が不可避であるように見えるなら、この問題に対しては二者択一的な解法があった。第一の解法は、化石が山頂に位置するのは、最も高い山さえ覆うほどの高さにまで上昇した、「ノアの洪水」の作用のせいであると主張するものであった。テルトゥリアヌス（一六〇頃―二二〇頃）などの教父著述家たちは、「大洪水」が局所的氾濫にすぎなかったと言い張る同時代の異教徒の作家たちを論駁するために、海の貝殻が山頂に存在することを、「大洪水」の世界性を明らかにする論拠として用いた。これは中世の著作において標準的な説明となった。またその説明は聖書の本文解釈に対してある程度の柔軟性をもつことを常に要求した。なぜなら『創世記』に記録されている「大洪水」は、字義通りに受けとるなら、海生生物が洪水のあった地域に移住できるほど長くは続かず、その貝殻をそれらが発見された位置にまで巻きあげるほど激しくもなかったからである。だが聖書の字義通りの意味は、オリゲネス（一八四／一八五―二五三／二五四）やヒエロニュムス（三四〇頃―四二〇）やアウグスティヌス（三五四―四三〇）といった神学者の権威によって裁可された、聖書解釈のさまざまな方法の中では最も重要ではなく、直解主義は正統信仰の必須の要素ではなかったのである。

しかし聖書の字義通りの意味は、寓意的な解釈より教化的ではなかったものの、そのような解釈にとって不可欠の基盤であった。また聖書の純粋な原テキストを取り戻そうとするルネサンス期人文主義学者たちの努力は、聖書が信仰の中心にあるというプロテスタントの強調によって補強され、「ノアの洪水」のような物語の平明な意味により強く関心を集中させる状況を生んだ。そのような章句を正確に理解するために、註釈者たちは援助と啓発を求めて当時の最良の世俗的知識にますます目を向けるようになった。しかしこのことは、彼らが直面していると感じていた問題を際立たせただけであった。[37] 生物学的知識の範囲が増大したため、「箱舟」の記録されている大きさについて問題が惹起されただけでなく、より深刻なことに、「大洪水」が文字通りに世界的であるなら、大量の水の産出とその後の消失の解明が必要であった。奇跡に原因を求めるだけでそのような問題が説明できたのは確かだが、奇跡は事象を自然法則の埒外に置くため、多くの著述家にとってそのような説明は不満足な解法に思えた。さらにたとえ水の問題が解決できたとしても、字義通りに解釈された「大洪水」は、山頂にある海の化石の説明としては依然として不満なものだったであろう。

唯一の代案は、教父的議論を逆転させ、異教徒の洪水伝説は『創世記』に記録された「大洪水」の不完全な記録にすぎないと主張することであった。たとえばデウカリオン〔ギリシアの大洪水神話でノアと同様の役割を果たす人物〕はノア自身にほかならず、当時人間が住んでいた狭い地域に限定するなら、「大洪水」の目的は充分に達成されたのであった。このような解法は、そもそも「箱舟」の建設はなぜ必要だったのかという新たな問題を提起したとはいえ、「大洪水」の物語とアリストテレスの自然哲学を和解させるという意味で、一六世紀の人々の目には多大な利点をもつように見えた。こうして「ノアの洪水」は地球にとっては自然な、数ある局所的氾濫の一つにすぎないものとなった。内容においては表題が示唆するより地質学的であるアリストテレスの著作『気象学』は、連続的で一般に漸進的である侵食と沈積の作用が、時の経過とともに、主要な自然地理的変化さえたやすく生みだせることを概説していた。だがそれはアリストテレスの永遠主義的な宇宙に統合されていた。「明らかに、時間は無限であり宇宙は永遠であるが、タナイス川〔現ドン川〕もナイル川も常に流れていたわけではない。……なぜなら、川の活動には終わりがあるのに対し、時間には終わりがないからである」と彼は結論した。(38) アリストテレスの永遠主義は、キリスト教思想家にとって、時間尺度を拡張したという理由だけで躓きの石だったわけではない。天地創造の「日々」の比喩的な解釈は、少なくともアウグスティヌスの時代以来受容可能なものだったのだから。しかし永遠主義は、神がその被造物に対し完全に超越的ではありえないことを含意するように見えることによって、宇宙が創造されたとするキリスト教の教義を脅かした。

聖書の逐語的解釈に対する新たな関心は、一六世紀において、地球の過去の歴史に関するアリストテレス的な概念をよりいっそう受容し難くすることに貢献した。なぜなら歴史家や年代学者の計算は、聖書で用いられているすべての時間間隔が、世俗的な年代記におけるそれと同様に、厳密に字義通りの意味を内包するという仮定にますますもとづくようになっていたからである。だがときには、自然哲学の目的のために、無際限の長さをもつ常に変化する世界というアリストテレスの描像を受容し、他方で同時にアリストテレス的永遠主義の形而上学的・神学的含意を拒否することも可能であった。この種の妥協は、とりわけパドヴァの教育機構によって促進された。そこではアリストテレスの著作は、学芸学部において、主として医学教育の文脈の中で学ばれたのであり、神学部においてではなかったからである。こうして聖書注釈者の間ではなくても、パドヴァの伝統に影響された自然哲学者とナチュラリストの間では、聖書が語る「大洪水」もそのうちの一つにすぎない、純粋に自然的な原因による局所的氾濫をときおりともなった、常に変化する地形というアリストテレス的見解を受容することは珍しい現象ではなかった。この見解によれば、山頂で発見されたり、堆積物の層の中に埋め込まれてさえいる化石の生物起源を受け入れることに、なんの問題もなかったと見えるかもしれない。だが実際には、この説明が必要とする激しい地理的変化を想像することは難しかったので、事態はそれほど単純ではなかった。

11

現在から回顧してみると、化石の生物との類似に関する現代的な解釈は、こうして地理的変化の満足のいく説明が欠けていたために発展が遅らされた。同時にその受容も、先に見たように、なぜある種の「化石」が動植物に似ているかについて、ほかに二つの解釈が存在したために急を要するものではないとされた。そのような代案は、最もありふれた「化石」の大半を説明する方法として、はるかに妥当なものに思われた。

スペクトルの「最も容易な」端に位置する化石だけが、現代的解釈がともかくも説得力を発揮するほど、現生生物によく似ているのであった。

したがって化石の「正しい」解釈を擁護した者として描かれることが多い初期の著述家のほとんどが、「最も容易な」種類の化石に言及していた者であるのは驚くべきことではない。それらは一般に、地質学的に最近の日付をもつ海生軟体動物の殻であった。そのような化石は保存がよく、現存する生物群、しばしば現存する種にさえ所属し、通常は海に近い低地の固化していない堆積物の中で発見された。物質と形態と位置の問題は、ここではほとんど係争の対象にならなかった。化石の生物起源についての孤立した評言は、古典古代にまでさかのぼる多くの著述家の中に見出すことができるが、その産地が言及されるときにはいつでも、彼らがスペクトルの「最も容易な」端にある化石を参照していたことが明らかになる。最初のそのような著述家であるコロフォンのクセノファネス（前五七〇頃―前四七〇頃）でさえ、どちらも見事に保存された新生代*軟体動物の殻が大量に採集される、マルタ島とシラクサに言及したと言われている。

さらにレオナルド・ダ・ヴィンチ（一四五二―一五一九）が、ゲスナーが「化石」についての書を著わしたときより半世紀以上も前に、未刊の手帳の中で、貝化石が生物起源であると信じる理由を記録していたことはよく知られている。[39] だがその註釈からは、彼が主に参照していたのは北イタリアの新生代の地層からでた化石であったことがわかる。その地層には、地中海に現在も生存する軟体動物の殻に全体の姿がよく似た、素晴らしい保存状態の貝殻が大量に含まれている。たしかにレオナルドの手記は、現生軟体動物とその生態環境や、堆積の過程についてきわめて鋭い観察を示している。彼は化石と現生軟体動物との類似が非常に正確なので、因果的説明がほとんど不可避であることを認識していた。彼の指摘によれば、貝化石は全体の形態だけでなく、多くの付随的特徴においても現生の貝に似ている。たとえばそれらはさまざまな成長段階において保存され、ときには他の生物がその上に固着したりその中に入り込んでいることもあった。彼は地層の意味を認識できるほど沈泥と堆積の過程を理解し、その固化を「干上がり」の過程として説明できたので、そのような化石が堆積物の内部に産出することも彼にとっては何ら問題ではなかった。

だがこのような驚くほど「現代的」な解釈を、レオナルドが比較的簡単に採用することができたのは、彼が「最も容易な」種類の化石を扱っていたからだけでなく、その結論が内包する地理的変化について、満足のいく説明と信ずるものをもっていたためでもあった。いかにして陸と海の大規模な交替が、地球の本質的な安定性を損なうことなく起こりえたかについての説明を、彼は中世のアリストテレス主義者アルベルトゥス・マグヌス（一二〇〇頃―一二八〇）から借用することができた。レオナルドは化石の説明としては自然発生説を否定したにもかかわらず、星辰の影響という観念に対してはおおむね好意を抱いており、実際には彼を時期尚早の近代的科学人というよりは、ヘルメス的な「魔術師」と見なす方が真実に近いであろう。彼は化石の説明として「大洪水」を使用することも攻撃したが、これは初期の歴史的伝統が推測したような、頑迷な宗教家の偏見に対する啓蒙的科学者による非難ではなかった。レオナルドは「無学者」、すなわち無教養な者たちをとくに論難していたのであり、彼の本質的な動機はキリスト教の正統信仰を攻撃することにではなく、自然的事象の合理的因果性に対するアリストテレス的信念、すなわち字義通りに解された「大洪水」には適用することが困難な信念を擁護することにあったのである。

同様の動機は、アリストテレス派の医師であったジローラモ・フラカストーロ（一四七八?―一五五三）の著作の中に見ることができる。磁力や伝染病のような「遠隔作用」を、共感と反感という「神秘的」新プラトン主義の概念を用いずに説明するために、フラカストーロは「発散気」（effluvia）や「種子」（seminaria）が、天然磁石や病人といった物体から絶えず放出されているという旧来の提言を発展させた（これはずっとのちの病原菌病因説とは似て非なるものである）。この説明はいかに曖昧なものに見えようとも、不可解とされかねない現象を、アリストテレス的な自然法則の範囲内に運び入れるという長所をもっていた。一五一七年に貝殻とカニの化石がヴェローナの基層で発見された際、フラカストーロはそれらが貝類や甲殻類の真の遺骸であると断言し、「大洪水」や地中の形成力に起因するという示唆を一笑に付したと伝えられる。[40]このような見解は、彼をより有名にしている研究の動機と同じものが、ここにも存在したことを示している。化石を生物の遺骸であると解釈し、その布置を陸と海の位置の恒常的変化に帰すことは、世界的「大洪水」に対する通俗的信念の奇跡的色合いと、新プラトン主義的説明の神秘的含意双方を回避する試みであった。こうして化石は自然法則の観点から説明されるものとなった。だがフラカストーロのアリストテレス的視点によれば、自然発生も一つの説明として受容可能であり、実際には彼は「より難しい」いくつかの化石を解釈するためにそれを利用したといわれている。

それゆえアリストテレス主義者にとってさえ、生物的説明はすべての化石に対して必須のものではなかった。たとえばファロッピオは、パドヴァの解剖学者の偉大な系譜に連なる者として、彼がなじんでいたいかなる化石においても、生物との類似にはっきりと気づいていたと思われる。それでも彼は海から遠く離れた山頂で化石が産出することが、その生物起源を受け入れ難くしていると感じていた。それは連続的な地表の変化というアリストテレス的見解をもってしても、文字通り信じられないほどの地形の変化を必要としたので、自然発生を用いた説明の方が好ましいと思われた。

新プラトン主義者にとっても、「より容易な」いくつかの化石に対し生物起源を受け入れることが、「より難しい」標本に対して同様の説明を課されることにはならなかった。たとえばカルダーノはレオナルドのものと同様の議論――おそらく未刊の手帳を知っていたのであろうが――を繰り返し、ある種の貝化石は陸と海の位置の変化をあばきだすと明らかに考えていた。[41]だが彼は多くの局所的氾濫が生じたと信じていたので、陸と海の変化を一度の「大洪水」のせいにはしなかった。それでも彼が記載した化石のほとんどは、新プラトン主義の観点から形成力の作用によるものと見なされ、カルダーノはその特徴的な形態が何らかのヘルメス的能力を所有すると信じていたのである。

カルダーノによる「より容易な」化石の生物的解釈が、そのアリストテレス的背景になじんでいなかった一読者によって、どのように誤解されたかを見ることは興味深い。パリシーはカルダーノを（フランス語訳で）誤読し、カルダーノがそれらの化石を世界的な「大洪水」のせいにしていると想定した。パリシー自身は多くの貝化石と現生貝類との類似をよく知っており、同時にそのような類似についての他の説明は受け入れ難いと考えていたため、生物的説明を主張したいと望んでいた。それでも彼は化石が現在の海水準よりはるかに高いところで広範囲に産出することを説明するには、世界的「大洪水」という通俗的概念は不適切であるとして否定した。[42] そのため彼はジレンマに陥り、それは内陸の貝化石が生物に由来することは確かだが、起源は海にではなく淡水にあるとしなければ解消されなかった。しかしこの解法が次には彼をさらなる問題に直面させた。その化石の多くは明らかに海生種に似ており、しかも彼はそれらが範囲の狭い現生淡水動物より、はるかに多様であることを知っていたからである。パリシーはその貝化石が誕生したかつての内陸湖のいくつかは、かなり塩分を含んでいたため海生の外観を呈する種を扶養できたのであり、より食用に適していた数種は乱獲によって久しい以前に消滅してしまったのだと、ぎこちなく示唆することでこの問題に対処するしかなかった。このいささかまわりくどい推論は、一六世紀ナチュラリストの誰もが、化石の生物起源を主張する際に直面した困難を見事に例示している。他方でいくつかの化石の中身が石化していることや、それを取り囲んでいる岩石の硬さは、パリシーにとってなんら問題ではなかった。浸透する「塩類」がこのような変化を迅速に引き起こせると、彼は信じていたからである。

ある種の化石の生物起源を主張したナチュラリストの最後の例としては、コロンナを採りあげるのがよいだろう。彼の『若干の水生および陸生動物についての観察』（一六一六）は、複数の点において重要である。[43] 初期の多くのナチュラリスト、そして誰よりもゲスナーは、広い範囲の現生生物になじんでいながら、すでに見たように、化石を基本的に鉱物学的な文脈の中で記載した。他方でコロンナは、代わりに化石を主として生物学的な文脈の中に置き、それが似ている何らかの現生生物と並べて記載した最初の者たちの一人である（図1・11）。これは化石の生物起源を受け入れることに必然的に通じていたわけではないし、のちの一七世紀の何人かのすぐれたナチュラリストは、この点に関し充分に根拠のある疑念をもち続けた。とはいえそれは類似の正確な本性に、より綿密な注意を払うことに確実に貢献した。そしてコロンナ以後、化石の生物起源を主張した者のほとんどが、主として生物学者であったことは偶然ではない。コロンナは現生動物に対してと同じく化石に対しても正確な命名法を適用し、さまざまな種類の関連化石を以前よりも明確に識別した。彼はまた貝殻とそれが化石の状態で残した雄型や雌型との関係を把握し、したがって広範囲の化石を生物起源と認めることができるほど、「物質」に固有の問題を克服した。とりわけ彼は「舌石」(glossopetrae)に関する専門的な試論を著わし、「舌石」はサメの本物の歯であると主張し、それらがしばしばカキなどの海生軟体動物の殻とともに産出することを指摘した。[44] だがこのような結論は、化石が発見される位置の問題に、他のナチュラリストと同様に依然として彼を直面させていた。そしてコロンナの化石の多くがプーリア〔イタリア半島の踵の部分に相当する地方。山岳地帯はほとんどない〕の丘陵からもたらされたものであり、硬い地層の中に埋め込まれていたにもかかわらず、彼はそれらを「大洪水」のせいにする以外になんの代案も見つけられなかったのである。

12

現代古生物学の見地から判断すると、一六世紀の化石研究についてのこれまでの分析は、一つの失敗物語に見えるかもしれない。ゲスナーの研究が、古生物学という科学の活動の将来の発展にとって重要な、新機軸を組み入れたことは確かであるが、彼も彼の同時代人たちも、彼らがなじんでいた化石の生物起源を認識することに対し、わずかな進歩を成し遂げたにすぎなかった。

だがわれわれがそのような判断を下すべきか否かには疑問の余地がある。歴史的観点からすれば、そのような見かけの「失敗」の方が、より明白な科学の「成功物語」より啓発的であろう。ゲスナーのようなすぐれたナチュラリストが、現生の動植物について幅広い知識をもちながらも、化石の起源に関し明確な結論に達することに「失敗」したという事実の方が、従来の歴史的伝統において倦むことなく収集された、化石をめぐる孤立した「正しい」所見より、一六世紀の科学の世界についてより多くのことをわれわれに語ってくれるかもしれない。先に見たとおり、化石の問題はその生物起源を決定するという単純なものではなく、「化石物」の連続的スペクトルの内部で、生物的なものと非生物的なものとを区別するという複雑な事柄であった。生物との類似が見られそうな事物の範囲に関しては、入手できる資料の性質と、生物学的知識の状態に固有の限界があった。だが生物との類似が見られたときでさえ、多くの化石が発見される位置というさらなる問題が存在した。そして地理的変化に対する満足のいく説明が欠如していたので、ここでは生物的解釈は排除されがちであった。したがって一般に現代的解釈は、物質・形態・位置の問題がすべて無きに等しいときにのみ適用された。またこれは必然的に、生物的説明の適用可能性を、知られていたすべての化石のわずかな部分だけに限定することになった。

このようなすべての困難を超えたところに、もっと深刻な知的問題が横たわっていた。化石と生物との類似が明らかに知覚されたときでさえ、化石は実際に生物の遺骸であるという結論が必ず導かれるとは思われなかった。こんにちのわれわれにとっては明白であるこの推論は、一六世紀には知的保守主義のためとか、宗教的正統との衝突という感覚のゆえに回避されたのではなかった。それはその時代の二つの支配的な――しかも「進歩的な」！――知的枠組みのどちらの内部でも、必然的な推論ではないというはるかに積極的な

図 1.11　ファビオ・コロンナによる銅版図版の一つ（1616）【9】．注目すべきはエゾバイ（「Buccinum」）のいくつかの現生種が注意深く識別され，化石標本（左上）が同じ図版の同じ分類の内部に含まれていることである．これは化石を図示するために銅版画が用いられた最初期の例の一つである．利用可能な紙面が無駄なく使用されていることに注意．

論拠によって、通常無視されたり拒否されたりしたのであった。一六世紀の刷新されたアリストテレス主義と、総合的な新プラトン主義のどちらも、現在から見ると「近代科学」ののちの発展に多大な貢献をしたと考えることができる。しかし化石の問題については、この自然哲学のいずれも、生物との類似という現象に対し、生物起源という仮説とほとんど同じくらい、実際にはそれ以上に説得力のある説明を提供した。アリストテレス主義者は生物との類似を、真の生物の形態と、あらゆる「化石」に適合した石質の物質をあわせもつ事物が、「その場で」成長したせいにすることができた。そのような事物に対する因果的説明は、自然発生か、特定の「種子」の地中への移植なるものに求められた。新プラトン主義者は同様の類似を、遍在する形成力や「造型力」の作用のせいにすることができたが、その力こそ宇宙のすべての部分を一つにまとめあげる、類縁の隠されたネットワークを可視化するものであった。どちらの場合も、そのような解釈は類似が顕著なものからかろうじて知覚されるものまで変化する事実をうまく説明し、したがってそれは生物起源という仮説より広く適用でき、より「成功が見込めた」のである。

こうした強力な代案が利用可能だったので、単一の観察や標本は、どれほど驚くべきものであろうと、広範囲にわたる化石の生物起源説を決定的に利するものにはならなかった。それはある種の事物を分離し、生物起源が受け入れられる事物の範疇に移すことにより、確立していた解釈の末端を侵食したかもしれない。だがそれは大多数の「化石物」を解明する、代案の説明能力を突き崩すことはほとんどできなかった。生物との類似に関する対抗的解釈の信憑性が崩壊するまでは、生物的説明をより広い範囲の事物にまで拡大することは不可能であった。だがそうするためには、化石の問題のはるか彼方にまで広がる、支配的な自然哲学の変化がぜひとも必要だったのである。

第二章　自然の古物

一六六六年一〇月のある日、数人の漁師が巨大なサメをリヴォルノ近くの浜辺に運んできた。それは科学の歴史に広範な影響をもたらす、ときおり起こる思いがけない出来事の一つであった。いわば知的に準備された地上に降ってきたそれは、すぐれた触媒的効果を発揮した。前章で述べたような安定した状況を溶解し、化石に関する論争に新たな次元を導入することになったのである。

サメはトスカーナ大公フェルディナンド二世の領内で陸揚げされたので、大公は科学の寛大な庇護者として、その頭部をフィレンツェに運び、解剖学者ニールス・ステンセン（一六三八―一六八六）によって解剖させるよう命じた。(1) 筆名のステノニス（英語化されてステノ）の方がよく知られているステンセンは、ライデンで医学の勉強を続けるべく、一六六〇年に故郷のコペンハーゲンをあとにした。ライデンはその頃までに、前世紀にパドヴァが有していたような、医学の中心地としての名声を博するようになっていた。デンマークでは大学の職を得られなかったため、ステノは故国を去り、パリとモンペリエで短期間職に就いたあと、一六六五年フィレンツェに到着した――ゲスナーの死からちょうど一世紀が経っていた。解剖の手腕はすでに認められていたので、ステノはフェルディナンド公によって病院の職を与えられ、生活の資と研究のための豊富な時間が手に入れられるようになった。フェルディナンド公の弟レオポルド・デ・メディチによってフィレンツェに創られ、以前にローマで創設された「山猫学会」と同じ理想をもっていた「実験学会」(Accademia del Cimento) の会員にも選ばれた。より正確にいえば「実験学会」は、世紀前半にガリレオが用いて大成功を収めた、科学に対する実験的・数学的アプローチを永続させ拡大することを希求していた。

したがってフィレンツェ到着後のステノの研究が、ライデン滞在中に探究が始められていた筋肉収縮というとくに生物学的な問題に対し、そのような手法を適用することにまず向けられたのも驚くにはあたらない。収縮の本性を幾何学的観点から分析した彼は、収縮した筋肉が膨張したように見えるのは、単に繊維が体積を変えずに短縮したためであり、一般に信じられているように筋肉が実際に膨張したのではないことを確認することができた。サメの頭部が解剖のために到着したとき、彼はこの「筋肉の幾何学的体系」を研究していた。頭部の腐敗しやすい器官を手短に検討したあとステノは歯を念入りに調べることができ、そしてこの調査こそが、「舌石」化石の本性という古い問題を彼に熟考させる機会になった。彼はかつてデンマークで大学教育を受けたとき以来、このような事物にはなじみがあったのであろう。というのもちょうどその頃、オーレ・ヴォルム(一五八八—一六五四)の著名なコレクションの挿絵入りカタログがコペンハーゲンで出版され、そこには他の自然誌の標本や古物に混じって多くの「化石物」が含まれていたからである。[2] おそらくステノはフェルディナンド公のコレクションの中にも豊富な資料を発見していたであろう。だが舌石の生物起源を支持する疑う余地のない事例が得られたと彼に信じさせることにより、その関心を化石の問題へと初めて向けさせたのは、巨大サメの歯の調査であったと思われる。彼はこの点についての議論を、論文『サメの頭部の解剖』の末尾に長い「余談」としてつけ加え、次にはその論文を『筋学の原理の実例、あるいは筋肉の幾何学的記述』[3](一六六七)と同じ巻において出版した。

舌石が化石サメの真の歯であることを証明するために、ステノはそれが岩石の内部の「その場で」成長した証拠はないことを、まずはじめに示さなければならなかった。彼は反対に、舌石はしばしば腐敗の兆候を示しているので、それは現在作られているのではなく、前代の遺物であることを暗示していると述べた。次いで舌石が岩石の割れ目の内部で成長する木の根のようには曲げられていないため、「土」が最初にそれを取り囲んだとき、周囲の「土」は軟らかかったに違いないと論じた。「土」の原初の軟らかさを、彼は天地創造のときか「大洪水」のときの水との混合に帰し、その層をなしている外見は、堆積物が徐々に定着したか沈殿したからに違いないと主張した。「さすればなんとすべてが見事に符合することか。なんとすべてが一致して同一方向をさし示すことか」と彼は感嘆の声を挙げている。舌石は堆積の時期に死んだサメの歯であるという結論に、いまやなんの障害も見られなかった。この結論は形態の明白な同一性によってさらなる支持を与えられ、彼はヴァティカン・コレクションに含まれた、メルカーティによる未刊カタログの版画を印刷することによりそのことを例証している（図2・1）。実際にステノは、舌石が複雑な事物であるにもかかわらず、結晶のようなずっと単純な実体よりも、「理想的な」形態からの逸脱が少ないことを驚くべき事実と感じていた。さらに石質であるにしろ砕けやすいものであるにしろ、現生のサメの歯と比べたときの物質の違いは、揮発性物質の充満か喪失の結果として単純に説明できると彼は信じていた。またたとえばマルタ島の有名な産地における、舌石が発見される高い位置は、ある種の地下の隆起のせいと考えることが可能であった。このような一般に「容易」であるとされる化石については、ステノは形態、物質、位置の本来的な問題に対して適切な解答を手にしており、したがってそれらの生物起源をある程度の確信をもって主張することができた。

　ステノはコロンナの研究を引用せず、それを知らなかったかもしれないにもかかわらず、舌石に関するステノの試論の文脈は半世紀前のコロンナのものに似ている。コロンナと同様、ステノは主として生物学的な関心から化石の問題に到達したのであり、舌石と現生のサメの歯との詳細な類似を正しく評価できる立場にあった。しかしステノの試論は、彼がその中で研究をしていた、ガリレオ的伝統を反映するいくつかの特徴

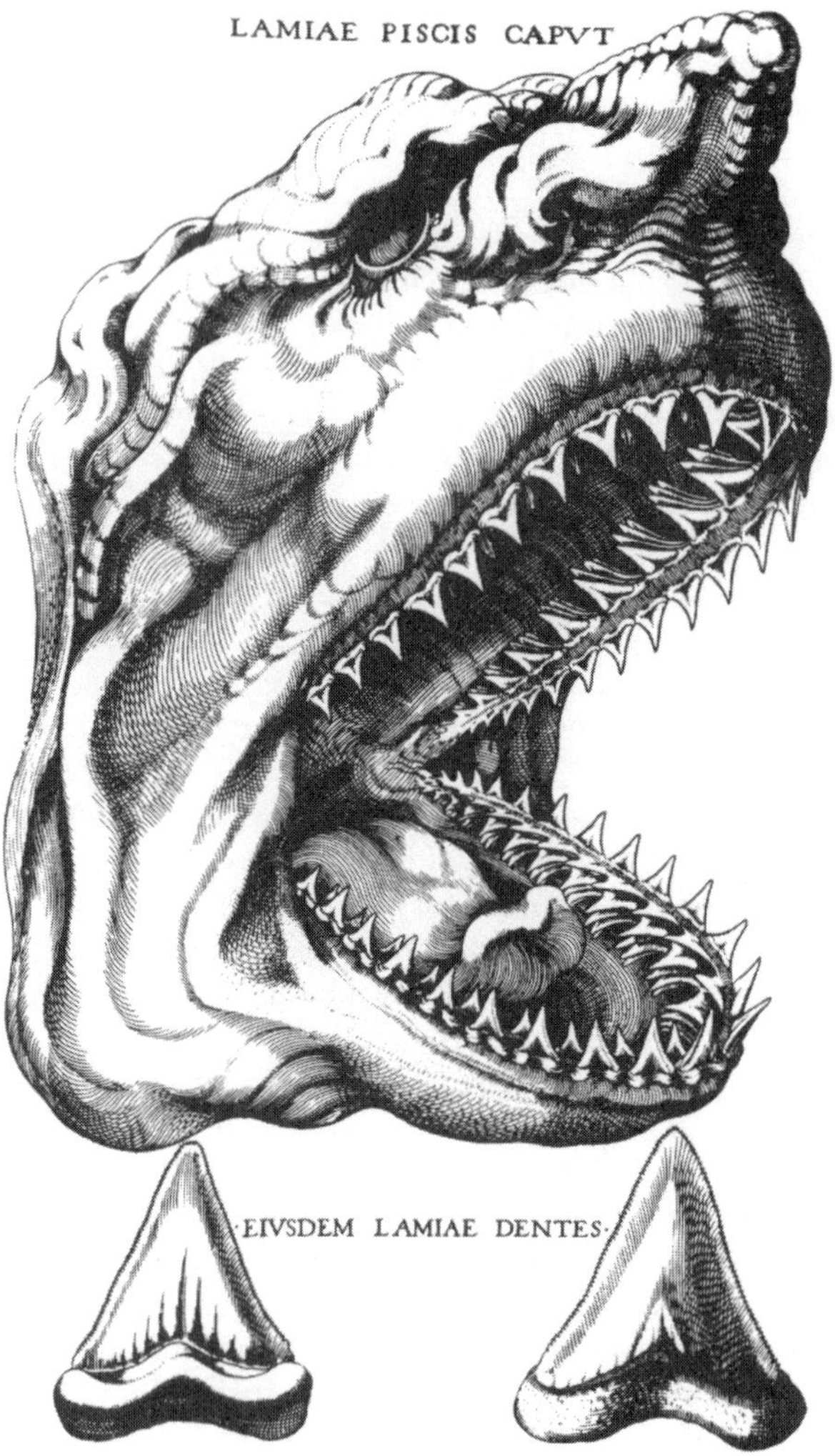

図 2.1　サメの頭部と歯のステノによる挿絵（1667）【3】（以前に描かれたが未発表であったメルカーティによる図版）．ステノはこの歯とそれよりはるかに大きな化石「舌石」（グロッソペトラ）とを比較し，類似の因果的意味を詳しく論じ，「舌石」は非常に大きなサメの化石歯であると結論した．

も備えており、それはこの主題の取り扱い方においてコロンナとではないにしても以前の多くの者たちとは著しい対照をなしている。第一に、この主題は作用因の問題としてのみ考察された。舌石の用途、とくにその医学的・自然魔術的な「効力」は、論駁するためにさえ言及されなかった。化石に関心を抱く動機のこのような狭まりは、この世紀の残りの期間を通じ論争の特徴となるはずのものであった。第二に、ステノはこの主題に関する以前のすべての見解を編纂するという、従来の百科全書的伝統を放棄し、彼自身の同時代人以外にはほとんど誰にも言及しなかった。これはあらゆる分野で「古代人」の業績を凌駕できるという、「近代人」の自信の高まりを反映しているのであろう。第三に、ステノは舌石について観察した事実と、その事実から導いた「推測」との間に明確な区別を設け、最初に観察事実を挙げ、次に議論の適切な時点で「推測」を口にするという、ほとんど数学的定理のような方式をとった。この数学的形式は真正のものというより見かけだけのものだったにせよ、彼はたしかに観察から推論を経て結論へと段階的に移行する、一貫した説得力のある議論を構築しようと努めていた。これは科学における方法の問題が自覚されていたことと、経験的観察にもとづく合理的議論にたずさわる共同体の内部で、科学的討論を行なう必要性が認識されていたことを反映している。こうしてステノは、舌石が化石サメの真の歯であることを内心では確信していたと思われるにもかかわらず、その件ではいかなる確実性も主張しようとはしなかった。彼の試論は舌石の生物起源を支持する事例を提示しただけであり、それは舌石が岩石の内部の「その場で」誕生したことを支持する反対の事例によって、訴訟におけるように反論されうると彼は述べたのであった。

2

化石についてのステノの論評は、主として解剖学を扱う著作の中に埋もれていたとはいえ、注目されずに終わったわけではない。実際に彼の研究は、科学雑誌という新しい媒体のおかげで、出版後数ヶ月のうちにイギリスのナチュラリストたちの関心を引くことになった。王立協会の書記官ヘンリー・オルデンバーグ（一六一九—一六七七）は、『サメの頭部の解剖』の要約を、協会員のための会報『哲学紀要』の初期の号の一つに掲載した。[4] だが彼は揺籃期の王立協会が、化石物という難問にすでに注意を払っていた点で、決してイタリアの状況に遅れをとっているわけではないことを注釈せずにはいられなかった。協会の「実験主事」であるロバート・フック（一六三五—一七〇三）が、すでにその主題について講義していたことを彼は指摘した。フックは一六六五年、両者がモンペリエにいたときにステノと会っていたかもしれず、ステノがこの接触から、化石に関するいくつかのアイデアを引きだしていた可能性すらある。[5]

物理科学の領域における王立協会の業績は絶大であったため、会員の関心が広範囲に及んでいたことが覆い隠され、より深刻なことに数学に傾斜した研究の外部では、彼らは科学における不毛な事実収集や、衒学的な道楽半分の仕事に耽っているだけだと思われがちであった。そのような見解が不適当であることは、フックが協会の骨折りは無益ではないとして協会を安心させようとしたおりに、「実験的」探究方法に従うことで得られる知的成果の範例として、現実に化石の問題を選んだことから明らかである。[6] この問題は数学的取り扱いをまったく許さないものであったが、それでも疑い深くしばしば敵意をもつ知的世界に対し、観察事実の忍耐強い収集とそれにもとづく注意深い推論が実証的知識をもたらしうることを、それは示すのに役立つと彼は信じていた。さらに彼の著作『ミクログラフィア』（一六六五）は、表向きは顕微鏡の使用によって開かれた自然の知識の新しい次元を例示することを目的としていたが、フックはより根本的には感覚のこの新たな拡張を、協会の哲学的計画を擁護するものとして利用する心づもりであった。したがって化石の起源に関する簡潔な概論の出発点として、材化石の顕微鏡観察を使用することは不適切ではなかったのである。[7]

フックの観察によると、いくつかの材化石標本の微細構造は、朽ちたり炭化したりした通常の木片の微細構造によく似ていた（図2・2）。彼は材化石の石質の物質は、それが「石化させる水に充分浸される場所に横たわっていた」ために生じたとし、その水が「石質や土質の微粒子」を材化石にしみ込ませたのだと主張した。次いでこの説明を生物と類似した他の石質の事物を包含するために拡張した。とりわけ彼はアンモナイトの紛らわしい保存様式を首尾よく選り分け、それが*オウムガイの隔室をもった殻と全体的に類似していることを認めた（オウムガイはこの頃までに、まだきわめて稀だったとしても、東インド諸島の探検によって知られていた）。より近い現生の類似種が知られていないことは、この段階ではフックを不安がらせなかったように思われる。またそのような化石が陸上に位置することを、彼は単に「ある種の大洪水、氾濫、地震、あるいは他のこのような手段」のせいにした。

だがこうして形態と物質と位置の問題を克服したとしても、フックにとって化石の生物起源を信じるための最も説得力のある根拠は、哲学的な充足理由の原理から生じていた。彼は他のいかなる説明も「〈自然〉の限りない思慮にまったく反する」と主張したが、その「自然」とは古代の警句にあるような「何一つ無駄なことはしない」ものであった。[8]「化石物」の形態が宇宙的類縁を反映し、したがって医療的・魔術的価値を表現していると信じられていた限り、「化石物」のさまざまな類似は自然界についての目的論的見解と同化させることができた。だがフックにとってそうであったように、その信念が受け入れられなくなると、化石と生物との類似は、直截な因果的起源を想定しなければ説明が不可能になった。現生軟体動物の機能的な殻に似ている化石貝殻も、生きている動物を保護するのに役立ったのでなければ、デザインに満ちた宇宙の内部に運び込まれることは不可能であった。その時代の自然神学に基盤をもつ目的論的見解は、決して拒絶されたのではなかった。化石の生物起源に味方する強力な議論へと、単に転換されただけであった。

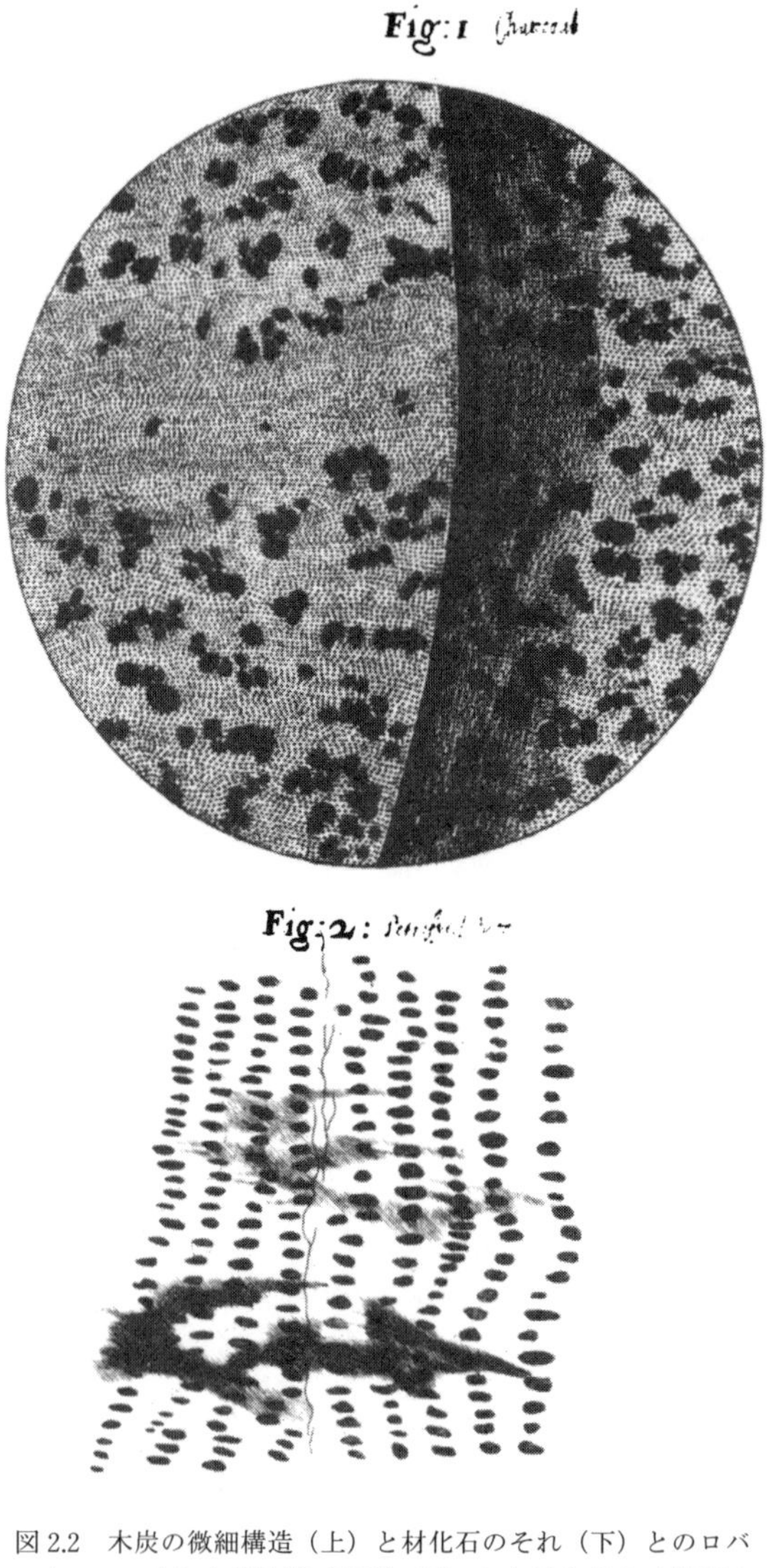

図 2.2　木炭の微細構造（上）と材化石のそれ（下）とのロバート・フックによる比較（1665）【7】．これはおそらく化石の起源の問題に光を投げかけるために，顕微鏡が使用された最初の例である．

3

フックが反対したのは、彼自身の言葉によれば、化石は「その形成と形状」を、「地中に本来備わっているある種の形成力」に負っているとする見解であった。先に見たとおり、前世紀の新プラトン主義から生じたこの見解の継続する人気は、この時代の最も多産で多才な学者の一人であったドイツ人イエズス会士、アタナシウス・キルヒャー（一六〇二―一六八〇）の著作に多くを負っていた。キルヒャーの大いに人気を博した百科全書的著作『地下世界』（一六六四）は、静的な地球の「ジオコスモス」を、ミクロコスモスとの拡大された有機体的類比の観点から記述していた。[9]「化石物」の石質の物質は「ジオコスモス全体に拡散している石化力」に、またその形態は生物の成長を統御する力に類似した「形成精気」(spiritus plasticus) に起因するとされた。フックが『ミクログラフィア』のために化石についての論評を書いた際、彼の念頭にあったのは化石のこのような取り扱い方だったと思われる。石が似姿や肖像を作りださないなどということは、キルヒャーにとってあまりにも信じ難いことだったので、彼はその著作を自然の「図像」と想定されるものの奇怪なコレクションで飾ったが、その多くは明らかにアルドロヴァンディのすでにいくぶん理想化された挿絵から――想像力によるさらなる「改良」を施して――獲得したものであった。キルヒャーの著作を単に「非科学的」な、まともな関心を払うには値しないものとして斥けることは容易であろう。だがその軽信にもかかわらず、この書はこの世紀の終わりまで人気を保ち続けるような、ある種の「化石」解釈を表明している点で非常に影響力があった。それ自身の哲学的前提の内部では、その種の解釈は化石物の多様なスペクトル全体を説明するものとして、充分に満足のいくものであり続けた。そしてそれが拒絶される場合は、主として哲学的理由によるのであった。

このことはステノの試論のわずか三年後に出版された、シチリアの画家にしてナチュラリストであるアゴスティーノ・シッラ（一六三九―一七〇〇）の化石に関する書において、とりわけ明瞭に見ることができる（シッラはステノの試論を知らなかったようであるが）。シッラの書の本質的な議論は、『感覚によって迷妄を解かれた空虚な思弁』という表題と、象徴的な口絵に要約されている[10]（図2・3）。そこでは「感覚」（より正確には「感覚＝経験」）を表わす確かな実体の人物が、亡霊のような「思弁」に対し、舌石と化石ウニの明らかに生物的な性質を証明している。「思弁」とされた人物は、従来の歴史的伝統が想定しがちであった「教会」の暗愚な見解ではなく、化石は岩石の内部の「その場で」成長すると考えた自然哲学を表現している。ステノにとってと同様、シッラにとっても論駁する必要があったのはそのような見解であり、実際にキルヒャーこそこの書が標的とした、名前の挙げられていない敵だったのであろう。だがシッラがこの問題を、何よりもまず矛盾する哲学的立場の衝突と見なしていたことは明らかである。それでもステノと同様、シッラは比較的「容易な」化石、ほとんどはマルタ島、カラブリア〔イタリア半島の爪先の部分に相当する地方〕、そして生地メッシーナ〔シチリア島北東端の都市〕の周辺から得られた新生代動物相と取り組んでいた（図2・4）。そのような化石はシッラがなじんでいた現生動物と形態が似ており、何らかの注入を除けば実質もほとんど変わりがなく、当時の海水準にきわめて近い場所で発見されていた。したがってそれらの生物起源はかなり容易に主張することができた。

シッラと異なりステノは、キルヒャーが抱いていたような見解を論駁するには、比較的「容易な」化石の生物起源を証明する以上のことが、必要であると気づいていたように見える。「化石」のスペクトル全体の内部で、ある事物（天然水晶のような）はかなり明瞭に地中で「成長した」ものであったが、他の事物（舌石のような）はステノの信じるところでは外来のものであった。そこでこれらの範疇を互いに区別するためには何らかの基準が必要であった。予備的試論が発表されたあとも、ステノはトスカーナや他の場所で直接的なフィールドワークを行ないその現象についての知識を拡大しながら、この問題と格闘し続けた。この主

図 2.3　化石に関するシッラの書（1670）【10】の口絵．理性の目をもつ「感覚」が「空虚な思弁」に対し，化石ウニとサメの歯の生物的性質を論証している．他の化石が地上に散らばっていることに注意．シッラは化石の起源と位置を，一般的な洪水の観点から説明した．

題に関する本格的な著作を計画し始めたとき、コペンハーゲンに戻って報酬のよい職に就くようデンマーク王に求められたので、ステノは企画していた『固体の中に自然に封入された固体についての論説』の簡潔な『プロドロムス〔前駆〕』（一六六九）を出版するだけで満足しなければならなかった。(11)

現代の観点からすれば、ステノの『プロドロムス』の内容は非常に多様に思えるので、結晶学・古生物学・層序学*といった別々の科学の「創始者」の称号を、彼に与えるのがふさわしいとされるほどである。だがそのような判断は時代錯誤的である。なぜならその時代の観点からすれば、企画していた著作のステノによる概説は、統一された議論を形成していると見ることができるからである。この著作の表題は、一見したところ奇妙な判じ物のようであるが、彼がいまや広い文脈の中で化石の問題に取り組まねばならないと自覚したことを反映している。いかにも彼らしく、ステノは中心をなす問題を「一定の形態を有し、自然の手段によって生成された事物が与えられたとして、その事物自身の中に、その生成の位置と方式を示す証拠を発見すること」という定理の形で表わした。問題は舌石であれ石質の貝殻であれ水晶であれ、独特の形態をもった任意の「化石」の起源を決定することであった。この問題を解決し、生物の遺骸である「化石」と地球の内部の「その場で」形成された「化石」とを区別するための決定的証拠は、それらの成長の様式を分析することで見出されるだろうとステノは考えた。キルヒャーのように地球のもろもろの相貌に有機体的類比を当てはめることは拒絶したため、ステノには舌石のような生物的「化石」が生物の体内で成長したのと同じ意味や方式で、水晶のような非生物的「化石」が地球の内部で「成長」することはないと信じる用意がすでにできていた。

ステノはこの区別を正確に行なうために、物質の粒子説を採用した。彼は石英と黄鉄鉱*の結晶のさまざまな形態を、周囲の流体から沈殿した粒子の付加的成長という観点によって分析し、そのような自然に産出する結晶も、実験室で試験的に生成されるものと本質的に異なるところはないと結論した。他方で軟体動物の

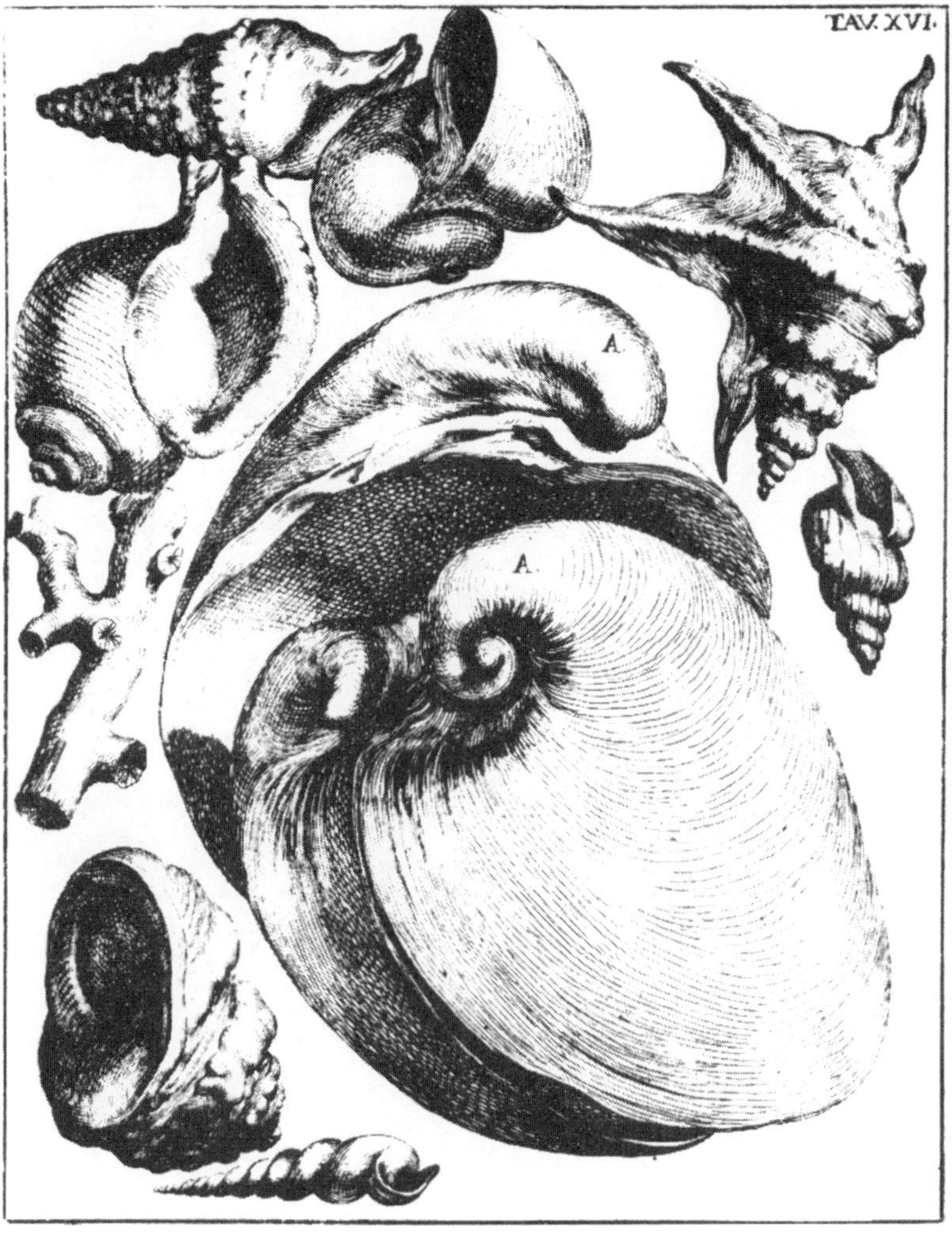

図 2.4　シッラの書（1670）【10】の図版の一つに描かれた，化石の貝とサンゴ．よい状態で保存され現生種と似ているため，これらの生物起源は容易に受け入れられた．

殻のさまざまな形態は、主として殻の縁に沿う、明確に異なる付加の様式に帰すべきであり、殻の成長はそれが包み込んでいる動物の生命活動に明らかに負っていた。そしてこの点では、化石貝殻は現生軟体動物の殻と同じであった。「化石物」の成長のこのような分析から、ステノは実際には基準を引きだしていた。その基準によれば、地球の内部の「その場で」浸透する流体から成長することができた化学者たちの扱う結晶に似た事物と、生物によってのみ形成され、「その場で」成長することはできなかった生物の一部に似た事物とを、区別することが可能であった。さらに非生物的「化石」の成長を説明するために浸透する流体を使用したステノは、それを貝化石と現生貝類との残余の違いを説明するためにも利用できた。内容物のすべての相違は、そのような流体から沈殿した特別の粒子の注入や、本来の粒子の若干の浸出に起因するとされたのである。

4

『プロドロムス』が出版される前に、ステノはフィレンツェを離れてデンマークに戻った。のちにフィレンツェを再訪したとはいえ、彼は化石の問題にもはや貢献することがなく、完全な『論説』は決して書かれなかった。ライプニッツ（一六四六―一七一六）などの同時代人が惜しみながら論評したように、カトリックへの改宗とその後の聖職授与が、ステノの関心を自然科学から全面的に逸らしてしまったように思われる。だが彼の著作は無視されたわけではなかった。『プロドロムス』はフィレンツェとアムステルダムで出版され、イギリスに到達するとオルデンバーグによって翻訳された。とはいえそれは化石に関する結論のためと同じく、粒子的物質論の例証のためにも王立協会の会員たちに評価されたように見える。オルデンバーグは序文において、その書は「土」の分析のゆえに、空気に関するロバート・ボイル（一六二七―一六九一）の最新の著作と同様に重要であることを示唆していた。[12]ステノは物質の本性に関する当今の論争に、自分の議論が巻き込まれることを慎重に避けていたにもかかわらず、一般的な粒子説には明らかに深くかかわっており、これこそが彼に結晶の成長と貝殻の成長を明確に区別できるようにさせたのであった。さらにフィレンツェにおける「機械論哲学」の風潮が、化石の形態を作用因によって説明するよう彼を促し、作因が特定されない限り、化石が「自然によって生みだされた」という主張に満足することがないよう彼を導いたのである。したがって彼の著作は王立協会において、とりわけ「石の成長」という古い問題に適用された「新哲学」の実例として尊重された。たとえばボイルは『プロドロムス』のオルデンバーグ訳を、自身の『宝石の起源に関する試論』（一六七二）とともに再刊するのが適切であると感じていた。[13]石の自然魔術的能力とされたものの多くには懐疑的だったが、真正のものであるような能力は、石が粒子的構成をもつと仮定するなら、機械論哲学の内部で説明できるとボイルは信じていたからである。

キルヒャーの著作を、フックやステノによる化石の生物説への反論の、典型であると見なすことは誤解を招くであろう。キルヒャーはたしかに「地下世界」のいくつかの現象を直接に研究していた——火山の記述はとくに見事である——が、彼は生物学者ではなかった。この点でもっと代表的な人物といえるのは、イギリスの医師でナチュラリストのマーティン・リスター（一六三八？—一七一二）である。一六七一年に王立協会員に選出されるとほとんどすぐに、リスターは『哲学紀要』で発表するためにオルデンバーグに送った書簡の中で、ステノの近頃翻訳された『プロドロムス』について論評を行なった。[14]これは小論の形で科学雑誌に公表された、古生物学に対するおそらく最初の寄与として、後世から名声——あるいは悪名——を付与されるいくばくかの権利を有している。

リスターが化石の生物説を拒絶したことは、いくつかの理由によってとくに興味深い。最もありふれた化石とその現生近似種との類似を正しく判断するのに、彼ほど適した立場にある者は当時のヨーロッパには一人もいなかったであろう。リスターはすでに軟体動物の重要な研究に着手しており、それは偉大な挿絵入りカタログの『貝類誌』（一六八五―九二）において頂点に達するはずであった。だがその著作においてもそれ以前の『イギリス動物誌』（一六七八）においても、彼は貝化石を貝殻石（cochlites, conchites など）と名づけ、現生軟体動物の殻との類似にもかかわらずその生物起源を否定しながら、別々の項で記載と図示を行なっていた。[15] 一六七一年の書簡においても簡潔に述べられている、この結論に彼が到達した理由は、きわめて有能なナチュラリストでさえ、化石の問題に取り組む際には依然として直面する可能性のあった困難を明らかにしてくれる。

イタリア産化石はスペクトルの「容易な」端に位置していたので、リスターはそれに関するステノの解釈を受け入れる用意はあった。だがリスターが深くなじんでいたイギリス産化石――現代の用語でいえばほとんどが*ジュラ系と*石炭系の地層から産出する――は、はるかに重大な解釈の問題を提起した。第一に物質の問題があった。「この貝殻の類似物の中に、貝殻のようなものは何もない」とリスターは断言したが、たしかに彼の化石の多くは紛らわしい保存様式をもつ標本であった。このことと密接に関連しているのが位置の問題であった。すなわち「異なった石の採石場は、まったく異なった種類や種の貝殻をわれわれにもたらす」のである。特定の化石はしばしば特定の地層に特有であるという事実は、のちの時代に史的古生物学の鍵であることが判明するが、リスターにとってそれは躓きの石であった。貝化石が本当に生物起源であり、フックが示唆したとおり陸上に「投げ上げられた」にすぎないなら、同じ種類のものがいたるところで発見されるはずである。ところが貝化石は特定の岩石類型と産地に固有であるように見えるので、植物が地表の特徴的な生息環境で成長するのと同様に、貝化石は「その場で」成長したことがごく自然に暗示されるのである。だがリスターの第三の最も重要な反論は、形態の問題から生じた。ステノの化石とは異なり、「わがイギリス採石場の貝殻は、その種や類がこんにちまだ生存しているはずの、いかなる動物の型にも当てはま

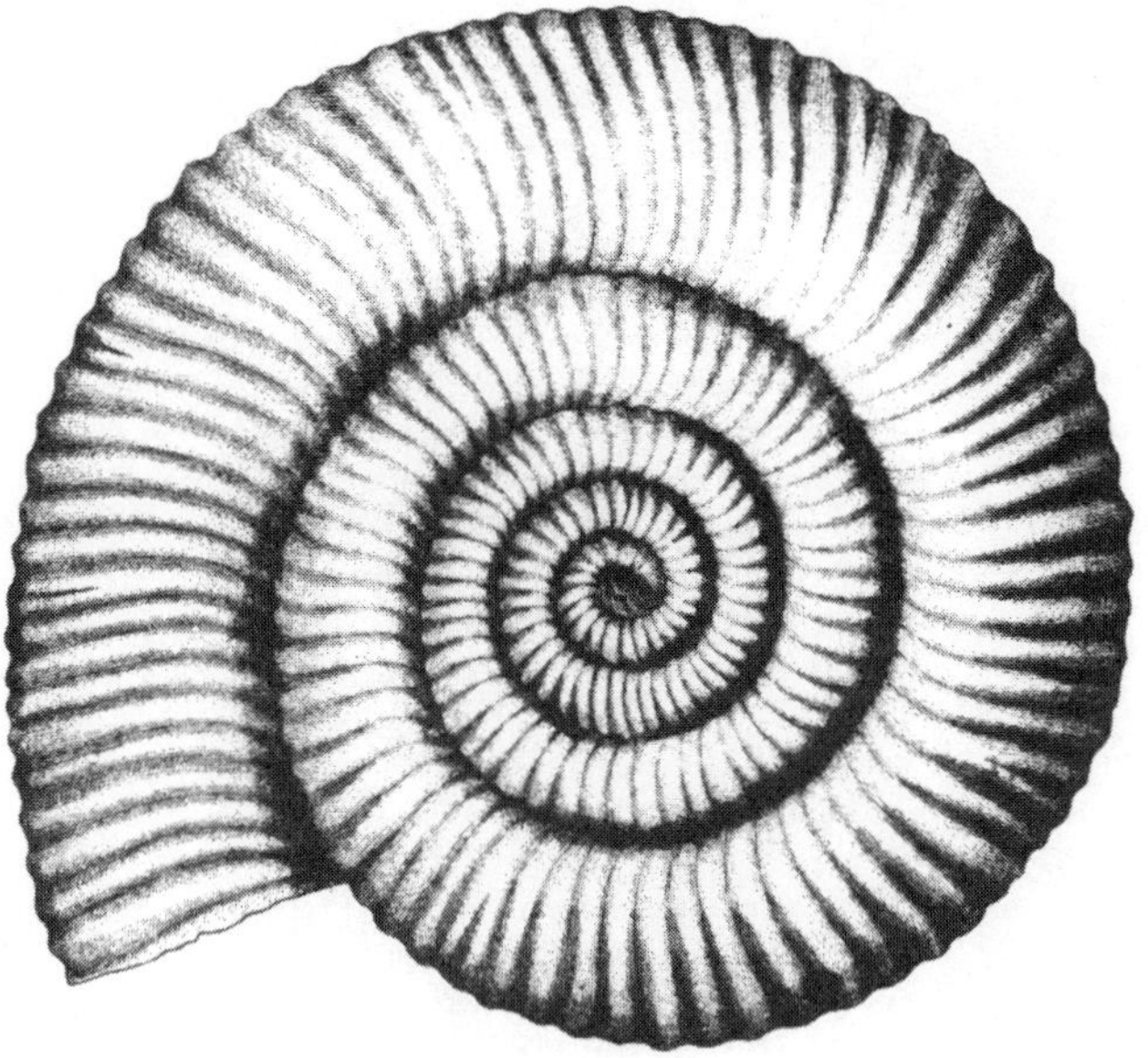

図 2.5　直径が 2 フィートもある巨大アンモナイトのリスターによる挿絵（大幅に縮小してある）（1692）【15】. このような化石はいかなる現生軟体動物とも似ておらず，保存状態も混乱を呼ぶものだったため，リスターはそれらが生物であることを疑っていた．他方でフックはその生物起源を受け入れたが，それらはほとんどの動物が ── 人間自身も ── 巨大であった，遠い過去の時代のものであると考えた．

らない」とリスターは述べる（図2・5）。軟体動物についての入念な体系的研究のおかげで、彼の貝化石は現生種との一般的な類似しかもたず、両者が厳密に同一ではないことを彼は知っていた。フックの名を挙げてはいないものの、リスターは一般的な類似だけを見て満足している人々を批判し、彼らは「注意深く正確な記載に屈することを欲するなら」、翻意せざるをえないであろうと主張した。リスターはこのことを、それにもとづいて問題が解決される決定的論点として受け入れる用意さえできていた。現生軟体動物が彼の貝化石と明確に同一であるということになるなら、「わたしの議論は崩壊するであろうし、わたしは喜んで誤りを認めよう」と結論した。それまでは「この件において貝殻の石化のような事柄は存在しないと考えたい。……このトリガイのような貝殻は、現在そうであるのと同様に、過去においても独特の石であり、動物の一部だったことは決してなかった」と彼は主張した。

5

リスターによる反論の真意は、おそらく当時最大のナチュラリストであった、彼の友人ジョン・レイ（一六二七―一七〇五）によってより明確に語られた。[16] レイは数年前に広範囲の大陸旅行を行ない――彼もモンペリエでステノに会っていた――主として植物研究の過程で「化石」の主要なコレクションに注目することになった。旅行中の『観察』（一六七三）の報告を出版する運びになったとき、彼は化石の問題を論じる場所として、あるドイツ人のコレクションに対する註釈を利用した。[17] 彼特有の公平さをもって、生物説と非生物説双方に対する賛否両論を書きとめ、それぞれの立場を例示するためにフックとリスターを引用した。卓越したナチュラリストとして、レイは生物説擁護の議論を正しく評価する用意が充分にできていた――それが「わたしにとって最も確からしい見解である」と述べていた――が、同時にその説に対する二つの深刻な反論に気づいていた。第一に、現生種と化石種との間の相違は、いくつかの種が絶滅したことを含意するように思われる。そして第二に、化石が高山で、さらにはアルプスでさえ産出することは、「大洪水」をもちだしても、山の隆起を地震の作用のせいにしても説明することが困難であった。しばしば生起する形態と位置に関するこの問題は、「容易な」イタリアの化石からイギリスや他の場所で見つかる「困難な」標本へと論争が拡大するにつれ、ますます厄介なものになりつつあった。

形態の問題についての本質的なジレンマは、この時代の自然神学に固有の哲学的前提が、相矛盾する結論を導くことにあった。一方では、その前提は生物学に対するアリストテレス流の機能主義的アプローチ――

レイ自身の研究がよい例になっている——を奨励し、そのため貝化石と現生貝類との類似が偶然にすぎないとする説明は、文字通り信じられないものになっていた。たとえば化石二枚貝の殻が現生二枚貝の殻と同様に蝶番で結合されているなら、その構造が両者において同じ機能を果たしていなかったなどと想定することは不条理に思われた。フックとレイが認めていたとおり、このような目的論的見解は生物説を利する強力な議論であった。他方で化石種と現生種との間に厳密な同一性がしばしば欠如していることは、絶滅の可能性を含意しているがゆえにその結論と矛盾した。困難は、絶滅は原初の「創造」のデザインの中に、何らかの不完全と未完成を不可避的に導き入れることにあった。そのためそれは摂理というキリスト教の教義だけでなく、それ以上にその教義が深くかかわりをもつことになった充満というもっと古い観念をも脅かした。かつて存在しえた、そして明らかに存在した生物の任意の形態が、その後地表から消滅することが許されたなどとは、思いもよらないことに見えた。これがステノの生物説に対するリスターの反論の背後に、潜在的に横たわっていた不満であった。またそれはレイが問題を思慮深く評価した際に、できれば受容したい気にもなった立場に対して感じた不満でもあった。

このようなジレンマから抜けだす方法が一つだけあった。すなわち化石種は実際には絶滅などしていないとすることであった。まだ発見されてはいないが、化石種は依然として世界のどこかに生存していると仮定する方が、理にかなっているとレイは感じていた。論争の的になっている生物はほとんどが海生動物であり、異国の海生動物相はまだよく知られていなかったので、これは完全に正しいと認めうる結論であった。たしかに化石有柄ウミユリというレイが言及した特定の事例については、西インド諸島の非常な深海で現生の標本が発見されたことにより、彼の死から半世紀後に先の仮説は立証されたのである。

それでもレイ自身でさえ、これはその問題の完全に満足できる解答ではないと感じていたように思われる。化石についてのその後の試論において、レイはとりわけ彼を困惑させる化石としてアンモナイトを選びだした。というのもここには生きている状態ではまったく知られていない、多くの異なる種を含む属全体があったが、フックはそれらが生物起源であると考えるためのもっともな理由を作りだしていたからである。だがレイは絶滅に対する反論の力を非常に強く感じていたので、それほど困惑を呼ばない他の多くの化石の生物起源は受け入れる用意があったにもかかわらず、アンモナイトは境界線の非生物の側に置きたいと考えていた。それでもアンモナイトの異常なほど紛らわしい保存様式が、この点に関するレイの立場に強力な支持を与えていたということはつけ加えておくのが公平であろう。

他方でフックは、アンモナイトが現生オウムガイの殻に似た本物の貝殻だったに違いないことを、目的論的根拠にもとづいて確信していたため、それが絶滅したという推論を受け入れる用意ができていた。とはいえ彼はレイやリスターに劣らず自然神学の前提の内部で研究をしていたので、新種は品種改良による新しい変種の形成に似た過程を通じ、時間の経過とともに生じたという可能性を、受け入れる用意もできていたことは重要である。以前にはこのことは、フックをダーウィンの賢明な先駆者と呼ぶための充分な根拠と考えられていた。だが実際には、それは進化論というより、創造された秩序の充満を維持するための方策であった。他の種が絶滅する間に新種が形成される限り、たとえ存在している特定の種が常に厳密に同一でなくても、創造の完全性は保たれていると依然として言うことができるだろう。だがこれはフックの多くの同時代人にとって説得力があるように思える方策ではなく、ずっとのちの時代までそれ以上発展させられることはなかった。

生物説に対するレイの留保の第二のもの、すなわち化石が発見される位置をめぐる問題は、一七世紀の残りの期間を通じ、活発な討議と論争を引き起こすことになった。だがレイは化石の起源を考察する者なら誰もが感じた懸念を、表明していたにすぎなかった。現生生物との形態の類似にもとづいて、化石の生物起源を擁護する議論は、そのような生物的事物がいかにして海水準より高い所にやってきて、岩石の内部に埋め込まれたのかの説明と結びつけられない限り、説得力をもつにはいたらなかった。

シッラの著作はこの問題に対する安易な――むしろあまりにも安易な――解答を示している。その口絵において「感覚」は、海生動物の化石遺骸が散らばった小山の上に座しているが、化石は地表にばらばらに置かれた状態で描かれており、地層の中に埋め込まれてはいない（図2・3）。シッラは化石が実際には地層の内部で産することをよく知っていたにもかかわらず、地層を水流に掃き寄せられた砂と礫の集積にすぎないと見なし、化石がそこに置かれた原因は、おそらく「大洪水」のときに生じた、潮流による異常なほどの擾乱の連続にあると主張した。

ステノは成層の本質を知悉していたので、そのような単純な解答を採用することはできなかった。そこで彼は『プロドロムス』において、流体からの沈殿によって地層の起源を説明した以前の議論を洗練させ、軟体動物の殻やサメの歯が、層をなして重なる堆積物の内部に、いかにして封じ込められたのかを明らかにした。いまや彼はそのような地層が、もともとは水平の層として堆積したに違いないことを強調した。これは通常観察される地層の傾斜が、その後の変動によるものに違いないことを含意していた。したがってこの現象は、地球の歴史における一連の出来事を、合理的推論にもとづいて再構成するために利用することができた。

ステノはこの再構成の方法を、トスカーナの岩石を分析することによって詳述したが、彼はこの地域が地球のすべての地域の典型をなすだろうと考えていた（図2・6）。彼は水中において水平の堆積が起こった二つの別々の時期、下部に横たわる地層が何らかの地下の作因によって掘り崩された二つの時期、その結果として残されていた地層が崩壊した二つの時期を区別した。このように区別された六つの時期は、一連の地質学的出来事を再構成しようとした最初の主要な試みとして重要なだけではない。より注目すべきなのは、二つの周期は基本的に互いに異なり、地球の定向的な歴史のための根拠を提供していることである。ステノの前半の地層――アペニン山脈の粘板岩状岩石――は化石を含まず、それゆえ彼の信じるところでは、地球上に生命が出現する以前のものであった。ところが彼の後半の地層――アペニン山麓の新生代の岩石――は、彼が真の生物遺骸であることを示したものを含み、それゆえ生命の創造以後の時期を証言していた。ここにおいて公刊された著作の中では初めて、化石が生命の歴史を構築するための証拠として用いられた。これこそ当初は思いがけないサメの頭部に促されたステノの研究が、化石をめぐる論争に導入した新しい次元であった。

6

だがこの時点で、地質学史についての初期の注釈者たちは、ステノを近代地質学の先駆者と讃えることから、地球史を数千年という限界の中に収納した彼を弁解することへと、残念ながら転じざるをえないとしばしば感じたのであった。それでも認めておかねばならないのは、当時の状況を考えれば、ステノが自分の観察と聖書的歴史を調和させようと試みたのは、不誠実なあるいは強制された和解ではなく、彼と彼の同時代人たちが二つともに有効で相補的な証拠資料と見なしていたもの――「神の御言葉の書」と「神の御業の書」――の自然な総合だったことである。だからこそ彼はある挿話について「聖書と自然は同意する」と、別の挿話については「自然は否と言う、［だが］聖書は物語る」と、また別の件では「聖書も自然も明言しない」と、はたまた別の件では「自然は［それを］証明し、聖書はそれに反対しない」と述べることができた。彼は聖書と合致させるために、自分が得た証拠をねじ曲げる必要などなかった。それどころか彼は「自然」についての自分の観察が、『創世記』冒頭の数章に記録された先史時代のありのままの概説を、単に敷衍し、より理解しやすいものにしていると心の底から信じていたのである。

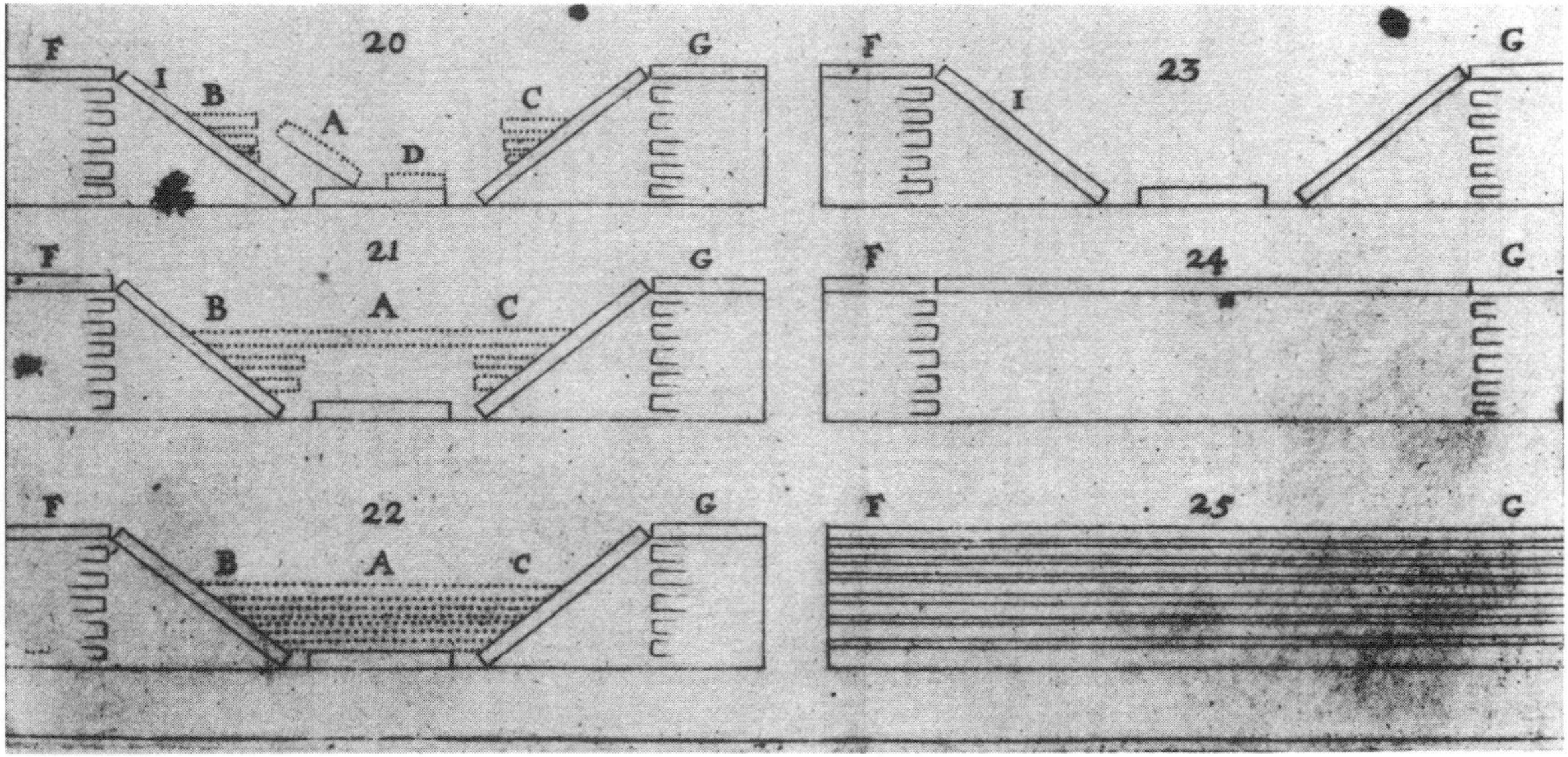

図 2.6　「原初の」地層の堆積（25）から現在（20）までの地球史の 6 段階が再現されている，ステノによるトスカーナの地質の「幾何学化された」図式的断面図（1669）【11】．含化石層（点線部分）は第 4 段階（22）の洪水の間に堆積した．全体の構想と，図式の形式さえ，デカルトによる地殻崩壊の前代の理論に多くを負っている．

地球の年齢が数千歳にすぎないという一七世紀の信念を査定するにあたり、科学史家たちは、いまではプトレマイオス（九〇頃―一六八頃）的――コペルニクス（一四七三―一五四三）的でさえある――宇宙論の制限された空間に対して示されている歴史的共感や理解を、この制限された時間観に対しては認める用意がさほどできていなかったのかもしれない。それでも二つの事例は酷似している。制限された時間の宇宙は、制限された空間の宇宙と同様に、当時にあってはほとんどすべての利用可能な証拠からも、ほとんどすべての伝統的議論や良識的論拠からも支持されると考えられていた。ほとんどすべての思索する人々に、地球がごく最近――人間の一生という基準からすれば大昔ではあるが――誕生したという見解に賛同させたのは、単に精神的保守主義の威力でも、まして教会による裁可という脅威でもなかった。たとえばその見解の多くにおいてたしかに異端的であり、無神論者でさえあったかもしれないトマス・ホッブズ（一五八八―一六七九）ですら、もっと正統的なすべての学者と同じくらい容易に、この特殊な信念を当然のものと見なすことができた。[18] 化石の問題はこのような慣習的な信念が、緊張を強いられる論点の一つになるはずであった。しかし最初にその問題が、充分に確立した結論と思われるものの内部に収容されたのは、ごく自然なことであった。

聖書的な時間の概念は、化石の意義の理解が発展することを阻害する拘束衣になるどころか、当初は正反対の効果をもたらした。[19] 一六世紀と一七世紀初頭の宇宙論についての論争は、地球の起源と発展という問題をさほど刺激することのない哲学的枠組みの内部でほとんどが行なわれた。[20] 地上の変化は連続的であり、アリストテレスの体系によれば無限の時間尺度にもとづいて進行しているにもかかわらず、天界の絶えまない規則的運動と同じく定向的であるとは言えなかった。地球が一つの歴史――ここではこの語を現代的な意味で用いており、「自然誌」（natural history）の語に保存されているような初期の意味においてではない――をもっていたという観念は、自然哲学の領域からではなく、証験神学*の領域から初めて「科学的」論争の中に参入したのであった。

歴史が直線的あるいは定向的であるという強烈な感覚は、むろんユダヤ人と初期キリスト教徒の思想に特有のものであった。実際にはそれは神が歴史の内部で連続的に活動しているという信念の中核をなしていた。そのキリスト教的な形態では、この信念は「天地創造」と「大洪水」から、イスラエルとの「旧約」を経て、歴史の中間点におけるキリストの来臨によってそれが実行されることへと続く、歴史のための枠組みを提供していた。そこからこの歴史は、「教会」との「新約」の時代を経て、将来の「審判」と「千年王国」へ、さらに万物の最終的な「完成」へと広がっていた。[21] 一六世紀には、このような定向的な歴史の概念は、新約聖書の真の教義を取り戻そうとする意識的な試みのみならず、人間の歴史は世俗的な観点からも実際に定向的であるという感覚の増大によっても更新された。[22] しかも世俗的な世界は実のところ別の領域として区別されていたわけではないので、この人間の進歩という芽生え始めた観念は、多少とも迫りつつある「千年王国」に対する期待と一般に結びついていた。「千年王国」は古代の「黄金時代」をもしのぐ、政治的・社会的——そして科学的な——「黄金時代」を確立することになると考えられていた。[23]

劇的な歴史的過程に参画しているという自覚がこのように高まるにつれ、歴史的学問への関心が更新されたのも当然であった。ますます洗練の度を増す手法を用いながら、この学問は利用可能なすべての歴史記録の批判的な比較や照合と、世界史の統一的年代学を編纂する試みを生むことになった。一七世紀には、「年代学」の研究は最も尊敬を集める学問的営みとなった。それはたとえばアイザック・ニュートン（一六四二—一七二七）が、自然哲学の研究と同じくらい真剣かつ詳細な調査に値すると感じていた領域であった。[24] ニュートンの事例は年代学研究の動機として、黙示録的預言が重要だったことも示している。それは決して純粋に好古家的な探究ではなく、政治や社会と直接的な関連を有するとしばしば感じられるものであった。

世界の創造に対し紀元前四〇〇四年という年代を創案したと、誤ってではあるが一般に信じられているアーマーの大主教ジェイムズ・アッシャー（一五八一―一六五六）は、これらの問題を解決するために比較文献学の最新の知識を適用した、学識豊かな多くの年代学者の一人にすぎなかった。アッシャーが『世界の最初の起源からの旧約の年代記』（一六五〇）を出版したとき、それは自然哲学者たちから、聖職者的蒙昧主義の嘆かわしい見本などではなく、歴史的学問の当代随一の成果と見なされたのであった。古代の著述家はすべて、年代学を世界の起源にまでさかのぼらせることを断念していたのに対し、天文学的計算や、ヘブライ暦や、聖書外記録などについての現代の知識のおかげで、この問題はいまや解決可能になったことをアッシャーは指摘した。[25] 世界の起源をユリウス周期七一〇年（慣習としてキリスト生誕年とされている年の四〇〇四年前）一〇月二三日日曜日の前夜に設定し、彼が年代記を開始させた日付は、細部において他の年代学者たちは同意できない――そしてしなかった――ものであった。しかし彼の歴史分析の手法の有効性を疑ったり、これほど正確な年代記に到達できることを疑問視する年代学者はほとんどいなかったのである。

そのような正確さの根底には、字義通りの解釈が『創世記』冒頭の数章に対してさえ唯一の妥当な釈義であり、さらにそれら数章は歴史記録として神によって認証されているという仮定がむろん存在した。とはいえこの仮定は、合理的と見なすことができる釈義へのますます増大する要求と、それに対応する寓意的解釈法への嫌悪、あるいはむしろすべての非直解的解釈法に対する嫌悪によって助長されていた。箱舟の記録に残る大きさと積まれた動物について、驚くほど詳細な分析を行なったキルヒャーの『ノアの箱舟』[26]（一六七五）は、このような伝統の内部で作りだされた、直解的でありながらきわめて学問的でもある著作の特徴的な例である。だがこの刷新された直解主義は、年代学者たちの比較研究そのものによって正当性が立証されるように思われた。聖書は単にキリスト教教義の権威ある源泉として独自なのではなかった。歴史の最初期に関する情報の源泉として、ほとんど唯一の信頼できるものであるとも感じられていた。ギリシアの資料でさえ、まして当時知られていた東洋の記録は、時間をさかのぼればたちまち明らかに伝説的・神話的な説明に堕すのだった。それに対して古代ヘブライの年代記作者たちは、歴史的なものに対する鋭敏な感覚をもって、彼らの民族の歴史と、そしてまさしく世界の始まりにまでさかのぼる人類の歴史について、ありのままの事実にもとづく報告を提出しているように見えた。

おそらくこのような結論は、いくつかの東洋の年代記を文字通りに信用すれば、アリストテレス的な永遠主義に向かう危険な坂道に、足を踏み入れかねないという感情によって補強されていた。イザアク・ド・ラ・ペレール（一五九六―一六七六）の悪名高い著作『アダム以前の人間』（一六五五）は、聖書の報告の正しさを保持するつもりでありながら、その普遍的典拠を否定することによってしかそれを果たせなかっただけに、この種の危険の適切な警告と思われたであろう。(27) この不安はたとえばマシュー・ヘイル卿（一六〇九―一六七六）の著作『人類の始原』（一六七七）では、明らかに重要な動機となっていた。しかし同時にヘイルは、人間の文明は非常に古いものではないという結論を維持するために、説得力のある多くの合理的な議論を提示することができた。(28) 人間の先史時代が長大だったとは想像も受容もできなかったため、ヘイルの結論は人類の起源が最近にあることを証明しているのに等しいと考えられた。さらに居住する人間のいない地球は、無目的ではないとしても不完全であることは確かに思えるので、同様の証拠は地球自体の歴史が短いことを間接的に確証していると見なすことができた。

ここでも、この最後の想定の中には、人間を地上における創造の頂点とするキリスト教の教義のみならず、充満の概念も反映されている。地球が永遠に存在してきたにせよ、数千年だけ続いてきたにせよ、人類の歴史が地上の自然の歴史とほぼ同一の広がりを有することは、誰もが当然であると考えていた。この二種類の歴史が別個の問題として考察され始めるのは、のちの時代のことでしかない。一七世紀には、それらは両者とも「古代」という同一の時代に関与していたので、基本的に同一の問題の一部であった。したがって『哲学紀要』の初期の巻に、好古家的論文があふれんばかりに発表されていたことや、化石に関心を抱いた人々の多くが、自然の歴史への手がかりになるとして、歴史的・好古家的学問にも積極的にかかわっていたことは偶然ではないのである。(29)

7

世界の年齢がおよそ六〇〇〇歳にすぎないという、一七世紀の年代学者の間に存在した全般的合意は、地球上で生起した自然の出来事に関心をもつステノのような人々の行動様式を、厳しく束縛したわけではなかった。世界史の正確な出発点がいかなるものであれ、年代学は人間の歴史の出来事のみならず、推測されうるすべての自然の出来事が、その内部にうまく収まる枠組みを提供していた。ステノは六段階からなるトスカーナの地史を、慣習的な年代学の限界の内部に収納しても、強いられたという感覚はもたなかった。たとえば当時発見されたばかりだった（更新世の*）ゾウの骨格を、ハンニバル（前二四七―前一八三）の軍隊が連れてきたゾウの最後の生き残りの骨格と解釈することは、彼にとっても彼の同時代人にとっても当然のことと思われた。ハンニバルの侵入には有力な歴史的証拠があったのに、他のいかなる時期にも、イタリアにゾウが生存したという証拠は存在しなかったのだから。ステノは彼の歴史を、当惑させられるほど短い時間尺度の中に押し込めなければならなかったと感じるどころか、彼の議論はまさしく正反対の懸念、すなわち彼の出来事をそれほどの太古に位置させたことで、嘲笑されるのではないかという懸念があったことを示している。彼の同時代人たちにとっては、古典古代の硬貨や壺や像が、二〇〇〇年もの長きにわたり、埋葬されたまま存続したという事態が充分に驚くべきことに思えた。そこでステノは貝殻のようなより腐りやすい事物が、もっと長い期間地中に埋もれて存続することなどありえないという反論に、遭遇しなければならないと感じていた。いくつかの化石の古さを、年代学者が算定した「大洪水」の年代の頃まで、異論の余地なく押し戻す一連の証拠を発見した際、彼が喜びをあらわにしたのはこのことによって説明される。ステノの指摘によれば、ローマが建設されたとき全盛期にあったエトルリアの都市ヴォルテッラの最古の壁の中に、貝化石の混じった石材が含まれていたということである。またその都市自体が、石化さえしていない他の貝殻を含む地層で構成された、丘の上に建てられていた。このことから、貝殻が少なくとも三〇〇〇年間ほとんど変化せずに存続しうること、したがって含化石地層の堆積の時期を、「大洪水」の時代に帰属させるのは理にかなっていることが判明すると彼は主張した。彼の信じるところでは、記録された歴史の中の他のいかなる出来事も、そのような海成層が現在の海水準より高い位置にあることを説明できるほど、激烈な効果をともなうものではなかった。またそれらの地層に関することで、聖書に記されたその出来事の簡略な説明に反すると思われるものは、何ひとつ存在しなかったのである。

それでもステノがすべての含化石地層の堆積を「大洪水」の時代に割り当てたことは、一七世紀の残りの期間を通じ深刻であり続ける問題を提起する仕儀となった。彼の解答が不満なものに感じられたのは、聖書の字義通りの解釈と理性に適合する自然的説明双方に対してますます増大する要求と、それとを和解させるのが難しかったからである。海生化石を含む広範囲の地層が、「大洪水」の記録された期間内に、あるいはむしろ聖書に記述された種類の「大洪水」によって、いかにして敷設されえたのかを想像することは困難であった。しかもたとえより弾力的な釈義が採用されたとしても、「大洪水」の水の起源と処分の問題は依然として解答がないままであった。たとえばカルヴァン（一五〇九―一五六四）によって用いられ、ラ・ペレールによって復活させられた初期の解答は、「大洪水」を起こした神の目的という観点からして、その効果は当時人間が占有していた地域に限られていただろうとするものであった。しかしこの解答はいまや容認できないほど聖書と衝突すると感じられた。他方でもし「大洪水」が全世界的なものであったなら、最も高い山の頂を覆うためには莫大な量の水が必要だったであろう。にもかかわらずこの水の直接的な創造とその後の消滅を前提とするのは、神が通常二次的原因を用いるという事態を、恣意的に中断することであると思われた。化石が海より高い地層の内部にいかにして置かれるようになったのかの説明として、「大洪水」は不適切であるとレイが感じたのは、まさにこの意味においてであった。

フックも同意見であった。一六六八年――ステノの『プロドロムス』が出版される以前――に、フックはすでに『ミクログラフィア』において発表していた化石についての簡潔な論評を、王立協会に宛てた長い「論説」へと拡充した。[30] その中で彼は化石が陸上に位置することの説明として、「大洪水」を使用することを拒絶した。しかしこのことは地球史の慣習的な年代学を拒否し、さらには自然と聖書を調和させる試みを攻撃したいという欲求が、フックの側に存在したことを反映しているのではない。それどころか、彼の結論がいくつかの点でいかに「現代的」に見えようとも、それはステノの結論と同様に、数千年という枠組みの中に無理なく収められているのである。

フックはまず始めに化石の生物起源を擁護する以前の議論を、化石が生物でないならそれに目的はないだろうという、自然神学に由来する議論を再び顕著に用いて拡張した。次いでかつての海の広がりをしるす貝化石と、古代の帝国の広がりをしるすローマの硬貨との類比を詳細に展開した。これは後世にそうなるような、ある歴史科学と別の歴史科学との純粋に方法論的な類比ではなかった。フックにとって、これはある証拠資料を別の証拠資料によって補完しながら、歴史の同一の時期の年代学を構築するという問題であった。「自然の好古家」の職務は、「人工的な」古物の研究家によって使用されている記録を、化石の援助を受けながら敷衍することにあった。しかも化石はより慣習的な記録に比べ、ある種の利点を実際にもっていた。化石は知られている最古の文明であるエジプトのピラミッドやオベリスクより、明らかに長い期間存続してきた。そしてその文明のいまだ解読されていないヒエログリフより「判読しやすい」ものであった。ルネサンス期に知られていたヘルメス文書の古さなるものは、一七世紀初期には論破されていたにもかかわらず、キルヒャーのような学者は、ヒエログリフが太古の学識ある時代の英知を具現していると信じ続けた。[31] だがそのような信念は、決して時代遅れの骨董品ではなかった。たとえばニュートンは、学識ある時代には知られていたがその後忘れられてしまった自然哲学の原理を、自分は単に再発見しているだけであると心の底から信じていた。[32] フックも同様の信念に賛同し、化石のような「自然の古物」の主要な価値は、この曖昧にしか知られていない地球の歴史の初期の時代に、光を投げかけるかもしれないことにあると考えていた。「大洪水」は『創世記』のみならず聖書外の多くの記録にも記されているという理由で、彼はそれが現実のものであったことを疑わなかったが、化石の問題を解決するには不充分であると判定した。ステノとは異なりフックは、海生化石が海から離れた岩石の中に置かれていることを説明するには、「大洪水」はあまりにも短期間の出来事であったという——より直解主義的な——判断をくだした。代わりに豊富な歴史記録を引用しながら、彼は地震なら観察されるような結果を生みだすだろうと主張した。

フックが地球上の変化の作因として地震を採用したことは、独創的ではないとしても、そのおかげで彼は化石の生物的本性に対する信念と、地球は短期間しか存在してこなかったことに対する同様に堅固な信念とを統合することができた。地球が原初には熱く流体であったという仮定にもとづき、地震は当初現在より強く、したがってより新しい時代に記録されている変化より、もっと劇的な変化を地形にもたらしたと彼は主張することができた。地球史におけるこの定向的変化の概念は、地球は太古の完全な状態から徐々に衰退しているという通念とうまく合致した。[33] またフックは聖書から、「老いる」地球という有機体的類比を借用さえした。この概念は次には地球はその「幼年期」には巨人族を擁していたという、「古代」の伝説のみならず巨大な化石骨の発見によっても促進された伝統的信念とも符合した。そしてフックの推定では、既知のすべての現生貝類よりはるかに大きいポートランド石灰岩の巨大アンモナイト（図2・5）は、その巨人時代のものであった。化石の状態でしか発見されないこのような種は、たとえばプラトンの水没したアトランティスの伝説において曖昧に報告されたような、激変的地震によって滅ぼされたのであると彼は推測した。さらにいまでは神話的あるいは解読不能な堕落した形態でしかその英知が知られていない太古の「学識ある時代」も、「大洪水」を引き起こしてノアのみを生き残らせた、地震によって消滅させられたのであろう。

自然の歴史と人間の歴史のこの総合の内部に、フックの同時代人たちを驚愕させたと思われる特徴が一つだけあったが、それは彼が歴史における古い種の絶滅と新しい種の形成は、「ありそうになくはない」と言明したことであった。しかし地震を利用する方法も、論争においては魅力的な新要素ではあったものの、レイがはっきりと認めていたとおり完全に満足のいくものではなかった。歴史に記録された地震が、フックがそれに託したような効果を一般にもっていたか、あるいは化石が地層の内部に位置することをそれは説明できるのかということは、少しも確実ではなかった。さらに「大洪水」が現実のものであったことは受け入れながらも、フックはその自然的機構を相変わらず曖昧なままにしていた。この問題を解こうとする真剣な試みは、のちに別の源泉から出現したのだった。

8

フックとステノによって素描された発展的地球史の背後には、ほとんど認められることはないものの、明らかに強力なもう一つの影響が伏在していた。定向的時間というキリスト教的な概念の枠組みの内部で復活した年代学は、地球における過去と未来の歴史的出来事の様式に関心を集中させていた。しかし同時に宇宙論における革命が、地球を宇宙の中の固定された中心から移動させ、中心がなく無限に思える宇宙の内部に解き放っていた。このことは「[人間が居住する]世界の複数性」という問題を、それに付随する形而上学的・神学的難問にもかかわらず——「宇宙時代」のはるか以前に——緊急のものにしただけでなく、そこには地球がこれまでに経験しこれから経験するいかなる歴史も、そのような天体すべてに共通する様式の一例にすぎないということも含意されていた。こうした含意がフックとステノに明らかに影響を及ぼす形で述べられたのは、デカルト（一五九六―一六五〇）の『哲学原理』（一六四四）においてであった。

物質と運動だけを基本的要素とする自然哲学の最も自明な原理から導かれた、仮説的宇宙のための壮大な包括的体系の内部に、デカルトは仮説的地球の発展の簡略な概説を含めた。「わたしはこの地球を……その部分の形状と運動以外には、何一つ考察する必要のない機械にすぎないかのように記述した」と彼は述べている。[34] デカルトの体系は熱い恒星状天体としての起源から冷たい惑星としての最後の運命まで、ある一つの地球――彼はある一つの仮説以上のものを提出する意図は否認していたのだから、任意の地球――の自然的発展の跡をたどっていた。これこそフックがデカルトの否認を無視しながら、この地球の起源の問題に適用し、彼の地球史の総合の中に溶け込ませた観念であった。デカルトはある地球状天体の起源に続けて、最初は滑らかだった外表面が地殻として固まり、のちにその下の流体の層の中へ不規則に崩落し、そのために不規則で変化に富む表面が生みだされたことも示そうと努めた。既知の地球に移し換えれば、この自然的機構は大洋や大陸や山や傾斜した地層といった地形を説明するためにむろん利用でき、ステノはそれをまさにそのように適用した。地層崩落についての彼の機構は、デカルトの図式的表現とよく似ており、ステノは彼のより古い（化石を含まない）地層が原初の地球に由来するとした点では、明白にデカルトに同意していた。このようにフックとステノの両者とも、ためらいがちではあったが、年代学の証拠とデカルト的な合理性の規範双方を満たす地球の歴史を構築するために、岩石と化石の観察を利用しようとしていたのである。

そのような総合を試みるにあたり、彼らはデカルトの著作が現われるとほとんどすぐに始まっていたある研究方法に従っていた。デカルトの宇宙論――あるいは少なくともそのいくつかの側面――を歓迎した人々の間で最も熱烈であったのは、「ケンブリッジ・プラトン学派」の哲学者ヘンリー・モア（一六一四―一六八七）であり、彼は無数の世界の中に、創造された宇宙の充満を驚くほどにではあるが魅力的に拡大させるものを見ていた。(35) モアは空間の無限についてだけでなく時間の無限についても、デカルトの体系が含意するものを素描した。だが彼は明らかに聖書と矛盾し、宇宙の発展というデカルトの仮説に照らしてもありそうにないという理由で、地球そのものが永遠に存在してきたというアリストテレスの結論を引きだしはしなかった。そこで彼は次のように記した。

われわれの世界が無限なのではなく
無数の世界があるのだとわたしは言おう。

無限はすなわち空間のみならず、時間においてのものでもある。モアはこう結論した。

はるか昔にいくつかの地球があり
この地球以前の人と獣が住んでいた。
そしてこの地球のあとも他のいくつかの地球があり
別の獣と別の人間が誕生するだろう。(36)

このようにモアは地球についての慣習的な聖書年代学と、デカルトの機械論的宇宙論とを和解させ、両者をデザインに満ちた宇宙という拡大された観念へと統合することができた。だがこの統合は、キリスト教的な歴史の体系からその伝統的な宇宙的意味を奪いとり、それを無数の世界のうちの一つの世界の起源と運命に関する、純粋に局所的な説明に縮小するという代価を払ってなされたのであった。こうしてモアはたとえば、かまびすしく議論された新星は、伝統的に地球に対して予言されていたような、「大火」によって炎上した遠くの世界を表現していることをそれとなく示した。さらなる含意は、地球の過去の「大洪水」や将来の「大火」のような劇的な物理的出来事は、任意の地球状天体の歴史にとって本質的に自然であるというものであった。

　このような含意は、レイやニュートンと同じく「ケンブリッジ・プラトン学派」に強い影響を受けていた、トマス・バーネット（一六三五?―一七一五）によってより完全に引きだされた。『地球の聖なる理論』[37]（一六八〇、八九）において、バーネットは化石にはまったく言及せず、実際には彼の著作は化石の位置を説明するという問題をよりいっそう困難なものにしたのであった。それでも間接的には、この書は一七世紀後期の化石に関する論争の成り行きに最も重要な影響を与えた。きわめて博識な人物であったバーネットは、入手可能なすべての科学的・歴史的証拠を用いて聖書を敷衍し、そうすることで聖書が語る出来事を合理的に理解でき、知的に尊重できるものにする作業に着手した。彼の理論はキリスト教的な歴史の体系の中の主要な出来事に、関心を集中させているという意味で「聖なる」ものであった。しかし「受肉」という伝統的にキリスト教の中心をなす出来事が完全に除外されている事実には、物理的証拠が期待できる出来事に彼が心を奪われていたということだけでなく、彼の神学の特徴であった理神論的傾向も反映されている。彼が論じた出来事は「原始の地球」「楽園」そして「大洪水」、また将来においては「世界の炎上」「新しい天と地」そして万物の「完成」であった。地球の現在の状態も数えると、これは地球史の七つの主要な段階の対称的な系列を与えていた。モアやヘイルと同様に、バーネットは地球そのものに対しては永遠主義を拒絶しており、実際にはそのような提案を論駁するためにあからさまに議論を組み立てたのであった。彼の体系はほぼ完全に、彼には疑う理由がほとんど存在しなかった、慣習的な年代学の限界の内部で考案されていた。ニュートンと同じく、天地創造の「日々」はおそらく一年かそれ以上の期間を表現していると彼は考えたが、このことは彼の時間尺度にほとんど差異をもたらさなかった。それでもデカルトに従って、その時間尺度内部の物理的出来事は、地球の構造に固有の自然的原因に由来するとされた。さらにその書の象徴的な口絵は、モアと同様にバーネットがキリスト教的な歴史のドラマを、純粋に地球にかかわる事変と見なしていたことを明示している。キリストの像は、ケルビムが集う宇宙空間によって囲まれた、地球史の七つの段階の最初と最後にまたがる位置から、「余はアルファにしてオメガなり」と宣言している（図2・7）。

化石をめぐる論争に関しては、バーネットの著作で最も重要なのは「大洪水」を扱った部分であった。他の出来事についてと同じくこの「大洪水」についても、彼は正しく理解された聖書本文と他の古代の記録を満足させると同時に、物質と運動のみによってすべてが説明されるデカルト的自然哲学の内部で組み立てられる、物理的説明を見出そうと努めた。たとえば「大洪水」以前の地球は滑らかな球体で、常春の気候をもたらす自転軸をもっていたと彼は主張した。このことにより、バーネットは海や山のない楽園的世界という古来の伝承と、天体の形成に関するデカルト的機構を結合できるようになった。次いで彼は「大洪水」そのものについての唯一適切な説明は、地殻の下の流体の層を聖書の「大いなる深淵」と同一視しながら、地殻の破砕と崩落というデカルト的機構を（ステノと同様に）援用することであると論じた。こうして現在の地球のすべての地形は「大洪水」の結果となった。人間はいまや単なる「廃墟」か「壊れた球体」の住人であった。この説明には、地球の形態とくに山の無秩序に対する彼の審美的な嫌悪感——当時にあってはまったくありふれた感情——と、地球は秩序正しくデザインに満ちたものでなければならないという、同じく強烈な自己の感覚とを和解させるというさらなる利点もあった。(38)

だがこの説明は彼の自然神学にとっては満足のいくものであったが、他のいくつかの問題を提起することになった。その問題のうち、釈義に関する困難は少しも深刻ではなかった。その理論についてバーネットと熱心に文通していたニュートンと同様、バーネットは聖書の「世俗的」な意味と「哲学的」な意味とを区別

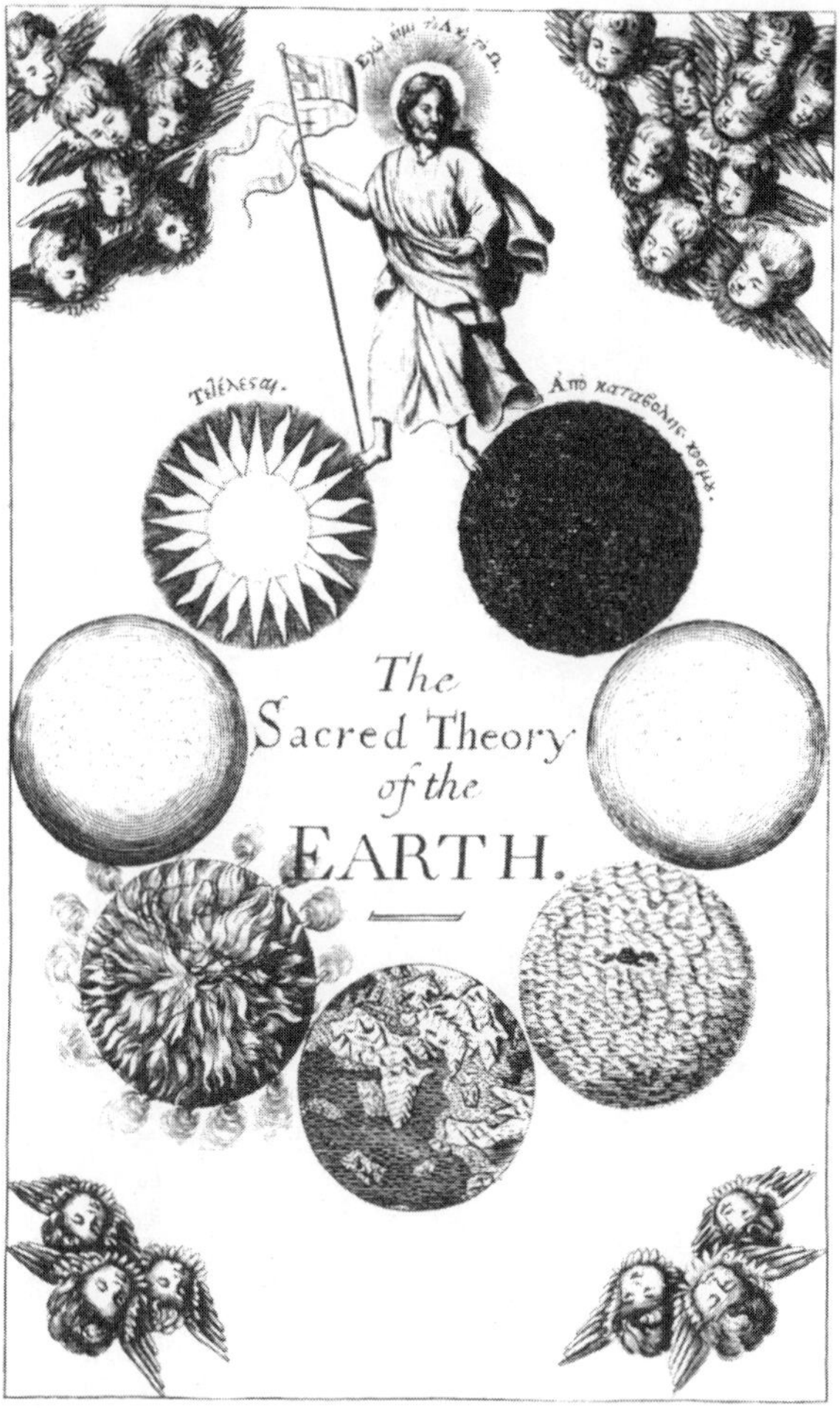

図 2.7　多大な影響力を行使した，地球史に関するトマス・バーネットの書の口絵（1684）【37】．キリスト（「余はアルファにしてオメガなり」）が時計回りの系列の最初と最後の局面をまたいで立っている．その系列において「大洪水」は第 3 の局面（漂っている箱舟に注意），現在は第 4 の局面，予想される「大火」は第 5 の局面を構成している．ニュートンの賛同を得たバーネットの理論は，化石の起源を満足のいくように説明することはできなかったが，その問題についての活発な思索と白熱した議論を引き起こした．

し、自分の説明は『創世記』の正しい「哲学的」解釈によって確証されると信じていた。[39] より深刻だったのは、彼の「大洪水」の説明は、山の地層の中で発見される海生化石の生物的解釈と、和解させることができないという事態であった。というのも彼の理論によれば、そのような山は海のない世界で形成された、地殻の層の折れた断片にほかならなかったからである。さらにニュートンが指摘したように、彼の理論では海の生命の原初の創造は無益なものだったであろうし、新たに形成された大洋に生物を住まわせるため、「大洪水」後にもう一つの創造の挿話が必要になっただろうからである。だが最も深刻だったのは、バーネットが提起した機構において、「大洪水」が本来的に不可避であることから生じる問題であった。もしも「大洪水」が地球の発展に「組み込まれて」いたなら、地球が最初に構想されたとき「人類の堕落」はまだ始まっていなかったのだから、「大洪水」がいかにして摂理の機能をもちえたのか知るのは困難であった。このようにバーネットの理論は、創造された世界における神の活動の本性という問題を尖鋭な形で提起していた。キリスト教的な歴史における重大な物理的出来事の自然主義的説明は、その摂理としての身分を不確実なものにした。それでも超自然主義的説明はいやいやながらにしか仮定されなかった。なぜならそれは神と世界との関係の信頼できる恒久性と、合理的な理解可能性両者に疑いを投げかけることにより、清教徒的契約神学と、より新しい理神論的神学双方の根本原理に抵触することになったからである。

9

好機を逃さない鋭敏な感覚をもって、バーネットは未来の出来事を扱う『理論』の後半を、多くの同時代人が黙示録的な解釈を与えていた名誉革命の直後に、また特別の黙示録的意味をもつものの一つとして以前から予言されていた一〇年間の前夜に出版した。バーネットの著作の第一部が、その思弁的含意にもかかわらずほとんど物議をかもさなかったのに対し、第二部が活発な論争を引き起こしたのは、歴史的問題に対する関心が高まりを見せていたためである。決定的な論点は、将来の「千年王国」やそれを予感させるいかなる物理的出来事も、世界の歴史に「組み込まれて」おり、したがって原則的に予言できるのか、それともその摂理としての身分は、その不可避性を否定することによって保護されるべきなのかというものであった。

化石をめぐる論争が一六九〇年代のイギリスで再燃したのは、このような黙示録的思弁の文脈においてであった。バーネットの理論についての討議が盛んになったことに対し、レイが最初にとった反応は、何年も前の黙示録騒動の初期にケンブリッジで行なった、黙示録的将来の現実性に関する説教を公刊することであった。しかし将来の「破滅」のために組み込まれているかもしれない機構を扱った節は、いまや法外に拡大されていた。「大洪水」が反復される可能性を考察する過程で、彼はその最初の発生を検討する機会をもった。また次には最初の「大洪水」の証拠と見なしうるものとして、化石に関する長い試論をそこに含める口実が彼に与えられた。のちにこの（まさに雑多な素材からなる）『雑録的論説』（一六九二）が好評を得たことを知ったレイは、その素材をもっと整然とした形にまとめ直し、「創造」「大洪水」「大火」についての『三つの自然神学的論説』（一六九三）として出版したが、この配列によって、バーネットの著作に対するより満足のいく代案を提出するという意図を示したのだった。(40)

化石に関する以前の試論においてと同様、レイは化石の本性についての相反する議論を著しく公平に提示した。その際に、かつての彼はいくつかの化石は生物的であり、他はそうではない可能性に言及しながら、「それでもわたしには、これは混乱を避けるための方便や逃げ口上にすぎず、そのような区別を設ける充分な根拠は存在しないと思われる」と述べていた。しかしいまや彼はそのような妥協的解答を採用しなければならない立場にあった。マルタ島の舌石のようないくつかの化石に対しては、生物起源は避けられないように見えたが、アンモナイトや、ある種の炭質頁岩の表面にへばりついた植物（図2・8）のような他の化石に対しては、もっぱら装飾のために「自然はときとして戯れをなし、図像を描く」ことを彼は信じたい気になっていた。他方で非生物的に見えるベレムナイトを、境界線の非生物側に明らかに位置する事物として、白鉄鉱*の団塊と並べて分類することにためらいはなかった。

だが少なくともいくつかの化石に対して生物起源を受け入れていても、レイはまだそれらの位置について説明しなければならなかった。大洪水以前の地球には海や山がなかったというバーネットの見解を、彼は採用できなかった。そのような見解は、いくつかの化石は海生生物の真の遺骸であるという彼の信念だけでなく、世界の現在の形態は「大洪水」以前と同じく依然としてデザインに満ちているという信念――この点についてのバーネットへの回答として、レイは山が有用でデザインに満ちていることに関する試論を『論説』の中に含めた――とも、あまりにも鋭く衝突したであろう。だが一方で彼はバーネットから、「大洪水」は主として地球内部の「大いなる深淵」からの水の流出に起因するという見解を借用できたし実際に借用もした。ただし彼はこの出来事の間に、海生生物が海から陸上へと、地下を通って荒々しく運搬されたことを説明する装置として、大洋と内陸の泉が地下で連結しているという伝統的な考えを利用した。

「大洪水」の間に、化石が海から陸上へ運搬されたことに対するレイのためらいがちな説明は、巧妙ではあったが満足のいくものではなかった。彼自身も気づいていたに違いないように、それは地層内部に化石が位置することを説明できなかった。この欠陥こそ、医師ジョン・ウッドワード(一六六五―一七二八)が『地球の自然史試論』[41](一六九五)において修復しようと努めたものであった。ウッドワードはこの職務に対しすぐれた資格をもっていることを大いに強調した。謙譲は彼の徳目の一つではなかったものの、たしかに彼はその時代の他のいかなる著述家よりも、岩石や化石について幅広い直接的な知識を有していた。とりわけ彼は化石が発見される地層の本性を熟知しており、問題を満足のいく形で解決するにはそれが欠かせないことに気づいていた。ステノに恩義を受けていることは認めずに――ウッドワードの批判者の一人が明らかに

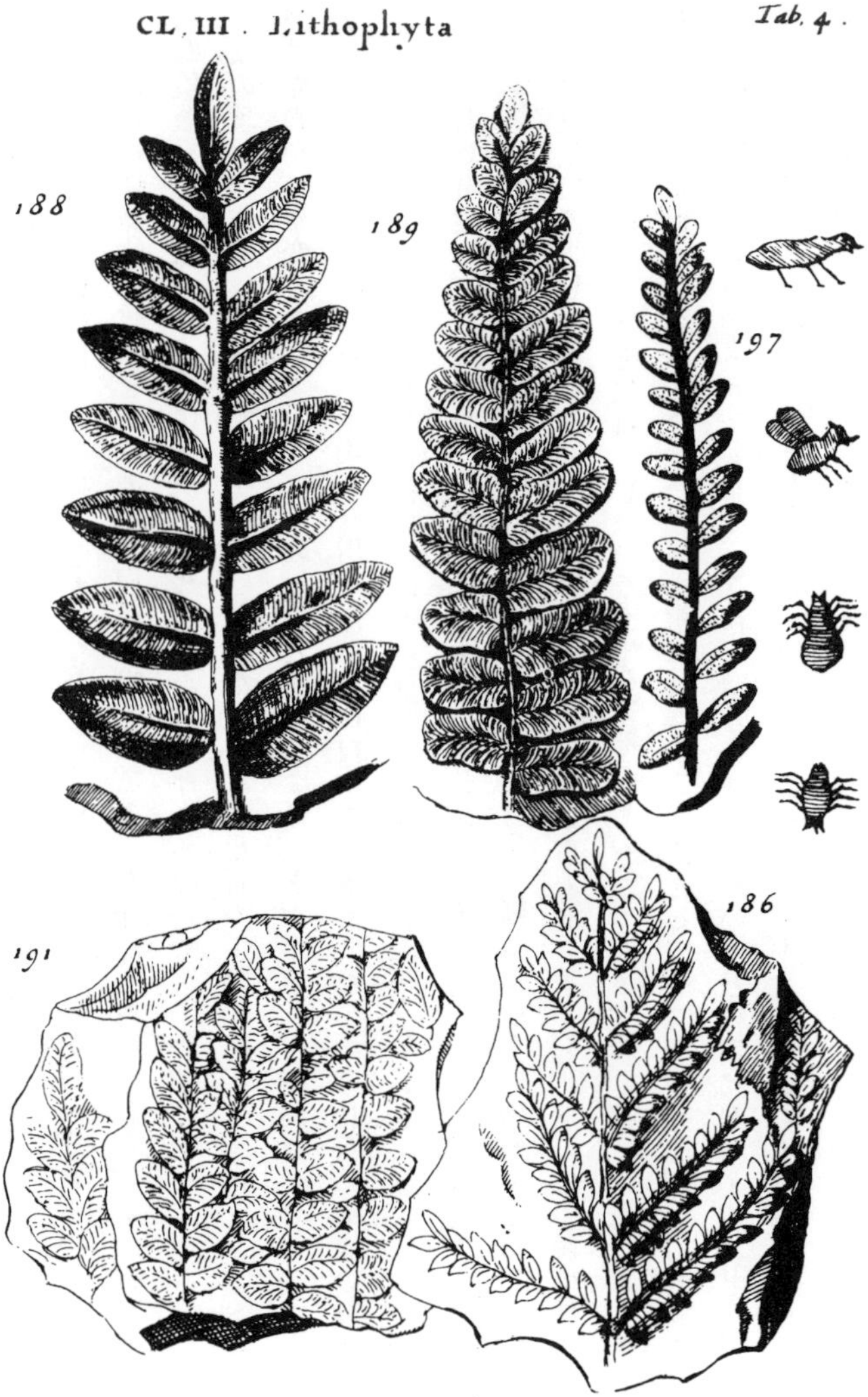

図 2.8　化石植物（*コールメジャーズから産した「シダ」）のルイドによるいくつかの挿絵（1699）【45】. これらの起源について彼はまったく確信がもてなかった. 植物物質は含まれていないように見えたし —— これらは印象化石にすぎなかった —— その形態は既知のいかなる現生植物とも細部において異なっていたからである.

していたが[42]——彼は自分の理論を、すべての含化石地層は「大洪水」の際に水平に配置されたという仮定の周囲に組み立てた。その地層が含む化石は、大洪水以前の時期に由来するものであった。「大洪水」のときに、その地層は地表のすべての物質とともに攪拌されて一種の懸濁液となり、「それらを構成する粒子はすべて分離し、その結合は完全に停止した」。次いでこの濃厚な懸濁液から、それらの物質と化石が比重の順に沈積し、特徴的な化石を含む地層が現在観察されるような順序で形成された。その後地層は崩落して傾斜した位置をとったが、一般に大洪水以後の世界は秩序ある平穏なものであった。

この理論のおかげで、ウッドワードは望むだけ多くの化石の生物的解釈と、バーネットのものと同じくらい世界的かつ激変的な「大洪水」への信念とを結合することができた。絶滅は見かけのことにすぎないという、レイのためらいがちの示唆を採用したことに自信をもっていたので、化石の形態の問題はウッドワードを悩ませなかった。深海の動物相についてはほとんど何も知られていなかったため、「かつて生存し、現在では全体が死滅してしまった、貝類・甲殻類の種は一つも存在しない」と結論することは、「大いに理にかなっている」と彼は考えた。「大洪水」を「自然がかつて経験した最もゆゆしく恐ろしい激変」とバーネット調の言葉で誇張しながらも、ウッドワードはその出来事の前もあとも、世界は平穏で秩序とデザインに満ちたものであったことを強調もした。「大洪水」そのものも、いまや懲罰的な出来事としてではなく、地球を堕落した人類によりふさわしい自然状態に改修する手段として、同様の慈悲深い目的論的見解の内部に運び入れられた。だがウッドワードは、これが聖書を許しがたいほど勝手に解釈することだとは感じていなかった。それどころか彼は自然と聖書とを一致させることが、著述の主たる動機の一つであると述べていた。彼は明らかに、自分が記述したすべての出来事は、慣習的な年代学の境界の内部で起きたと見なしていた。たとえば古代人が生きていた時代は「大洪水」の時期により近く、化石はまだ朽ち果てるにはいたらなかったため、彼らは現在より豊富に化石を発見していたことを示唆した。他方でフックとは異なり、彼は大洪水以前の「学識ある時代」という観念を拒絶し、あまりにも原始的なため歴史的価値の存在しない、大洪水以後の時代の記録としてヒエログリフを斥けた。

10

ウッドワードは先人たちを「観察が不足している」と批判した。しかしレイがいつになく辛辣に論評したように、まさにこの試験にウッドワード自身の理論が合格できなかった[43]。地層の順序やそこに含まれる化石を研究している者にとって、それらが比重の順に配置されていないことは明らかであった。粒子や重力といった最新の科学用語を使用していたにもかかわらず、ウッドワードの理論は経験にもとづく最も単純な試験をしくじってしまった。さらにその理論は、「大洪水」の機構を何一つ示唆できないという点ですこぶる不満なものであった。ウッドワードはそのような機構をなんとしても提示しなければならないということを否定し、その出来事が生起したことを証明できれば充分であると主張した。しかしこのような立場は方法論的には正当化できたとしても、彼がその立場を採用した主たる理由は、何らかの自然的原因が発見できるかどうかを疑っていたことにあった。バーネットが「大洪水」に対して使用した、「自然的原因の偶然的集合」という無神論的含意に論駁しようとする過程で、ウッドワードは「大洪水」を説明するには、「超自然的な力の援助」を仮定する以外に方法がないことに気づいた。こうして「大洪水」は将来の「大火」と同様、自然界の本来の秩序を不可解に中断する事象となった。

このようにウッドワードは化石の生物起源に賛同する包括的説明を提供したにもかかわらず、その理論の受容可能性は合理的説明の規準を満たせなかったこと——およびそれが提示された際の尊大な調子——によって著しく減少させられた。それでも科学的な観点からバーネット流の「大洪水」を説明しようとする他の試みも、それ以上にうまくいったわけではない。たとえばウィリアム・ウィストン（一六六七―一七五二）の『地球の新理論』（一六九六）は、「大洪水」と「大火」双方の機構を提供するために、彗星の運動による最新の説明を利用しようとしたが、ニュートンの物理学に照らして詳しく吟味してみると、バーネットの理論と大差のないほど不適切であることが判明した。(44)

したがってレイが化石の本性とその布置という問題全体に対し、以前にも増して「優柔不断」になったのも驚くには及ばない。これは部分的には、オックスフォードのアシュモリアン博物館館長および著名なナチュラリスト・文献学者・好古家で、レイの友人であったエドワード・ルイド（一六六〇―一七〇九）が、レイには生物的説明と非生物的説明の魅力的な「中道」をなすと思われる化石の理論を展開していたためであった。生物の生殖理論の間で、種の特徴はそれぞれの種の「種子」の内部で具体化するという「精子論」的な考えが、精子や花粉の顕微鏡的研究から新たな支持を得るようになっていた。ルイドはほとんどの化石が、「種子」を外部に拡散させる生物に似ていることに着目した――彼は胎生動物の体の部分に似ている少数の化石（たとえば四足動物の骨）は考慮しなかった。したがって彼は古代のアリストテレス的な化石の説明をいくぶん想い起こさせる理論において、ほとんどの化石は生物の単なる模造品としてではなく、その化石が似ている生きた生物と同様に「種子」に由来し、岩石の内部の「その場」で成長したのであり、「種子」は岩石の割れ目を通ってその位置に流れ込んだのであると主張した。(45) この理論のおかげで、ルイドはリスターが提起した純粋に非生物的な説明に対する目的論的反論と、ウッドワードの生物的説明の重大な難点双方を回避できることになった。

レイはルイドの理論が魅力的であると思ったが、微細な点まで生物に似ている化石が、かつて地表に間違いなく生存した生物の遺骸でないなどと信じることは、明らかに気が進まなかった。だが形態に関する旧来の問題は相変わらず深刻なままであった。むしろルイドやウッドワードのような人物の収集活動が、いかなる現生種とも明らかに形態が異なる、よく保存された化石標本の範囲を拡大するにつれ、この問題は着実により深刻になった（図2・8）。さらにレイはいまや、そのような化石が本当に生物起源であるなら、激変的で世界的な「大洪水」の観点からは説明できないだろうと感じていた。そこで彼は代わりに、陸と海の連続的で緩慢な交替というアリストテレスの理論の方が、満足のいくものであろうという考えに傾いていた(46)。しかしこのことが彼をジレンマに陥らせた。もし化石の生物説を受け入れるなら、慣習的な年代学と充満の観念双方に疑問を投げかけることになるだろう。ルイドに書き送っていたように「他方では、世界の新しさについての聖書的歴史に衝撃を与えると思われるような、一連の帰結がそこから導かれる。少なくともそれらは、最初の創造以来失われた動植物の種は一つもなく、新たに生みだされた種も一つもないという、神学者や哲学者の間で一般に受け入れられ、正当な理由がなくもない見解を覆してしまう(47)」。

この有名な一節は、困難は単に慣習的な宗教的正統にかかわるものではなかったということを再度示している。そのような困難は、年代学者と自然科学者（「哲学者」という語が時代錯誤的にこの語に置き換えられるなら）双方の結合された証言、さらにはレイが「正当な理由がなくもない」ことを知っていた証言から生じたのであった。その時代の最良の学識の強固な総意に逆らうことは、知的に深刻な事態であり、レイが生涯の終わりまで、この問題の解答に関し曖昧なままだったのも驚くにはあたらない。

11

したがって化石の本性の問題は、イギリスの王立協会員たちの四〇年にわたる活発な議論ののちも、ステノがその問題に初めて関心を向ける以前と同様に、依然として混乱していたように思われるかもしれない。さらにこの結論が導かれないように見える論争は、ステノの研究が初期の手詰まりを打開し、この問題に新しい次元を導入したという主張をほとんど支持しないように思われるであろう。だが実際には、次の世紀に発表された研究の多くは、ステノ、フック、レイの時代に初めて定式化されたアイデアと方法を発展させたものと見なすことができる。とくにステノの研究は生き残り、自覚されることはほとんどなかったにせよ、生命の歴史に対する新しい研究方法の基盤になった。ステノ自身の出版物は実質的には忘れ去られた。しかし彼が地層を地球史における事象の系列の記録として理解したことは、ウッドワードの理論の中に剽窃された形で存続し、一八世紀初頭には多大な影響力をもつことになった。

自然科学の他の分野においてと同様、化石の問題についても、イギリスは一八世紀が始まるとまもなく知的沈滞に陥った。しかし大陸では、他のどの理論よりもウッドワードの理論が、ますます範囲の広がる化石について、生物的説明を受け入れるための素地を提供した。ウッドワードの体系はその欠陥にもかかわらず、化石と生物との類似についてほどよく説得力のある説明を提供し、したがって化石遺骸の注意深い記載と分類整理を促進した。化石を「大洪水」という出来事に帰すことは、その出来事が『創世記』に記録されている「大洪水」と大きく異ならざるをえないにせよ、聖書と理性の双方にほどよく調和すると思われた。

「大洪水」が現実のものであったことを、非の打ち所のないほど合理的な証拠によって証明したいという欲求は、こうして化石の記載とその生物的解釈を進めるための強力な動機となった。その種の動機は、たとえばスイスのナチュラリストにして医師であったヨハン・ショイヒツァー（一六七二―一七三三）の著作の中に見ることができる。彼はウッドワードの見解への熱烈な改宗者となり、大陸で広く流布させるためにその『試論』をラテン語に翻訳した。スイスの化石の解釈に対し、カール・ラングがルイドの理論を適用したことに対抗して書かれたと思われる『魚たちの不平と主張』（一七〇八）の中で、ショイヒツァーはエーニンゲンの化石魚たちに声を挙げさせ、彼らはかつて生きていたことを否定する人間たちに対し自分たちの生物起源を擁護し、また自分たちが「大洪水」の実際の目撃者であることを強調したのだった。[48] さらに『大洪水

図 2.9　化石植物に関するショイヒツァーの書（1790）【49】の表題紙より，「大洪水」の版画．貝殻が前景の海岸に打ち上げられていることに注意．18 世紀の中葉まで，化石の生物起源を擁護しようとすれば，化石を生成させたほとんど唯一の理にかなった原因は依然として「大洪水」であった．

植物標本集』（一七〇九）においても、化石植物の注意深い記載と図示の背後には同様の動機を見ることができる[49]（図２・９）。だが生物的なものと非生物的なものとの識別が依然として問題であったことは、彼がいくつかの岩石の樹枝状模様を*、正真正銘の植物化石の多くの見事な標本と並べて掲載している事実に示されている。「大洪水」の遺物を発見したいという情熱がここで彼を誤らせたとするなら、のちに新生代の大型両生類の骨格を『大洪水の目撃者にして神の御使である人間[50]』（一七二五）の骨格として記載したときには、その情熱は彼をよりいっそう正道からそらすことになった。このパンフレット――こう呼ぶにふさわしい――の冒頭に「心せよ！」という標語を掲げながらも、ショイヒツァーの教訓を垂れようという意図は、ここでは彼の医師としての判断と知識を完全に凌駕してしまった。というのも彼自身の挿絵が、その標本は他のものならいざ知らず、人間にはまったく似ていないことを暴露していたに違いないのだから。

それでも「大洪水」が現実のものであったことを擁護するために、ときには証拠がねじ曲げられたとするなら、啓蒙運動の名のもとに、そのような説明不可能な出来事がかつて起きたことを否定しようと望む人々によって、それが反対方向にねじ曲げられることもありえた。たとえばヴォルテール（一六九四―一七七八）は、化石についての直接的知識はほんのわずかしかもっていなかったと思われるのに、化石は宇宙のニュートン的規則性が中断された証拠をまったくもたらさないと、断言する資格が自分にはあると感じていた。(51) その結論に到達するために、彼は化石を非生物的物品として、淡水湖の遺物として、また巡礼者が地面に落とした貝殻として、さまざまな方法で放逐しなければならなかった。しかしその種の議論は、多くの化石が海生生物によく似ていながら、地層の内部に埋め込まれていることを知っている、ナチュラリストたちを説得できる見込みはほとんどなかった。したがって結局のところ、化石の生物的解釈を最も受け入れやすくしたのは洪水論者たちの研究であった。

さらにそのような解釈は、ウッドワードの理論が受容されたことに由来する、多くの詳細な化石研究から恩恵を受けていた。たとえばベレムナイトは、すべてのありふれた化石の中で、生物的解釈の内部に採り入れることが長きにわたり最も「困難」であったものの、ついに最良の保存状態にある標本と、入手可能な現生類似種との注意深い比較に委ねられることとなった。いくつかの標本には、「鞘」の一方の端の円錐状の空隙の内部に、独特の構造が含まれていることにルイドは気づいていたが、この構造が現生軟体動物頭足類のオウムガイやスピルラ*がもっているような、殻室であることを最初に認めたのはバルタザル・エーアハルト（一七〇〇―一七五六）であった。「鞘」の成長様式に関する彼の注意深い分析と結び合わされ、この構造的類似はベレムナイトの生物起源をほとんど議論の余地のないものにした。(52) このような例は、他の多くの化石物も生物の遺骸であることが明らかになるだろうと信じていた人々を、勇気づけずにはおかなかった。さらに人々を悩ませてきた絶滅の可能性は、そのような化石の生物的性質を否定する正当な理由とはもはや見なされなくなった。といっても絶滅がより許容できるものになったからではなく、世界の遠い地域での海洋探検が、化石種が実際に絶滅しているのかどうか疑う根拠をますます多く提供したからであった。現生有柄ウミユリの発見については、それがこの問題の適切な説明になるだろうという、レイの推測を立証するものとしてすでに言及した。

このように一般的理論と詳細な観察が結合され、ますます広範囲にわたる化石物の生物的解釈が促進されるようになった。記載と分類の研究に科学として多大の信頼を寄せていた一八世紀には、化石に関する地域的モノグラフと総括的論文が大量に発表された。またそれらにおいて、化石と現生生物が単一の分類体系の中に徐々に同化されていったことは、化石命名法の特殊な接尾辞（たとえば conchites「貝石」や ichthyolites「魚石」などにおける -ites）が使用されなくなった事実に示されている。生物的解釈以外の化石の解釈は、一八世紀の初期にゆっくりと死に絶え、ますます狭い範囲の事物に限られるようになり、ついには（たとえば）ある種の結核と生物的構造との類似は、真の生物化石の起源にとってなんの関連もない、些末な現象であると認識されるにいたった。

一七二〇年代のヴュルツブルクで、ヨハン・ベリンガー（一六六七―一七四〇）に対して行なわれた有名な悪ふざけの挿話は、化石に関する一八世紀的見解の典型を示すどころか、その頃までに死滅しつつあった論争が風変わりな形で世上に出現したものである。昆虫や鳥や彗星などの事物に似るようこしらえられた人造化石の「埋め込み」は、陽気な学生のいたずらではなく、学問上の嫉妬を動機とする浅ましい陰謀であった。[53] またこのぺてんの成功は、ベリンガーの軽信というより、むしろ先人の誰もが記載しなかった種類の化石に対する彼の心からの困惑を表わしている。このような奇妙な標本の発見に促されて、彼は化石に関するそれまでのすべての理論を体系的に再検討することになった。そしてそれらは生物の「模造品」にすぎないように（正しくも）見えたため、彼は化石の非生物起源を支持する以前のすべての議論が一段と重要になると結論した。しかしベリンガーがその著書を出版した一七二六年までに[54]、その種の結論はすでに時代遅れになっていた。そして悪ふざけが発覚したときの彼の個人的な屈辱は、その結論の最終的な消滅を早めることになったであろう。

12

大陸でショイヒツァーのようなナチュラリストによって強力に推進された、ウッドワードによるステノのアイデアの適用は、化石の生物的解釈を奨励する以上のことを遂行した。含化石地層の大洪水起源説も、その限界にもかかわらず、成層についての疑問、したがって地球の歴史を再構成するという問題に関心を集中させることに役立った。ウッドワードが行なった比重による成層の説明は、経験によっていとも簡単に誤りであることが証明されたが、それは地層に固有の順序があることや、地層が特徴的な化石を含むことを説明しようとする真摯な試みであった。その説明が拒絶されたときでさえ、ウッドワードの著作はこうしてこのような現象をより綿密に研究するための刺激として作用した。ウッドワードもステノも、化石を含む地層は「大洪水」のときに、連続的に堆積したに違いないことを強調していた。それはこのような地層の概念を保持するための、だがそれを「大洪水」の観念からいっそう遠くへ引き離すための小さな一歩であった。

　こうして一八世紀の間に岩石の分類についての一般的な合意は進展を見たが、そこでは大洪水による解釈を受容するか拒否するかは実際的差異をほとんど生みださなかった。一見したところ古く、化石を含まず、山岳地域に典型的に露出し、しばしば非成層の岩石は、「第一紀岩」、始原岩、あるいは含鉱石岩と称され、地殻が原初に固化した時期、すなわち「大洪水」以前の時期に属するとされた。成層し、化石を含み、前者より低い丘陵に典型的に露出する岩石は、「第二紀岩」、あるいは成層岩と呼ばれ、前者よりのちの時期、すなわち「大洪水」そのものの時期に所属すると考えられた。また不規則な「表層の」[*]堆積物で、典型的には最も低い土地に限定され、一般に固化していないものは「第三紀層」[*]、あるいは沖積層と名づけられ、比較的最近の時期、すなわち大洪水以後の時期に由来するとされた。実際にはこの三分割は、「大洪水」という符丁の有無にほとんど影響を受けなかった。(55)

一八世紀の多くの著述家の作品に現われるこのような総合は、ウッドワードの理論だけでなく、偉大な自然哲学者ライプニッツの理論をも介して伝えられた、ステノによる解釈の直系の子孫であった。ライプニッツの試論『プロトガイア』の簡潔な要約は、ウッドワードの『試論』より前に公表されていたが、本論は著者の死後何年も手稿のまま残されていた。ある王侯一族の歴史を執筆するよう依頼されたライプニッツは、「地球の原初の形態と、自然の遺物の中に見られる地球の最古の歴史の痕跡に関する論文」と副題をつけた論考から着手した。(56)この副題はライプニッツが、彼が大いに賞賛していたステノと同様に、地球の歴史と人間の歴史をどのように単一の物語の中に統合したいと望んでいたかを手際よく要約している。地球の起源を灼熱した球体とするデカルト的説明を採用しながら、ライプニッツは原初の地殻が固化し、当初は世界的であった海洋が凝縮し、次いで化石を含む一連の地層が堆積し、同時に蒸発によって海洋が減少したと仮定した。この試論の大半は、実際には彼の全総合の決定的部分として、化石の記載と図示、およびその生物起源の証明に捧げられていた（図2・10）。

一七四九年に死後出版された『プロトガイア』は、非常な影響力をもつことになった。というのもそれが提供した地球史のモデルは、化石の生物起源を勘案し、地層を連続的堆積物とするステノとウッドワードの理解を保持し、さらに聖書と理性双方に適合していたからである。だがその最も重要な成果は、連続する地層の中に埋め込まれた種々の化石が、生命そのものの歴史の証拠になりうるとした点にあった。当初はその結論が、詳細に引きだされなかったのではあるが。

ライプニッツはほとんどの同時代人と同様に、慣習的年代学の時間尺度を疑う理由はもたなかった。他方でレイはすでに見たように、化石がその尺度の拡大を強いるかもしれないことを認めていた。より重要なことに、レイは地球の古さの問題が人類の起源の問題から分離されること、天地創造の「日々」を適切に解釈すれば、地球の歴史は人間の問題をかき乱すことなく大いに拡大されることを、おぼろげにではあっても予見していた。この解法につきまとう難点は、地球の時間尺度のそのような拡大は、アリストテレス的永遠主義の擁護と解されがちだったことである。前代においてと同じく、脅威と感じられたのは単なる時間の長大さではなく、永遠の観念であった。この決定的な違いは、レイの死の数年後に発表された天文学者エドモンド・ハリー（一六五六―一七四二）の論文によって見事に例示されている。その論文の中でハリーは、海水の塩分濃度から地球の年齢の最小値を見積もる実験を提唱し、その値は慣習的年代学による年齢をはるかに上まわるであろうことを認めた。それでも彼はその論文を執筆した理由を、地球が永遠の過去から存続してきたという考えを論駁したいためであると述べていた(57)。「神学者と哲学者」双方に地球史の時間尺度を拡大することをためらわせたのは、永遠主義の汚名であり、『創世記』の字義通りの解釈ではなかった。しかもそこには乗り越えなければならない理性と想像力にとっての障壁があった。長大な時間尺度を支持する動かしがたい証拠はいまだなく、何百万年という時間を示唆する者は、その見解ゆえに迫害されるより嘲笑されるように思われた。たとえばブノワ・ド・マイエ（一六五六―一七三八）の遺作『テリアメド』（一七四八）を編纂した聖職者は、このきわめて思弁的な体系から示唆される時間尺度を緩和した(58)。とはいえこの編纂者はその時間尺度を、慣習的年代学をはるかに上まわるままにしておいたのだから、これは聖書に適合するよう繕うためよりも、嘲笑を避けるための措置だったのであろう。

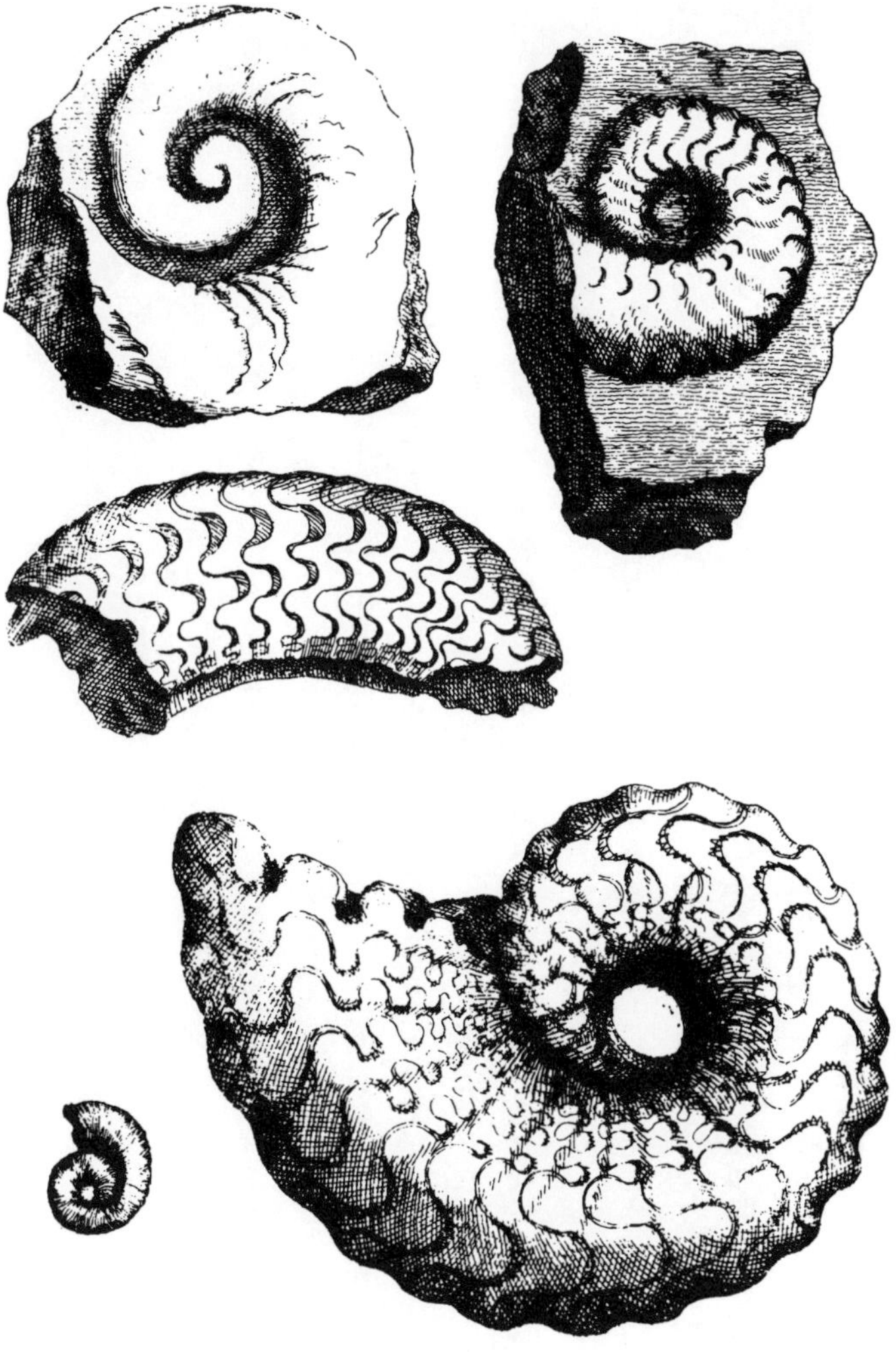

図 2.10　影響力の大きかった地球の歴史に関するライプニッツの書（1690 年代に完成していたが 1749 年まで出版されなかった）より，化石の素描【56】．ここに示された化石は，ドイツの*三畳系ムッシェルカルク，18 世紀の用語では「第二紀」層あるいは成層岩（Flötz-gebirge）から産した，特徴的なアンモナイトのセラティテス属である．

13

これまで述べてきたすべての著述家の遺産が最も十全な表現を見たのは、一八世紀最大のナチュラリスト、ジョルジュ・ビュフォン（一七〇七―一七八八）の著作においてであった。ビュフォンはその記念碑的な『自然誌』を、地球についての巻[59]（一七四九）から始めたが、その中で彼は最も謎めいた地質現象に対してさえ、ニュートン的規則性の原因を発見する必要があると主張した。そしてバーネット、ウィストン、ウッドワードの体系を、その思弁的な論調と、自然と聖書との一致を見出そうとする試みゆえに、痛烈な批判の対象にした。「大洪水」が現実のものであったことを実際には否定しなかったものの、「大洪水」は目的において道徳的であり、原因と結果において奇跡的であるとビュフォンは断言した。したがって科学としてはそれは無視しうるものであった。それでも陸上に化石が位置することによって示される、すべての地理的変化を説明するには、現在存在している物理的過程だけで充分であることを強調しながらも、ビュフォンはその過程を慣習的年代学の限界の内部に収め、そのような過程がこの短期間で大きな成果をあげたことの説明として、地球の物質の原初の「軟らかさ」を仮定した。

だが四半世紀後、著作のこの部分を改訂する補足的な巻を書くことになったときには、ビュフォンはライプニッツの研究を取り入れ、それを『自然の諸時期[60]』（一七七八）を再構成するための基盤として利用した。冷却する地球というライプニッツの観念に着想を得て、ビュフォンは地球史の期間を量的に見積もるために、模型の球体を使って実験を行なった。観察される全地層の堆積に対しては、数百万年あれば足りるであろうと憶測していたにせよ、その実験が彼にもたらしたのは、数万年という時間尺度を採用するための具体的な物理的議論であった。この拡大された時間尺度の内部で、ビュフォンは七つの「時期」を記述した――「天地創造」についての聖書の報告の、内容ではないにしろ形式を保持しながら。この地球発展物語の意義は、慣習的年代学を拡大したことよりも、人間の歴史を生命の歴史から明確に分離したこと——あるいはむしろ人間の歴史を、それよりはるかに長い一連の出来事の頂点ではあるが小部分に追いやったことにある。

さらに人類以前の諸時期の内部で、化石証拠は真の生命の歴史を再構成するために広範に使用された。「始原山岳」は生命が初めて出現する以前に、地殻が最初に冷却した際の遺物であった。多くの石灰岩と豊富な化石を含む「二次山岳」の分厚い地層は、生命が存在するようになった初期の時代の証人であった。またたとえばある種のアンモナイトのような、多くの化石の巨大さは、当時は熱帯の気温が温帯をも支配していたことを示していた。もっとのちには、低下した海面の下から大陸が出現するとともに、ゾウなどの熱帯の哺乳類が温帯や亜北極圏においてさえ繁栄する時期が訪れ、それらの残した骨が北ヨーロッパや北アメリカ、さらにはシベリアの表層堆積物の中で発見されることになった。

これこそたしかに霊感を与えるパノラマであった。しかしビュフォンの『諸時期』が最大の影響力を発揮したのは、まさしく霊感としてであり、化石や他の何かについての詳細なアイデアの源泉としてではなかった。彼の著作が出版される頃までに、新世代のナチュラリストたちにとって、この企て全体は誤りではないとしても時代遅れと思われるものになっていた。あらゆる種類の壮大な総合に対する嫌悪の念が増大しつつあり、注意深く記録された局所的な観察から、限定された結論のみを引きだす必要性に新たな力点が置かれ始めていた。

このようにビュフォンの体系は古い伝統の終端近くに位置していたのであり、新しい伝統の出発点にではなかった。それはステノやフックの研究において初めて化石の問題に影響を与えた試み、すなわち地球の歴史全体を再構成し説明するために、化石を証拠資料として利用しようとする企図の頂点を表現していた。これは当然のことながら、地球の歴史を人間の歴史の利用可能な記録の中に統合する試みとともに始まったのであり、二つの歴史が同じ広がりをもっていないと考える理由は存在しなかった。これは歴史記録が地球史の最新の時期の証拠としてのみ有用であること、また人類の時代を超えたところに、長い――おそらく想像を絶するほど長い――初期の発展の時期が広がっており、それは原則的には、岩石と化石という手掛かりを解読することによって再構成できるということの認識とともに終了した。そのような現象を探究する者は、ビュフォンが強調したとおり、いまだ歴史家と同一の研究方法を多く用いる「自然の好古家」であった。しかしその者が関与するのは、フックの場合とは異なり、もはや「古代」という同一の時代のみではなく、人間が目撃したことのないはるかに長大な歴史であった。

第三章　生命の革命

1

フランス共和国の第四年雨月一日、ヨーロッパの未解放地域の計算では一七九六年一月二一日、ジョルジュ・キュヴィエ（一七六九—一八三二）はパリの国立科学芸術学士院の公開会議において、『現生および化石ゾウの種について』と題する論文を発表した。[1] 現在から見ると、また当時にあってさえ、たしかにこれは古生物学の歴史にとってこの上なく重要な出来事であった。なぜならこのとき初めて、絶滅が現実のものであることを示す詳細かつほとんど反駁不可能な証拠が、科学の世界に提供されたからである。絶滅が生命の歴史における一般的現象であるという事実と、それに対し満足のいく説明を見出そうとする試みは、以後二〇年にわたって古生物学的議論を支配したのである。

このような議論が最も激しく、知的洗練をもって行なわれたのはパリにおいてであった。そしてキュヴィエの論文発表という出来事と、むしろその地における彼の存在が、新共和国の並はずれて活発な科学活動を多くの点で要約している。生ける生物と死せる生物の研究を暗黙のうちに区別していた、旧王立動植物園（Jardin du Roi）と旧王立博物館（Cabinet du Roi）は、国民公会の布告により、物理学と天文学を除くほぼすべての科学分野を取り扱う、単一の国立自然史博物館として再編された。[2] 旧機関では対等でなかった多くの役職が、等しい身分の一二の教授職によって置き換えられた。これらの新しい役職についた者の中では——化石をめぐる論争にかかわる者のみ挙げるなら——バルテルミ・フォジャス・ド・サン＝フォン（一七四二—一八一九）が地質学というまだ比較的新しい科学の教授としてとどまっていたのに対し、ジャン＝バティスト・ラマルク（一七四四—一八二九）は植物学のつつましい役職から昇進し、すべての無脊椎動物（当時の分類では「昆虫と蠕虫《ぜんちゅう》」）を担当する教授になった。エティエンヌ・ジョフロワ・サン＝ティレール（一七七二—一八四四）は弱冠二一歳で脊椎動物学を受けもたされたが、すぐのちにこの広大な領域が分割されると、哺乳類と鳥類を分担することになった。だが脊椎動物は解剖学の表題のもとでも研究されており、キュヴィエが一七九五年に二五歳で、最初は老メルトリュの代役として、のちには正式の教授として招聘されたのはこの部局であった。革命が激しい局面を迎えていた間、ノルマン貴族の家庭教師をつとめていたキュヴィエは、地方に隔離されたままであった。だがそのおかげで、彼は自然誌への高まる情熱に身を委ねる豊富な機会を与えられ、以前行なった研究を海生動物の——付随的に化石の——観察によって補うことができた。このノルマンディー時代に、彼は首都を逃れてきたある学者に出会った。その学者はキュヴィエのたぐいまれな才能を即座に認め「この若者を一目見るなり、わたしは見知らぬ浜辺に漂着し、そこに幾何学的図形が描かれているのを見た哲学者と同じ驚きを覚えました」とパリへ書き送っている。キュヴィエはその後自然史博物館のスタッフに加わるよう求められ、残りの人生をそこで過ごすことになる。[3]

自然史博物館はほどなくヨーロッパ中の科学者の羨望の的となった。たしかにドイツの大学は、それが擁する科学関係の教授職の数で先頭に立っていた。いくつかの著名な鉱山学校は、すでにドイツを地質学研究の中心地にしていた。だがフランスが量において欠いていたものは、質において補われていた。これほど才気にあふれた科学者の集団が、これほど広い科学の領域を網羅する統合された研究センターで働き、しかも国家によってきわめて寛大に援助されている国は他のどこにもなかった。さらに国立の学士院そのものも存在した。それはすべての学問分野の振興と普及のための機関として革命後に設立され、したがって啓蒙期の偉大な『百科全書』の基盤を形成していた、普遍的知識という理想を体現していた。以前の王立科学アカデミーは、学士院内部の三つの「部門」の一つとして再編され、この部門は「数学と物理学」という紛らわしい名称を与えられていたが、実際には自然誌の研究を包含しており、したがって自然史博物館の活動を補完していた。それに対しイギリスでは、内容のともなった自然誌の教育はスコットランドで行なわれていたものの[4]、イングランドの大学にはほとんど存在せず、科学に対する国家の援助は極度に貧弱であった。

自然史博物館では、研究計画はベーコン（一五六一—一六二六）的、ニュートン的、リンネ（一七〇七—一七七八）的な理想によって導かれていた——一八世紀末という時代が、この三人の人物を理解していた意味においてではあるが。フランスにおいて革命以前の自然誌を支配していた、ビュフォンの影響は拒絶された。新しい理想の代弁者の一人が述べていたように、ビュフォンの著作の「文体の魔術」は、「体系と方法に対して彼が抱き、［他人に］吹き込んでいた軽侮の念により、自然誌における真の知識の発達を遅らせ」、しかも彼の最高の著作群とて「宇宙論的空想小説」に他ならなかった[5]。必要とされたのは、注意深い観察結果の忍耐強い収集であり、当惑させられるほど多様な自然誌の現象の、根底にあるに違いない単純な自然法則の探索であり、そのような多様性を合理的に構築された分類体系の中へ運び入れることであった。この研究環境にキュヴィエは完全に適合していた。博物館の解剖資料の管理者として、彼はできるだけ広範なコレクションが蓄積されることを大いに強調した。彼の研究の基盤を構成する理論的原則は、物理的科学によってすでに達成されていた正確さと簡明さを、比較解剖学に明確に与えようとすることであった。また実質的には、彼の研究の主たる関心は、その最大の著作の表題が示しているとおり、『動物界』[6]（一八一七）のすべての範囲にわたり詳細な見取り図を作成することにあった。

キュヴィエは「解剖学」の役職に任命されたにもかかわらず、その語をかなり広い意味に解釈した。伝統的に理解されてきたような解剖学と生理学は、彼にとって分離していては不毛であり、生きて機能している生物の統一的な研究へと統合されるべきであった。ノルマンディーにいた頃、キュヴィエは海生動物の生物学に関するアリストテレスの大家にふさわしい著作を学び、深く影響を受けていた。そのため彼の生ける生物の概念は、生涯を通じ基本的にアリストテレス的であった。生物の「生存条件」とキュヴィエの呼んだものが、必然的に生物の基盤を構成していた。生体内部における器官の機能的協調は、生物のこの還元不能な性格が物質的に現実化されたことを単に表現しているのであった。生物は本質的に機械に似たものであり、原則的には物理化学用語で説明が可能であった（キュヴィエにとって「生気論的」な力は説明不能であるゆえに嫌悪すべきものであった）。しかし機械と同じく、生物のすべての部分は機能する全体を作りだすように統合されていた。各部分の形態と活動は、他のすべての部分の形態と活動に、多少とも直接的に連結していた。いかなる部分も、そのような統合と、したがって全体の連続的生存を致命的に損なうことなしに、軽微な変更以上のものを受け入れることはできなかった。このことから、「種」はビュフォンが推測したような、自然の継ぎ目のない多様性から人為的に抽象されたにすぎないものではまったくなく、生存条件という避けることのできない必然に根をおろした、正真正銘の個別的な単位であるという結論が導かれた。変異はたしかに多くの種の内部に存在した。しかし生体の本質的な機械装置に起こる重大な変異は、生体を活動不能にしてしまうので、変異は生体の機能的に（そしてしばしば文字通りに）表層の部分にしか影響を及ぼせなかった。したがって種は動物界の現実的かつ安定した単位であり、それぞれの種が独自の生活様式を具現しているのであった(7)。

2

キュヴィエが――現代の用語にすれば――機能的形態学の研究として構想していた自己の職務の内容は、彼がパリに到着してまもなく、メルトリュの講義科目を引き継ぎ、それを比較解剖学と称したときに公的な表現を与えられた。それは「動物機械の理解」にかかわるものであり、そのための発見に資する最良の方法は、それぞれの生活機能に貢献する器官を、動物界の全範囲にわたって比較しながら次々に研究することであった。そうすれば各動物がもつすべての器官の機能的統合を、充分に理解することができるであろう(8)。キュヴィエはまもなくこの研究の基礎を表現する、二つの「合理的原理」を定式化した。第一に、生体の全器官に必要な相互依存性は、解剖学的には「部分の相関」において明示された。たとえば肉食という生活様式に従うすべての動物は、肉食に適した歯のみならず、その形質と関連して、獲物を捕え保持するのに適した鉤爪等々ももっていると予想されるであろう。第二に、解剖学的構造の多様性にある種の秩序をもたらそうとする過程で、キュヴィエは植物の分類に見られるような単なる経験主義を、「形質の従属」にもとづくより「合理的」な体系によって置き換えることができると信じるようになった。すべての生活機能はある動物の生存にとって等しく不可欠である。しかし実際にはその程度に差があるので、最も基本的な機能を果たす器官は、異なる動物の自然的類縁を決定する際により重視されるであろう(9)。

キュヴィエがこれらの原理の正しさを証明する、一連の詳細な解剖学的研究を始めたばかりの頃、フランス学士院はパラグアイで発見された巨大な化石動物を描写した、数枚の未公刊版画をマドリードから受け取った。それらについて報告するよう命じられたキュヴィエは、それが科学にとって未知である、ほぼ確実に絶滅した動物であること――これはすでに推測されていた――のみならず、このサイほどの大きさの生物が、慎ましやかなナマケモノと同じ科に属することも明らかにした（図3・1）。大きさと、おそらく習性も非常に異なっているにもかかわらず、これは比較解剖学が導きだした驚くべき結論であった。キュヴィエの言によれば、それは「形質の従属が不変の法則であること」と、自然的類縁を決定する方法としてその「法則」が有効であることの「新しい強力な証拠」であった。[10]

メガテリウム（すなわち「巨獣」）とキュヴィエが名づけたこの動物の研究こそ、その遺骸が一八世紀を通じて収集され、ますます多くの議論がなされてきた「古代世界」の生物たちという、古くからある問題をより詳しく考察するよう彼を促したものであった。ゾウとサイの骨や歯は、久しい以前からシベリアで発見されていたが、それらはこのような哺乳類が通常生息している熱帯地域から、北方へ押し流したある大洪水の漂積物としてかなり安易に説明されてきた。他方でキュヴィエがのちにマストドンと命名した動物は、ゾウのような牙とカバのような歯をあわせもつように見えたため、一七三九年にオハイオ河畔で最初に発見されて以来、はるかに困難な問題を提起していた。ビュフォンは当初それは何らかの絶滅種に属すると推測したが、同僚のドーバントン（一七一六―一八〇〇）はのちにビュフォンを説得し、それはゾウとカバの遺骸がたまたま混合した結果であることを認めさせた。他のナチュラリストたちの見解はこの二者択一の間で揺れ動き、ビュフォン自身はのちに単一の絶滅種が表示されているのだろうという見解に復帰した。[11]しかし絶滅していようといまいと、ビュフォンは他のナチュラリストたちと同様に、これらすべての骨は熱帯の生物を表示していると想定した。そして寒帯にそのような生物が生存したことは、地球が徐々に冷却したという自説の強力な証拠であると見なしたのである。

何らかの種がこの世界から真に「失われた」のか否かは、このようにビュフォンの生涯の最後においても、ほぼ一世紀前のレイの生涯の最後においてと同様、相変わらず不確実で異論の残る問題であった。アンモナイトやベレムナイトのような多くの化石群は、既知のいかなる現生動物とも根本的に異なる生物の遺骸であることが、いまや疑問の余地なく認められていた。しかしそれらが深海や世界のどこか遠方の地で生きてい

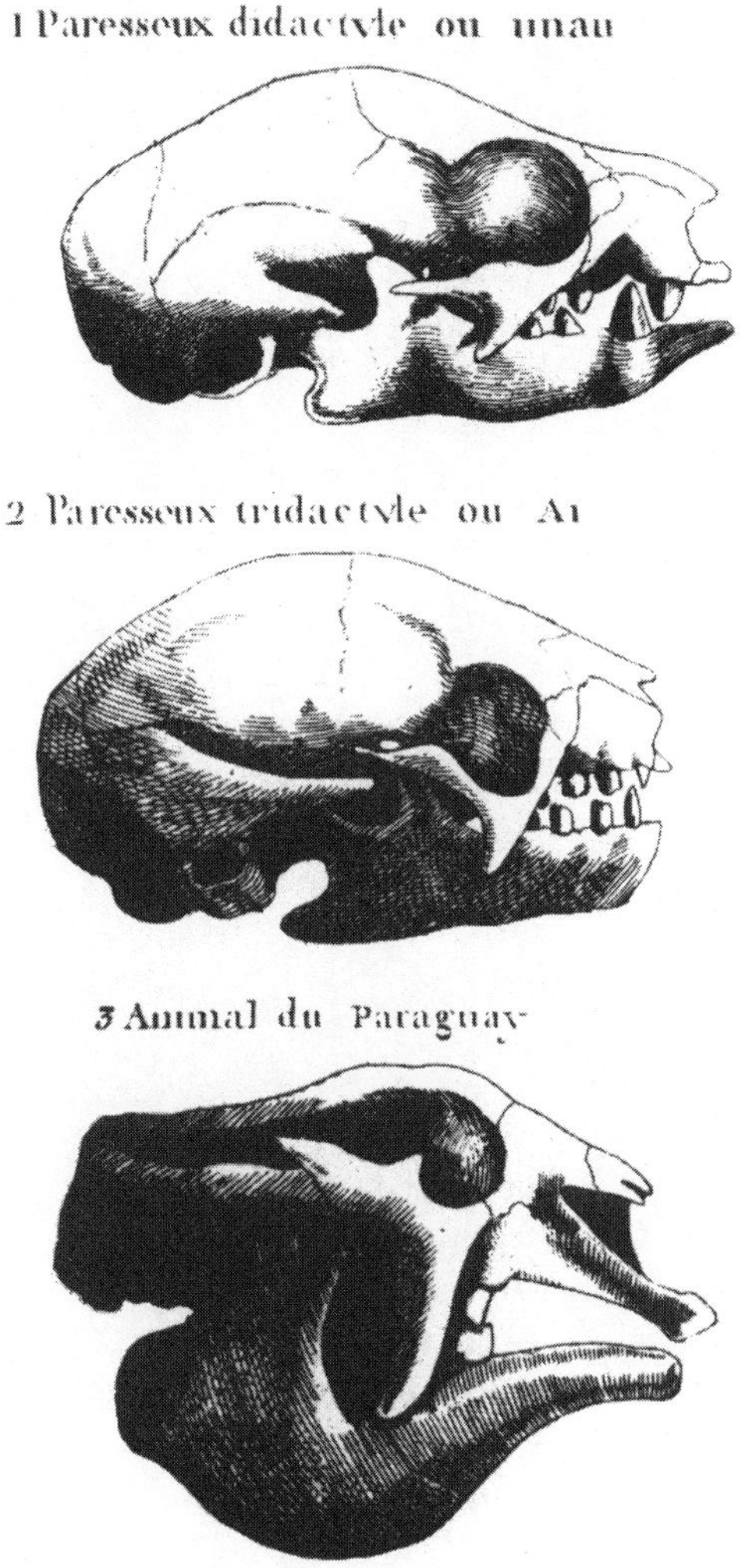

図 3.1　キュヴィエが古生物学において比較解剖学を初めて使用した例．現在の樹上性ナマケモノ 2 種の頭骨 (1,2) と，同じサイズに縮小された，パラグアイ産の巨大化石地上性ナマケモノであるメガテリウムの頭骨 (3) が比較されている．1796 年に発表された，パラグアイの化石に関する予察的論文【10】より．

るかもしれないと、もっともな理由をつけて主張することはいまだ可能であった（二〇世紀におけるシーラカンス*やネオピリナ*の発見は、その種の議論がこんにちでも有効であることをわれわれに想い起こさせる）。生命の歴史を知るために不可欠のこの問題は、大型陸生四足動物を「決定実験」として用いなければ、最終的に解決されないことを初めて明確に認めたのがキュヴィエであった。たとえばアフリカや南アメリカの荒涼とした奥地の多くが探索されないままであったとはいえ、何らかの新しい大型哺乳類が生きたまま発見される可能性はますます少なくなりつつあった。新芽を食んでいるメガテリウムが生きたまま南アメリカで発見されるとか、アメリカの最初の一三州から西へ突き進んでいた開拓者たちがインディアンに加えてマストドンに出くわすなどということは、ほとんど想像不可能であった。したがって比較解剖学という新しい強力な方法を用いたこのような化石骨の研究が、それらの骨は既知のいかなる現生種とも異なる種のものであったことを証明できるなら、絶滅が現実のものであることはほぼ反論の余地なく立証されるであろう。

　このような結論はメガテリウムによってキュヴィエに示唆されたのであるが、以前の論争に多くの素材を提供した化石ゾウについてもこの結論が証明されるなら、それははるかに大きな力をもつことを彼は承知していた。この計画のための自然史博物館の資料は、共和国がオランダで勝利し、ハーグ州知事のコレクションを強制的に取得したので、少し以前にたまたま拡大したところであった。こうしてキュヴィエは現生ゾウと化石ゾウの骨格の構造を、骨ごとに詳細に比較できる豊富な素材を手にすることになった。このおかげで彼は第一に、インドゾウとアフリカゾウは別個の種であると明言することが可能になった。両者の解剖学的相違は、単に異なる環境の結果であるとするにはあまりにも大きかったし、あまりにも一定だったからである。このことそのものが、解剖と内的特徴に力点を置く、解剖学における新しい方法の勝利であった。しかしさらにキュヴィエは、シベリアや北ヨーロッパで発見された化石ゾウすなわち「マンモス」が、いずれの現生種とも異なると主張することができた（図3・2）。

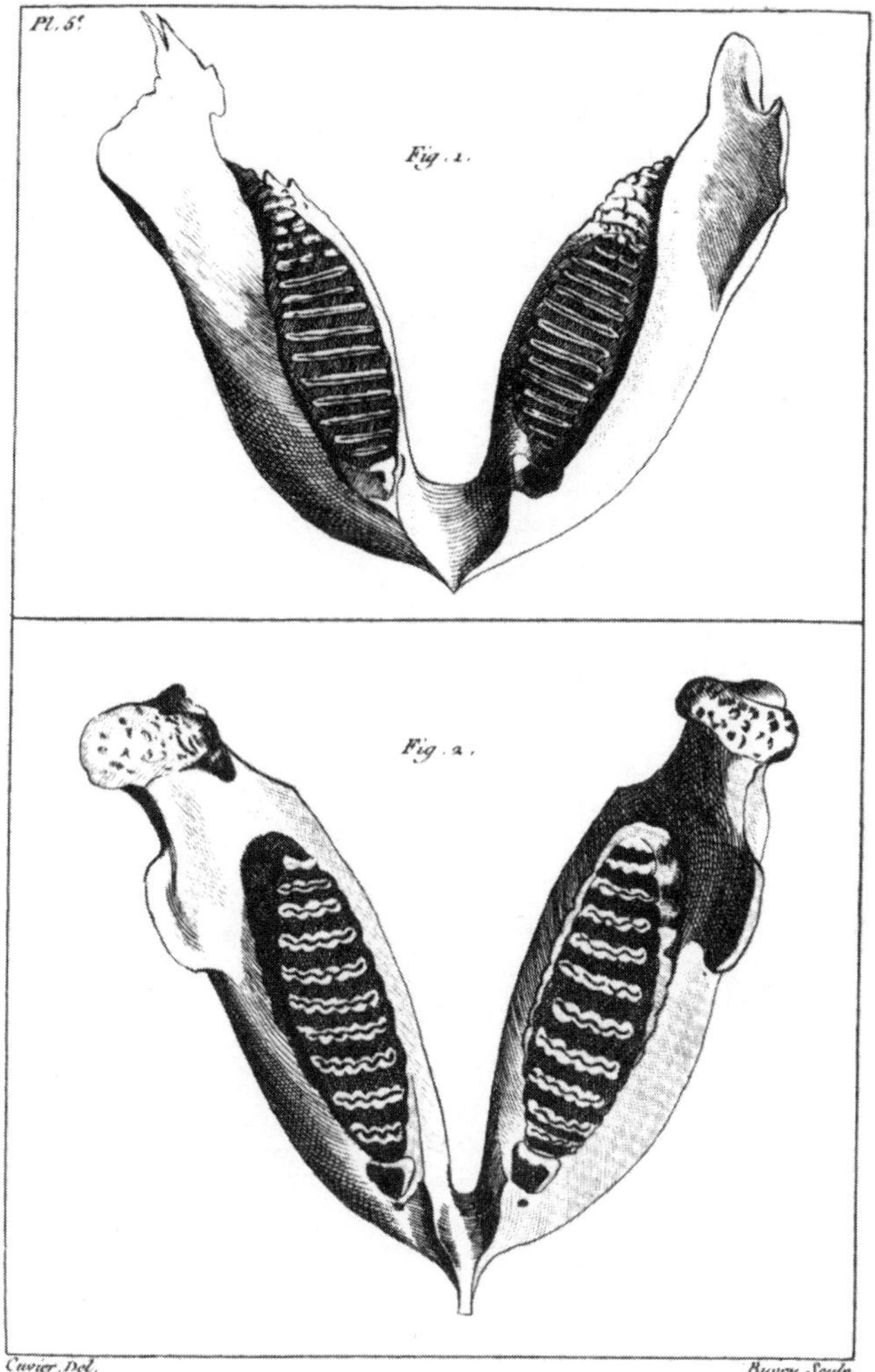

図 3.2　マンモス（上）とインドゾウ（下）が種として区別されることのキュヴィエによる最初の証明（1799）【12】．ここでは下顎の比較によってそれが示されている．その区別はマンモスが真の絶滅種であることを意味しているとキュヴィエは主張した．

これは広範な含意を有する結論であり、だからこそキュヴィエはさまざまな科学の分野が最新の研究について交替で公開講演を行なっていた、フランス学士院においてその結論を紹介するよう選ばれたのであろう。そのような講演の中には一般の聴衆にはさほど適さない主題のものも含まれていたとはいえ、キュヴィエの素材と結論は、いかなる科学愛好家の関心もそそるほどめざましいものであった。その巨大厚皮類*が最大の陸生動物としてもともと魅力的だっただけでなく、ある独特の種の証明可能な絶滅は、キュヴィエがいうように「きわめて刺激的かつきわめて曖昧なこの地球の革命の歴史に」予期せぬ光を投げかけるのであった。(12)

3

キュヴィエが地球史の文脈の中で「革命《レヴォリューション》」の語を用いたのは、独創ではなくむしろありふれたことであった。しかしビュフォンのような以前の著述家において、その語の含みは政治的というよりニュートン的であった。惑星が太陽のまわりを公転《レヴォリューション》しているように、ビュフォンの見解では地球も長い歴史の中で多くの漸進的な変化を明らかに経験してきた。だが革命の時代にあっては、その語は突然の激しさという新たな意味合いを帯びるようになり、キュヴィエが地球の歴史を「革命」によって区切られていると見なすにいたったのもこの意味においてであった。旧体制の制度が突如一掃され、新しい制度によって置き換えられたように、これらの化石骨は「われわれの世界に先立つ世界が存在し、それはある種の激変によって破壊されたことを証明している」ように思われた。

だがこれは単に当時の政治との架空の類比にもとづいた結論ではなく、キュヴィエの信じるところでは、詳細な研究の成果にしっかり立脚したものであった。というのもマンモスがいずれの現生のゾウとも異なる種であったなら、その生息地が熱帯だったと仮定する理由はなくなり、骨が寒帯で発見されることについてのビュフォンの説明は、無効ではなくとも直ちに疑わしいものになるからである。この推論は数年後に、シベリアの凍土の中に保存されていた、希少なマンモスの遺体が報告されるに及んで確証を得た。マンモスは寒冷な気候に充分に適した、毛皮で覆われた皮膚をもっていたことが判明したためである（毛サイの同様の遺体はすでに知られていた）。しかしマンモスが寒さに適応していたなら、いかにしてそれは絶滅したのか。決定的な疑問が「なぜ」であった前代とは異なり、いまや問題は「いかにして」であった。疑問の背後に潜在する関心は、少なくともキュヴィエにとって、もはや自然神学にではなく、アリストテレス的な機能的生物学に対するものであった。マンモスが寒冷な気候に充分に適応し、その体のすべての部分が、そうした気候のもとでの一定の生活様式に役立つよう機能的に統合されていたなら、何がマンモスを絶滅に追いやったのか。環境の漸進的な変化には、単により適切な地域に移住するだけで、必ずやうまく対応できたはずである（ビュフォンが実際に『諸時期』の中で示唆していたように）。キュヴィエの考えでは、ある種の突然かつ激烈な出来事だけが、明らかに繁栄していた種をこれほど完璧に圧倒できたのである。

だが「ある種の激変」が絶滅を引き起こしたに違いないとキュヴィエに思わせたのは、生物についての彼の基本的な観念だけだったのではない。それに加えて、最も敬意を払われていた同時代の地質学者の一人が、そのような出来事が実際に比較的最近起こったことを示唆する、一連の強力な証拠を集めていたのである。ジュネーブのナチュラリスト、ジャン＝アンドレ・ド・リュック（一七二七―一八一七）は、冗長な連続的出版物の中で、[13]現在作用している多くの地質学的過程は、はるか遠い過去にまでさかのぼれるものではないことを詳しく論じていた。たとえばローヌ川は、ジュネーブ湖の中に絶えまなく三角州を形成しているが、際限のない期間それを続けてこられたわけではなく、さもなければ湖全体がとうの昔に沖積平野にされてしまったであろう。ずっとのちの研究に照らして見れば、われわれはド・リュックが、地球史を数千年あと戻りするだけである種の不連続が存在したと主張する、確かな根拠をもっていたことを理解できる。更新世氷河期の終了はヨーロッパ全土にわたり、たしかに地質学的過程の本性と速度に根本的な変化を与えていたのだから。このような現象の自覚が、当時のほとんどの地質学者に、すべての地質学的過程の一様に緩慢な作用という、スコットランドの哲学者ジェイムズ・ハットン（一七二六―一七九七）が提起した議論を受け入れ難くさせていたのであった。キュヴィエは一方のソシュール（一七四〇―一七九九）〔スイスの地質学者〕やパラス（一七四一―一八一一）〔ドイツのナチュラリスト〕やドロミュー（一七五〇―一八〇一）〔フランスの地質学者〕といった人物と、他方のビュフォンのような体系構築者との違いは、前者が現在主義†の原理に忠実であろうとした点にあると信じていた。「あらゆる体系［すなわち大仰な思弁］は彼らによって拒絶された」とキュヴィエは満足げに述べている。「彼らは過去を解明するために踏みだすべき最初の歩みは、現在を明確に理解することにあるという点を認めてきた」(15)。だが現在がすべての面で、過去を適切に、あるいは完全に表現する標本であるとアプリオリに仮定することはできなかった。ある種の自然の出来事は、人間の記録が残されている短い時代の間には、きわめて稀にしか起こらないかもしれないので、現在主義の方法は、そのような出来事の保存されている結果から直接推論することによって、置き換えられねばならないであろう。ド・リュックが記述したさまざまな現象の中に含まれていると思われるものは、より最近の人間の歴史には記録されていない、その種の例外的な出来事であった。

† 「現在主義」（actualism）の語は、本書では一貫して、現在作用している観察可能な過程との類比によって、過去の出来事の本性を推測する方法論を示すために用いられている。大陸での使用（actualisme, Aktualismus）に由来するこの語は、英語圏の地質学者の間でより一般に用いられている「斉一説」（uniformitarianism）の語より好ましい。というのも後者はもともと方法論ではなく、地球史の「定常状態」的体系という特定の理論、すなわちチャールズ・ライエルの理論の内容を強調するためのものだったからである(14)。

激烈な物理的出来事が最近起こったことを証明したいと望むド・リュック自身の動機は、聖書に記録されている「大洪水」の史実性が、科学的証拠によって確証されることを示したいという欲求と明白に関連していた。同様の関心を抱いていた以前の理論家と同じく、彼は実際には「大洪水」についてきわめて柔軟な解釈を採用せざるをえず、「大洪水」を地殻の崩壊によって大洪水以前の大陸が呑みこまれ、次いで現在の大陸が大洪水以前の海底であったものから出現した事象と見なした。ド・リュックは「大洪水」が最近のものであることを立証するために、年代学にもとづく古びた議論を相変わらず用いていたとはいえ、天地創造の「日々」を語られていない長さをもつ時代とする、すでに久しく標準的解釈となっていたものを採用しながら、この出来事以前に際限なく長い地質学的期間を容認する準備はできていた。

　地質学的証拠と聖書、とりわけ「大洪水」物語とを和解させることへのこの関心は、一般に科学界においてさほど重要な事柄ではなくなっていた。他の科学の問題と同様この問題でも遅れをとっていたイギリスにおいてだけ、そのような和解の努力はこれから何年も、科学人とさらには一般大衆を悩まし続けた[16]。そして示唆的なことには、ド・リュックが生涯の大半にわたって居を構えたのはこのイギリスであった。だが聖書に対するド・リュックの古くさい関心は、ある種の激烈な物理的出来事が地質学的には最近の過去に生起したという、詳細な議論の科学的有効性を減ずるものではなかった。こうしてキュヴィエは年長の同僚ドロミューと同様に、聖書との調和というド・リュックの試みを受け入れることなしに、最近の「革命」というド・リュックの概念を借用することができた[17]。キュヴィエの見解では、利用可能な古代の文献のほとんど——多くのうちの一つとして旧約聖書を含む——は、「大洪水」という太古の出来事の多かれ少なかれ歪曲された伝承を保存している。しかしその「革命」の本性に関するはるかに重要で信頼できる証拠は、その自然的結果の注意深い研究によって発見されるであろうと彼は信じていた。

　こうしてまず第一に、マンモスを滅ぼした革命は、ド・リュックが記述している出来事であるように思われた。マンモスの化石骨は、ド・リュックが語る事変の時期に由来する、表層砂礫堆積物の中で発見されたからである。そのような堆積物は地層の通常の系列を不規則に覆い、それらの地層の中に掘削された現在の河川の流域にしばしば限られているため、少なくとも地質学的観点からすれば明らかに最近のものであった。キュヴィエはゾウについての論文の完全版(18)（一八〇六）を発表するまでに、カキなどの海生生物が付着したいくつかの骨を発見していたが、それは「革命」がある種の長期的な海の侵入であり、単なる一時的な洪水ではなかったことを確証しているように思われた。しかも骨を含んだ砂礫層がかなりの低地域に限定されていたため、彼はこの侵入が世界的ではなく、局地的なものにすぎなかったと結論した。最後に、骨そのものはよく保存され、磨耗の徴候はほとんど見られなかったので、それらは離れた地域から運搬されたのではなく、発見された場所の近くに生息し、そこで死んだ動物の遺骸であると推論した。したがって彼はマンモスの絶滅を引き起こした「革命」が、海による低地域の突然ではあるが長期的な浸水であったと結論した。他方でシベリアの永久凍土地域に、そのような種の遺体がときおり保存されていることに強い印象を受けた彼は、その地域では突然の気温低下があったのだろうと判断した。彼はこの二つの仮説の間の矛盾を明確に解決することは決してなかったし、まして原因が自然的なものであることを確信していたにもかかわらず、その出来事の物理的原因に思いをめぐらすつもりはなかった。しかしこれは彼に特有の学問的用心の産物にすぎない。彼自身の研究は、厳密に事実にもとづいた根拠により、地球史の従来の仮説的「体系」、とりわけビュフォンのそれの不適切さを証明すると彼は信じていた。したがってキュヴィエは思弁に観察を追い越すことを許すような、先人たちの方法論的誤りを避けることに最大の関心を払ったのであった。

4

最初の講演に続く数年——生涯で最も多産な年月に含まれる——のうちに行なわれたキュヴィエの探究は、

消滅したのはマンモスとメガテリウムだけでなく、動物相全体であったことを決定的に明らかにした。それぞれが現生哺乳類の解剖学的構造とのきわめて綿密な比較にもとづいた、次々に発表される詳細な論文において、彼はゾウ、カバ、サイ、アルマジロ、シカ、ウシ等々の種が存在し――どれもがいかなる現生種とも異なり、多くがはるかに大型で、すべてが地表から消え去ったように見えることを証明した。かくも目覚ましい「動物園」の復活はたしかに驚くべき業績であり、キュヴィエの名声は科学界全体に広がることになった。

　彼は脚光を浴びることにひるむような人間では決してなかったとはいえ、キュヴィエ自身にとって、この研究は彼の生物学的原理の立証としても満足が得られるものであった。彼が復元したそれぞれの化石動物は、「部分の相関」の原理にとって顕著な事例であり、それらの動物を動物界のしかるべき位置に割り当てたことは、同様に「形質の従属」の原理の有効性を証明するものであった。ほとんどの化石四足動物は、完全なメガテリウムや例外的なマンモスとは異なり、分解され散乱した骨としてしか発見されず、しばしば複数の種の骨が同じ堆積物の中に混在していた。したがってドーバントンがオハイオ産の遺骸について疑ったように、架空の合成動物が誤って組み立てられてしまう危険があった。しかし自己の二つの解剖学的原理を適用すれば、このような危険は回避され、それぞれの種はすこぶる確実に復元されるとキュヴィエは信じていた（図3・3）。もしそれぞれの骨の形態が、体の残りの部分と比較しながら機能の観点から分析されるなら、動物全体の機能的に統合された構造を作りあげることが可能であり、（素朴な例を挙げるなら）草食動物の足をもった骨格に、肉食動物の顎をとりつける危険はなくなるであろう。こうして「部分の相関」は化石資料に対し、予言的価値を有し発見に資する原理となった。それを適用すれば、雑多な集積においても、どの骨が他のどの骨に付属していたかを示すことができる。キュヴィエの見解では、それは合理的原理であるという至上の美点をもっていた。しかし実際には、多くの解剖学的相関の機能的意味は決して確実ではなかったので、一定の特徴は一般に特定の動物分類群に関連しているという、経験的観察に彼はしばしば頼らなければならなかった。したがって現実には、その比較解剖学の予言的価値は、彼があれほど重んじていた機能的相関の原理より、現生動物についてのきわめて幅広い知識にもとづいていた。たとえばモンマルトルの石膏採石場で有袋類のように見える化石を発見したとき、彼はもし標本をもっと掘り進め、その骨盤に育児嚢骨のあることが明らかになれば、自分の原理は立証されるだろうと信じていた。予言は適切に確証され、この結果はキュヴィエによって、彼の原理が真に科学的な身分をもつことの目覚ましい証明であると主張された（図3・4）。しかし実のところ、その予言は育児嚢との機能的相関より、アメリカやオーストラリアにいる現生有袋類との比較の方に根拠を置いていたのである。[19]

にもかかわらず、彼の原理の実際の論理的身分はどうであれ、キュヴィエの研究が同時代人たちの目に驚くほど成功を収めたものと映ったことに疑いはない。またニュートンが物理学において、そしていまやラヴォワジエ（一七四三―一七九四）が新しい化学において確立したような、簡潔でいわば「数学的」な「法則」の言葉によって、解剖学もまもなく表現されるだろうというキュヴィエの希望は、彼らには正当化されたように思われた。化石哺乳類の復元というただちに人を驚かす業績と結び合わされた、キュヴィエの比較解剖学の科学的威光は、こうして彼のより幅広い思索が同等の敬意をもって受け入れられることを保証した。

学士院における以前の講演から五年後、キュヴィエは『骨が地中で発見される四足動物の種について』[20]（一八〇一）と題する講演の中で、これまでの研究の成果を要約し、その含意を以前より完全なかたちで示すことができた。比較解剖学の方法を用いた化石の体系的研究が、ビュフォンの時代に可能であったよりしっかりと「地球の理論」を支えることのできる、決定的証拠をもたらすことはいまや明らかであった。比較的最近の過去において、地球には現在では生存が知られていない動物が生息していたことは、最新の研究によって疑問の余地なく証明された。したがってキュヴィエの指摘によれば、最も重要な問題は「当時存在し

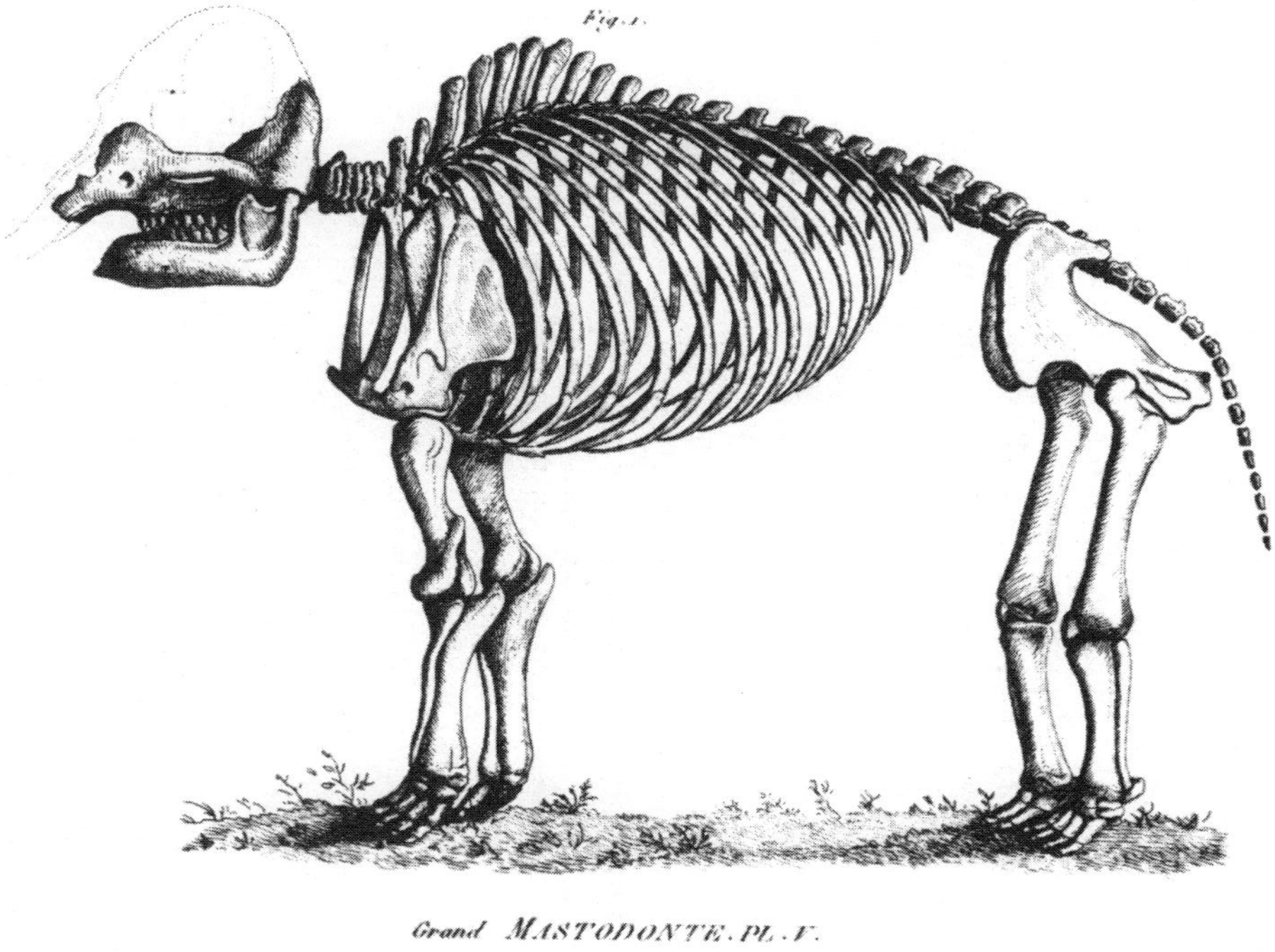

図3.3　アメリカ産化石マストドンのキュヴィエによる復元(1806)【18】．これは彼の解剖学的方法の適用が見事な成果を収めた例であった．というのも彼以前のナチュラリストたちは，この哺乳動物の散在する骨や歯は，複数の種に属するのではないかと疑っていたからである．

ていた種は完全に破壊されたのか、それとも形態が変えられただけなのか、あるいは単に一つの気候帯から別の気候帯に運ばれたのかを解明する」ことであった。ここでは絶滅か進化か移住かという、三者択一の説明の存在することが明瞭に述べられている。このうちの最後の選択肢は、キュヴィエも認めているとおり、海生動物に対しては依然として可能性があると考えられていたが、大型陸生四足動物に対してはもはや無視しうるものであった。そこでキュヴィエの考えでは、有効な選択肢としては絶滅対進化が残されていた。

5

このような硬直した対照は、現在から見ると奇異なものに思えるかもしれない。ダーウィンの理論はのちに絶滅を進化の機構そのものの重要な側面と見なし、両者を統合することになるのだから。しかしキュヴィエにとって化石動物が「形態が変えられただけ」で現生種になるという理論は、絶滅が実際に起こったということをほぼ完全に否定するものであった。とりわけキュヴィエの年長の同僚ラマルクによって擁護されたこの理論は、現在から回顧して「進化的」というレッテルを張られているにもかかわらず、ダーウィンののちの進化論とはほとんど類似点をもっていない。したがって留意すべきは、キュヴィエが進化を拒絶した──そのため従来の科学の歴史では反動的悪人の烙印を押されていた──のは、主として絶滅を弁護するためであり、特殊創造を弁護するためではなかったことである。この段階で論争となっていたのは、現在の種の起源ではなく、以前の種の運命であった。

ラマルクはキュヴィエより古い世代に属していただけでなく、古い科学的伝統に執着もしており、彼の進化論はもっと幅広い自然哲学の一部として見たときのみ充分に理解することができる。彼が確信していたのは、単に一つの生物学的種が別の種に進化することではなく、むしろ種そのものが実在しないということで

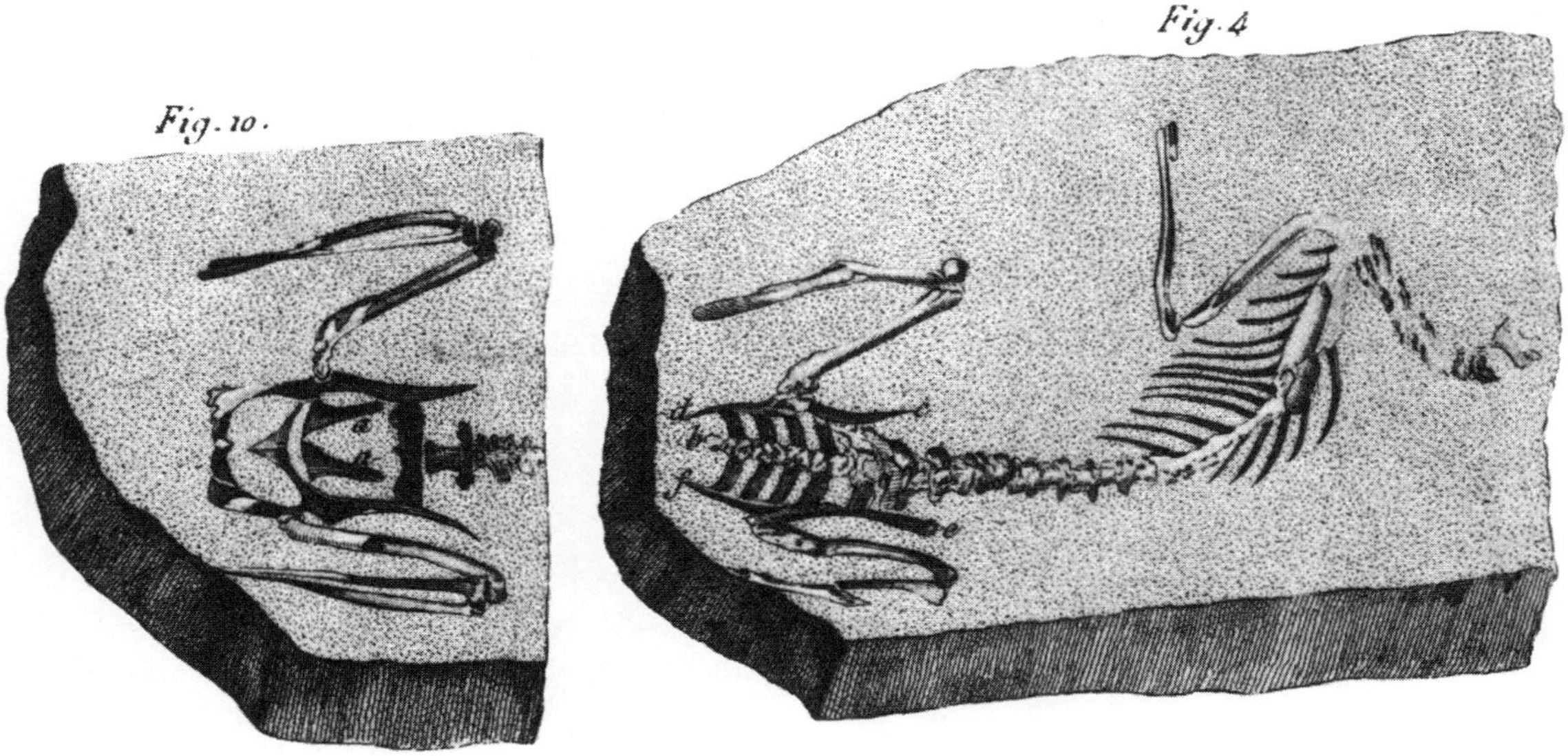

図3.4　モンマルトルの初期第三紀石膏層からでた，化石有袋類の不完全な骨格を描いたキュヴィエの素描(1804)．この標本（右）を切開すると，彼が解剖学的原理にもとづいて予言していた育児嚢骨（左，a，a）があらわになった【19】．

あった。種は自然の継ぎ目のない多様性の内部に設けられた、恣意的かつ人為的な区分であった。彼にとって「種」という語は本来の意味の広がりをいまだ保持しており、そのような区分は動植物の間においてと同様、たとえば化学物質や鉱物の間においても実在しなかった。[21]だが生物の多様性がある意味で継ぎ目のないものだったとしても、だからといってそれが無定形だったわけではない。生物的自然の真の秩序と体系は、ラマルクの信じるところでは「存在の階梯」という古来の概念によって示され、さまざまな生物分類群はその階梯の上に、それぞれの能力の「完成度」に応じて配列されるのであった。彼は動物と植物の根本的な相違を痛感していたので、この二つの自然界が単一の階梯の内部に連続的に配列されないことは認めていた。また彼は生物的存在と非生物的存在の差異を大いに強調してもいたため、動植物いずれの階梯も鉱物界まで「下方に」拡大しようと試みることはなかった。にもかかわらず、動物についても植物についても、「高等」および「下等」な形態という概念は、彼にとっては単なる比喩ではなく、自然の真の秩序の反映だったのである。

存在の階梯はさまざまな形態をとりながらも、一八世紀の自然誌においてはありふれた概念であった。[22]それは人間をその階梯の頂点に置き、文字通り他のすべての存在の尺度にしたので、啓蒙期のイデオロギーには見事に適合していた。存在の階梯の用語法はのちの進化論の言語に、時代錯誤的かつ見かけだけの類似をもつこともある。しかし一般にそれは時間の経過の中で変化も発展もしない、静的な階層の概念であった。無脊椎動物の研究に着手したのちに初めて、ラマルクはその階梯を静的な概念から時間的な概念に変容させ始めたように見える。自然史博物館が創設されたとき植物学から動物学へ転じたのは、知覚できないほど漸進的な形態の推移が、生物的自然の内部で起きていることを証明するための新たな分野を、「下等」な動物の中に見出したいという欲求が生じたためである。[23]しかし博物館において連続講義を採用した一八〇〇年までに、彼は「最も単純な体制をもつ最も不完全な動物」としてだけでなく、時間的な意味で最も原始的な動物としても、無脊椎動物が重要であることを強調するようになっていた。無脊椎動物は「おそらくそれとともに自然が始まったものである。しかるに自然は他のあらゆるものを、多くの時間と有利な状況の助けを借りて形成した」とラマルクは述べている。(24)

だがこのような見解の変化は、見かけほど急進的なものではなかった。動物の「種」は鉱物の「種」と同様に実在せず、すべての自然的存在は絶えまない流動という同一の過程に参画していると、ラマルクが確信するにいたったことをそれは意味しているにすぎない。実のところ彼は博物館での多くの時間を、動物学ではなく地質学の研究に捧げていた。『水文地質学』(25)（一八〇二）と題された著作の中で、彼は「始原」岩と推定されている花崗岩は、「時間と有利な状況が与えられれば」──生物の種について用いたのと同じ句だが──生物の残骸から徐々に変移するに違いないことを示唆していた。ラヴォワジエの新化学に公然と反対するこのような思弁が含まれていては、ラマルクのこの書が商業的出版者を見つけることさえ不可能だったのも驚くべきことではない。彼はその書を自費で出版せざるをえず、彼が苦々しげに不満を述べているように、それは同僚たちから事実上無視されたのであった。だがその著作は、とくにラマルクの理論が要求するきわめて長大な時間尺度を支持しているため、彼の進化思想を理解するための重要な手がかりである。表題が示唆しているとおり、それは地球内部の火成過程*になんの役割も与えない地質学体系であった。ビュフォンの初期の著作（後期の『諸時期』ではなく）においてと同様、その体系は自然地理における一連の緩慢な変化が、侵食と堆積という水の作用のみによって起こると考えていた。ラマルクは成層をほとんど理解しておらず、化石が陸上の広い範囲に存在する事実を、大陸と海洋の位置が緩慢かつ不可避的に交代することの論拠として利用しただけであった。海流が一般に西へ向かう傾向をもつことの結果として、大陸はその西岸で絶えまなく侵食されるのに対し、東岸では沈泥によって陸地を獲得する。充分に長い時間が与えられれば、大陸塊はこうして地球を完全に一周するであろうし、実際にラマルクは大陸塊がこのような方法ですでに何度も地球を周回していると想定したのである。

定常状態的な地球史観、事実上永遠主義的な時間尺度、化石証拠のわずかな利用という点で、ラマルクの理論はジェイムズ・ハットンのより有名な『地球の理論』[26]（一七八八）と明らかに近似している。定常状態を保証するために彼らがもちだした機構は異なっていたが、そのような理論を提起した動機は同じであった。すなわち理神論的自然神学の枠組みの内部では、定常状態だけが自然の英知を証明できた。前代においてと同じく、そのような理論の中に仮定された膨大な量の時間は、それ自体としてはその理論が受容されるための障害ではなかった。一八世紀末のほとんどの地質学者は、試みるための確かな証拠をもっていなかったので、当然ながら定量的な見積もりには関与したがらなかった。とはいえ均等に堆積した地層の厚さについての論評が頻繁に行なわれたことから明らかなように、彼らは地質時代が人間の基準からすれば極端に長いものであることに気づいていた。たとえば古参の地質学者ニコラ・デマレ（一七二五―一八一五）がその重要性を認めたため、地質学理論の通覧から現存する著述家は除くという原則を破ってまでハットンの理論を論じたとき、デマレがその理論を批判したのは、そこに述べられている長大な時間尺度のゆえではなく、そこに展開されている循環性は詳細な観察の中に充分な根拠をもっていないからであった[27]。ラマルクの理論が実質的に無視されたのも驚くべきことではない。一八〇二年頃には、地質学についての経験的知識の進歩が、そのような思弁的理論を弁解の余地のないものにしてしまったと正当にも感じられていたのだから。

だが科学として弁解が許されるかどうかはともかく、化石に関する現象を、進化の観点から解釈するために必要であった論拠をラマルクに与えたのは、ほぼ無限の時間をもつこの理論であった。偉大な『無脊椎動物の体系』（一八〇二）の中で、彼は「どのような生物も、その体制と形態において、知覚できないほど徐々に変化することを人は理解しなければならない」と断言した。また充分な時間が与えられれば、そのような緩慢な変化は、観察されるすべての範囲の動植物を生みだすに足りるはずであった。化石の形態が現生の形態へと変化するための時間はふんだんにあったのだから、現生種と化石種との違いなど少しも驚くことはないと彼は主張した。反対に、驚くべきなのは、ある現生種が化石の状態で見つかることであり、それらは比較的最近の種なので、変化する時間がまだなかったのだと推論するしかないのである。「したがって化石の状態で出会う種の全体は、現生種の間には決して見つからないと予想しなければならないが、にもかかわらず何らかの種が実際に失われたとか、絶滅させられたとか推断することはできない」と彼は結論した。(28)

ラマルクの進化論はこうして絶滅の可能性を排除し、したがって必然的にキュヴィエの結論と対立した。しかし意見の相違はもっと深いところにまで及んでいた。この二人のナチュラリストは、生物の本性に関しまっこうから対立する見解を有しており、そのことが彼らの論争をこれほど激しいものにしたのであった。すでに見たように、キュヴィエにとって生物は機能的に安定した機構であり、したがって種は時間的に安定した自然の単位であった。彼にとって、そのような単位がいかにして存在するようになったかは、いかなる科学的証拠も入手できず、ゆえに科学者が思索する必要のない問題であった。だがその単位がひとたび存在するようになれば、生殖の過程がその種の生活様式に適合した体制を維持し、それを地表から除去しうるのは劇的な環境の変化だけであった。他方でラマルクにとってそのような生物学の「機械化」は、ラヴォワジエが化学にもたらした変化と同様に唾棄すべきものであった。生命は基本的に絶えまのない流動の過程であり、種は実在せず、動植物の階梯の知覚できないほどの漸次的移行が、絶滅が引き起こした空隙によって、不完全なままに残されているなどという事態は思いもよらないことであった。キュヴィエがこのような意見に反対したのは、それが何らかの特殊創造の仮説（キュヴィエが詳説することの決してなかった教説）を脅かすからではなく、ラマルクの信念は生物の研究を非科学的かつ無意味なものにすると考えられたからであった。「一言でいえば、それは自然誌全体を無に帰せしめるであろう。その対象は変わりやすい形態と移ろいやすい類型のみで構成されていることになるのだから」。(29)

6

化石種の解釈に関するキュヴィエとラマルクの意見の衝突は、ほとんどすぐに、一件の重要な経験的証拠に遭遇することになった。といっても科学におけるほとんどの「決定実験」と同じく、それは一方の側にだけ決定的に見えたのだが。フランス軍のエジプト遠征に随行した学者たちの間で、博物館を代表していたジョフロワ・サン゠ティレールは、古代の墳墓からミイラ化した動物の集積を回収することを職務としていた。パリにもち帰られると、これらの標本は同じ遠征のもっと有名な戦利品であるロゼッタ・ストーンとほとんど同じくらい、多くの興奮を学問の世界に引き起こした。というのも博物館がその報告書で述べているとおり、「種は時間の経過の中でその形態を変えるのか」を決定する機会が、ここでついに訪れたからである。最も新しい時代の化石でさえ、それらのミイラ化した標本より、「比べものにならないほど遠い起源」をもっていることはむろん認識されていた。にもかかわらずラマルクが主張したように、時間が変化の過程にとって不可欠であるなら、数千年という短いけれども既知の期間が、生物の形態に少なくとも小変化を実際にもたらしたかどうか、知ろうとするのは当然のことであった[30]。方法論的には、これは（たとえば）彗星や外惑星の長期にわたる軌道を、より短期間のその運動の観測から計算する、威光を誇る天文学という科学の手順と異なるものではなかった。ちょうどこの頃、『ハットンの地球の理論の説明』[31]（一八〇二）の中で、谷の漸進的掘削のような問題に微小な変化の「積分」というアイデアを適用し、地質学において同様の準数学的推論を使用するよう主張したのが、天文学者ジョン・プレイフェア（一七四八―一八一九）であったことは示唆的である。

博物館でミイラ化した動物を調査した結果は曖昧さを許さないものであった。いずれの種も、骨学においてのみならず、防腐処理によって保存されていたすべての器官の比較解剖学においても、現生種の標本と区別できなかった。聖なるトキ（図3・5）は例外を構成するように見えたが、キュヴィエは特別の論考の中で、その鳥と現生の同名の鳥との違いは、同定の誤りに起因することを明らかにした[32]。したがってこの決定実験は、生物の安定性というキュヴィエの考え方に全面的に賛同し、生物の流動性というラマルクの考え方には対立するように思われた。

しかしラマルクは、エジプトからの収集物に関する博物館の報告書に署名したにもかかわらず、この「実験」の結果には納得しなかった。パリ周辺の地層からでた化石軟体動物についてのモノグラフの序文で、彼は「種」と称されるものに変異が観察されないのは、それが人間の時間尺度に比べ非常に緩慢に進行するからにすぎないと主張した。種が安定であると結論することが誤りなのは、ある建物に住んでいる昆虫が、自分たちが二五世代経過しても建物に変化がないのを見て、その建物は永遠に安定であると結論するのと同断である、これがラマルクの見解であった[33]。

こうしてみるとラマルクとキュヴィエの論争の原因は、彼らが思い描いていた時間尺度の違いにあったと思われるかもしれない。しかし実際には、キュヴィエはパリ周辺の含化石層に対し、「数千世紀程度」の年齢を提案する用意があり、それは訓練された†科学的想像力が証拠にもとづいて適切に推測できる年齢に、ほぼ匹敵するほどはるかな太古を意味していた。ラマルクはおそらくもっと長い時間尺度を思い描いていたであろうが、いずれにせよ彼とキュヴィエとの論争は、地質学のような「歴史的」科学に採用されるべき適切な推論の方法について、見解の相違があったことの方により多くの原因が求められる。「時間と有利な状況が、自然がそのあらゆる作品を創造する際に用いる主要な手段である」と信じていたラマルクは、「われわれも知るように、時間にはそれ自体の目的がなく、ゆえに常にそれ［すなわち自然］の意のままになる」のだから、種の転成は自明の真理であると結論する用意ができていた。他方でキュヴィエにとっては、そのような形而上学的先験論はあらゆる真の科学を完全に破壊するものであった。彼はのちに『化石骨の研究』の

「序説」でこう述べている。「何人かのナチュラリストが、いとも容易に積みあげた数千世紀というものを、大いに当てにしていることをわたしは知っている。しかしこのような事柄において、われわれはより少ない時間が生みだすものを思考によって倍加する以外には、長い時間が生みだすものについてほとんど判断できないのである」。このような「より少ない時間」は、地質学的基準からすればたしかに短いとはいえ、探知できるいかなる変化も生みださなかったことはすでに示されていた。したがってキュヴィエの考えでは、ラマルクの生物の流動性という概念には科学的根拠がなかったのである。

†現代の用語では、始新世、すなわち新生代初期の地層は、おおよそ五〇〇〇万年前のものであろう。しかし一九世紀後期においてさえ、地質学者はこれよりはるかに低い数値について物理学者に快く同意しており、したがってそれはキュヴィエが心に描いていただろうものとさほど異なっていない。

実際にはラマルクは、パリ周辺の化石軟体動物が、既知のすべての現生種と異なるという事実以外には、化石記録にもとづく進化のための積極的証拠をもっていなかった。また彼はそのような事実に対してさえ、別の説明を与えがちであった。というのもいくつかの属（たとえばオウムガイ Nautilus, ホネガイ Murex, カニモリガイ Cerithium）の熱帯的な性格を、極の緩慢な彷徨というきわめて思弁的な理論の論拠として利用していたからである。[34] したがって彼が『動物哲学』（一八〇九）と題された書の中で、彼の進化論の主要な説明を記述したとき、化石はほとんど言及されなかったのも驚くべきことではない。その著作は動物の階梯の時間的現実化に関する一般的理論を練りあげていたが、この階梯の漸進的な上昇を、時間の経過の中で自己を改善しようとする、生命の本来的な「傾向」という観点からのみ解釈していた。この説明されざる「能力」が、ラマルクの体系においてはいまや進化の主要な「原因」であった。「有利な状況」の作用（後世の生物学者にとってはラマルク主義の「本質的要素」）は、生物はさまざまな生活様式に適応しているため、

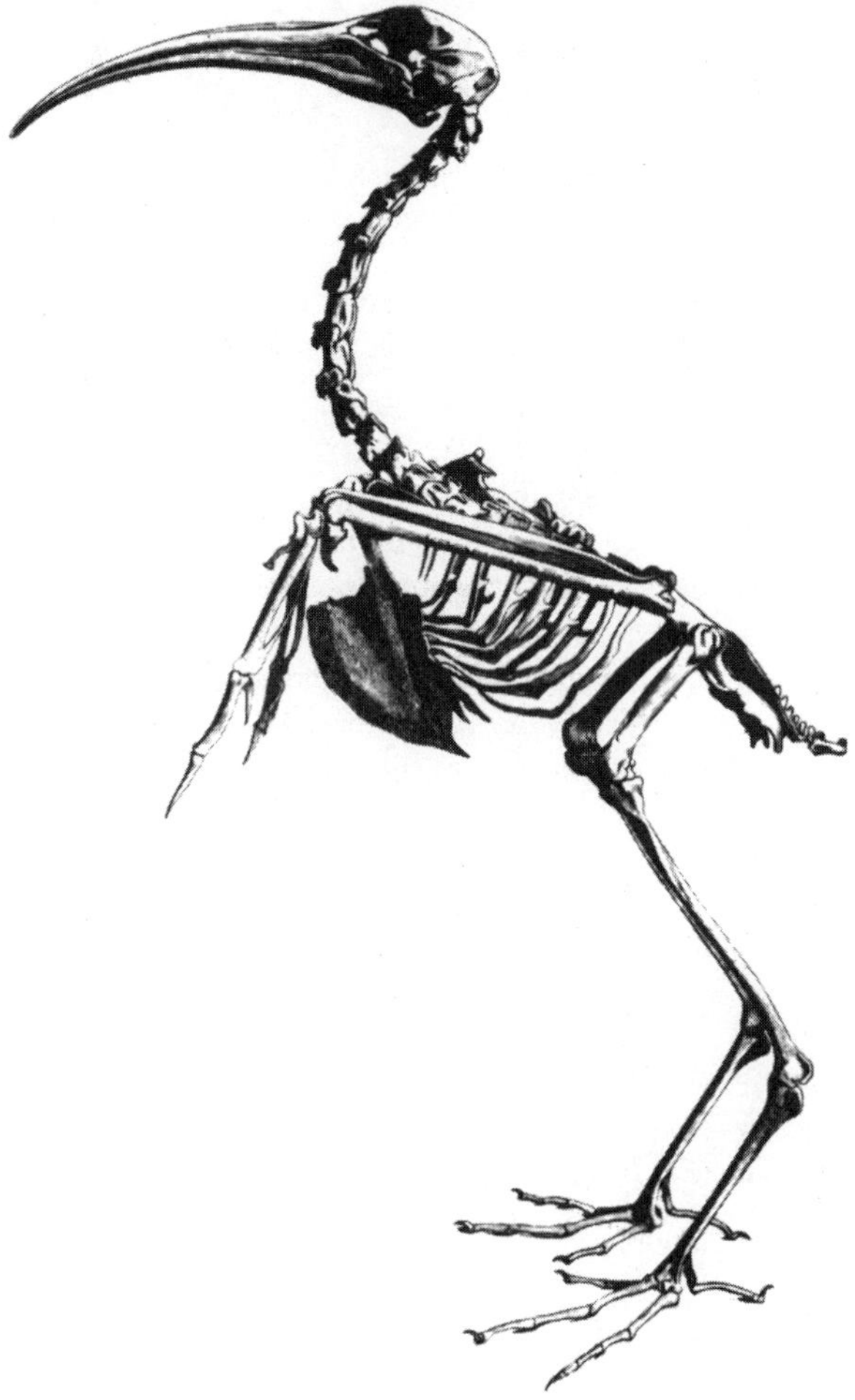

Squelette d'Ibis, tiré d'une momie de Thèbes en Egypte.

図 3.5　古代エジプトのミイラ化した標本をもとに，キュヴィエが描いたトキの骨格の素描（1804）【32】．彼はこれをある現生種の鳥と首尾よく同一視し，この鳥が過去 3000 年間「転成」（すなわち進化的変化）を受けなかったことを証明した．

知覚できない漸次的移行をもって直線的な階梯の上に配列されることは実際にはないという、事実を明らかにするために導入された二次的説明にすぎなかった。[35]

7

皮肉にも、時間の経過とともに生命が前進することを示す化石証拠もなしに、ラマルクが彼の進化論を構築していたちょうどその頃、キュヴィエの研究はまさにそのような証拠の最初の徴候を明らかにし始めていた。キュヴィエ的伝統の中で研究する後世の古生物学者によって、大いに拡大され進展させられたこの探究こそ、ラマルクの理論にはなかった科学的説得力を、最終的にダーウィンの理論に付与することになったものである。

初期の研究において、キュヴィエは明らかに単一の革命と単一の「われわれの世界に先行する世界」という観点から思考していた。それが当然であったのは、最も取り組みやすい化石骨は表層砂礫堆積物から産したものであり、彼の絶滅動物相のほとんどはそれに由来していたからである。だがド・リュックとは異なり、キュヴィエはこの最近の「革命」にいかなる独特の意味も与えようとはしなかった。彼の復元した動物が絶滅させられ、現存する動物によって置き換えられたように、その現存する動物も「おそらくいつの日か同様に破滅させられ、他の動物によって置き換えられる」ことを、彼は学士院での最初の講演においてさえ——引き続く政情不安をいやというほど知らされている聴衆に対し——示唆していた。だがほどなく、彼のさらなる研究は、この種の出来事は過去に一度ならず起きたという証拠を彼にもたらすことにより、ときおりの革命によって区切られた地球史という描像に確証を与えたのである。

生命の歴史全体の再構成にとって広範な影響をもつことになる、彼の研究に加えられたこの新しい次元は、モンマルトルの石膏採石場で発見された化石の検討から誕生した。彼が仮に化石イヌと同定していた動物は、彼の解剖学的原理をより綿密に適用した結果、バク、サイ、ブタの特徴のいくつかをあわせもつ、完全に未知の属の三つの異なる種であり、したがって彼がそれまでに検討したどの化石よりも現生動物から遠く離れていることが判明した(36)（図3・6）。さらに当初はモンマルトルの化石を、砂礫層の骨と多少とも同じ時代のものであるかのように論じていたキュヴィエも、石膏層はパリ周辺の広い地域を占める厚く規則的な一連の地層の一部だったので、その化石はもっとずっと古いものに違いないことをいまや認めるようになった。この時点で、それまでは基本的に解剖学的であったキュヴィエの研究が、同時代の地質学研究の主流と緊密に結びつくようになったのである。

層序学と呼ばれるようになったこの分野は、重要な鉱山業に対する強い経済的動機が、連続する地層の詳細な記載と地図作成を促進していた、チューリンゲンとザクセンを中心にして一八世紀後期に発展した。その地層自体（現代の用語ではペルム－三畳紀のもの）は好都合なことに性格がはっきりしていた。また一八世紀中葉のレーマン（一七一九―一七六七）とフュクゼル（一七二二―一七七三）の古典的な記載的研究が、他の多くの地域的モノグラフに対し範例を提示していた。そのような研究が記載を超えて理論的解釈へと向かう限りでは、その解釈は一般に徐々に縮小する海洋というライプニッツ的な観点にもとづいていた。このような地球史の概念は、最も古い岩石が一般により高い山を、化石を含む地層が中間的な高さの丘陵を、最も新しい固化していない堆積物が最も低い土地を形成するという観察とほどよく一致していた。この模式こそアブラハム・ヴェルナー（一七四九―一八一七）が、ビュフォンが『自然の諸時期』を刊行した年に偉大なフライベルクの鉱山学校において、すでに提供していた鉱物学の講座に地質学の講座を加えたとき、当然ながら採用したものであった。各「累層*」は鉱物学的組成、地形学的位置、含有化石といった観点から記載することができたが、岩石は主としてその起源の時期によって分類されるべきであった(37)。だが化石は、ヴェルナーのすぐれた教育に影響を受けたほとんどの著名な地質学者によって、それほど重要視されなかった。彼らにとっては、位置と岩石学の方が信頼できる指標と思えたからである。それでも一八世紀の末までに、層序的連続の収集と、異なる地域間でのその対比*において多大の進歩が見られた。こうしてたとえばチョーク*は、西ヨーロッパ全域において成層岩（Flötzgebirge）すなわち「第二紀」層の上限を示す、好都合なことに特徴的で、広範囲に分布する「標識層準*」を構成していた。しかも各累層に含まれる化石は、ますます詳細な研究がなされつつあった。たとえばフォジャスは、マーストリヒトのチョークから産出した化石について堂々たるモノグラフを作成するにあたり、生命の歴史を完全に理解するためには、このような地域的研究に潜在的価値があることを強調した[38]。さらにパリ周辺の地層は、規則的に成層しているものの、チョークより若いことが認識されるようになった。また通常それらは、イタリアにおけるアペニン山麓丘陵の「第三紀」層と対比された。そのような地層が平穏に堆積したのは、明らかに現在の谷が掘削される以前であり、次にはその谷が最近の革命を証言する、骨を含んだ砂礫層を内包することになった。

　こうしてキュヴィエは、おそらく同僚の地質学者フォジャスを通じて、彼の奇妙な「古代獣」（パレオテリウム）が、マンモスやサイからなる動物相よりはるかに古いことに気づかされたに違いない。他方でそのモンマルトルの化石でさえ、チョークから産しフォジャスが記載した巨大なワニに似た動物に比べれば新しいものであった（図3・7）。したがってキュヴィエは一八〇一年の学士院における講演の中で、彼の研究の「最も顕著な最も驚くべき成果」は「これらの骨の発見される地層が古くなればなるほど、その骨はこんにち知られている動物の骨とはますます異なるものになることである」と述べることができた。現在の動物相への漸進的近似というこのアイデア自体は、キュヴィエが気づいていたと思われる以上に、地質学においては常識に属していた。たとえばアンモナイトやベレムナイトのような、絶滅したと一般に推測されていた動物の化石は第二紀層に限定されていたのに対し、第三紀層が現在の海に生息するものにおおむね類似した、

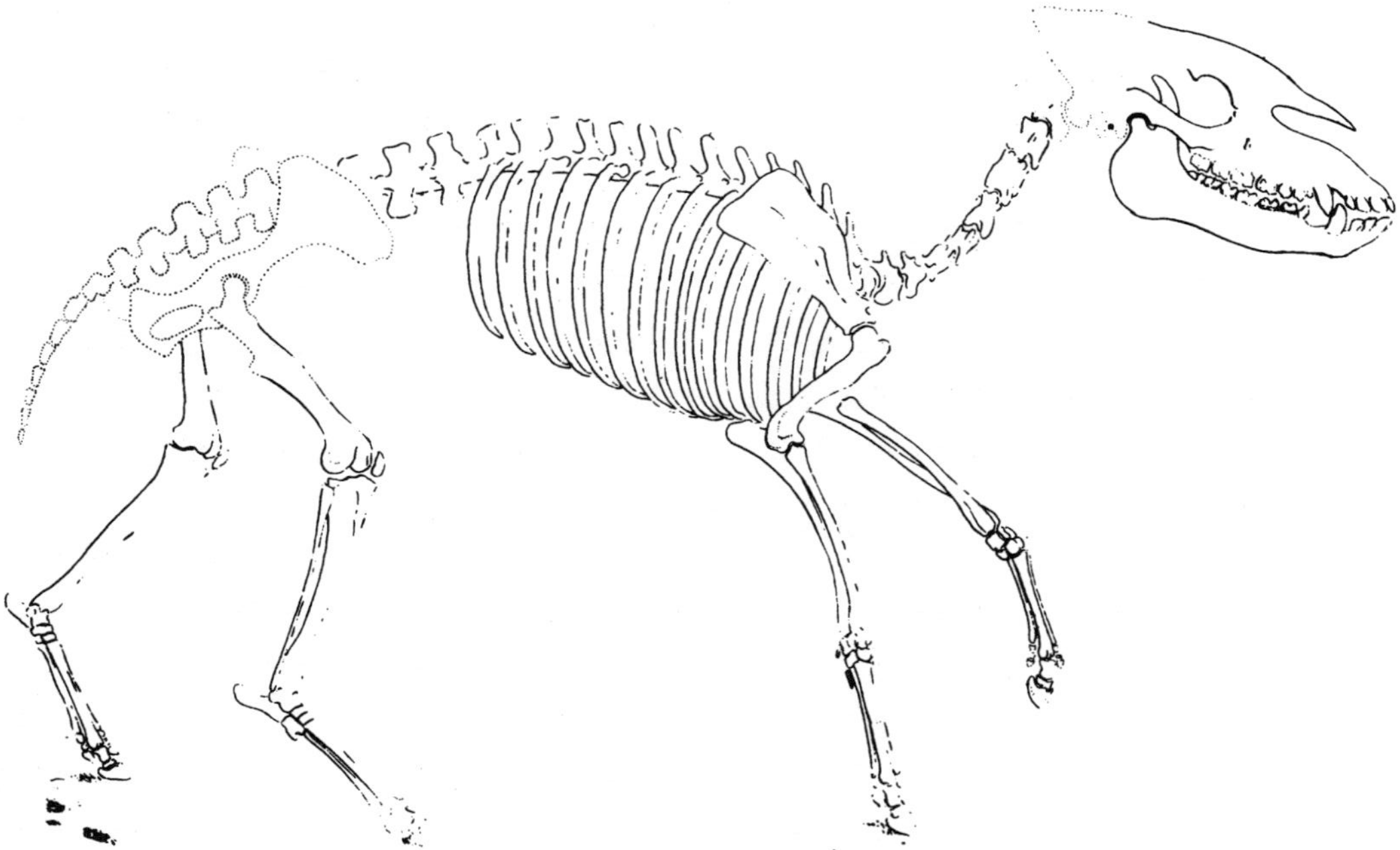

図 3.6　パリ近郊モンマルトルの初期第三紀石膏層からでた，パレオテリウム（すなわち「古代獣」）のキュヴィエによる復元【36】．このまったく新しい化石哺乳動物は，現代のバク，サイ，ブタの特徴をあわせもっていた．キュヴィエはこのことにもとづき，地質時代を通じて異なる化石動物相の遷移が存在し，そこにおいては古い動物相ほどその性格が，こんにちの動物相からよりいっそう隔たっていると推論した．

軟体動物（パリ地域から産出しラマルクが記載していたような）によって特徴づけられることはよく知られていた。だが絶滅したように見える海生無脊椎動物が生存している可能性について、いまだ不確実な状態が続いていたことを考慮するなら、キュヴィエが陸生四足動物についての自己の研究成果を、知識の新しい発展と見なしたことは正しいとされるであろう。動物相の変化の原理が、これまでよりはるかにしっかりと確立されたのだから。

だが同時に、キュヴィエがこの原理を認めたことは、その変化の原因というさらなる問題を提起することになった。モンマルトルの岩石の中には、多様性において表層砂礫層の絶滅動物相に劣らない、ある絶滅動物相全体の表示されていることがまもなく明らかになった。この動物相がマンモスを全滅させたものに類似した、より以前の何らかの革命によって破壊されたのなら、その以前の出来事を解く手がかりは、パリの地層をより詳細に研究することによって発見されるはずである。この作業のためにキュヴィエはほぼ同年齢の友人アレクサンドル・ブロンニャール（一七七〇―一八四七）とともに、パリ周辺地域を横断する一連の調査を行ない、そのおかげで彼らはキュヴィエの化石の層序学的背景を記載できるようになった。チョークから上方へ向かって連続的地層を直線的に記載した彼らの『パリ地域の鉱物地理学に関する試論』[39]（一八〇八）は、表面的には当時の他の層序学的モノグラフとほとんど異なっていないように見える（「鉱物地理学」という語はヴェルナーの用語「ゲオグノジー」と同様に、より解釈的な意味合いをもつ「地質学」とは異なり、事実にもとづく岩石の記載を示すために用いられた）。しかし彼らの論考は、きわめて重要な二つの新機軸を含んでいた。

彼らは一般的な岩石学によって容易に互いに分離される、七つの主要な累層をチョークより上位に識別した。だがラマルクの化石軟体動物のほとんどが採集された、その累層の一つである「粗粒石灰岩」（Calcaire grossier）の内部にさえ、一二〇キロメートル以上の距離にわたり、個々の地層の累重に一定の秩序が存在す

図 3.7　マーストリヒトの地下採掘場における巨大な化石爬虫類の顎の発見．マーストリヒトのチョーク産化石に関する，フォジャス・ド・サン＝フォンのモノグラフ（1799）【38】から採られたこの劇的な光景は，驚くべき絶滅種の回収と復元に対する同時代人の興奮を縮図的に描いている（フォジャスはこの化石をワニ類と考えたが，キュヴィエはすぐそのあとで，それにはトカゲとの類縁があることを比較解剖学によって証明し，その動物をモササウルスと命名した）．

ることをも発見した。この驚くべき恒常性を、彼らは各地層内の化石種の正確な本性に着目することによって認識することができた。彼らの言によれば、それは「これまでのところわれわれを欺くことがなかった指標」であった。連続的地層の化石は、全面的に異なっているわけではなかったが、ある地層の特徴的な化石は、次の地層では数が少なくなり、種の異なる組み合わせによって徐々に置き換えられていく傾向があった。実際には、彼らが発見したのは、化石はある累層全体を総体的に特徴づけるためだけではなく、累層内の個々の地層をはるかに詳細に同定するためにも利用できるということであった。

もっと一般的な意味では、連続的累層が含有化石によって大まかに特徴づけられることはすでによく知られていた。たとえばチューリンゲンの層序に関するフライエスレーベン（一七七四―一八四六）の見事なモノグラフ（一八〇七―一五）は、ムッシェルカルク*のような累層に含まれる化石の一般的性格について、その累層の岩石学とともに当然のこととして言及し、種のより詳細な記載が見出される適切なモノグラフを引用していた。(40)

イギリスでは土木技師のウィリアム・スミス（一七六九―一八三九）――まさにキュヴィエとほぼ同年齢の――が、イギリスの連続的な第二紀層は、無脊椎動物化石のさまざまな種によって特徴づけられることを、数年前に独自に指摘していた。(41) だが教育の不足、比較的低い社会的地位、実務に追われたための余暇不足などに妨げられて、彼はこの問題についての膨大な経験的知識を、国際的な科学者共同体がその価値を判断しうるような形式では発表できなかった。キュヴィエとブロンニャールは、スミスの研究の簡単な紹介を見ていたのかもしれない。しかしたとえそうであったとしても、彼らは自分たちの研究が、化石による対比の原理を第三紀層に対して、スミスが第二紀層に対して証明したのと同様の正確さと詳しさをもって確証したと単に見なしたであろう。愛国主義的な色合いを帯びた先取権論争が、のちにフランスとイギリスの層序学者の間で繰り広げられた。しかし先取権はどうであれ、事実としてキュヴィエとブロンニャールの論文が出版されてから数年のうちには、個々の地層が含む化石により強い関心が寄せられ、化石による対比が大きな実用的価値をもつ原理であると認められるようになった。だがそれは本質的に経験的原理のままであった。また化石に対するより生物学的なアプローチが、特徴的な動物相の生態学的含意を同時に強調する傾向にあったので、化石がどの程度まで地層の相対年代の指標とも見なしうるかという点については論争の余地があった。

キュヴィエとブロンニャールの研究に第二の重要な特徴を与えたのは、このより生物学的なアプローチであった。現在との比較という現在主義的な原理を用いて、彼らはパリ周辺の第三紀層が、淡水と海水という条件の交替を表示していることを証明した。いくつかの累層が現在は海でのみ発見される属の軟体動物を含むのに対し、他の累層はもっぱら淡水に生息する属を含んでいた。この結論の直接の意義は、徐々に縮小する海洋の下から徐々に大陸が出現したと思い描く、地球史の慣習的な「定向的」モデルにそれが疑問を投げかけたことにあった。代わりにその結論は、大陸地域の沈下と隆起という、ある種の律動的・周期的な交替を示唆していた。したがって当然ながらそれはハットンがより思弁的に提案した、定常状態の（すなわち非定向的な）地球史というものの確証になりうると考えられた。

だがキュヴィエとブロンニャールは、そのような運動は知覚できないほど漸進的であったに違いないとするハットンには従わなかった（実際には、ハットンは彼が提唱した体系が賢明なデザインに満ちているためには、大陸の漸進的な侵食が不可欠であることを強調したにすぎなかった。また彼は大陸の隆起の本性を不明瞭なままにしていたので、彼の信奉者の一人ジョン・プレイフェアは、隆起の漸進的な性格を主張できたのに対し、もう一人の信奉者ジェイムズ・ホール卿（一七六一―一八三二）は、突然の隆起もハットンの基本的な意図に矛盾しないと感じていたのである）。[42] キュヴィエは最新の革命が海の突然の侵入であり、それは長期間持続し、そのあとで現在の大陸が再出現したとする、有力な証拠を手にしていると確信していた。

その革命は比較的最近のものなので、最も明瞭な痕跡を残し、解釈するには最も容易であり、したがってその種の出来事の範例として適切に利用することができた。パリ「盆地」における海成層と淡水成層との接合はかなり急激であったため、それが前代に起こった同種の突然の変化を証言していると結論することは、キュヴィエにとってごく自然であった。さらに彼の信じるところでは、環境の突然の変化だけが、最近消え去った動物相の絶滅に責任を負っていたのであるから、同種の突然の出来事はまた、モンマルトルの淡水成層の中に保存されている、前代の動物相を絶滅させたに違いなかった。このように海成層と淡水成層が交互に重なっていることの発見は、地球史が自然地理における突然の変化によって区切られ、それぞれの海の侵入がある陸生動物相の絶滅を適切に説明するという見解にとって、驚くべき証拠をもたらすと思われた。

この結論は、以前の曖昧な事例を明確にするために、最近の事例を用いているという点で方法論的に正当なだけでなく、これらの革命を不変の自然法則という「ニュートン的」体系の内部へ導き入れる大きな長所ももっていた。革命の原因がいかに曖昧だったにせよ、その反復はそれが自然の通常の進行の一部であることを暗に意味していた。特筆すべきなのは、キュヴィエは地質学的出来事を不適当な時間尺度の中に圧縮する必要に迫られて、この反復する革命という概念を強制されたのではなかったことである。すでに見たように、彼はモンマルトルの化石の年齢を、数百万年と見積もる用意ができていた。またブロンニャールとの共著論文では、キュヴィエは一様で整然とした地層の系列とその全体の分厚さが、きわめて長期にわたる平穏な堆積を明示しているということをとくに強調していた。現在の海や湖で起こっている過程と本質的に同様の漸進的な過程が、突然の変化によって中断させられるなどということは、非常に稀にしか起こらなかった。

さらにキュヴィエはそのような突然の変化が、その効果において世界的だったとは想像していなかった。それどころか、それらは同時には一つの大陸地域にしか影響をもたらさなかったと彼は信じていた。これは幾分かは、モンマルトルの動物相がアメリカやオーストラリアの現在の動物相と、きわめて密接な動物学的類縁をもつと思われる——前者が何らかの現生の動物相に少しでも似ているならばだが——という事実によって、彼に示唆されたことであった。ここから彼は、新たに出現したそれぞれの陸塊が、その特定の革命には影響されなかった他の大陸からの移住により、再植民されるという仮説を与えられることになった。

8

これらすべてのアイデアは、キュヴィエが大著『四足動物の化石骨の研究』[43]（一八一二）の巻頭に置いた、「序説」において統合されさらに発展させられた。四巻からなるこの著作のうちの三巻は、彼がそれ以前の数年間に『博物館年報』に発表したモノグラフの新版によって構成され、四足脊椎動物のさまざまな化石種と、関連する現生種の骨学を扱っていた。第一巻には「序説」に加えて、層序学に関するブロンニャールとの共著論文の大幅に拡張した版が含まれ、見事な数枚の断面図と一枚の地質図も添えられていた。またこの著作全体は意味深長にも天文学者ラプラス（一七四九―一八二七）に献げられていた。ラプラスによるニュートン的な『天体力学』こそ、自分の著作が地球の歴史という領域において覇を競いたいと、キュヴィエが明らかに望んでいたものであった。

著作の冒頭を飾る魅力的に書かれた地質学的試論は、すぐに最も重要な作品と認められた。これはのちに『地表革命論』として別個に出版され、幾度となく版を重ねるとともに、ヨーロッパの他の主要な言語に翻訳された。こうして何年ものちには「激変説」という誤解を招きやすい名称を与えられることになるキュヴィエの地質学理論は、科学人の間だけでなく一般的な読書人の間でも、広く知られ影響力をもつようになった。キュヴィエ自身は「激変」（catastrophe）という語をほとんど用いなかった。その語に含まれる災厄の意味合いは、それを規則的かつ自然な出来事とする彼の考えにはきわめて異質だったからである。彼はよりニュートン的な香りのする「レヴォリューション」の語の方を好んだ。さらに英語版の編纂者であるスコットランドの地質学者ロバート・ジェイムソン（一七七四―一八五四）が、その訳書に『地球の理論』という表題を与えたにもかかわらず、嘆かわしいものとしか感じられない前代の思弁的な体系を連想させるため、キュヴィエ自身はその句を避けるのが常であった。

実質的には、「序説」はキュヴィエがすでに示唆していたアイデアを寄せ集め、それらを首尾一貫した理論へと結合したものであった。地球史の長大な時間尺度の内部で、こんにち観察される状態と同様の一般的に平穏な状態が、突然の重大な自然地理的変化によってときおり中断されてきた。試論の多くの部分はそのような革命が突然のものであったに違いないこと、観察可能な過程はそれを説明するのに適切ではないことを示すために捧げられていた。これは現在主義の方法の撤回ではなく、単に「残念ながら……それ［自然］がこんにち用いている作因のうちに、太古の効果を生みだせるようなものは何もない」ことの是認であった。たしかにこれは革命の原因が不可知であること、まして超自然的であることを含意してはいなかった。キュヴィエはともかくそのような原因が容易に発見されることを疑っていたが、一方では「最も重要な地質学的問題」はそうした出来事の正確な特徴を決定し、少なくともその原因の本性がより狭く限定されるようにすることであると述べていた。

このような突然の出来事が与えられれば、機能的に充分に適応していた動物種の絶滅も満足のいく形で説明できた。新しい各動物相の起源の問題は、大陸間の移住の観点から解釈された。キュヴィエは新種の創造を仮定しなければならないということを明確に拒絶し、まさしくこの点を強調するために、オーストラリアの現在の有袋類動物相についての類比を使用した。もしも将来の革命がオーストラリアを水没させ、その動物相を破壊するなら、またもしもその大陸がのちに再浮上し、アジアから移住した有胎盤哺乳類によって再植民されるなら、後代のナチュラリストたちは新しい動物相が特殊創造され、絶滅した有袋類に取って代わったと誤った推論をするであろう。むろんある意味では、キュヴィエが用いた説明のための方策は、種の起源の問題を地質時代のさらに奥へと押しやるものにすぎない。しかし彼にとって重要なのは、これは科学が提供すべき証拠をもたず、したがって思索する権利のない問題であるということであった。彼はすでに述べた根拠にもとづき、ラマルクの進化仮説の効力を否定した。何よりもその仮説が正しいなら、「そのような漸進的な改変の痕跡が見出されるべきである」のに、それは発見されていなかった。しかもエジプトからもたらされたミイラ化した動物が現在主義的なテストを提供したが、それはここ数千年間には知覚できるような改変が起こっていないことを証明していた。ラマルクは人間の最近の影響に起因する例外的な事件として、絶滅が現実のものであることを認める用意だけはできていた。そこでキュヴィエは、文明が最新の革命よりもあとに生じたことを示すためにとりわけ心を砕いた。その最新の革命の残骸の中に人間の遺物は完全に欠如していたので、それ以前に存在していたかもしれないいかなる人間も、あまりにも局地的かつ原始的であったため、大型哺乳類の動物相全体を絶滅させる原因にはなれなかったに違いない。キュヴィエの見解では、そのような大量絶滅は、こうして地球の歴史の規則的かつ自然な相貌をもつ出来事として確立されたのである。

9

ロバート・ジェイムソンはキュヴィエの「序説」の英訳を編集する際に[44]、表題ばかりか内容までも変えてしまった。彼は冗長な編注をつけ加え、そこにおいてキュヴィエの最も新しい革命は聖書の中の「大洪水」と同一視されうること、したがってその出来事の史実性は最も信頼される科学的証拠によって確証されることを指摘しようと努めた。イギリスのほとんどの科学人（およびそれ以来英語圏のほとんどの科学史家）は、その革命の理論をジェイムソンの版を通して学んだので、実際には大陸でよりもイギリスではるかに大きな関心が寄せられていた議論を、キュヴィエが支持していると見なされたことも驚くには及ばない。キュヴィエはフランスにおけるプロテスタント共同体の重要な平信徒の一員であり、彼の個人的信仰の誠実さを疑う理由は存在しない。しかし彼は啓蒙思潮の申し子でもあり、科学と宗教は相手の領分に干渉すべきではなく、両者の利益になるように距離を保つべきであると考えていた。彼の見解では、宗教の真理を科学の成果によって擁護しようとする試みは、何であれ心得違いの無益なものであった。彼の理論はこのように、少なくとも意識のレベルでは、科学を聖書に適合させようという欲求には何ひとつ負っていなかった。

キュヴィエが「序説」の中で「モーセ五書」〔旧約聖書の最初の五書〕に言及し、その著者をモーセ自身に帰してはならない正当な理由をなんら見出せなかったのは確かである。だがキュヴィエは新しい聖書批判の成果を明らかに受け入れており、その証拠に彼は「モーセ五書」が「現在の形式」に到達した年代について、ドイツの東洋学者アイヒホルン（一七五二―一八二七）を引用していた。より重要なのは、古代の記録に捧げられた一五ページほどの中で、旧約聖書を論じている部分は一ページしか占めていないという事実である。実際のところキュヴィエは、文明がそれほど古くはないことを示唆する多くの古代の文献の一つとして、「モーセ五書」を利用しただけであった。「ユダヤ人の立法者」モーセが言及されたのは、もしもより古いエジプトの記録が当時流布していたなら、彼はその伝承を知りかつ利用したと思われるからにすぎなかった。議論のこの部分に一貫するキュヴィエの目的は、絶滅はラマルクが推測したような人間の活動に起因するものではなく、自然の規則的な進行の一部だったと示すことであった。またこれは文明が最近発生したと強調することを含んでいた。こうして最後の革命の残骸の中に人類化石が欠如していること、実際には人類と絶滅動物相との共存を示す証拠が欠如していることを、キュヴィエがこれほど熱心に力説した理由も説明される。というのもそのような欠如は、最後の革命以前の人類はあまりにも原始的かつ局地的なので、絶滅の原因にはならなかったことを示すのに役立つからである。キュヴィエの意図が、字義どおりに解釈された聖書的「大洪水」への信仰を支持することにあったなら、彼は人類化石の欠如を糊塗することの方にはるかに気をつかったはずである。[45]

だがジェイムソンによってイギリスへ移入されたとき、キュヴィエの著作を熱烈に歓迎したのは、科学の権威によって宗教の権威を――したがって社会秩序をも――擁護したいと切望している人々であった。物理的科学の進歩は、一八世紀の自然神学に対し、効果的な「デザインにもとづく議論」を提供していた。しかしそれに対応した証験神学の価値の下落は、理神論と陰険な懐疑主義を助長し、フランスにおいて革命期の暴走を招いただけのように思われた。啓示宗教の権威を回復するために必要だったのは、科学によって聖書の信頼性を独自に確証することであった。地質学という新しい科学は、キリスト教そのものと同様に本質において歴史的であるので、明らかに特別な位置――擁護するためにせよ毀損するためにせよ――を占めていた。表面的にはキュヴィエの革命理論にもとづいている新しい形式の洪水説が、イギリスにおいて発展した背景にはこのような動機が存在した。キュヴィエのいう最新の革命は、こうして聖書が語る「大洪水」に他ならないものとして歓迎された。それはド・リュックのものよりはるかに広範囲の科学的証拠にもとづいているという点で、新しい形式の洪水説であった。しかしそれは――より以前のウッドワードの理論とは異なり――規則的な地層ではなく、表層堆積物にのみ適用されるという点で、ド・リュックの理論に類似していた。またそれは大洪水以前の世界に対しては、際限なく拡張された時間尺度と結合しうるものであり、実際にほとんどすべての科学人によってそのような結合がなされた。アッシャーの影は、イギリスにおける科学と宗教の大衆的解説者の間ではいまだ健在であったが、科学人を自任する人々の間では、アッシャーの時間尺度の障壁は、少なくとも地球史の人類以前の時代に対してはとうの昔に打破されていた。

キュヴィエの局地的な最後の革命を、最高の科学的権威をもって類のない世界的大洪水へと変貌させたのは、オックスフォードの地質学准教授ウィリアム・バックランド（一七八四―一八五六）であった。その人気のある愉快な講義は、イギリスの地質学者の間で洪水説を多大な影響力をもつものにした。一八一九年の准教授就任講義において、バックランドは地質学がキリスト教的啓示の信頼性を毀損しているという非難に対し、地質学を擁護しなければならないと感じ、地質学は人類の起源の新しさと世界的大洪水を証明する科学的証拠を与えることにより、現実に宗教を支えていると主張した。[46] だが「最も啓発された哲学者の一人にして、古今を通じ最大の解剖学者」の科学的権威を心から信頼していたにもかかわらず、バックランドの大洪水解釈は実のところ、キュヴィエの理論の徹底した科学的改変をともなっていた。というのも彼はその大洪水が一時的かつ世界的なものであり、長期的かつ局地的なものではなかったことを示さねばならなかったからである。実際にはバックランドはド・リュックの意図を継承し、同じ動機から行動していた。それでも彼はド・リュックのものより聖書の字義どおりの説明に近い大洪水を、科学的証拠が証言していることを示そうと努めていた。

だが公正を期するために、その後まもなくバックランドが、自己の解釈を支持する有力な科学的証拠を見つけたと信じたことは申し添えておこう。一八二一年、骨片の大量に堆積した洞窟がヨークシャーで発見された。バックランドはキュヴィエ流の比較解剖学を用い、骨が表示している動物が絶滅種であることを証明した。次いで――エクセター動物園でハイエナの習性を観察したのち――骨がハイエナにかじられており、その洞穴はハイエナの巣であったことを明らかにした。このことから当然ながら、この地域は何らかの出来事がその絶滅種を消滅させる以前には、それ以後と同じく陸地であったと彼は推論した。またこれは最新の革命が、キュヴィエが（ド・リュックに従って）示唆したような大陸と海洋の位置の全体的な交替ではなく、もっと一時的な出来事であり、現在の大陸は表面的な変化だけをともないながら元の場所にとどまったことを含意していた（図3・8）。「大洪水」堆積物が巨大な津波の残骸であるというこの解釈を支持するために、

図3.8　骨を含んだ洞窟のバックランドによる挿絵の一つ（1823）【48】．*石筍の層（C）によって封じ込められた堆積物の中に，骨が散在していることを示している．多くのこのような洞窟はハイエナの絶滅種の巣であり，一時的な「大洪水的」津波がハイエナと，それが捕食していた他の種を絶滅させたのだとバックランドは主張した．

バックランドは正しくもハットン主義者のジェイムズ・ホール卿を引用した。[47]

これまでのところ、バックランドの研究は広く賞賛され、王立協会のコプリー・メダルを彼にもたらしていた。しかし『大洪水の遺物』（一八二三）において、彼が続けてこの出来事が全地球的なものであったと主張したときには、はるかに多くの批判に遭遇した。ほとんどの観察者には、大洪水堆積物は北方地域に限られているように見えたし（現代の用語でいえば、たしかに氷河堆積物がそうであるように）、それらがすべての地域において同じ時代のものである証拠はなかったのだから。[48] 最終的にバックランドが、アンデスやヒマラヤの高地で発見された骨の報告を、大洪水という出来事がキュヴィエが信じていたように低地に限定されるのではなく、最も高い山岳をおおうほどの深さをもっていたことの証拠として用いるにおよび、科学は聖書に適合させるために歪曲された——そして同時に、聖書はバックランドが科学と見なしていたものに適合させるために歪曲された——という感覚が広まったのも無理からぬことであった。このような感覚は、スコットランドのナチュラリストにして長老派の牧師であったジョン・フレミング（一七八五—一八五七）が、科学雑誌における長期にわたる論争の過程で、「モーセの十戒および自然の現象に矛盾する、キュヴィエ男爵とバックランド教授によって解釈された地質学的大洪水」（傍点はラドウィック）という題の論文を書いたときに巧みに要点が示された。[49]

フレミングがキュヴィエとバックランドを同じ罪状で結びつけたことは、さきほどから両者の間に設けてきた区別を無効にするように見えるかもしれない。実際にはこれはフレミングがキュヴィエの著作のジェイムソンによる英語版の一つを用いたためであり、すでに見たとおり、その版は編注において、この著作をキュヴィエが望んだよりもはるかに洪水説的な観点から解釈していた。宗教的側面については、バックランドの「地質学と啓示との軽率な結合」は、「空想的な哲学、異端的な宗教」というフランシス・ベーコンによる非難に値する点、またバックランドの科学がそうであるとフレミングには思われた、「不実な援軍」を真の宗教は拒絶する余裕があるという点に関し、キュヴィエはおそらくフレミングに同意したであろう。フレミングの見解では、バックランドの主張は純粋に科学的な観点から見ても、明らかに虚偽であるゆえに「不実」であった。バックランドの結論は、彼自身が挙げる証拠からさえ、まして彼が言及すべきであったとフレミングが感じた他の事実からも、導かれることが単になかったのである。

　バックランドの大洪水に対するフレミングの批判はたしかに根本的なものだったので、キュヴィエ的な革命の概念さえ毀損しがちであった。とはいえフレミングはその攻撃を過度に押し進めるような人物ではなく、ほとんどの科学人にとってバックランドの研究の主要な内容は咎めることが難しいように思われた。たしかに彼の研究は最後の革命が、したがっておそらくそれ以前の複数の革命も、ある種の激しい津波に起因することを示唆していた。津波は短期間大陸の上を荒れ狂い、以前の陸生動物相を全滅させ、谷を掘削し、谷の砂礫に加え、奇妙にも選別されていない漂礫土*の表層堆積物を沈積させた。その後の研究のおかげでわれわれは、氷期のすべての現象が津波の観点から解釈されたのは、自然な成り行きであったと考えることができる。たしかにそれらは現在の景観とは因果的に無関係であり、氷河作用が原因であると推測する理由はほとんどなかったのだから。最後の革命を一時的な津波とするバックランドの考えは、広く受容されうるものであり、実際にそうされたが、それが世界的なものであったという彼のはるかに疑わしい議論には同意せずにであった。こうしてキュヴィエ自身もバックランドの考えを歓迎したと思われるものの、革命が局所的な出来事にすぎなかったという自己の見解は放棄せずにであった。キュヴィエは革命の原因となりうるものをより詳細に限定するために、革命の本性をより詳細に定義するよう地質学者たちに催促したが、これはまさしくバックランドが行なおうと努めたことであった。バックランドは彼の大洪水の原因を提示しようとはしなかった。だがキュヴィエのように、原因が知りえないと考えたからではなかった。それどころかバックランドは、彼も他の著述家たちも「どのような自然的原因によってそれが生みだされたかをまだ示していない」

（傍点はラドウィック）と述べており、のちに彼が企画した『大洪水の遺物』の続編は、そのような自然的原因の議論に当てられるはずであった（この第二巻が書かれることはなかった。なぜなら彼は原因が水ではなく氷にあることを確信するにいたったからである。たしかに革命は存在したが、それは大洪水ではなかったのである）。

10

革命の本性をより精密に定義し、それによってその原因をより詳細に限定するもう一つの有力な方法は、その発生を地質学的時間尺度の内部に固定することであった。キュヴィエが指摘したとおり、地質学において最も緊急に必要とされたものの一つは、より正確で信頼できる層序学であった。キュヴィエの科学的権威が拍車をかけたことや、彼とブロンニャールの研究が模範になったこととはまったく別に、層序学的研究の急速な発展は、一八一五年にヨーロッパ全土で、最終的に平和が回復されたことに大いに依存していた。学術的な旅行が政治的制約なしに再び可能になり、さまざまな国における科学人同士の接触はかつてないほど盛んになった。地層の国際的な比較は、こうして以前よりはるかに信頼の度を増すようになった。同時にそのような研究は、地質図がますます頻繁に利用されることで容易になった。さまざまな種類の地質図が、フランスでは長年にわたって広く用いられてきたにもかかわらず（たとえばラヴォワジエは、フランス革命以前に国による鉱物資源の調査に参画していた）、キュヴィエとブロンニャールによるパリ地域の地質図（一八一一）は、その後何年間もあらゆる地域層序学的論文の手本となった。たとえばフライエスレーベンは、チューリンゲンの層序を扱った著作の最後の巻（一八一五）に見事な地質図を含めた。同年にウィリアム・スミスは、以前に出版されたどの地質図よりも広い範囲を網羅する、イングランドとウェールズの巨大な地質図をようやく出版することができた。そして彼がその後発表した各累層に特有の化石の素描は、対比において化石が有する経験的価値へと関心を向けさせることに貢献した[50]（図3・9）。さまざまな国における層序的連続の比較は、最も特徴的な岩石類型でさえ繰り返し出現することを強調する傾向にあったので、対比のためのこの従来の基準は、化石の利用によってますます補完されることになった。

同時に地形学的位置というもう一つの従来の基準は、化石の利用とは両立しないことが判明した。たとえばブロンニャールは論文『累層の動物学的性格について』（一八二一）の中で、チョークに特有の化石が、サヴォワ〔フランス南東部の地方〕・アルプスの海抜二〇〇〇メートル以上のところに露出する、硬質黒色石灰岩からも発見されることを示した。また二年後の第二論文では、パリ地域の第三紀動物相がヴィチェンツァ〔イタリア北東部の州・都市〕・アルプスの高所でも見出されることを明らかにした[51]。このような成果が理論的にきわめて重要だったのは、岩石学や高度よりも化石が、対比のための第一の基準でなければならないということがそこに含意されていたからだけではなく、すべての山が地球史の最初期に由来するとは限らないことが明白になったからでもあった。アルプスのような高山でさえ、明らかに比較的最近の時期、すなわちパリ周辺の第三紀層が堆積した時代の次の時期に隆起していた。

このような注目すべき成果が、ときおりの突然の革命というキュヴィエの理論と統合されたのも驚くべきことではない。層序学において化石がますます重視された結果として、多くの主要な累層の間――たとえばチョークと第三紀層の間――で、動物相の重要な不連続が認められるようになった。こうしてキュヴィエが復元した陸生脊椎動物相に加えて、海生動物相もある種の革命の影響をこうむったように思われた。動物相の不連続は、解読された限りの化石記録をところどころで区切っているように見えたので、ときおりの革命というキュヴィエの概念は、地球史に本来備わった出来事として確証されるように思われた。さらにアルプスの隆起が比較的最近起こったとするブロンニャールの論証は、そのような革命の機構らしきものを示唆していた。驚くほどねじ曲げられた地層を明らかにともなう山の隆起が、漸進的な過程で生じたと想像することは困難に思われた。だがもしそれが地殻内部の圧力の突然の解放によって不意に起こったのなら、地表の生物の環境に対して甚大な影響を及ぼしたであろう。一七五五年の有名なリスボン地震のような、地質学的には小さな地震による擾乱でさえ、津波を発生させて遠くの地域に壊滅的な打撃をもたらしえた。したがってこの現在主義的な類比にもとづけば、山脈の隆起によって引き起こされたそれよりはるかに巨大な擾乱は、ほとんど世界的な規模で激烈な結果を及ぼしたはずである。

これが地質学におけるキュヴィエの最も才気煥発な弟子の一人、レオンス・エリ・ド・ボーモン（一七九八―一八七四）によって展開された理論であった。ヨーロッパ中の褶曲《しゅうきょく》岩地域の詳細な研究にもとづき、エリ・ド・ボーモンは造山という事変が地球史の多くの異なる時代に起こっていたことを証明した。それぞれの事変の年代は、最新の層序学的研究の援助を得て、褶曲をともなっている地層の最も若い部分の時代と、擾乱されていない状態でそれを覆っている地層の最も古い部分の時代に着目することによって決定できた。この二つの時代の間で山は隆起したに違いなかった。しかし次にそのような造山の事変は、累層の間の主要な動物相の不連続と符合するように思われた。たとえばピレネー山脈は、チョークの時代と初期第三紀の間に隆起したように見えた。これは山脈の突然の隆起が、海生生物と陸生生物双方の大量絶滅を引き起こした、革命の直接的原因であったことを意味していた。隆起そのものの原因については、エリ・ド・ボーモンは内部の圧力の突然の解放が有力であると信じていた。とくにある一定の時期に隆起した山脈は、特徴的な方向を有しているように見えたからであり、それは地殻が特定の方向に作用する圧力のもとで屈曲すれば、力学的根拠によって予想される事態であった。エリ・ド・ボーモンの『地球のいくつかの革命についての研究[52]』（一八二九―三〇）が熱烈な歓迎を受けたのは、それがそれまで無関係とされていた複数の問題を首尾一貫した理論に総合し、革命の物理的原因を発見したいというキュヴィエの希望をもう少しでかなえるように思

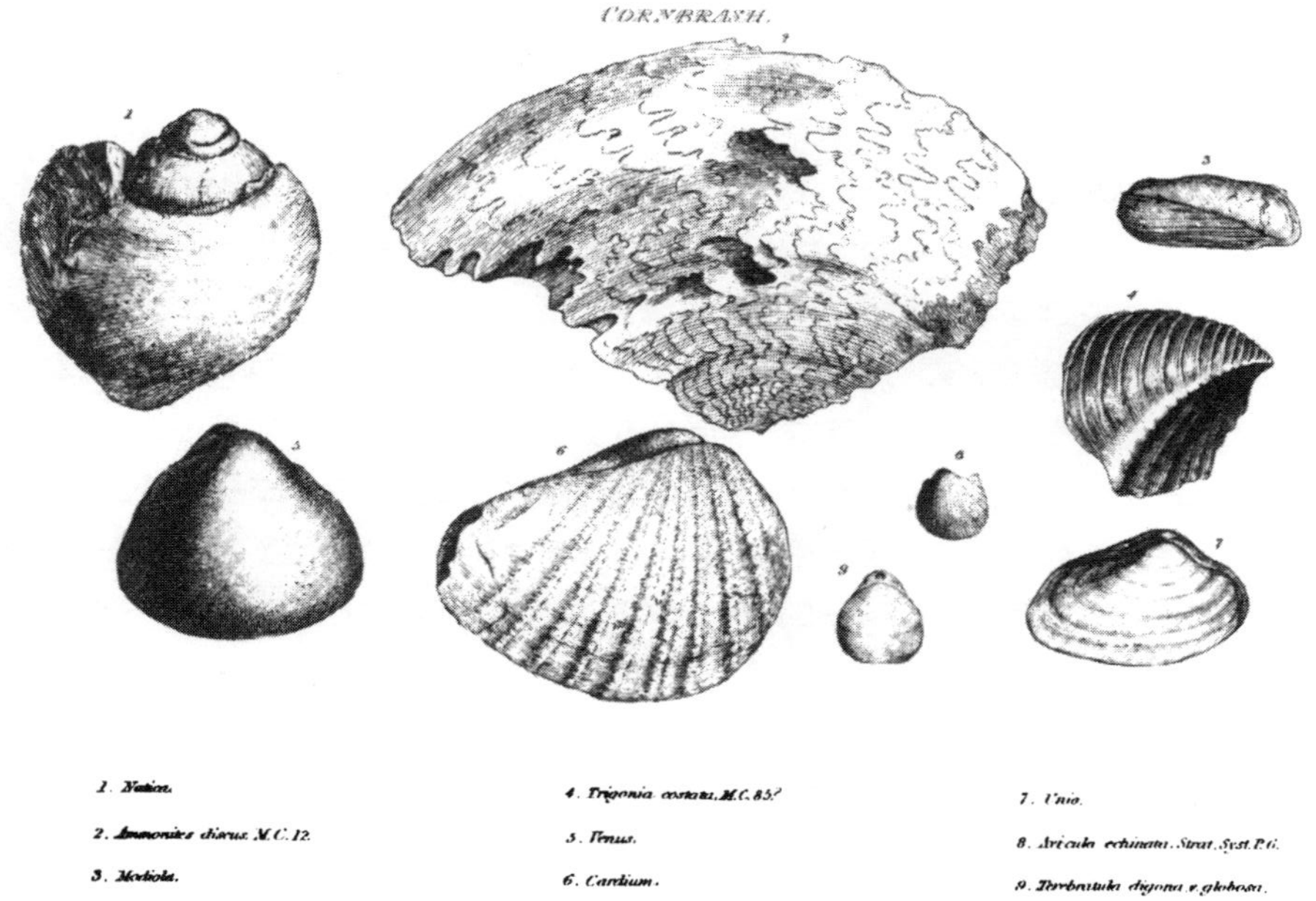

図 3.9　イングランドの第二紀層における特定の累層に特有の化石を描いた，スミスによる挿絵の一つ（1819）【50】. コーンブラッシュ層（現代の用語ではジュラ紀のもの）は厚さが数メートルを越えることは稀であるにもかかわらず，スミスはそこに含まれる化石を用いて，イングランドを完全に横切る露頭を正確に跡づけることができた. 同定が厳密でない点と，（いくつかの例で）標本が断片的であることに注意. スミスの関心は化石の生物学的な意義よりも，化石を層序学において実践的に利用することの方にあった. それぞれの素描の集合は，スミスの地質図（1815）における当該累層の色に対応する着色紙の上に印刷されていた.

われたからであった。山系の方向の過度の幾何学的な取り扱いがすぐに批判されたとはいえ、その理論は不連続に見える生命の歴史の本性に対し、満足のいく説明を提供するように見えたのである。

11

だがその間に、層序学とキュヴィエ的古生物学の発展は、ときおりの不連続によって区切られているのみならず、ある意味では前進的でもあるような、生命の歴史の新しい概念を形成しつつあった。すでに見たように、キュヴィエは哲学的根拠にもとづいて存在の単一の階梯という観念に反対していたが、その観念は解剖学的比較によって経験的に論駁されると信じてもいた。キュヴィエの主張によれば、動物界は四つの主要な「分枝」(embranchements) に分割できた。それぞれの分枝の内部では、解剖学的比較が可能であり、実際に有益でもあったが、分枝の間（たとえば脊椎動物と軟体動物の間）では有効な比較は成り立たなかった。したがってすべての動物を単一の系列の中に配置することは前もって排除されていたが、ある分枝の内部の動物は、ある種の真の「階梯」を反映した序列の中に適切に位置づけることが可能であった。こうしてキュヴィエは脊椎動物の内部に哺乳類から魚類へといたる四つの綱*を、軟体動物の内部には頭足類から「無頭類」（およそは二枚貝）へといたる四つの綱を配置した。[53] 少なくとも脊椎動物に関しては、一連の化石記録の中に反映されていると思われたのは、この限定された種類の階梯であった。

　キュヴィエの『化石骨の研究』において復元された脊椎動物の大部分は、川砂利などの表層堆積物から産出した哺乳類である。それらの大半は、属は知られているが種は未知の動物（たとえばマンモス）であった。次に数が多かったのはモンマルトルの第三紀層に由来する動物で、主として哺乳類であったが、若干の爬虫類と魚類、そして一羽の鳥さえ含まれていた。ここではほとんどの属は、（パレオテリウムのように）現生動物の間ではまったく未知のものであった。だが基底をなす「粗粒石灰岩」中の少数の海生哺乳類――アザラシとカイギュウ――の骨を別にすれば、それ以前の地層からはいかなる哺乳類の遺骸も発見されなかった。第二紀層の間では、チョークから産したフォジャスの巨大なワニが、実際にはとてつもなく大きなトカゲに似た海生の「サウルス類」（のちにモササウルスと命名された）であることをキュヴィエは明らかにしていた。彼はまたバイエルン産の鳥に似た化石が、飛翔する爬虫類（プテロダクティルス）であることを証明し、はるかに古い（ペルム紀の）チューリンゲンの地層に由来する、もう一つのトカゲに似た爬虫類のことも知っていた。したがって彼は「序説」において、彼の研究が明確にした「法則」の一つとして、「卵生四足動物が胎生四足動物よりはるかに早く出現したことは確実である」と自信をもって述べることができた。階梯の中で「下等な」脊椎動物は「高等な」脊椎動物より先に出現していた。存在の階梯というより広範な概念を連想させるため、キュヴィエ自身は階梯という用語を避けていたにもかかわらず、このような「前進的」あるいは少なくとも定向的な観点から化石記録を解釈することを、彼は暗黙のうちに認め許可を与えていた。

その解釈は続く数年のうちに、次第に多くの支持を受けるようになった。キュヴィエが絶滅したワニの遺骸と仮に同定していた第二紀の化石は、新しいもう一つの魚に似た海生爬虫類であることが判明し、のちにイクチオサウルスと命名された。イギリスの牧師兼地質学者であったウィリアム・コニベア（一七八七――一八五六）は、キュヴィエの方法を見習いながら、イングランドの第二紀の岩石に由来するさらにもう一つの奇妙な海生爬虫類（プレシオサウルス）を復元した（図3・10）。別のイギリスのアマチュア地質学者であった医師のギデオン・マンテル（一七九〇――一八五二）は、その後まもなくサセックスでいくつかの歯の化石を発見し、キュヴィエはそれは未知の草食爬虫類のものであろうと述べたが、のちにこの動物は第二紀層から産した最初の陸生爬虫類、巨大な恐竜イグアノドンであることが判明した。これらの発見から、第二紀は哺乳類が不在であるためにかえって人目を引く、数も多く生態学的にも多様化した爬虫類動物相の時代であったという考えが浮上した(54)。

この規則に対する例外に見えたものでさえ、予期せぬ援軍となることが明らかになった。バックランドの学生の一人が、オックスフォード州ストーンズフィールドの第二紀層で発見された、哺乳類の顎と思われる標本を彼のもとへもたらした。イギリスを訪問した際、キュヴィエはその動物はたしかに哺乳類であるが、どのような有胎盤哺乳類よりもオポッサムに近縁であることを確認した。第二紀層で哺乳類が発見されるのは思いがけないことだったので、その層序学的位置と動物学的類縁の双方に疑問を投げかける試みがなされた(55)。だがやがてそれは例外ではまったくなく、脊椎動物の綱の「階梯」と化石記録との平行関係を確証し、洗練するものであることが認められた。というのもストーンズフィールドの有袋類が出現したのは、そのようなモデルにおいて期待されるとおり、爬虫類より後ではあるがもっと「進んだ」有胎盤哺乳類よりは前だったからである（現代の研究はこれらジュラ紀の哺乳類が、有袋類よりさらに原始的であったことを明らかにしているが、そのことはこの結論には影響しなかったであろう）。

単一の綱内部の範疇と、化石記録との平行関係のこのような洗練は、人間自身の例によって確証されるように思われた。いうまでもなく本来的関心を最も引く対象であるため、人類の化石遺骸に対しては最も徹底した調査が行なわれた。しかし次々に提出される事例において、人類化石と主張されたものは、まったく人間のものではないか、真の化石ではないことが解剖学的研究によって証明された。たとえばキュヴィエはショイヒツァーの有名な「大洪水を目撃した人間」が、大型両生類に他ならないことを明確にした。またキュヴィエが引用することのできた唯一の人類化石は、グアドループ島〔西インド諸島に属する島〕の石化したサンゴ砂から産出した明らかに最近の骨格であった。「最も高等な」哺乳類としての人間は、こうして他の有胎盤哺乳類よりはるかに最近の時代に誕生したように思われた（初期の人類が、絶滅した「大洪水」動物相と共存していたという証拠は一般に軽んじられた(56)）。

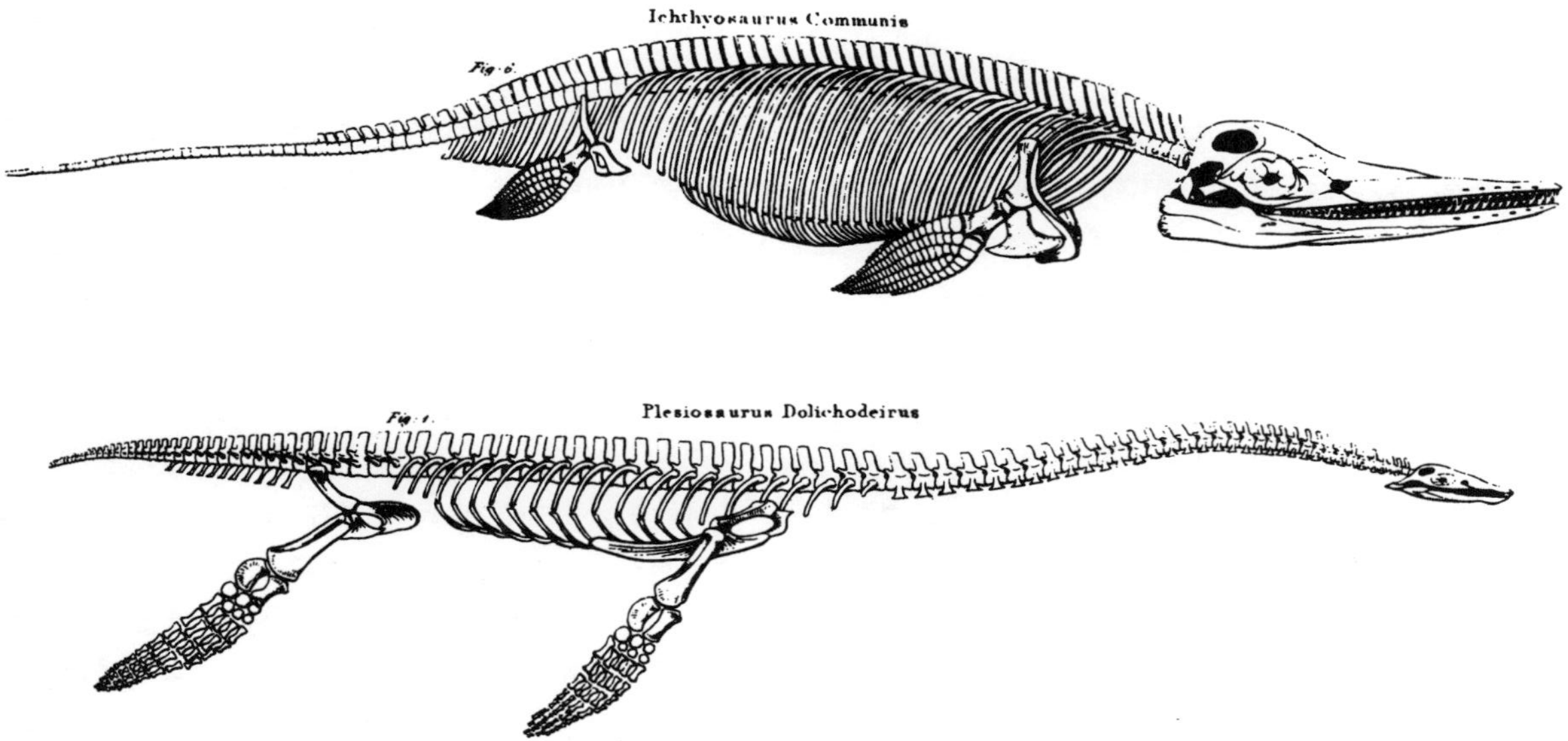

図 3.10　イングランドのライアス層（ジュラ紀）からでた，化石海生爬虫類イクチオサウルス（上）とプレシオサウルス（下）のコニベアによる復元（1824）【54】．彼はプレシオサウルスの発見を．すでに知られていたイクチオサウルスと現生のワニをつなぐ「環」として歓迎したが，その環はラマルク的転成の徴候ではないことを用心深く強調した．

生命の歴史に前進的な方向を認めるこの次第に増大する感覚は、次いで化石植物の研究によって思いがけず追認されることになった。資料が断片的であるという技術的な問題は、ここでは脊椎動物の場合よりさらに深刻であった。というのも植物分類の基礎をなす生殖構造は、化石の状態で保存されることが非常に稀であり、保存されている断片的な葉や茎は同定することが極度に困難だったからである。だが生物学をブルーメンバハ（一七五二―一八四〇）のもとで、地質学をヴェルナーのもとで学んだドイツのナチュラリスト、エルンスト・フォン・シュロートハイム（一七六四―一八三二）は、キュヴィエ的な比較の方法を古植物学に適用し、チューリンゲンにおけるある第二紀の（現代の用語では石炭紀の）地層の化石植物相を復元するという先駆的な試みを行なった。彼は『前世界の植物相に対する寄与』(57)（一八〇四）の中で、その化石植物が全体としては現生熱帯植物相の木生シダに類似しているものの、細部においては未知の種類であることを認め、それらは完全に絶滅した植物相を表示していると結論した――ほぼ同時期のキュヴィエの結論によく似た結論であった。

のちにこの成果は、一九世紀の最初の二〇年における層序学の目覚ましい発展にもとづき、アレクサンドル・ブロンニャールの息子アドルフ（一八〇一―一八七六）の研究の中で大いに拡張されることになる。彼の『化石植物の歴史についての予察』（一八二八）――これを序論とする詳細なモノグラフは完成されることがなかった――は、多くの異なる地質年代の化石植物相に関する、彼の研究の予備的成果を要約したものであった。(58)彼は植物の歴史に四つの異なる時代が定義できると結論した。それらの時代の間には、植物相の突然の不連続が存在したが、各時代の内部では変化はもっと漸進的であった。これは動物の歴史に関し、そのときまでに得られていた結論と同じであった。さらに時間の経過の中での動物の「進歩」と同様に、植物の間でも連続する時代は代表的な集団において、多様性と複雑性が次第に増大することによって特徴づけられていた。たとえば第一の時代（現代の用語では古生代後期*）は維管束隠花植物によって支配されていた。

貧弱な植物相しかない第二の時代には、最初の球果植物が存在した。第三の時代（おおよそは中生代*）には最初のソテツ類が出現し、球果植物とともに全植物相のほぼ半分を構成していた。そして最後の第四の時代（新生代）には、双子葉植物が初めて登場し、植物相を支配するにいたった。このような「すべての仮説とすべての先入観による理論とは無関係な実証的成果」——あるいはそう彼が主張したもの——はブロンニャールにとって、動物化石の研究から浮上しつつあった、生命の歴史の「前進的」モデルを満足のいく形で確証するものであった。

だが息子の方のブロンニャールは、彼の研究がさらなる含意をもつことをほのめかした。第一の時代（すなわち主として石炭紀）の植物相の熱帯的な性格は、彼の考えではいまや堅固に確立されたと見なすことができた。属は絶滅してしまったとはいえ、おびただしい量の巨大な木生シダやヒカゲノカズラやトクサは、一般的な生態学的性格において、現在では熱帯の高温多湿の雨林にしか匹敵するものは存在しなかった（図3・11）。ブロンニャールはこの現在主義的な類比にもとづき、石炭紀の気候は現在の熱帯と同じくらいかそれ以上に暑かったと結論した。またその後の植物相は、地球の温度が徐々に低下したことを裏づけると彼には思われた。

このような結論は、生命の「進歩」が無機的環境の定向的発展と並行して行なわれたと主張する、同時代の地球物理学理論をものの見事に確証していた。鉱山で観察された地温勾配*の知識が、地球の漸進的冷却というビュフォンの理論の経験的根拠の一部となっていた。しかしそのような観察とその解釈の有効性はともに批判され、高温であった原初の地球というアイデアは科学的議論からほとんど姿を消してしまった。次いで一八二〇年代になり、より詳細な研究がその勾配は本物で、しかも全世界的であることを明らかにした。そして数理物理学者フーリエ（一七六八—一八三〇）が、熱流量の方程式を冷却する球体の問題に適用し、地温勾配は地球の残留熱に起因すると結論したとき、ビュフォンの地球史のモデルはただちに科学的体面を取り戻した。フーリエの研究は、物理学のすべての威信をもって、徐々に冷却する地表の温度を支持するすべての地質学的証拠を認可したばかりか、冷却の速度そのものが徐々に減少したことをも含意していた。[59] こうしてたとえばなぜ造山運動や火山活動の規模が、より新しい時代よりも地球史の初期に、はるかに大きかったように見えるのかが説明された。この強度の減少が、より古い時代に起きた地球の革命の研究においては、現在との現在主義的な比較を価値の限定されたものにしたのであった。

冷却する地球というこの理論は、生命の歴史に適用されると、連続する時代において生物の多様性と複雑性が徐々に増大したことに対し、生態学的あるいは生理学的でさえある説明を提供した。初期の時代の単純な、あるいは「下等な」動植物は、当時優勢であった暑い環境に適応していた。その後地表の平均気温が低下し、より温暖な気候が利用可能になると、「高等な」動物が生存できるようになった。他方で利用可能な生息環境の範囲の拡大と、動植物相の多様性の増大とは符合していた。ブロンニャールは石炭林の繁茂と、その後の陸生脊椎動物の出現との間に生理学的相関があることも示唆した。植物の大きさと豊富さは、石炭紀の大気中の二酸化炭素が高濃度であったことを示していた。石炭堆積物の中に炭素が閉じ込められてこの濃度が減少したときに初めて、大気は空気呼吸をする次の時代の爬虫類に適するようになった。だがより活動的な哺乳類的な体制が存在できるためには、さらに高い比率の酸素が必要とされたであろう。ブロンニャールの議論の真価がどのようなものであれ(そのうちのいくつかは大気の進化に関する現代の理論と驚くほど類似しているが)、彼の理論は地質学と古生物学の研究の成果を統合しようとする、一八二〇年代の科学者たちの関心を例示している。二つの分野が、地球と生命の歴史は何よりも定向的な性格をもつという観念に向かって、収斂しているように思われた。[60]

図 3.11　コールメジャーズから産した化石木生シダの葉の一部と，比較のために置かれた現代の熱帯性木生シダを描いた，アドルフ・ブロンニャールによる挿絵（1828-37）【58】．ブロンニャールによる石炭紀植物相の注意深い記載と生態学的復元は，地球史のこの時期の地表は一般に現在よりも熱かったことを示唆していた．この推測は徐々に冷却する地球という同時代の地球物理学的理論と一致していた．

12

だがこのような総合では説明することのできない一つの重大な問題が存在した。前に見たとおり、キュヴィエの革命の理論は主として大量絶滅のように見える事実を説明するためのものであり、彼の初期の研究においては、新しい動物相の出現を他の大陸からの移住に帰すことにより、その起源の問題を回避することは彼にとって理にかなう行為であった。しかし層序学が発展し、地層に含まれる化石がますます重視されるようになると、化石遺骸の系列は世界中のすべての地域でほぼ同様であることが明らかになった。当初キュヴィエが正当にも、科学的問題の適切な範囲には属さないと考えていた新しい動物相と新しい種の起源の問題は、こうして「実証的科学」の領域の中に容赦なく入り込んできた。皮肉にも、その問題の身分を変化させたのは、太古の動物相を復元するキュヴィエの方法が、成功を収めたという事実そのものであった。なぜなら生命の「前進的」遷移を支持する証拠が次第に増加することにより、新しい形態は地質時代にときどき誕生したに違いないことが示されたからである。種の起源、そしてはるかに重大なことに動植物界の綱の中に具現されている体制の主要な類型の起源は、もはや地球の原初の起源の不可解な暗がりの中に隠されているのではなかった。それらは地層の記録の中の限定できる地点にまで、時間の中を前方に運ばれてきたのであった。魚類と爬虫類的な体制の類型は、第二紀前半（この時代の層序はまだ幾分曖昧であったが）に初めて登場したように思われた。より実証的には、哺乳類的な体制はようやく第三紀の初期に、あるいはストーンズフィールドの有袋類を考慮するなら、早くとも第二紀の後期に存在し始めたように見えた。すでに見たとおり、キュヴィエ自身がこれらの事実を認めていた。しかし彼は『化石骨の研究』が扱う範囲を初版刊行後数年のうちに大幅に拡大したにもかかわらず、実際にはこの問題を無視し、それを非科学的と見なし続けた。ついに死の直前には、彼の研究の基盤そのものを危うくするかに思われた解答を、公の場で率直に弾劾しなければならなくなったのである。

連続的かつ「前進的」な生物の変遷というラマルクの概念は、旧式の自然哲学の内部で定式化されていたにもかかわらず、キュヴィエと同世代の自然史博物館のスタッフの中にそれに強い印象を受けた者がいた。ジョフロワ・サン＝ティレールは、博物館においてはじめの数年はキュヴィエの個人的な親友にして共同研究者であったが、根本的な見解の相違が明らかになるにつれ、二人は次第に距離を置くようになった——成功がキュヴィエの中に育んだ学者としての尊大さと、ジョフロワがドイツのナチュラリストたちの「ロマン主義的」な自然哲学（Naturphilosophie）から獲得した思弁的な傾向によって、二人の仲はよりいっそう悪化した。動物学の研究において、両者は主として解剖学的比較に関心を抱いていた。しかしキュヴィエのアプローチが基本的に機能的だったのに対し、ジョフロワは形態的（あるいは後世の用語では相同的*）比較の方に好奇心をそそられた(61)。キュヴィエが機能的な「部分の相関」の原理を定式化した箇所で、ジョフロワは器官の相対的位置はその発達の程度にかかわらず常に同一であるというような、器官の間の相同的な「連結」の原理を定義していた。キュヴィエにとって、動物の多様性は主として動物のさまざまな機能的・生態学的適応の発現であったが、ジョフロワにとってそれは種々の位相的変容を表示するものであり、その変容の中には単一の解剖学的「基本計画」が存在しうるのであった。だが解剖学に対するこの二つの異なる態度——のちにダーウィンの理論の内部で融合することになるもの——は、当初は多様性の時間的起源という問題にではなく、動物の形態という静的な問題だけに適用された。ミイラ化した動物をエジプトで収集したのはジョフロワであり、彼もはじめはそれらがたしかにラマルクの理論への決定的な反証になると信じていたようである。のちに主たる関心が胚発生の問題に移ったときに初めて、動物の体制はキュヴィエの原理が許容するより不安定であると確信するにいたったのである。

「高等な」脊椎動物が胚発生の間に、「下等な」綱を想起させる諸段階を経ることは久しい以前から認められており、これが存在の階梯が現実のものであることの重要な論拠となっていた。しかしこれが——各個体の最初の「胚種」は、発生の間に「階梯」を上昇するよう決定論的に（現代の用語でいうなら）「プログラムされている」という概念によって——支持する「前成説的」*な発生理論は、発生がときには「奇形」に帰着するという観察とは和解させるのが難しかった。この事実はジョフロワに、「後成説的」な理論だけがそのような現象を自然法則の範囲内に招来するということを教示した。明らかに外的な影響が何らかの理由で発生に作用しうるのだから、発生ははじめから厳密にプログラムされているのではなかった。その著書『解剖哲学』[62]（一八一八―二二）——この表題はラマルクの著作と肩を並べたいという願望を示している——の中で、ジョフロワは呼吸器官の相同の研究と、ヒトの奇形学の研究を結合した。この二つの研究領域こそ、彼が当時際限なく不安定な動物の形態という単一の概念の中に、融合しようと努めていたものであった。パリ近郊の商業的なヒヨコ孵化施設で行なわれた一連の実験において、彼は孵化の適切な段階で卵の外的環境に適切な変更を加えれば、意のままに奇形が作りだせることを発見した。彼にとってこのことは、「自然界に固定されたものは何もない」という「一般的公理」、すなわちあからさまにラマルクの研究を念頭においた所説を確証するように思われた。ジョフロワは続けてこの変遷の一般的原理は、生物という「その本質が実際には部分の変化と変容のうちに存する」ものにはとりわけ適用可能であると主張した。

生命のこのようなラマルク的な定義は、生命の歴史に対する明白な含意を有していた。この含意をジョフロワは、現生と化石のワニに関する対抗的解釈（一八二五）を採用し、キュヴィエをキュヴィエ自身の持ち場において攻撃することで明確にしようとした。ジョフロワの論文の表題が示しているように、現生種が化石種から「途切れることのない世代を通じて由来する」ことは可能ではないのか[63]。キュヴィエ自身の方法を用いて、ジョフロワは種がさまざまな環境条件に適応してきたと主張した。しかし彼がそこから導いたのは、そのような解剖学的差異が環境そのものの変化によって誘発されたという、最も非キュヴィエ的な結論であった。彼のヒヨコの実験が「われわれの目の前で小規模に」起きることを証明したものは、物理学者や地質学者が仮定したもっと激烈な変化の結果として、より大規模に生起することは確かだと思われた。

ジョフロワがここで行なっていたのは、実際には、動物の体制は環境の影響のもとでは際限なく不安定であるという概念を手に入れること、そしてそれを定向的に変化する環境という同時代の地質学理論と統合することであった。いまや利用可能となっていた地球史の定向的モデルのおかげで、彼は生命そのものに本来備わった前進的傾向という、ラマルクの観念を採用する必要はなかった。変遷する自然という一般的信念を別にすれば、ジョフロワがラマルクから借用しなければならなかったのは、環境の修正作用という二次的な機構だけであった。しかもジョフロワは動物の体制がある類型から別の類型へと突如推移することを説明する手段として、突然の革命という地質学理論――ラマルクが嫌悪したもの――さえ利用することができた。激烈な環境の変化をもたらすそのような事変は、彼の実験の現在主義的な類比にもとづけば、それに対応した大きな変化を解剖学的構造と生理機能の中に生みだすだろう。こうしてそれはラマルクのものとは異なり、変化の可変的な速度に対して備えがあり、原則的には同時代の地質学理論と完璧に調和した進化論であった。

だがキュヴィエの地質学と統合されていたにもかかわらず、ジョフロワのアイデアはキュヴィエにとって、生物学的根拠に照らしてまったく受け入れ難いものであった。というのもそのアイデアはラマルクの理論と同様に、動物の体制に必要な機能的安定性に対する、キュヴィエの信念と根本的に対立したからである。さらにジョフロワがのちのもっと一般的な解説（一八二八）において、自説を擁護するために化石の「前進的系列」に言及し、解剖学的類縁についての非常識と、地質相対年代についての無理解を露呈したときには（なんとチョーク層のモササウルスのあとにウーライト層のテレオサウルスが続き、後者は表層堆積物のメガロニクスに直接通じ、メガロニクスは初期第三紀層のパレオテリウムの前に置かれていたのである）＊、キュヴィエはジョフロワの理論を真面目に受け取る気にはなれなかった。[64]そしてついに一八三〇年に、ジョフロワが魚類と頭足類の解剖学的相同を示唆する論文に公然と賛意を表明したとき、キュヴィエはそのような無責任な思弁が限度を超えたと感じ、ジョフロワと、最近死去したラマルクと、「非科学的」な自然哲学のすべての徴候に対し容赦のない攻撃を開始した。脊椎動物の「最も下等な」綱の解剖学的構造と、軟体動物の「最も高等な」綱のそれとが連結しうるという提案は、動物界には四つの基本的に異なる分枝が存在するというキュヴィエの論証に対立しただけではなかった。より根本的には、すべての動物が単一の連続的な「階梯」において連結しうるというその含意は、キュヴィエの生物学的な方法と哲学の根底を傷つけ、実際には彼の全生涯の業績の価値と意味を攻撃するものであった。ジョフロワとキュヴィエの間の辛辣な議論は、周縁においてのみ種の進化と不変性をめぐる論争であった。本質的には、それは対立する自然の哲学の間の衝突であった。[65] にもかかわらずキュヴィエがジョフロワの研究を解剖学の名誉に対する脅威として攻撃し、しかもその攻撃を、絶大な科学的権威と威信を自力で勝ちとった者の立場から行なったというまさにその理由により、この論争におけるキュヴィエの勝利は、その後三〇年にわたり、進化論に思弁的かつ非科学的という烙印を押すことに貢献した。このような背景に照らして見なければ、ダーウィンが自説を提出するにあたり、極度に慎重だったわけは充分に理解することができない。

13

だが進化論に反対するキュヴィエの立場が、とりわけイギリスにおいて、なぜそれほど影響を及ぼすことになったかについてはさらなる理由があった。生物の機能的統合と安定性という彼の概念は、アリストテレスの生物学だけでなく、レイやそれ以前にまでさかのぼる自然神学の伝統にも歴史的根拠をもっていた。生物が驚くほど「デザインに満ちていること」を、『創造の御業に明示された神の英知』（一六九一）の最も説得力のある例として用いたのはレイであった。また一八世紀の間に、正統的な神学でさえますます理神論的性格を帯びてくるにつれ、そのような「デザインにもとづく議論」は大衆に受けのよい自然神学の常套句になっていた。動植物の複雑な機構は、すべてが賢明な設計者の存在を証言していた。とはいえこの議論は、デザインが具現されている生物の体制の恒久性を必然的に重視するものであった。神が物理的世界を、物理学の自然法則という「二次的」作因を介して一定の秩序のもとに保持しているように、生物も生殖（現代の用語でいえば遺伝）の法則によって一定の豊富なデザインの中に保たれていた。これはさまざまな生物に特有のデザインが、物質に関する物理法則と同様に、創造のときに植えつけられたに違いないことを意味していた。生物のデザインや種の起源について問うことは、こうしてたとえば重力の法則の起源について問うことと同じくらい、自然科学の領域のはるか外部に位置していたのであった。

生物のデザインに対するこのような態度は、ウィリアム・ペイリー（一七四三―一八〇五）の魅力的に綴られた著作『自然神学』（一八〇二）によって適切な例証が得られる。これはレイなどの以前の著述家から引用した例を、大衆向けに巧みに要約したものであった。しかしイギリスでは一九世紀初期を通じて絶大な影響力を発揮したにもかかわらず、科学としてそれは一八世紀に属している。それが分析していた世界は依然として静的な秩序をもつものであり、それが反対していた「進化」論はエラズマス・ダーウィン（一七三一―一八〇二、チャールズの祖父）の概してラマルク的な思弁であった。その冒頭のページでさえ、ペイリーが地球の歴史のための新しい科学的証拠にまったく無知であったことを暴露している。なにしろペイリーは、地面に転がっている石の起源を問うことは無意味であるのに対し、もしそのかたわらで時計が発見されたなら、その起源を問うことは時計の設計者を考察することへごく自然に通じていると想定するのだから。

だが続く年月のうちに、新しい地質学的証拠が生命の歴史についての自覚の高まりと接合されたときには、このようなペイリー流の自然神学の伝統は、種が地質学的時間内部で作用するある種の「創造的」過程によって誕生させられたという仮定と、ほぼ必然的に結びつくことになった。生物における「デザインにもとづく議論」にこれほど大きな投資をしたため、自然神学はあらゆる種に具現されている神の手並みを傷つけるように見える科学理論に対抗し、自己の議論を弁護しなければならなかった。ラマルクやジョフロワの理論を断罪することは、こうして非科学的な思弁だけでなく、知的生活の宗教的枠組みを破壊する唯物論的思想を断罪することでもあった。

　生物の安定性に対するキュヴィエの確信の背後に、このような動機が仮にあったとしても、それがどの程度のものだったかは明言することが不可能である。というのも彼は科学と宗教を厳密に分離する必要性を断固として主張していたので、そのような事柄にあからさまにかかわることは決してなかったからである。しかしイギリスの非常に異なる知的・宗教的風土の中に移入されると、キュヴィエ的伝統の中で進められた科学的研究は、すでに見たように証験神学の関心事からのみならず、同じく強力な自然神学の関心事からも新たな意味合いを獲得した。実際には自然の充満という旧来の観念は保持されたが、科学的研究の成果と調和するように修正された形においてであった。かつて存在した生命のすべての形態が、現在も存在しているわけではないことはいまや明らかであった。それでも存在しうるすべての形態が、ある時点で存在したと想定することは可能であった。充満はこうして「永遠の相のもとで」保存された。さらに存在の階梯という旧来の静的な概念が、生命のあらゆる可能な形態の階層を創造する、神の英知の表われと見なされたのとまったく同様に、地質時代における生命の（あるいは少なくとも脊椎動物の）「進歩」を示す新しい科学的証拠は、そのような神の計画が時間的に現実化したものといまや考えることができた。

　プレシオサウルスについてのコニベアの論文は、イギリスのある古生物学者の研究において作用していた、このような関心事の典型を示す例である。コニベアの言によれば、彼が新たに発見した爬虫類は「イクチオサウルスとワニをつなぐ環」であり、「異なる種族間の推移」を形成し、「生物の連結した鎖」に付け加えられたものであった。それでも彼はすぐさまこの「階梯」の観念を、進化論への「とてつもない馬鹿げた適用」から切り離さなければならないと感じた。しかし彼のラマルク批判が、科学的なものにとどまらなかったことはただちに明らかである。というのもコニベアは存在の階梯を「創造的デザインの限りない豊かさの驚くべき証明」と見なし、ラマルク的理論を考察することさえ、「唯物的哲学の軽信に他ならないもの」を必要とすると断言していたのだから。(66)

従来の歴史記述ではそのような神学的関心は、科学的研究に対して全面的に有害な影響を及ぼしたと想定される傾向があった。したがってあらゆる時代（われわれ自身の時代も含めて）の科学の根底にある形而上学的前提と同様に、自然神学は科学的問題の「正しい」解答を覆い隠したのではなく、むしろ取り組むべき問題の選択と、満足のいくと見なされる解答の種類に対し、影響力を行使したのだということは指摘しておく必要がある。たとえばそれぞれの種に神が与えたデザインの豊かさを強調することは、たしかに任意の進化論に対する強力な（一部は無意識の）反論を作りだし、種の起源の予想しうる機構について、思索することを思いとどまらせがちであった。それでも同時に、それは個々の化石種（そしてまた現生種）の機能の分析と生態の復元に対し、同様に強力な誘因として作用した。なぜならそのおかげでナチュラリストたちは、生物の構造の中に――コニベア自身の研究の例が証明しているように――適応の機構の証拠を発見できるといいと期待したからである。同じく生命の時間的進歩を、神の計画の時間的現実化という観点から解釈することは、生命の「高等な」形態を出現させる予測しうる機構について、思考することを思いとどまらせがちであった。それでも同時に、それは生物の進歩のさらなる証拠の探索に対し、同様に強力な誘因を提供した。このような探究の見事な成果こそが、のちのダーウィンの進化論に、それが受け入れられるためには必要であった経験的基盤を与えたのである。

14

したがって一八三〇年頃までに、およそ三、四〇年にわたる化石研究の目覚しい成功が、最近起こった単一の生物の革命というキュヴィエの初期の論証を、非常に広い射程と説明能力を有する古生物学的総合へと変貌させていた。地質学的時間尺度は、人間の歴史の基準からすればほとんど想像を絶するほど長大だが、緩慢に堆積した地層のきわめて厚い連続によって記録されたものとして、すでに堅固に確立されていた。連続的累層、ある場合には個々の地層でさえ、化石種の特徴的な集団によって明確な特性を与えられ、非常に広い地域でそれが同定され対比されることを可能にしていた。このような対比が、生命の歴史は世界のどの地域でも、大筋において同じであったことを証明していた。

キュヴィエのいう最近の「革命」は、生命の歴史を区切り、彼が復元した陸生動物相のみならず、より豊富な海生動物相や植物にも突然かつ激烈と思われる効果を及ぼした、多くの同様の出来事の最後のものにすぎないことが判明した。そのような革命は、地球の物理的構成の中になぜか組み込まれている明らかに自然な出来事であり、その本性は少なくとも大陸の低地域をときおり襲う、突然で一時的な津波であるように思われた。その物理的原因は不確実なままであったが、ときおり起こる山脈の突然の隆起と関連しているように見え、次いでその隆起は地殻の圧力の突然の解放という観点から解釈された。いずれにせよ、激烈な環境の変化をともなう事変として、それらは充分に適応していた種からなる動植物相の大量絶滅を、適切に説明するものであった。

ときおり起こる突然の革命というこの描像に重ね合わせる形で、定向的あるいは「前進的」な要素が、生命と地球自身の歴史の研究から浮上した。魚類、両生類、爬虫類、有袋類、有胎盤哺乳類、そして最後に人間自身という継起的出現の背後には、進歩の感覚が存在するように思われた。またこれと平行して、植物の間では隠花植物から双子葉植物への遷移が見られた。動植物界双方におけるこの進歩の感覚は、地球自身の定向的発展に関連しているように思われた。物理学の大いなる威信が、地球は原初の白熱した状態から、超熱帯的および熱帯的段階を経て、現在の比較的安定しているが気候的には多様化した状態へと、徐々に冷却してきたという見解を支えていた。こうして地表は、次第により安定し多様化する環境の系列を現出させ、次第により複雑で多様な生命の形態の生息環境となったのである。

科学的見解のこのような全体的な合意は、明示的もしくは大規模な定式化を必要とはしなかった。壮大な体系の日々は過ぎ去ったように見えた。そして科学的活動の拡大と科学雑誌の急増にともない、生物学と地質学のこの総合は、こんにち同様の合意がそうであるように、主として多数の専門的モノグラフ、学術論文、「編集者への書簡」における、相互参照のネットワークによって表明されていた。それは大量の詳細な研究のほとんどの成果が、難なくその内部に組み入れられる研究伝統であった。ただ二つの点で、その伝統はそのような成果の適切な説明を提供することができなかった。というのも個々の種および――より重要な――動植物の体制の主要な類型が、いかなる方法で存在するようになったのかは不明なままだったのだから。

第四章　斉一性と進歩

1

一八二九年一月一一日、シチリアで二ヶ月間辛抱した粗末な宿と大差のない、居心地の悪い船上で三晩過ごしたのち、チャールズ・ライエル（一七九七―一八七五）はナポリに上陸した。この地を終着点とする遠征は、ライエル自身の知的発展にとってのみならず、彼の著作の絶大な影響力を通じて、古生物学の歴史全体にとっても決定的なものであった。彼は翌日、旅の初期の段階の道連れであった友人のロドリック・マーチソン（一七九二―一八七一）にこう書き送っている。「現在のような地質学の青年期にあっては、当今の地質学徒にとって第一の、第二の、第三の必需品として……われわれは旅を推賞しなければなりません」(1)。

青年期という比喩は当を得たものであった。ライエルによる地質学――古生物学も含んだ――の解釈は、賛成するためであれ反対するためであれ、この科学の内部で行なわれた議論を以後三〇年にわたって支配することになった。だがこの地質学という科学は、ナポリ湾の泡から誕生したヴィーナスのように、ライエルという人物において完全に成熟した姿で岸に上がったわけではなかった。ライエルの『地質学原理』（一八三〇―三三）の出版が、地球と生命の歴史に関する最も基本的な問題について、活発な論争の口火を切ったことはたしかである。しかしライエルの著作が、以前は思弁と未消化の事実しかなかったところに、科学としての地質学を創造したのではない。先に見たとおり一八三〇年までに、高度な科学的身分と説明能力の総合を具現した、科学的見解についての合意が成り立っていた。ライエルの著作が重要だったのは、それがその合意をより「科学的」な理論によって突如置き換えたからではなく、確立されていた総合に根本的な異議を申し立て、科学者たちにその基盤の再検討を迫ったからであった。結局ライエルの「原理」のいくつかは徐々に同化され、したがって合意は修正されたが、彼の思想の他のいくつかの要素は断固として拒絶されたのであった。

いずれにせよ、この時期の出発点にあたり、ライエルが地質学を青年期にあると見なしたのは正しかった。その科学は急速に成長し続けていたとはいえ、新たな影響力がその発展の方向を根本から変えうる段階に依然としてあった。シチリアの荒野へのライエルの遠征が少なくともその徴候を示していた、そのような影響力の一つが、国際的な科学者共同体の内部でイギリスの地質学が主要な勢力として台頭したことであった。ライエルとその友人の多くにとって、これは愛国主義的な色合いをともなわぬものではなかった。「ことしわれわれは共同の旅によって、フランスとイタリアの地質学者たちの学識の程度を推し量り、その浅薄さを確認しました」とライエルはマーチソンに書き送っている。残るはドイツの科学がイギリスの主権に対し、より強力な戦いを挑んでくるかどうかを見きわめるだけであった。団体としての力と信頼というこの新しい感覚は、当時のイギリスの思想全般に見られる同様の雰囲気を反映していることは間違いないが、ライエルやマーチソンのような人間にとって、その特殊な力は主として彼らがロンドン地質学会に加盟していることから生じていた。この学会は一八〇七年の創設以来、活力にあふれ疑いもなく若々しい団体であった。ライエルは弱冠二五歳で幹事の一人――のちにマーチソンが引き継いだ役職――になり、三一歳ですでに副会長をつとめていた。他方でやはり三〇代であったマーチソンはいまや外務担当幹事の職につき、会長のウィリアム・フィットン（一七八〇―一八六一）でさえまだ四〇代であった。おそらくこのような若々しさも手伝って、この学会はヨーロッパにおける地質学論争の場として卓越した地位に昇りつめていた。それはこの団体が地質学にとくに捧げられた、世界初の学会であるという事実によっても促進されていた。王立協会の専制的な会長ジョゼフ・バンクス卿（一七四三―一八二〇）とほとんど命がけの争いを演じたのち、地質学会はそのいまだ改革されていない団体から独立して存在する権利を勝ちとったのであった。(2)

ロンドン地質学会と、地質学研究の主要な拠点としてそれが取って代わろうとしていたパリ自然史博物館との相違は、英仏二国における科学の地位の相違を正確に反映している。パリの博物館と学士院が国家によって設立され、潤沢な資金を与えられ、その後のすべての政治的動乱の時期にも引き続き援助されたのに対し、ロンドン地質学会はイギリスの他の学会や王立協会自体と同様に、ほぼ全面的に会員の寄付に依存する純粋に私的な団体であった。世界初の工業化された国家にとって、鉱物資源の経済的重要性は甚大であったにもかかわらず、そのような資源を最も開発しそうな科学に対する国家の援助は、ほとんど無きに等しいままであった。(3)

それでも目を見張るほど急速に発展しつつある科学として、さらにはほとんど誰もが心躍る発見をなすことが期待できる科学として、地質学の魅力はその学会の会員数を着実に増大させることに貢献した。イギリスにおいて天文学は、社会的にも科学としても依然として貴族的な科学であった。それに対して地質学は、中産階級の資力に見合うと同時に彼らの好みにも訴えかけるものであった。というのも天文学とは異なり、地質学を積極的に行なうのに必要なのは、適度の余暇と、少なくとも小旅行をするための資金と、野外や田舎への嗜好くらいだったからである。ライエルは法廷弁護士として訓練を受け開業していたものの、視力が弱くその経歴を続けられなくなると、著述による所得で個人的収入を補いながら、科学に全面的に専念することができた。マーチソンも土地を所有するジェントリーという同様の家柄からでて、その後軍人としての経歴をキツネ狩りに明け暮れる生活に取り替えてしまったときに、地質学に対する新たな情熱に取りつかれたが、その嗜好に対して彼はすべての時間を捧げて追求するだけの資産を有していた。フィットンとマンテルは専門の医師、コニベアは聖職者であり、学会の他の主だった会員のほとんども同様の社会階層の出身であった。広範な地質学の知識をもつイギリス人の中で、ウィリアム・スミスとその仲間のような「実務家」だけが学会に著しく欠けていたのは、彼らの社会階級の低さと資金力の不足のせいであった。実際には学会はしばしば彼らの知識に依存したが、たいていは会員の個人的つながりを通じて間接的に利用しなければならなかった。フランス（とドイツ）では対照的に、「科学的」地質学と「技術的」地質学の間に厳密な社会的・個人的区別は存在しなかった。たとえば父の方のブロンニャールは、自然史博物館の鉱物学教授としてアユイ（一七四三―一八二二）のあとを継ぐ前には鉱山局主任技師であり、同時にセーヴルの国営磁器工場長として陶芸技術にも深くかかわっていた。その一方で彼とキュヴィエはパリの層序に関するすぐれた論文を、鉱山技術についての論説が満載された『鉱山雑誌』で発表していた。イギリスにはそのような雑誌も鉱山学校も存在しなかった。他方でいまや二つの大学で、厳密にいえば課外授業的なものだったにせよ、少なくとも地質学の講義が行なわれていた。オックスフォードにおけるバックランドの講義は、ほぼ一世紀前にジョン・ウッドワードの遺志によってケンブリッジに創設された講座を、実際には初めて積極的に活用したアダム・セジウィック（一七八五―一八七三）の講義と人気を二分していた（図4・1）。

ライエルはオックスフォードの学部生であった頃、バックランドの講義に三年間続けて出席した。バックランドの洪水説と、それが表現していると思われたすべてに対するライエルの執拗な反対運動は、このような背景に照らして見なければならない。一部には、それは才気煥発な生徒にありがちな、教師のお気に入りの説に対する反発であり、一部には、教師のぞんざいだと感じられた野外調査の仕方の拒絶であった。しかし根本的には、それは地質学を聖書との和解のために利用しようとするバックランドの試みの拒否であった。

ライエル自身は反宗教的ではなかったものの、まともな科学としての地質学の身分が、バックランドの研究によって脅かされていると感じていた。イギリスでは大衆的な地質学書のための市場は、きわめて直解的な聖書解釈のために地質学を利用しようとする、ますます多くの作品に遭遇していた。[4] そうした著作は科学的には無価値であり、科学人にはそのことは認められていたが、ライエルはバックランドが地質学を聖書に適合させるために、そのような企てにその地位にもとづく科学的権威を貸し与えることで、地質学を裏切っていると感じていた。この感情が、ライエルが洪水説を激しく攻撃したことと、洪水説を打破するのに役立ちそうな、いかなる証拠にも彼が歓喜したことを説明する助けになる。だがはずみのついたライエルの攻撃は、バックランド独特の洪水論の論駁をはるかに超え、前章で述べたような総合全体に対するもっと急進的な批判へと彼を導くことになった。

2

ライエルがまだシチリアのどこかにいた頃、マーチソンはフランスにおける彼らの共同研究を要約した論文を地質学会で発表し、同時に洪水説に対するライエルの反対運動に着手していた。[5] その議論において化石は脇役しか演じていなかったにもかかわらず、この論文は生命の歴史の理解にとって広範な含意をもつことになる解釈の方法を例示していた。ライエルが自分の論文（そこに示された着想はほぼ確実に彼のものであり、マーチソンのものではなかった）を「ド・リュックとその一派の逆の見解」――すなわちバックランドと彼のオックスフォードの同僚たちの見解――に対置される、プレイフェアなどが「ずっと以前に公表していた」説の繰り返しにすぎないと紹介したのは歴史的に見て正しかった。ライエルが洪水論を攻撃するために選んだその弱点は、谷の成因の解釈にあった。プレイフェアは現在そこを流れる小川によって谷が緩慢に

図 4.1　1842 年におけるケンブリッジのセジウィック地質学博物館．前代のジョン・ウッドワードによるコレクションを核にして創設されたこの博物館は，セジウィックがウッドワード地質学教授職についていた長い在職期間に大幅に拡充された．中央に置かれたアイルランド「ヘラジカ」の骨格に注意 —— この動物は 19 世紀前期の「大洪水」論争において決定的なテストケースとなった（図 4.2 を参照）．

掘削されることを、地質学における準数学的な推論の方法の範例として用いていた。人間の時間尺度で観察される小さな効果を「積分」すれば、地質学的時間尺度では非常に大きな結果さえ作りだされる。だがプレイフェアの多くの同時代人にとって、この解釈は説得力を欠いていた。彼らがその解釈の要求する長大な期間を受け入れられなかったからではなく、主として山岳地域に見られる最も巨大で壮麗な谷の形態が、そこを流れる現在の小川とは明らかに無関係だったからである（現代の説明によれば、そのような谷は氷河作用によって根本的に改変されたのである）。したがって谷の掘削を説明するのに現在の小川では不充分であるということは、プレイフェアによる徹底した現在主義的地質学の不適切さを示す重要な例となり、また逆にそれはある種の大洪水的出来事を仮定する必要があることを示す重要な証拠としても用いられた。過去を解釈するために現在を用いるという現在主義的な方針は、たしかに拒絶はされなかった。すでに見たとおり、そのような方針はキュヴィエ自身によって、彼の時代の地質学を先人たちの思弁的な「体系」から区別する特徴そのものであると見なされた。論議されていたのは、どの程度まで現在は過去への適切な鍵であるかということであった。

ライエルが論争に参入する以前にも、たしかにこの問題は忘れられていたわけでも、解決済みと見なされていたわけでもなかった。ヨーロッパに平和が回復した年に、プレイフェアの『説明』はフランス語訳によって大陸の地質学者の関心をより広く集めるようになったが、その訳書はすこぶる公平にも、プレイフェアの著作と、原書が最初に出版されたときになされた最良の批評的吟味の一つをともに収録していた[6]。「現在因」（すなわち現在作用している地質学的過程）の妥当性という問題への関心は高かったので、三年後（一八一八年）にゲッティンゲンの王立科学協会はブルーメンバハの提案により、「歴史において立証されうる地表の変化と、歴史の領域を超えたところに存する地球の革命の調査に対してなされうるその知見の適用について」論じた試論に賞を与えることにした。侵食と堆積、火山と地震等々の過程を通じて自然地理的変化が起こったことを明らかにする、あらゆる歴史的証拠を大量に編纂することによってその賞を獲得したのは、外交官でアマチュア地質学者のカール・フォン・ホフ（一七七一―一八三七）であった。(7) この論文の趣旨は、そのような過程が人間の歴史という地質学的には短い期間においてさえ、これまで想定されていたよりはるかに強力であることを示すことにあった。これは人類以前の地質時代の証拠の多くが、最も激烈な出来事はこんにちそれに匹敵するものがないなどと、キュヴィエのように早まって仮定しなくても、そうした過程の作用として説明されるということを示唆していた。ここからそのような激烈な出来事は存在しなかったことが必然的に導かれるのではなく、ただ単にそれらは人間の歴史において観察される出来事と、程度はともあれ種類においてはおそらく同じであったということが帰結するのであった。革命は大規模な津波によって引き起こされたというジェイムズ・ホールの提案は、このような論法の好例である。

だがフォン・ホフによる「現在因」の効力の論証は、長期におよぶ緩慢な過程の効果に対するプレイフェア流の強調と結びつけられれば、革命を完全に除去するために利用することもできた。このような方向への重要な歩みは、もう一人のアマチュア地質学者にして下院議員でもあった、ジョージ・プーレット・スクロープ（一七九七―一八七六）の火山の研究によってなされた。(8) 洪水論を論駁しようとするスクロープの根本的な動機はライエルのものと同じであった。バックランドの理論は聖書との無益な調和を試みることによってだけでなく、スクロープが述べているように「さらなる探索を停止させる」ゆえにも、地質学の高潔さと身分を脅かしていた。言い換えれば現在の過程が過去の効果を説明できないと仮定することは、実際には適切かもしれない現在の過程の探究を思いとどまらせるため、明らかに反発見法的である。スクロープはその逆の現在主義的な方針――「地質学的推論の唯一正当な道筋」――を、中央フランスの有名な死火山の解釈に適用した。しかしその火山が現在活動している火山と本質的には変わらないとする彼の論証は、谷の掘削に関する同様のプレイフェア的結論に彼を付随的に導くことになった。この地域（スクロープにとって幸いなことに、大部分は氷河作用の範囲外にあった）では、ときおり噴出して谷を流れる溶岩流が、この地方の大洪水以前と大洪水以後の状態に明確な区別を設ける洪水論者の見解とは反対に、「掘削の過程におけるいくつかの異なった段階」の証拠をもたらすことを彼は提示できた（図4・3参照）。水流による漸進的な掘削は――「時間が無制限に許されるなら」――こうして谷の成因を説明するのに充分であった。この結論は地質学における時間の圧倒的な重要性を強調していた。「地質学を探究して一歩進むごとに、われわれは古代からほぼ無制限に資金を引きださねばならなくなる」とスクロープは記している――経済学者でもあった彼にふさわしい、銀行業務にまつわる比喩を使用して。

スクロープには彼のすべての地質学的観察からこだましてくる、「時間を！　時間を！　時間を！」という自然界の連呼が聞こえるような気がした。だが先に見たように、ある種の激烈な革命が地球史を区切ってきたとほとんどの地質学者に確信させたのは、時間尺度を適切に理解できなかったことが主な原因ではない。結果そのものは突然の出来事による説明を必要としているように見えても、革命と革命の間にはきわめて長い期間が一般に想定されていた。にもかかわらず長大な時間尺度を理性によって受容することと、そのような時間尺度が含意するものを想像力によって理解することの間にはおそらく隔たりが存在した。このような想像力に対しての障壁は、長大な時間尺度を心置きなく活用したいという、強烈な隠された動機をもつ者によってしか破られなかったのかもしれない。たしかにスクロープとそのあとのライエルは、彼らが忌み嫌う「激変」と称されるものを排除するための説明装置として、広大無辺な時間が利用できることに気づいていた。「時間が無制限に許されるなら」、通常の地質学的過程は最大の結果さえ生みだすことができる。そうすれば突然かつ大規模に見える出来事も、フォン・ホフが歴史記録から収集したものと変わりのない、緩慢で漸進的な変化へと「アイロンがけ」されてしまうはずであった。

スクロープ自身は、それが現在の過程という観点から解釈されている限り、キュヴィエ的な革命そのものと事を構えるつもりはなかった。実のところスクロープは、アルプスを隆起させた「突発的激変」のような「過度の動乱による部分的［すなわち局地的］な危機」が、初期の時代にはときおり生じたことを確信していた。しかしそのような出来事でさえ、「もろもろの状況の稀有な結合が」通常の過程に対して「並はずれた力を与えることがある」のだから、説明は可能であると信じていた。火山活動に関するスクロープの理論全体は、実際には定向的に冷却する地球という同時代のモデルにもとづいており、彼はフォン・ホフと同様に、火山と地震の作用の力が時間の経過とともに次第に減少したのは当然であると考えていた。周縁的な関心しか抱いていなかったとはいえ、彼はそれに並行する生命の「進歩」も当然のことと見なしていた。

洪水説の地質学的側面に加えたスクロープの攻撃は、その説の生物学的根拠に対するフレミングの攻撃によって同時期に適切に補完された。(9) 二つの攻撃は非常に類似した性格をもっている。フレミングは「大洪水」動物相の絶滅が、谷の掘削と同様に突然にではなく、長期にわたり漸進的に起こったことを示そうとつとめた。またスクロープと同様に、プレイフェア流の現在主義的な方法を自分の議論の明白な基盤としていた。彼らの動機もよく似ていた。すでに見たようにフレミングはバックランドの大洪水を、宗教的根拠からと同じく科学的根拠からも不快なものと考えていた。さらにスクロープと同様、フレミングは地球と生命がともに定向的な歴史をもっていたことを当然のように見なしていた。ただ彼は過去の地球がより熱かったと化石から推論することの妥当性は疑っていたのであるが。いずれにせよ彼の主たる関心は、動物生態学と地理学の知識を用い、局地的個体群の漸次的な減少と最終的な除去によって、「大洪水」種が徐々に絶滅しうる事実を示すことにあった。この仮説を支えるために、彼は有史時代の人間の活動の影響という現在主義的な類比をさし示すことができた。イギリスでは過去数世紀間に多くの種が局地的に「根絶させられ」、数種は完全に絶滅さえしていた。人間の影響がなくても、局地的環境における通常の物理的変化が、すべての現生種の生態に必然的に影響を与え、ある種を増加させ他の種を減少させるため、時間の経過とともに種全体が失われることもあると思われた。

漸次的絶滅というフレミングの仮説は、含骨砂礫層の中で絶滅種の遺骸が、現生種の遺骸としばしば混在しているという事実によっても支持された。そしてこれは彼の指摘によれば、「洪水仮説に対する致命的打撃と見なされうる」ものであった。かりに世界的大洪水と称されるものがいくつかの種を消滅させたなら、なぜすべての種をではなかったのか。さらに少なくとも、より人目を引く絶滅種の一つであるアイルランド「ヘラジカ」〔和名オオツノシカ。英名はIrish Elkだが、分類学的にはElk（ヘラジカ）ではない〕は、遺骸が「大洪水」漂礫土をおおう泥炭地で発見されたため、「大洪水以後」の時代まで生存していたといまや考えられており、人間と共存していたように思われた（図4・2）。もしこの動物相の一員が、バックランドの大洪水以外の原因で絶滅したのなら、なぜ他の成員もそうならなかったのか。フレミングはバックランドが彼の洞窟の調査にもとづいて援用した証拠は、彼がそこから引きだした推論を少しも保証していないと結論した。「大洪水」種——あるいはそのうちのいくつか——は、初期人類の狩猟活動の結果として、自然環境の変化によって加速されながら、徐々に少しずつ絶滅したのであった。人間の影響をフレミングが強調したことは、彼の仮説をまず第一に、もくろみ通りにバックランドを打つ杖とした。しかし原始人類と他の捕食動物との類比に関する彼の論評は、その仮説を地球史を通じた絶滅のより一般的な説明として、利用できるものにしたのである。

3

科学的問題に対するライエルに独特のアプローチが、同時代人や先人たちのアイデアに影響を受けていることを指摘したからといって、彼の知的能力が損なわれるわけでは決してない。それどころか彼が成し遂げ

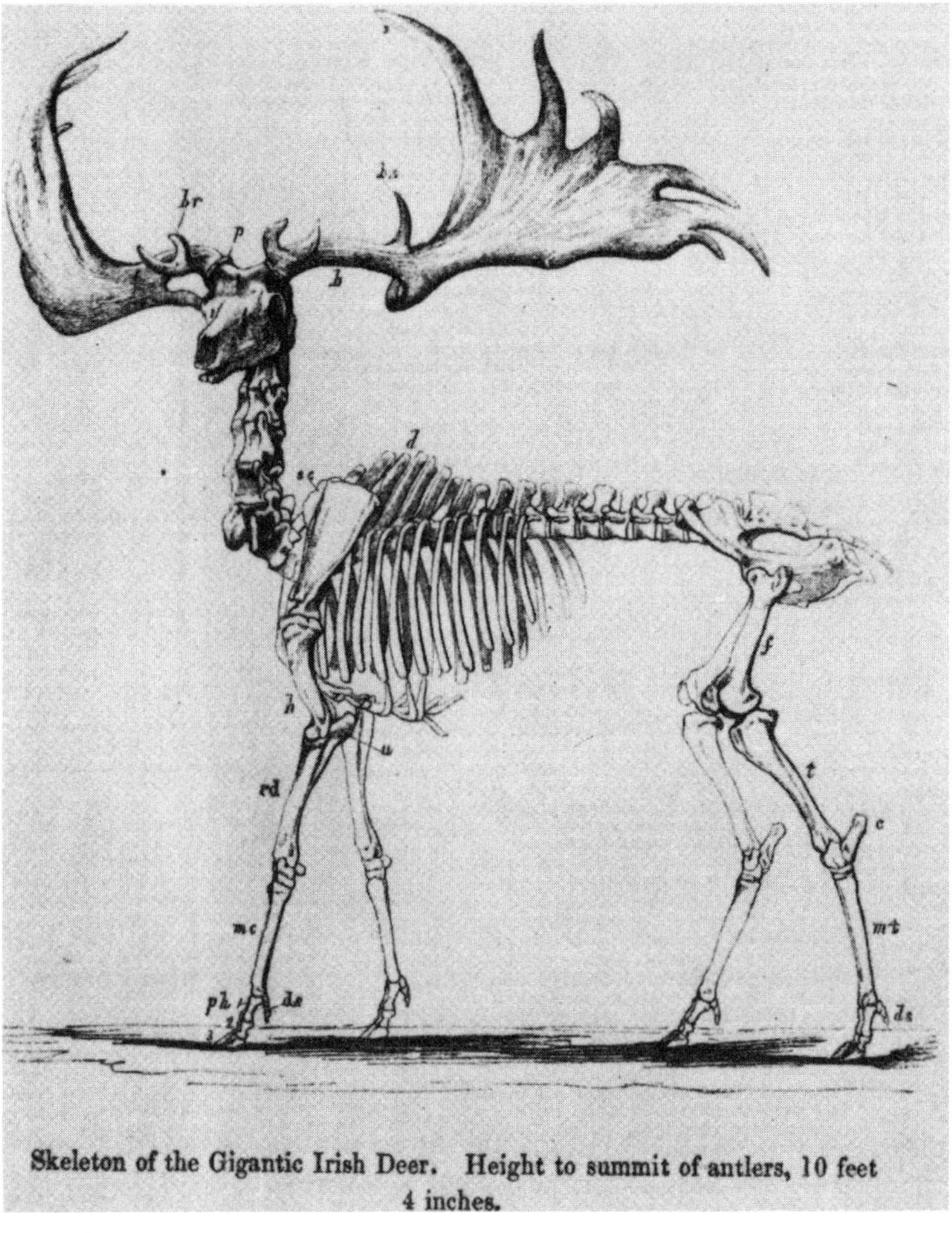
Skeleton of the Gigantic Irish Deer. Height to summit of antlers, 10 feet 4 inches.

図 4.2　アイルランド「ヘラジカ」の骨格のリチャード・オーウェンによる復元（1846）【49】. これは絶滅哺乳類の「大洪水」動物相の中で最も論争を呼んだ動物であった.「大洪水」以後の時代まで生き延び，初期人類によって根絶させられたのかもしれないある種の証拠があったからである. この解釈──論駁されたが──は，残りの「大洪水」動物相の「激変的」絶滅に疑問を投げかけた.

たことの偉大さは、広範囲のアイデアと観察を、ほとんど独力で、対立する総合に匹敵する総合へと融合できたことによって示されている。こうしてたとえば地質学者スクロープと生物学者フレミングの双方から借用し、二つの科学のもっと広範な総合のために彼らの方法と結論を利用することを可能にしたのは、彼の科学的関心と知識の幅の広さであった。スクロープやフレミングと同様に、彼も当初はバックランドの洪水説を論駁したいという動機に促されていた。そして『クォータリー・レヴュー』に載せた論説——現代地質学についてのより「啓発された」見解を、トーリー党の知識人に与えようとする連載の一つ——において、彼は初めてこの総合を公然と明確に展開し始めた。(10)

その論説は表向きは中央フランスに関するスクロープの論文の批評だったが、ライエルはスクロープの議論を生物学の方向へ展開させた。ライエルの考えでは、中央フランスは谷の侵食のような物理的過程が「漸進的に進行」したことを示す貴重な証拠をもたらすだけでなく、絶滅が同じく漸進的であったというフレミングの仮説に対し、決定的となりうる試験も提供していた。というのもこの地域はパリ周辺の地層のような淡水成第三紀層が堆積する以前から、一度もキュヴィエ的な海の侵入を経験していないように見えたからである。ライエルの示唆によれば、キュヴィエの第三紀動物相と現在の動物相の間には、生命の歴史において「いまだその上に最大の闇が覆いかぶさっている」時代が横たわっていた。スクロープは中央フランスにおいてはときおりの噴火が、その時代の内部の多くの異なる時点から、地表の一部を実際に無傷のまま保存してきたことを指摘していた。したがってライエルはそのような偶然によって、いかなる陸生動物相が保存されてきたかを研究することが、「よりいっそう重要」であると主張した。その動物相がこの時代を通じどのように変化したにせよ、それはキュヴィエ的な革命によるのではなかったからである。少なくとも中央フランスは、パリ地域のような低地帯に起こった物理的変化には、明らかに影響されないままであった。もし実際に生物的変化が地質的変化と同様に緩慢かつ漸進的であったなら、プレイフェアの学説のこのような拡張は、最後の「規則的な」地層――キュヴィエとブロンニャールが記載したパリ周辺の第三紀層とその同類――の動物相と現在の動物相の間に存在するように見える空隙を、まず埋めることによって証明されなければならないだろう。

ライエルはこの「これまでほとんど空白だった生物の歴史のページ」を満たす作業に着手するまでに、バックランドの大洪水は論駁可能であり、地質学の全体は最近の革命を仮定しなくても書き直せることを明らかに確信していた。彼はこのようなアイデアを普及させ、科学的に無価値な「聖書地質学者」の有害な影響を和らげる、地質学についての大衆書の概要をまとめてさえいた。スクロープとフレミングの例に従うなら、適切に「古代から資金を引きだせば」、激変と称されたものは現在の過程と区別できない緩慢な過程の長い連続へと、「アイロンがけ」されるはずであった。

中央フランスにおいてライエルは、谷の緩慢な掘削を示すスクロープの証拠が、圧倒的に説得力をもつものであることを知った。しかし彼はこの土地のナチュラリスト、クロワゼ（一七八七―一八五九）とジョベールによって最近発見された豊富な化石動物相が、生命の歴史に対して同様の結論を明示していることにも気づいた。その動物相は現存する属の絶滅種によって構成されていた――実際にはゾウ、サイ、カバ、ハイエナ、トラなどのより温暖な「大洪水」動物相であった。だがそれらは現在の谷床より高い古い川砂利の中の火山物質の下に埋まっていた（図4・3）。それゆえスクロープの基準によれば、その動物相はきわめて古い時代のものであった。またこれはその動物相が、谷の掘削と同じくらい緩慢かつ漸進的に現在の動物相によって置き換えられるほど、充分な時間が存在していたことを意味していた。[11]

だが動物相を徐々に置き換えるいかなる過程も、新しい種の起源という問題を提起した。ジョフロワがラマルクの転成論を最近復活させたことはライエルもよく承知していた。しかしそのような漸進的な過程が、谷の緩慢な侵食に類似したものとしてライエルには魅力的だったとしても、彼の生物学的視点はあまりにもキュヴィエ的だったので、「そのような憶測に反対している……より多くのより著名な生理学者たち」の側に立たないわけにはいかなかった。「大洪水」種が絶滅したのと同じくらい漸進的に、新しい種が西ヨーロッパへ移住したと主張すれば、ライエルはその問題を回避できたかもしれない。しかしそのような論法は問題をさらに過去へと押しやるだけであり、動物相の変化の一般的説明としてはキュヴィエの同様の議論と同じく不満足なものだったであろう。ライエルに可能であった唯一の代案は、種がどのような手段で生じたにせよ、その起源はその絶滅と同じくらい漸次的なものだったと想定することであった。この仮説はキュヴィエ的な生物学的原理が要求するように、基本単位としての種の実在性を保持していた。しかし同時にそれはプレイフェア流の地質学的原理に適合する、動物相の変化のモデルを提供していた。

それぞれは安定している種の漸次的産出と絶滅というこのような過程によって、ある動物相の全体的な種の構成は、谷の掘削や地層の堆積とちょうど同じように、時間の経過の中で徐々に変化したのであろう。このことはライエルに、スクロープが谷の掘削の度合を、連続的な溶岩流の相対年代を決める大まかな指標として用いていたように、自分も動物相の種の構成を、地層の相対年代を決定する指標として利用できるのではないかという考えにさせた。この可能性はこの上なく重要であった。もしも化石が第三紀に対して「自然のクロノメーター」（ド・リュックが頻繁に用いたため、ライエル自身はこの句を使うことを避けていたが）を供給するなら、それは古生物学にとって「空白のページ」を埋める助けになるばかりか、地質学的過程の速度を見積もるための時間尺度も提供するであろう。言い換えればそれは生物学的にも地質学的にも突然の大規模な変化と見えるものを、「アイロンがけ」するのに役立つかもしれなかった。

シチリアでこの解釈が裏づけを得たため、この地への遠征はライエルの旅の最高の成果と呼べるものになった。彼が満足げに確認したところでは、巨大なエトナ火山は歴史に記録されたものと変わりのない規模の連続的な溶岩流と降灰の噴出によって、人間の基準からすると計り知れないほど長かったに違いない時間尺

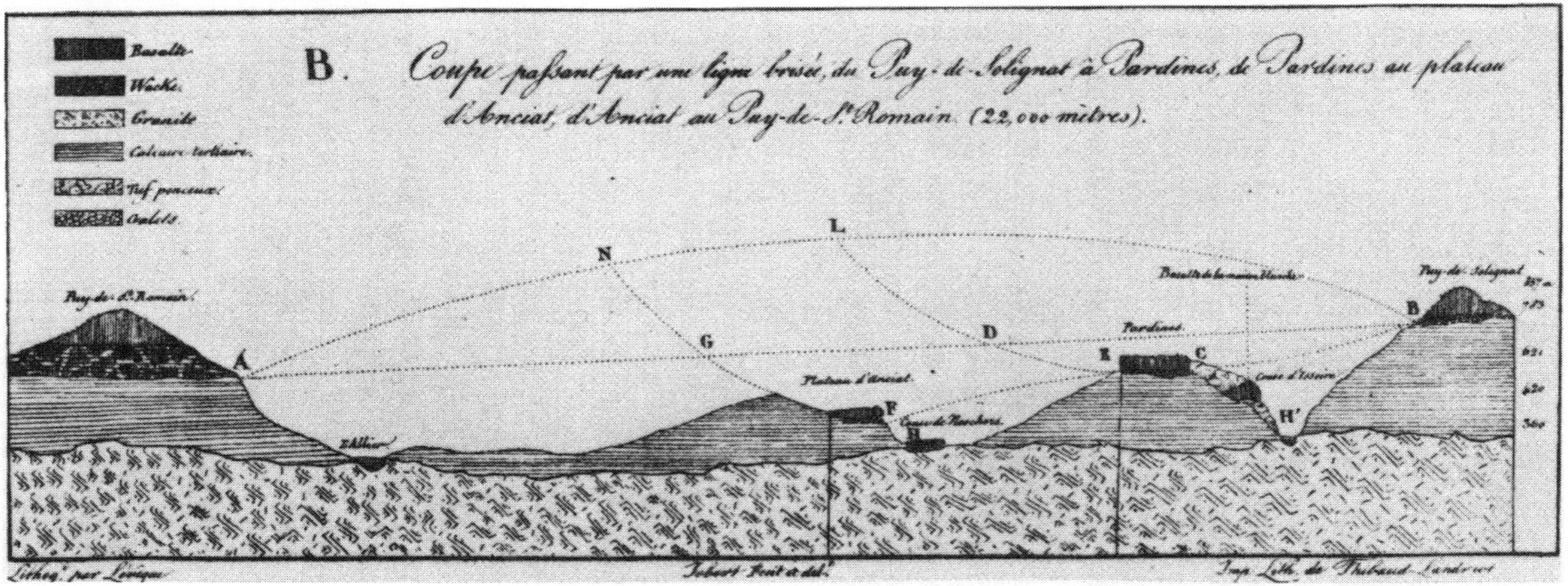

図 4.3　中央フランスの火山地域の一部を横切る断面図（1828）【11】．谷が侵食される間のさまざまな時期に，谷に沿って流れた溶岩流（玄武岩）に覆われることによって，さまざまな時代の川砂利（Galets）が保存されたことを示している．点線は異なった段階における谷の側面の復元を表わしている．クロワゼとジョベールは，パラディーヌ山（E-C）の下の砂礫層から発見された豊富な哺乳動物群を記載した．ライエルはその後の谷の侵食から判断して，この砂礫層は比較的古いに違いないことを認めたが，それでも化石はいわゆる「大洪水」動物相に属していた．このことは動物相の変化が比較的漸進的であり，「激変的」ではないとする彼の考えを確証する助けになった．

度で徐々に築かれた。それでもエトナがその上にそびえている地層は、地中海に現存する種だけでほとんどが構成された動物相を含んでいたので、彼の見積もりでは、地質学的基準からすればごく最近のものであった（図4・4）。しかもその地層は島の中央で大きく隆起させられていた。このことからライエルは、その地層とそこに含まれる動物相が、現在の地層と北イタリアのサブアペニン（アペニン山麓）層との間に残されていた空隙をうまく埋めるだけでなく、その地層がエトナの巨大な円錐丘の構築と同じくらい漸進的な過程によって隆起させられるには、豊富な時間が存在したとも推論した。したがって過去における生物学的・地質学的変化の双方は、いまも進行している過程と同じくらい、その作用が漸進的な過程によって生起したということになった。地球史においていかなる最近の革命も仮定する必要はなかった。少なくともシチリアでは、過去は知覚できないほど緩慢に現在へ移行したことが示されたのであった[12]。

「シチリア遠征の成果は、現在との類比という点で心からの期待を上まわるものでした」と、ライエルはナポリに帰還するなりマーチソンに書き送っている。しかし彼は過去の地球史を説明するには「現在因」が適切であるということの単なる擁護をはるかに超えた、地質学的見解にいまや到達していた。彼が以前から計画していた大衆書も、いまでは「それはこの科学における推論の原理を確立しようと努めるでしょう」というようにずっと重々しい言葉で紹介されていた[13]。だが実際には、ライエルは二つの根本的に異なる原理に言及していた。第一のものは、過去に作用した過程は現在作用している過程と同じであるという現在主義の原理であった。これはもちろんとくにスクロープやフレミングを導いた方針であった。ライエルの第二の原理、すなわちそのような過去の過程は「現在の過程が用いているものと異なる活力の度合では作用しなかった」という原理は、その含意においてははるかに議論の余地のあるものであった。この確信は、現在の過程はより安定した地域に暮らす地質学者が一般に実感しているよりはるかに強力であるという、活発な火山活動と頻繁な地震が発生する地域でライエルが得た実感からごく自然に生じていた。また彼はアルプスの隆起の

図 4.4　フランスの古生物学者デエの研究にもとづいた，「鮮新世」を特徴づける軟体動物の殻のライエルによる挿絵（1833）【14】．現存する種の比率が高いため，鮮新世の軟体動物相は，緩慢に作用する過程の連続によって現在と地質学的過去とを結びつけようとする，ライエルの試みの不可欠の部分を構成していた．

ような最大の結果でさえ、いまや彼が有力な具体的証拠を手にするようになった長大な時間尺度が与えられるなら、同じ強度の過程で完遂されると確信するようになっていた。

しかし歴史的現在の出来事と性格を異にするような、すべての過去の出来事の必要性をこうして排除することにより、ライエルはプレイフェアがハットンに従ったごとくプレイフェアに従いながら、同時代人の見解と決定的に対立する立場へと踏み込んでいった。ライエルは要するに、定向的に変化する地球と前進的に変化する生命を示す証拠は妥当でないと宣言した。彼は地球と生命の歴史の定向的なモデルを、ハットンのものと同様の定常的なモデルによって置き換えた。だがライエルはこの立場に、「現在因」に関する彼自身の観察から導かれる、不可避の論理だけによって押しやられたのではなかった。それどころか彼はハットンと同様に、定常的体系は科学的にも神学的にもすぐれていると見なしていたので、その立場は本来的に魅力があると考えていた。科学的には、それは地質学を天文学という権威のある科学とより緊密に一致させ、神学的には、調和のとれた永続する均衡の中にある世界の方が、時間的始まりと終わりを思い描くことが可能な世界よりも、創造の英知をより効果的に証明できると感じられたからであった。

4

ライエルの『地質学原理』第一巻は、彼がイギリスに帰還して一年そこそこのうちに出版された。全三巻が世にでるまでにはさらに三年を要したものの、ライエルはその著作全体がひと続きの議論を構成していることを強調した。[14] 地球史の定常的モデルを、そのようなモデルにつきもののすべての永遠主義的色合いとともに提示した点だけでなく、その説明の意図が、ハットンなどの一八世紀の著述家の「体系」と同じく幅広いものであった点でも、同時代人たちがその著作をハットン的と見なしたのは正しかった。たしかにライエル自身は自分の著作を説明するために、思弁的色合いが感じられるにもかかわらず「体系」という語を自由に用いていた。また彼の著作はかなり明確に、地質学と古生物学の知識の全領域を再解釈する試みであった。その再解釈の妥当性を読者に納得させるために、彼はできるだけ説得力のある文体を使用しなければならなかった。セジウィックはライエルが「弁護士の言葉」を使っていると批判したが、地質学会が礎としていたおそらく「ベーコン的」な理想にどれほど背いていても、ライエルが訓練をつんだ法廷弁護士の弁論をもってその主題に取り組んだのはごく自然であった。

彼はその案件を地質学の歴史の回顧から始め、地質学を聖書解釈のすべての問題から根本的に切り離す必要性を擁護するためにそれを整序した。こうしてバックランドと、より評判のよくない「聖書地質学者」までも退治したのち、ライエルは次に地質学における適切な時間の感覚の重要性を強調することに進んだ。そのような感覚がないと、どれほど通常の出来事の連続でも、突然かつ激変的であるように見えてしまうことを示唆した。これは実際にはキュヴィエ的革命の予備的批判であった。だがライエルは次に地球史の定向的モデルの基本的要素を突き崩さなければならなかった。そしてここでは、彼も気づいていたように、はるかに広範な同僚科学者から「より重要な反論」を寄せられることになった。まず第一に彼は、息子の方のブロンニャールや他の多くの者たちが、徐々に冷却する地球を支持するために用いていた古生物学的議論を攻撃した。フレミングとは異なり、ライエルは気候変化の証拠が完全に絵空事であると考えることはもはやできなかった。それでも彼は自然地理学の研究成果を利用することにより、それを定常的地球という枠組みの内部で巧みに説明することができた。そのような研究は、局地的気候は単なる緯度に加えて、陸塊や風系や海流といった地理的条件にも大きく依存することを示していた。したがってもし一定の地域の自然地理が、地質学的過程の作用によって大幅に変化したなら、その地域は時間の経過とともに多くの異なった気候を経験することが可能だったであろう。こうしてブロンニャールが推論したように、石炭紀の北ヨーロッパは実際に熱帯の気候だったかもしれないが、それでもこれを当時の地球全体が現在より暑かった証拠と見なすことはできなかった。

ライエルが最初に遭遇しなければならなかった定常的体系への第二の反論は、むろん生命の「進歩」を示す古生物学的証拠であった。古生物学において最も堅固に確立された、一般化の一つと同時代人たちによって見なされていたこの証拠を、彼はきわめて大胆に——あるいは性急に——単なる錯覚であると主張した。たとえば哺乳類が「下等な」脊椎動物よりのちに出現したということは、単に化石保存の偶然のせいであった。ほとんどの哺乳類は陸生であり、したがって化石が保存されなかったのであろうと彼は論じた。またストーンズフィールドの哺乳類でさえ、第二紀にいくらかの哺乳類がいたことの証拠として再解釈できた。逆に第二紀が爬虫類の時代のように見えるのは、単にその大半が海生の種族であるため、化石がより保存されやすかったからであると説明された。人間自身についてのみ、ライエルは慣習的解釈を受けいれた。しかし人間が最近誕生したことは、「倫理的」(すなわち精神的) レベルにおいてのみ新奇な出来事であったと断言することにより、彼はそれが「前進的体系」の証拠であることを否定できた。

定向的理論がしっかり確立されたものと考えていた人々の心の中に疑いの種をまいたのち、ライエルの案件の次の段階は、現在進行している変化の地質学的・生物学的作因が、観察された過去のすべての成果を完遂できるほど強力であり、ときおり起こるより大きな強度の出来事や、強度の全体的な漸減はいずれも仮定する必要のないことを示すことであった。地質学的過程を分析するにあたり、彼はフォン・ホフの事例を大いに参照したが、対立する過程の均衡を強調するようにそれを配置した。たとえば漸進的な侵食の力は堆積の力によって、火山の噴火や地震による隆起の力は地震にともなう沈降の力によって均衡を与えられていた。このようにしてライエルは、地表の物理的状態は動的安定を保っていたと主張することができた。自然地理的特徴はたえず変化しながらも、地球は全体としては本質的に同じ状態にとどまることができたのであった。

同様の動的平衡のモデルは、次に生命の現象に適用されねばならなかった。だがライエルはまず、生命の世界の変化を見積もるために、種が実在する単位と見なしうることを確立する必要があった。ラマルクの進化論――ジョフロワがその問題を復活させた結果、『動物哲学』はちょうど再刊されたところであった――はライエルの研究の基盤そのものに疑いを投げかけるため、彼はその広範な批判を展開しなければならなかった。いずれにせよ彼はキュヴィエ的および生態学的な根拠にもとづき、種の安定性を信じたい気になっていた。しかし種が実在しないものであり、生物が不断の流動状態にあると認めることは、地球史の定常状態を証明する際の基礎となる、「自然のクロノメーター」の妥当性をむしばみかねなかった。したがって個体は形態と習性において変異するにもかかわらず、種の変異性には真の限界が存在し、「原初の類型から変異する無際限の可能性」はないことを証明することが彼にとっては必要であった。「種は自然界に実在している」ことを確立したあと、次いでライエルは連続的に変化する自然地理という自己の概念を適用し、そこからは間断なく移動する生態学的状況の型というものが必ず導かれることを示した。これが今度はさまざまな種の地域的個体数が連続的に変化することを含意し、それゆえときには（フレミングが示唆したように）特定の種の完全な絶滅が生じるのであった。

だが種の漸次的絶滅がこのように「自然の絶えまない規則的な振る舞いの一部」であるなら、彼は次に「この損失を修復するために用意されている手段があるかどうか」を考察しなければならなかった。もし生命の世界が周囲の物理的環境と同様に動的安定の状態にあるなら、種の絶滅はそれに対応する新しい種の漸次的産出の過程によって均衡を保たれているはずであった。この点では彼の定常的体系を志向する形而上学的動機が、彼の方法論的原理に優先していた。というのも彼は現在生起しているそのような種産出の過程に対し、現在主義的な証拠は何ひとつ提示できなかったのだから。彼はこのようなまれにしか起きない出来事は、人間の歴史の短い期間ではこれまで観察されなかったであろうと主張することによって、この困難に対処しなければならなかった――これはまさしく突然の革命を説明するために、彼の反対者たちが用いていた議論だったにもかかわらず。ライエルはのちに個人的に、絶滅の過程と同じく自然かつ「二次的」な未知の過程によって、新しい種は「創造」されたと推測されるままに委せたのだと述べた（「創造」という語は当時使用されていた一般的な意味で用いられている）[15]。たしかに彼は新しい種が、古い種が絶滅したのとちょうど同様に、空間的にも時間的にも少しずつ生みだされたことを暗示していた。一つの種が存続する全期間に比べれば、種の「創造」は比較的突然の出来事であったこと、ひとたび「創造」されればその体制は遅かれ早かれ絶滅するまで、適応的安定を必然的に保ち続けることも彼はほのめかしていた。こうしてライエルは種の「創造」の正確な本性は未解決の難問として残さざるを得なかったにもかかわらず、疑う余地のない種の発生を地質的変化のモデルに並行する生物的変化のモデルの中に統合することができた。物理的世界と生命の世界は両者とも、少なくとも地球的規模では対立する過程が恒久的に均衡を保ちながら、動的安定の状態にあったのである。

だがこのモデルは、現在観察できる過程が与えられれば、こうなるはずであるという観点から論じられていた。過去についての明白な証拠によって、実際にこのようであったと確証されたかは、依然として示されないままであった。現在の過程に関する研究は、ライエルに言わせれば「地質学のアルファベットにして文法」であった。しかしそれらを学ぶ目的は、自然によって過去の記録が書かれている「言語」を解読できるようにすること、ゆえに地球と生命の歴史を理解できるようにすることにあった。だがそのような記録を正確に読むためには、正しい「言語」を習得することが不可欠であった。言い換えればライエルは、生命の歴史の「前進的」モデルが主として依拠している陸生脊椎動物の化石記録が、ゆきあたりばったりの化石化のせいで、実際には非常に信頼できないものになっていることを示さなければならなかった。そこで彼は保存の機会がはるかに一貫している海生軟体動物こそ、生物的変化の速度と本性の最も信頼できる指標を提供すると主張した（図4・4）。

化石軟体動物、すなわち「自然がその最も興味深い文書すべてを書くために好んで用いた民衆文字*[16]」は、こうしてライエルが第三紀を再構成するための基盤になった（このエジプト学的比喩に従うなら、キュヴィエとその信奉者たちには、より見ごたえはあるがより問題も含んでいる、脊椎動物という神聖文字が委ねられたのであろう）。生物界における変化の一様かつ全体的な速度の可能性を確立したのち、さまざまな第三紀の堆積物は、そこに含まれる現生種の百分率にしたがい、彼の「自然のクロノメーター」にもとづいて定量的に年代が決定された。ライエルは堆積物が知られていた第三紀の四つの部分を恣意的に区別したが、それらの間には、これまでに発見されたいかなる地層によっても表示されない、大きな時間の広がりが潜在していた（図4・5、A）。

このこと自体が重要であった。というのもそれは地質記録のきわめて断片的な性質と、地質時代の長大さを強調し、したがってエリ・ド・ボーモンが使用した突然のように見える山の隆起や動物相の不連続を、「アイロンがけ」する余地を充分に残したからである。たとえばライエルは、第二紀層の最も新しい部分と第三紀層の最も古い部分の間（すなわちチョーク層と始新統の間）に存在する、不意の動物相の不連続のように見えるものを、始新世と現在とを分かつ期間より長い、記録されていない期間が続いたためと解釈した（図4・5、B）。そしてこれはこの間にピレネー山脈が突如隆起したと仮定するための根拠を、巧妙に除去したのであった。

だがさらにライエルは、第三紀の彼が保持した部分のそれぞれに対し、地質学的過程の性格と規模が、現在のそれと異ならないことを示す証拠を収集した。彼が確信するところでは、その証拠は彼の定常的モデルが少なくとも第三紀全体に対して妥当することを証明していた。また第二紀層の簡潔な検討により、そのモデルはそれにも拡張できることがほのめかされた。第一紀岩と推定されるものについて、ライエルはそこに化石が含まれていないのは、それが生命の最初の出現に先んじていたからではなく、「変成作用*」によって変化させられ、化石は破壊されてしまったからであると示唆することにより、生命の「前進的な」記録を大胆にも根本から覆そうとした。こうして彼は三巻にわたる議論を、空間においてと同様「時間においても、宇宙の境界は死すべき人間の理解を超えたところに横たわり」、したがって地質学は天文学と同じく、賢明なデザインの遍在を限りなく例証すると主張することで締めくくることができた。

5

彼の総合の中には三つの異なる要素が含まれていたことをまずはじめに認識せずに、ライエルの『原理』が与えた影響を理解することはできない。第一の要素は、彼が地質学的解釈のために採用した現在主義的方針であった。彼はその書の副題を「現在進行している原因を参照することにより、地表に起きた以前の変化を説明する試み」とすることで、そのことをあからさまに強調していた。だがすでに見たとおり、ライエルの仲間の地質学者たちは、この方針が望ましいものであることを例外なく認めていた。したがって一般に彼らが、地質学と古生物学における非常に多くの現象は、現在主義の観点から合理的に解釈できるという、ライエルの説得力に富む論証を歓迎したことは驚くには及ばない。たとえばコニベアは、この点でライエルの著作は「われわれの科学の進歩において、それ自体がほとんど新しい時代を画すに充分である」と感じていた[17]。この点に関して彼らに留保があるとしたら、それはただ単にすべての現象がそのように説明できるのかどうかを彼らが疑い、いくつかの現象（とりわけのちに氷河起源として解釈されるようになるもの）は、現在進行していることが観察されるものとは異なる「原因」によって、説明されねばならないと感じていたからであった。

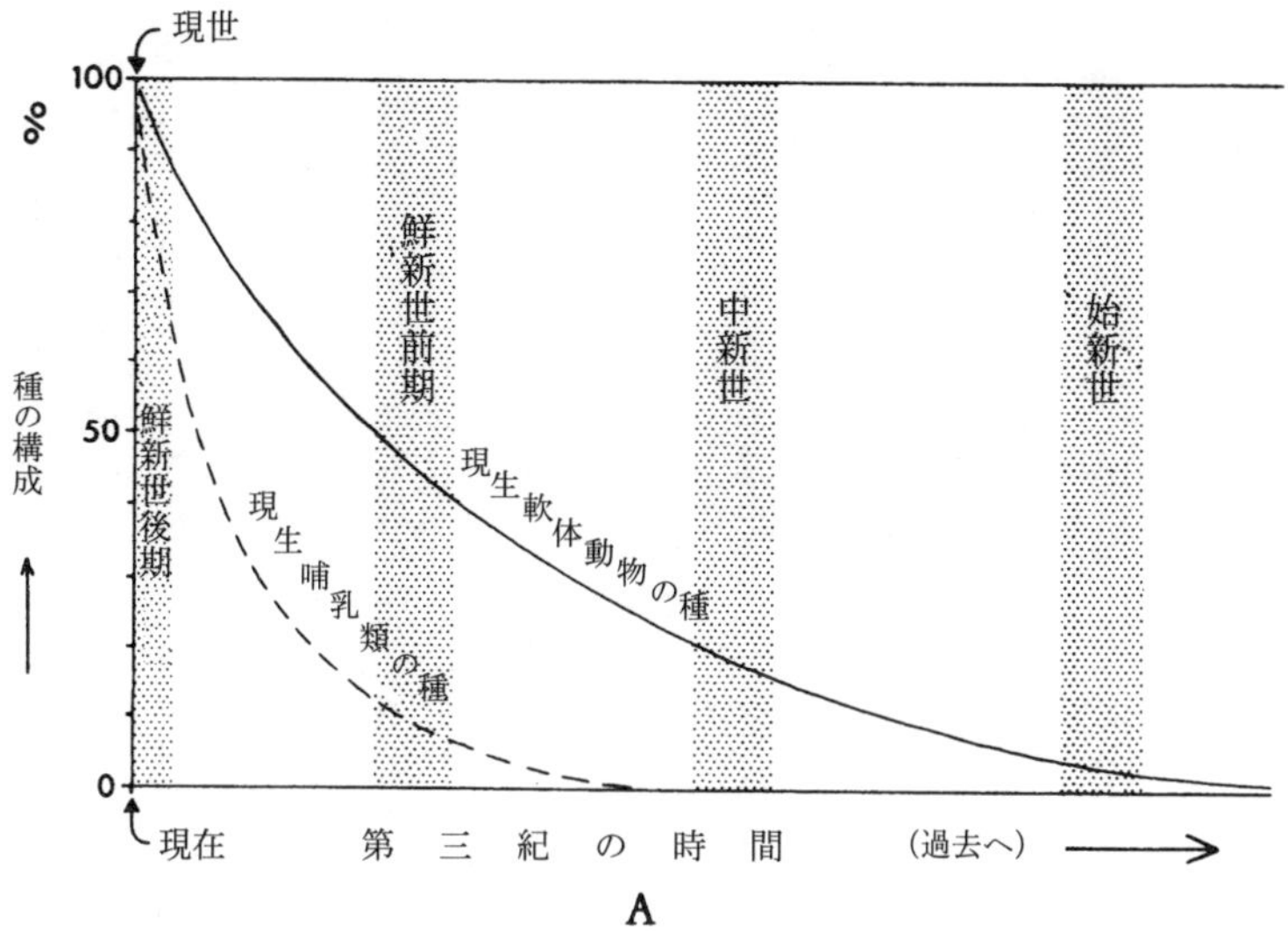

図 4.5.A　生物の変化の速度は全体として一様だったという仮説にもとづいた，ライエルによる第三紀地球史の年代学のグラフ的解釈．既知の第三紀層（「始新統」「中新統」など）の時間的順序とそれらの間の記録されていない期間は，ライエルが各動物相に含まれる現生軟体動物の種の百分率を，その時代の指標として用いたことに由来する（この図における生存曲線の使用は，ライエルが同時代の国勢調査報告書の分析にしばしば言及し，それを明確に理解していたことによって正当化される）．哺乳動物相の変化の速度は，この目的のために使用するには急激すぎるとライエルは考えていた．

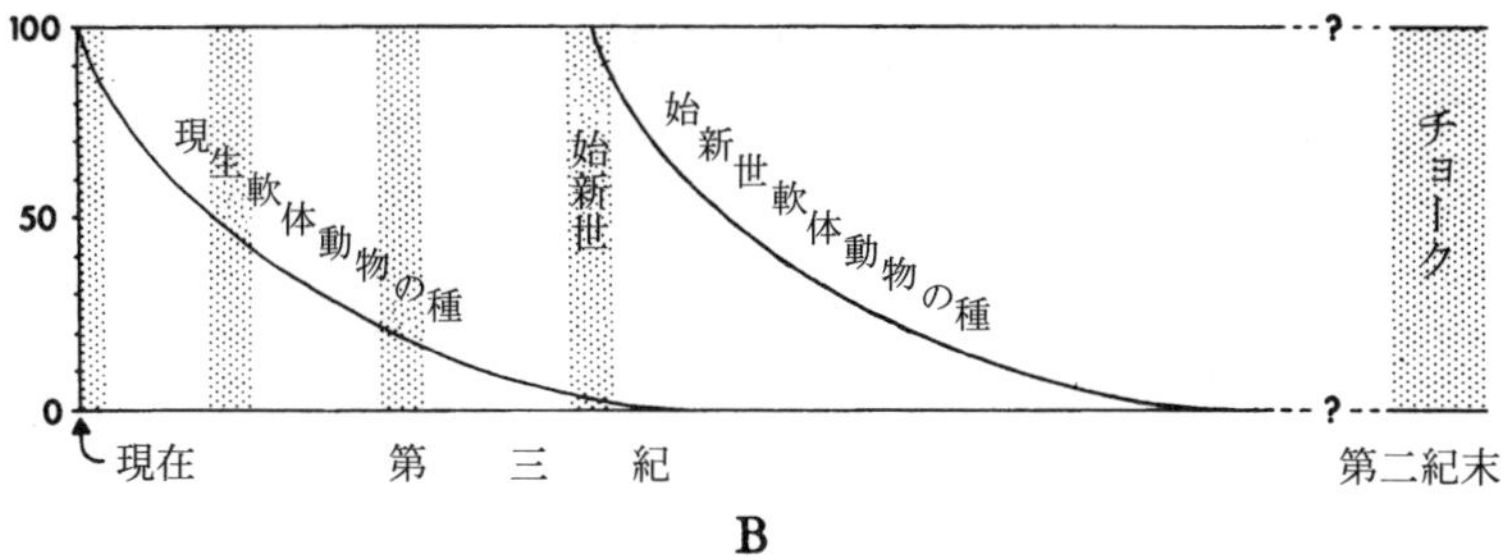

図 4.5.B　ライエルの推論を示す同様の図．彼の考えでは，最古の第三紀層と最新の第二紀層の間の動物相の不連続は，少なくとも第三紀全体と同じくらい長い，記録されていない期間が存在したことを表現している．両者の間には軟体動物の種の完全な入れ替わりがあったからである．この解釈により，彼はこの期間のすべての「激変的」出来事の証拠を除去することができた．

だがさらにライエル自身が、地質時代における新しい種と新しい動植物相の出現という、あらゆる古生物学的現象の中で最も困惑の種となっているものに、現在主義の方針をとりわけうまく適用できなかったことを彼らが見落とすはずはなかった。これが何人かの批評家に、「生理学的作用のいかなる既知の法則もまったく手の届かない」、したがって現在因の一般的妥当性に対する「顕著な例外」であるように見えた唯一の現象であった。またそれはセジウィックの友人ウィリアム・ヒューエル（一七九四―一八六六）に、「神の力の直接的顕現」が関連しているのかもしれないという見解へ、退却する気にさえさせた唯一の現象であった(18)。他のすべての現象に関しては、きわめて驚くべき性格のものでさえ、純粋に自然的な原因に責任があることでは意見が一致していた。突然の山の隆起のように、こんにち進行していることが観察できない現象でさえ、原理的には通常の物理化学的・生物学的「法則」によって説明が可能であった。コニベアが論評しているように、「真の哲学者」（現代の用語でいえば科学者）で、過去の地質学的過程が現在も進行しているものと少なくとも種類において同一であることを、疑う者は誰ひとりいなかった(19)。

ライエルの議論に含まれる第二の要素はより異論の残るものであった。これはライエルの説明における漸進的な性格を彼が強調したことであった。実際にはライエルの説明における〈gradual〉の語は、現代の「漸進的」という意味よりも、本来の「段階的」という意味で使われる傾向があった。多くの変化は知覚できないほど緩慢にというよりも、小さいが突然の段階の連続によって生じたと考えられていた。たとえばライエルの見解では、山は突然の地震の長い連続によって隆起し、新しい動物相は個々の種の「創造」と絶滅の長い連続によって形成された。ライエルはそのような突然の変化に関し、それが歴史記録によって確かめられる変化を、強度において越えない限り反対はしなかった。にもかかわらず現在主義的な方法のこの非常に厳密な適用は、多くの同時代人の見解と明らかに衝突した。彼らは人間の歴史という非常に短い期間を、地球史全体の適切な指標と無理なく見なせるのかどうかを疑っていた。たとえばセジウィックにとって、現在の過程は過去のすべての過程の「典型であるばかりか強度の基準でもある」というライエルの信念は、「単に根拠のない仮説」であるように見えた。それはむしろ「不変かつ主要な物質の法則」――これは確かに時代を通じて一定であった――と、「その法則の不規則な結合から生じる可変的な結果」との、初歩的な哲学的混乱にもとづくものであった。[20] このようにセジウィックはライエルの研究の理論的基盤を、エリ・ド・ボーモンのそれと対照させ否定的に取り扱ったが、これは後者の結論がアプリオリな仮定ではなく、現象そのものから生じていると彼には思われたからであった。セジウィックは地質学的時間について不適当な感覚をもっていたため、エリ・ド・ボーモンの理論を支持するよう強制されたのではなかった。「過去の時間のごとき要素の専有を、われわれは誰に対してもいやがることはない」とセジウィックは述べていた。だが山脈の中の激しく褶曲した岩層や、地層に記録された不意の動物相の不連続といった現象は、「長い比較的静穏な時期」がときおりの「並はずれた火山エネルギーの時期」によって区切られていることを、明示していると彼には思われたのである。

だが最も論争を引き起こしたのはライエルの著作の第三の要素であり、この点では彼もスクロープのような友人たちの支持さえ失うことになった。地球と生命の歴史についての定常的体系を提唱するにあたり、ライエルは最も堅固に確立していたすべての物理的・古生物的証拠に公然と反対しなければならなかった。セジウィックが指摘していたとおり、そのような証拠は地球の漸進的冷却を明らかにさし示しており、それに対しては天文学者のジョン・ハーシェル（一七九二―一八七一）が、減少する地球軌道の離心率という観点から物理学的に妥当な説明を最近与えていた。[21] スクロープはセジウィックと同様に、地球が「いくつかの前進的な存在の段階を経過してきた」と信じても、自然法則の「一般的不変性」が侵害されることは決してないだろうと指摘した。地球の歴史が実際に定常的だったのか定向的だったのかは証拠によって決められるべきであり、スクロープは後者が明示されていると感じていた。片麻岩*や片岩*のような「第一紀」の岩石類型だけに「変成」をもちだすライエルの説明は巧妙だったが、スクロープは初期の地球の高温状態に特有の物理化学的条件のもとで、それらが形成されたということの方が可能性が高いと考えていた。[22]「前進」を示す化石証拠をライエルが棄却したことに関しては、多くの批評家はそこには見かけ倒しの議論が含まれており、着実に蓄積しつつある古生物学的研究の面前でそれは支持されないであろうと感じていた。

したがって一八三〇年代の最新の研究に関して、ライエルの偉大な総合は現在との現在主義的な比較や、多くの地質学的過程の相対的に漸進的な性質を強調した点では折よいものだったとしても、それが定常的理論だったという点では時機を失していた。だがこれは『原理』に対し賛否両論があったことの説明には役立つとしても、ライエルの著作が甚大な影響を及ぼしたことや、現在から回顧して、その出版が一九世紀後半にはダーウィン主義へと向かう科学の進歩に対し、決定的な一歩をしるしたように見える事実を完全には説明していない。その著作の専門的内容から考えるなら、一八三〇年代の地質学界においてライエルは事実上「変わり者」であり、いくつかの点では年月を経るにつれなおさらそうなっていった。それでもより広い知的論争の内部では、彼の著作は「斉一性の原理」を自然界に適用する範例となった。論争のこのような二つのレベルの間の乖離は、なによりもライエルが「斉一性」のいくつかの異なった意味を混同したこと――意図的にか否かはともかく――に起因していた。ヒューエルが「斉一説」(uniformitarianism) というあまり優雅でない名を与えたもの、言い換えれば大規模な「激変」のない定常的地球史という理論を擁護するにあたり、ライエルは過去の出来事の因果関係を科学の領域の外に置くことにより、すなわちそれらを超自然的作因に帰すことにより、「さらなる探究を停止させてしまう」説明に抗して前線を防衛していると信じていた。彼が思い描いていた地球史の「斉一性」は、こうして過去と現在との比較にかかわる方法論的「斉一性」だけでなく、それだけが科学そのものの知的自律性を保証することのできる、基本的な形而上学的「自然の斉一性」とも連結していた。

「自然の斉一性」に関するライエルの創造的混同は、『原理』の相次ぐ諸版が、彼の精密な専門的議論から予想される以上に、大きな熱狂をもって広く読まれることを確実にした。この著作の人気は、部分的には地質学に対する一般的な関心と、ライエルの魅力的で読みやすい散文におそらく帰せられるとしても、なによりもその書ははるかに広範な知的立場に対する、科学からの強力な支援と見なされていた。『原理』は地質学と聖書を「和解」させようとする試みの信用を突き崩しただけではなかった。もっと根本的には、ライエルの著作は明晰判明な自然的原因以外のものを認めないという、知的綱領を主張する書と考えられたのである。

ビーグル号航海の途上で、ライエルの著作を吸収した際の若きチャールズ・ダーウィン（一八〇九―一八八二）の反応は、この点で多くのことを教えてくれる。『原理』第一巻を船内にもちこんで南アメリカに向けて出帆したとき、ダーウィンの精神は地質学的に白紙の状態ではなかった。彼はおそらくイギリスで最良の教師であったアダム・セジウィックから地質学の「特訓」を受け、その科学の技術を学んでいた。その効果はめざましく、航海から帰還する以前でさえ、彼の観察ははるかに経験を積んだ地質学者たちからも、最大限の敬意を払われるほどであった。とはいえまさしくその航海が、それまで目にしたものより壮大な現象を直接体験させたため、彼がライエルの議論を説得力に富むと考えたのもしごく当然であった。チリに到着し、海生の貝殻を含む古代の砂浜が海面から数百フィート持ちあげられているのを発見したとき、彼は即座にそれをアンデス山脈の漸進的な（段階的な）上昇という観点から解釈した。そしてまだその地に滞在していた間に、海岸をさらに少し上昇させた一八三五年の壊滅的な地震によって、自己の仮説が確証されるさまを目のあたりにした。彼がケンブリッジに書き送った書簡（それは彼が不在のうちに印刷され、彼にとって科学に関する最初の出版物となった[23]）が多大の関心を引き起こしたのは、とくにアンデスの漸進的な――いまもまだ続いている――上昇についての彼の証拠が、エリ・ド・ボーモンの突発的な上昇の理論に疑問を投げかけたからであった。その理論ではアンデスの突然の隆起に特別の言及がなされ、それが「大洪水的な」津波と、最後の重大な大量絶滅事変の想定しうる原因とされていた。したがってライエル的な観点からアンデスを再解釈することは、最も広範な含意を有する提言であった。

同様に示唆的なのは、ダーウィンは太平洋のいくつかの島を縁どるサンゴ礁を見るなり、それらと真の環礁の両者が、単一の沈降過程のさまざまな段階を示していると解釈したことである——のちに彼が*種形成の問題に適用することになる型の解釈であった。海洋島の現象を漸進的な低下や上昇という観点からだけでなく、地殻塊の定常的運動という観点からも解釈したとき、彼は当時の地質学者のほとんど誰よりも遠くまでライエルに同行していた。海洋地殻のある部分が沈降しているとき、他の部分が同時に隆起させられているとダーウィンは確信していた[24]。それでもダーウィンはこうしてライエル流の定常的理論を、ライエルでさえ使用しなかった現象に適用したにもかかわらず、ある決定的な点でライエルに追随しなかった。彼はライエルが化石記録の断片的な性質を強調したことは正しいと信じていたが、ライエルが生命の前進のすべての証拠を、説明しないで済ますためにとった方策は決して受け入れなかった。したがってダーウィンはライエルとは異なり、地球は定常的な歴史をもつかもしれないにもかかわらず、生命の歴史は「高等な」生物の漸進的発展を含みうると信じるにいたった（内在的な「前進的」傾向はなしにだが）。最新の理論に関し、ダーウィンはこうして両陣営の最良の部分を巧みに入手したと言えるかもしれない——種の問題に関する彼の研究にとって、意味のない立場ではなかった。

だが地球と生命の過去の歴史において、漸進的な変化が生起したことを強調するライエルに同意したのは、ダーウィンのような初々しく感じやすい科学への新参者だけではなかった。ライエルの定常的理論に基本的には賛同しない人々でさえ、多くの変化、とりわけ地球史のより新しい時代の変化が漸進的性質をもつという、彼の論証は依然として歓迎することができた。たしかにこの点では、ライエルは並はずれて広い視野をもつ総合の内部で、地質学者の間ではますます一般的になりつつあった感覚を明確に表現しているだけであった。たとえば軟体動物現生種の比率にもとづいて、第三紀堆積物の相対年代を決定し、そこから第三紀の細分を行なったことは、同時発見の顕著な事例となっている。完全にできあがったこのアイデアを心中に抱きながら、ライエルはシチリアから帰る途中でパリに立ち寄った際、ヨーロッパ最高の貝類学者であるポール・デエ（一七九六―一八七五）が、すでに同様の結論に到達していたことを知った。他方でハイデルベルクの才気煥発な若き古生物学者ハインリヒ＝ゲオルク・ブロン（一八〇〇―一八六二）は、すべての時代の化石動物相について、似てはいるがはるかに洗練された統計的分析をすでに独立に完成させていた。[25] 三人全員の分析の背後には、少なくとも一般的には、動物相の変化は少量ずつかつ漸進的であり、突然とか急激なものではないという確信が横たわっていた。

そのような確信は、地球史の最初期には地質学的過程がより強烈だったと考えていた人々にさえ共有されていた。たとえばセジウィックは、しばしば「激変論者」のレッテルを貼られているが、現実にはライエルの『原理』が出版される直前の地質学会の会長演説を利用して、動物相の推移の漸進的性質を示す証拠が増えつつあることを強調していた。また彼とマーチソンはザルツブルク近郊のゴーザウ層において、第二紀と第三紀の系列の間の「亀裂を今後埋めるであろう」中間的地層の実例を発見したと信じていた――それは既知の「亀裂」の中で依然として最も謎めいたものの一つであった。セジウィックは突然の不連続のように見える例――イングランド西部のコールメジャーズとライアス*との間の――にも言及し、それは「ある短期間の混乱」とそれに続く「創造力の新たな命令」の結果ではなく、他の場所では次第に完全に知られるようになった中間的な地層と動物相が、そこでは局地的に欠如しているためにすぎないことを特別に示そうとした。[26] セジウィックは突発的な事変がときおり起こる可能性も、個々の種の起源のために「創造力」を援用することの必要性も拒絶しなかった。たしかに彼はエリ・ド・ボーモンの研究を積極的に賞賛し、種の自然発生や転成というアイデアは「途方もない帰結」(すなわち唯物論)の「連鎖」をともなうため、断じて受け入れられないと考えていた。しかし彼の立場は、自意識過剰の経験主義を原理としてもつ一地質学者が、一方でいかなるアプリオリな「連続性の法則」にも反対し、現象そのものが要求するように見える場合には、「連続性」のときおりの中断を仮定する権利を留保しながらも、他方でライエルによる漸進的変化の強調にどれほど同意できたかを例示するものである。

6

ライエルが彼の特異な「斉一性」の概念に導かれて、定常的体系を提唱したときのみ、セジウィックはライエルの著作をかなり辛辣に批判しなければならないと感じた。そのような批判が正当と思われたのは、ライエルの理論が地球の流体起源を示す当時のすべての地球物理学的証拠を無視していたからだけでなく、生命の「前進」はライエルが断言するような錯覚ではないことを、最新の研究がますます明確に示唆しつつあったからでもある。皮肉にもライエルの『原理』の頂点をなす最終巻、そこで彼の定常的体系が地球史の積極的証拠に照らして論じ尽されている巻は、マーチソンがウェールズの国境地帯に関する画期的な研究の予備的報告を、地質学会で発表した数日後に出版された。これが皮肉に思えるのは、他の何にもましてこの研究は、ライエルの定常的理論の信頼性を決定的に突き崩すことになったからである。

マーチソンの研究を「画期的」と呼ぶことは、歴史的に正しいと認められるだけではない。それが適切な地口でもあるのは、その研究はそれまで漸移岩と称されていた混乱した複合体であったものをもとにして、地球史における新しい時期を文字どおり画したからである。ずっと以前にヴェルナーは、わずかな生物遺骸を含む「漸移的な」岩石の系列が、完全に無化石の第一紀岩と、整然としていてしばしば多くの化石を含む第二紀層の間に挿入されるべきであることを認識していた。しかし漸移層は褶曲や断層のため解明することが一般に困難であり、貧弱な理解しか得られないままであった。それでもバックランドの示唆のひとつに従って行動したマーチソンは、第二紀層の既知の連続が、*旧赤色砂岩から漸移岩へと整合的に下方へ追跡できる地域を一八三一年に幸運にも発見した。さらにこの漸移岩は比較的容易に解明できることが判明した。それらはあまり変成しておらず、スミスの古典的地域の第二紀層より強く褶曲していることもほとんどなく、そして何よりも保存のよい化石をかなり豊富に含んでいた。この地層に含まれる化石のおかげで、マーチソンはスミスの方法が、他の者は秩序づけることを断念していた漸移岩にまで拡張できるだけでなく、漸移層はキュヴィエの研究が明らかにした「哺乳類の時代」と同じくらい重要な、地球史における一時期を証言することも示すことができた。

　マーチソンは彼が研究したその地層に、ローマ時代にウェールズの国境地帯を占有していた部族にちなんで、「シルル系」の名を与えることにした。特徴的な岩石類型よりも地域との関連で地層を定義する（「石炭系」や「*白亜系」とは異なり）ことにより、彼は岩石学ではなく化石が、地層の主要な系列を規定する最終的な基準になるべきであることをほのめかしていた。ある程度までこれは経験にもとづく判断であった。たとえば彼は有名な*ウェンロック石灰岩が、特徴的な累層としては南ウェールズまで連続してたどれないにもかかわらず、そこに含まれる化石、あるいはその多くは、その地でも層序の正しい部分に産出することを発見していた。しかし先の判断は、層序学的記録が生命の歴史のかなり完全な年代記を含んでいるのに対し、化石が埋まっている堆積物は、その形成をはるかに局地的な原因に負っているに違いないというマーチソンの確信も反映していた。この確信がシルル動物相に、顕著な理論的重要性を与えたのであった。

　その動物相は明らかに海洋起源であった。そこにはサンゴが存在し、ところどころで礁のような塊まで形成していた。そこには*三葉虫——完全に絶滅したように見えた分類群に所属する、大きな複眼をもつ節足動物——もおり、きわめて稀ではあるが現在の海にも生存することが知られていた動物、すなわちウミユリ類や*腕足類のようないくつかの分類群を代表する動物も豊富であった。だが最も若い地層に魚類の不明瞭な断片がいくつか含まれていたのを別にすれば、それはもっぱら無脊椎動物で構成された動物相であった。しかも堆積物は陸地から遠くない温暖な浅海で沈積したことを示唆していたにもかかわらず、陸生植物の痕跡はまったくなかった。このような事実をライエル流に特異な非保存の結果として説明することは、まことしやかな言い訳のように思われた。それよりはるかにもっともらしい率直な解釈は、シルル層は脊椎動物や陸生植物が出現する以前の時期に形成されたとすることであった。

　この結論は、もしそれがウェールズの国境地帯の研究だけにもとづいていたのであれば心もとないものだったであろうが、マーチソン自身がシルル層を南ウェールズまでたどり、他の地質学者たちによってシルル動物相が大陸でも確認されるにおよび、実際にはその妥当性は年を追うごとに強化された。最初の季節の研究ののち、マーチソンは予備的成果を英国科学振興協会の発足会議で説明した。この協会は科学とその応用の可能性に対し、公的にも文化的にもいまだにひどく無頓着なイギリスにおいて、その名が示すとおり、科学知識と科学者の関心を促進することを明確に意図した「圧力団体」であった。いささか不安定な始動のあと、この協会の会合はすぐにきわめて高度な科学的議論を闘わせる場となった。たとえばその「地質部会」には、イギリスの最良の地質学者のほとんどや、著名な外国人や、主要な関心が他の科学分野にある科学者までもが毎年出席していた。しかも各年の会合がロンドンから離れた別の都市で開かれたため、協会は知的生活が首都に集中する傾向を和らげ、広範なアマチュアの才能を科学研究に補充することに多大の貢献をした——そのような補充は、地方の詳細な知識に多くを依存している地質学のような科学にとってはとくに重要であった。

　マーチソンの研究のさらなる発展も当時の科学の状況を反映している。二年目の野外研究の季節ののち、彼は旧赤色砂岩の下位に横たわる漸移層の広範な系列において、特徴的な動物相を発見したことを、今度は地質学会への論文として、より正式の形で発表することに自信を感じていた。「シルル系」という名称は二年後に、当時（われわれの時代の『ネイチャー』のように）迅速な公表の手段を提供していた総合科学月刊誌の一つで初めて用いられた[27]。だがその研究全体の出版はさらにのちのことになった。ひとつには、古生物学の共同研究者たちがシルル動物相の詳細な分析を完成させるのを待たなければならなかったからであり、ひとつには、化石や層序断面図や地図の版画挿絵の出版は費用のかかる事業だったため、科学人と「シルリア地方」の貴族やジェントリーから出版前の予約金を募るという、面倒な過程を経なければ達成できなかったからであった。

だがこの遅延には埋め合わせがなかったわけではない。一八三九年に『シルル系』という豪華なモノグラフがついに世にでたときまでに[28]、マーチソンはシルル系が単なる地域的な地層の系列ではなく、おそらく世界的に妥当する「系」であると信じる有力な証拠を手に入れていた。シルル動物相はスカンディナヴィアからバルカン諸国にいたるヨーロッパ全域で、地質学者たちによって確認されていた。ダーウィンはビーグル号がフォークランド諸島を訪れた際にシルル紀の化石を採集していたし、ハーシェルは南半球の星を観測していたケープ植民地から同様の標本を送付していた。とりわけ、シルル紀の化石をともないほぼ水平に横たわる変質していない地層の巨大な広がりが、とくにニューヨーク州測量局の公式の古生物学者ティモシー・コンラッド（一八〇三—一八七七）によって北アメリカから報告されていた[29]。

だが「シルル系」の概念の成功そのものが、理論的諸問題を提起することになった。地球のこのように点在する場所でシルル動物相が比較的一様だったことは、第三紀と現生の動物相における甚だしい地域的・気候的多様性と著しい対照をなしていた。しかしこの対照を解釈するにあたり、マーチソンは「地質学者は現在の条件に束縛されない」と書いていた——むろんライエルの厳格主義的な原理に対する批判であった。もしシルル動物相がその構成において、それゆえ潜在的には環境においても一様なら、それは説明されるべき事実であり、単に言い逃れをするべきではなかった。「われわれがそれをどのように説明するにせよ、当時は一般にもっと変化のない気温が優勢だったに違いないというのが公平な推論だと思われる」とマーチソンは主張した。これに対する満足のいく説明は、徐々に冷却する地球という最新の地球物理学理論において手に入れることができた。シルル紀には、地球の内部熱の影響がより大きかったため、より一様な気候条件が作りだされたのであろうとマーチソンは推測した。

7

シルル系が世界的に妥当する系へと拡張されたことにより、それが生命の歴史において大きな意味をもつ時期――脊椎動物と陸生植物の出現に先立つ時期――を表示しているというマーチソンの確信は強められた。これは生命の歴史が「前進的」性格をもつということを確証するだけでも重要であったが、広範な経済的含意も有していた。先進国の急速に拡大する産業のための主要なエネルギー源は、いうまでもなく石炭紀の地層に含まれる石炭であった。シルル紀の地層が実際に陸生植物が存在する前の時代のものなら、シルル系やそれ以前の岩石が分布するすべての地域は、新たな炭層の供給源候補から確信をもって削除することができた。そのような地域で試掘に融資している投機家たちは浪費していることになるだろう。

このような理論的含意と実際的含意との偶然の一致によって、ある発見が非常な深刻さを帯びることになり、当初はマーチソンのシルル系という大建造物全体の安定が脅かされるかに思われた。一八三四年にヘンリー・デ・ラ・ビーチ（一七九六―一八五五）は、デヴォンの漸移岩の内部で、石炭紀の種の化石植物を発見したことを地質学会に報告した。その報告はマーチソンとライエルの理論的予測と矛盾したため、両者から直ちに異議が唱えられた。デ・ラ・ビーチはデヴォンにおいてシルル紀の化石をまったく発見できず、したがって彼が調べた粘板岩状岩石はさらにもっと古い時代のものであると信じていた。しかしもしそうであるなら、どうしてそれに陸生植物の遺骸が含まれているのかとマーチソンは論じた。その発見はライエルの目にも変則的なものに映った。というのも彼の定常的理論は、陸生植物がシルル紀以前の時代にさえ存在したと信じることを可能にしたにもかかわらず、彼には正確に同じ種が、これほど長期間の有為転変を生き延び、石炭紀の炭層の中に依然として発見されるなどとは想像できなかったからである。デ・ラ・ビーチにとっては、一貫して押し進めたら、生命の歴史に関する知識の真の進歩を排除してしまう方法論という点で、そのような反論にはアプリオリズムの香りがした。地層の相対年代が、地層が形成された実際の順序の観察よりも、地層に含まれる化石からアプリオリに決定されるべきであるなら、生命の歴史はどうして知ることができるのか。デ・ラ・ビーチが確信するところでは、石炭植物は漸移層の不可欠の部分から産出した。もしそれが漸移紀の生命の本質に関する理論と衝突するなら、状況はその理論にとってなおさら不利なのであった。(30)

しかしこの発見がマーチソンとライエルの双方にとって厄介な変則だったとするなら、それを排除しようとする彼らの試みもデ・ラ・ビーチにとって直接的な脅威をもたらすものであった。西インド諸島において奴隷制度が廃止され、砂糖貿易が衰退したため相続した収入の道を失ったデ・ラ・ビーチは、生活の糧を得なければならないという不愉快な事態に直面してジャマイカから帰国した。次いで彼は幸運にも陸地測量部技師に同行する地質学者に任命され、南西イングランドの地図の改訂に従事することになった。この事業は自国の鉱物資源の科学的調査に対し、国家がようやく腰を上げて関与し始めたものと明らかに――デ・ラ・ビーチ自身によってだけでなく――見なされていた。だとするとデ・ラ・ビーチがデヴォンの地層の順序を上下あべこべに読み、化石植物は真の漸移岩をおおう巨大な気づかれていない炭田（経済的に非常に重要な炭層はたしかにもっていないが）から産出したのだというマーチソンの言明ほど、将来の地質調査所の出現に水をさし、それを率いるデ・ラ・ビーチの専門的能力に疑いを投げかけようとするものはなかった。結局のところ誕生しつつあった地質調査所はこの攻撃をくぐりぬけ、デ・ラ・ビーチは植物を含む地層が旧赤色砂岩やシルル系を介さずに、古い漸移岩と見えるものへ整合的に移行するのだから、問題は未解決であると主張し続けたのであった。

皮肉にもこのジレンマの最終的な解決は、純粋に古生物学的な仮説によってなされた。地質学会の理事であり司書であったウィリアム・ロンズデール（一七九四—一八七一）は、デヴォンの漸移岩の中でますます多く発見される化石が、石炭紀石灰岩の化石と、マーチソンによるシルル系の化石との中間的な性格をもつことを指摘した。これはデヴォンのより古い岩石が、年代的には旧赤色砂岩に等しいかもしれないことを意味していた。しかしそれらは外見も、そこに含まれる化石の性質も非常に異なっていたので、ロンズデールの示唆はすぐには受け入れられなかった。地質学者たちは同時期のものであることが明らかな、特徴的な化石をもつ局地的な堆積物にも、多様性があることをますます自覚するようになった。だが奇妙な外観の甲冑魚（図4・6）以外には化石の乏しい旧赤色砂岩と、サンゴや腕足類の化石を含んだ石灰岩帯をもつデヴォンの粘板岩状岩石との相違は、同一の時期の異なる環境という観点から説明するにはあまりにも大きいように思われた。

それでも「デヴォン系」の妥当性は、シルル系の書が無事に出版されるやいなや企てられた旅の途中で、大陸ではデヴォン動物相が石炭紀の地層の下の正当な位置に見られるという発見を、マーチソンが行なったことによって直ちに強化された。またその地層と旧赤色砂岩が等しいことは、翌年（一八四〇年）旧赤色砂岩の魚類とデヴォン紀の貝類が、ヨーロッパロシアの乱されていない地層の間に挿入されていることを、彼が見出したときに最終的な決着をみた。そこではそれらの上位に石炭紀の地層が、下位にシルル紀の地層が

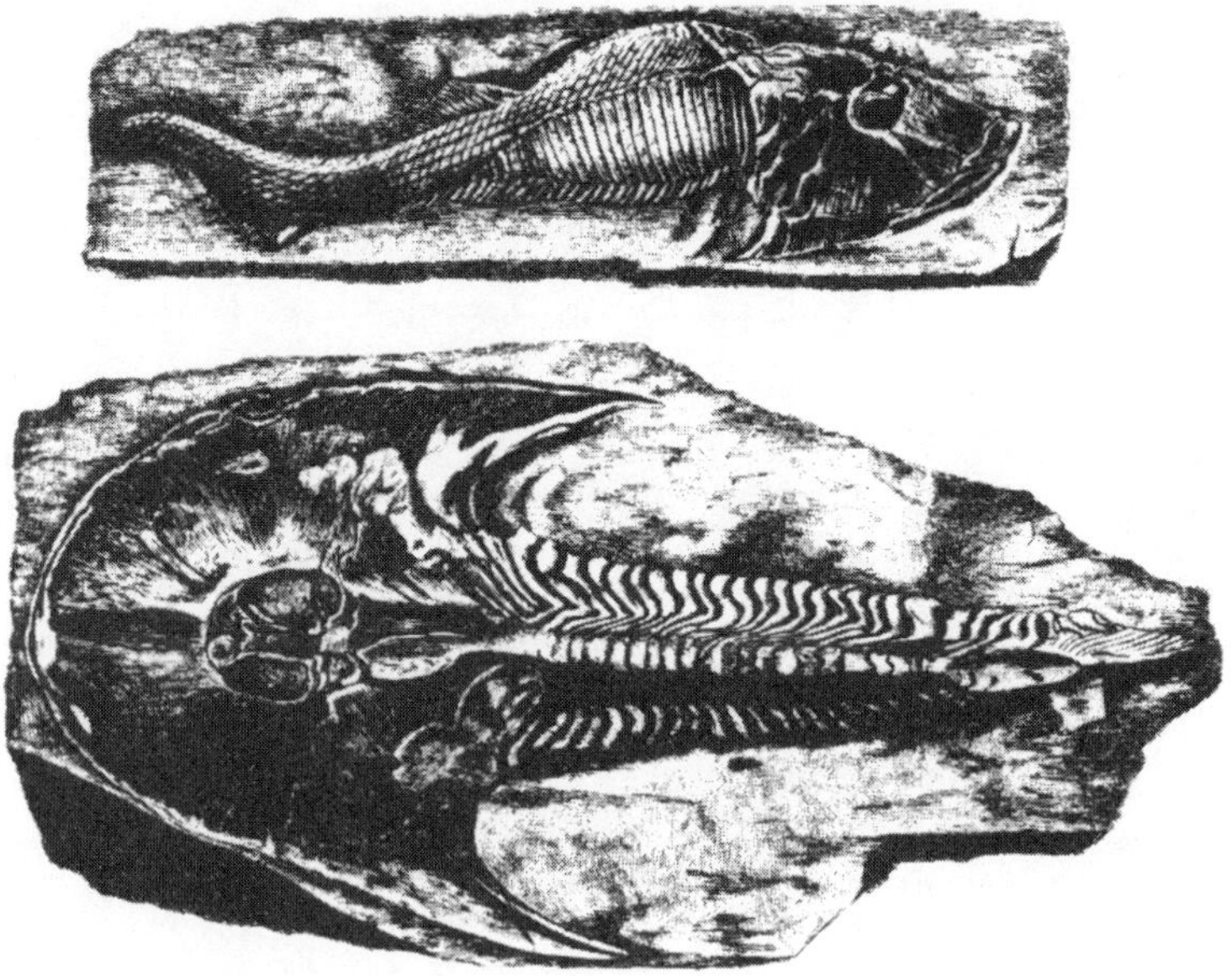

図 4.6　旧赤色砂岩から産する奇怪な甲冑魚の一つである，ケファラスピスを描いたマーチソンの挿絵（1839）【28】．この魚は知られている最初の脊椎動物であった．下位のシルル層には脊椎動物がほとんど不在であったことにより，生命の歴史がおおむね「前進的」であるという考えは強化された．

明瞭に重なっていたのである。(31)

この長きにわたるしばしば白熱した論争は、専門的かつ地質学的な重要性しかもたないと思われるかもしれない。しかし実際には、それは理論に対する関係者全員の飽くなき執着を例示しているだけではない。その論争の最終的な解決は、いかにしてライエルの原理のあるものが科学者共同体に吸収され、他のものがそれと同じくらい確実に放棄されていったかを示してもいる。デヴォン系をシルル系と石炭系の中間のもの——時間的にも古生物学的にも——として受容したことで、漸次的変化によって特徴づけられる生命の歴史の概念は強化され、こうしてライエルが地上で起きる過程全般の漸進的性質と、理解可能な因果関係を強調したことの正しさは立証された。だが同時にこの研究は、定向的な、そして限定された意味では前進的でさえある、生命の歴史の概念も強化した。より「高等な」、あるいはより複雑な形態が前進的に出現したように見える、動植物相の特徴的な時間系列が存在したのであった。

生命の歴史のこのように壮大な年代記が明るみにでるにつれ、その最初の数章が何を教えてくれるのかという問題に、多大の関心が寄せられるようになったのも当然であった。生命自体にも「始まりの痕跡」があるのか、それともライエルが断言したように、その痕跡は変成作用によってとうの昔に破壊されてしまったのか。マーチソンがウェールズの国境地帯についての研究を開始した頃、セジウィックは同時にウェールズの中心部のより古く複雑な漸移岩に挑んでいた（ビーグル号の航海に出発する前のダーウィンを、短い一季節の間だけ助手にして）。マーチソンがシルル系を定義した間に、セジウィックはその下位にある「カンブリア系」*を提唱した。(32) 彼らの協同研究の将来にとって不幸なことに、セジウィックは豊かであるか特徴的であるカンブリア動物相をまったく指摘できなかった。シルル紀の種族に似た化石は、彼が上部カンブリア層と名づけた地層からたしかに産出していたし、もっと下位の地層においてさえ、ある種の生物の痕跡はときおり発見されていたのであるが。

シルル系の書において、マーチソンはシルル系とカンブリア系の両者を包摂するために「原生界」*の語を提唱し、それによってシルル動物相がすべての動物相の中で最初のものではないことを認めていた。だがその後のロシアとスカンディナヴィアへの旅が、彼により野心的な主張をさせることになった。スウェーデンとサンクトペテルブルク（レニングラード）周辺において、彼は下部シルル動物相と名づけたものが、下方へあとを追っていくと次第に消滅するだけであることを発見した。またスウェーデンでは、そのような地層は片岩や片麻岩のような結晶質の「第一紀」岩の上に直接横たわっていた。完全に無化石である後者を彼は「無生界」と命名した。また彼はそれらの岩石が形成されたときに、生命が存在しなかったと教条的に断言していたわけではないと主張したにもかかわらず、この場合にはそのようになっていると明らかに確信していた。それらが真の変成岩に似ていることに彼は同意したが、その原因は地球史のきわめて初期の時代に、同様の高温の条件下で形成されたことにあると信じていた。このようにスカンディナヴィアの結晶質の基部（現代の用語で言えば先カンブリア時代に属する）を「無生界」と解釈したことにより、マーチソンの目にシルル系はなおさら重要なものに映った。それは脊椎動物が現われる以前の主要な一時期ばかりか、生命の記録をとにかくともなう最初の時期そのものを表示していた。「化石動物の最初の種族の地質学的な歴史あるいは系列は、堅固に確立されたとわれわれは恐れずに断言できるのである」とマーチソンは結論した。(33)

マーチソンによるシルル系の概念の拡張は、セジウィックとの長く激しい論争と、まったくの個人的な仲たがいを引き起こした。表面的には、それは名称をめぐる口論にすぎなかったように見えるかもしれない。セジウィックの「カンブリア」層はマーチソンの「シルル」層とかなり重複していることが判明し、しかもセジウィックは彼の模式地域において、真のカンブリア紀のものとして、より古い特徴的な動物相をまったく指摘することができなかったのだから。だがより根本的には、それは生命の起源をめぐる論争であった。生命には時間的始まりがあったという具体的証拠を地質学が提供できることを、両者ともいち早く示したいと熱望していたからである。中央ウェールズの「カンブリア」岩がきわめて重要な先シルル「系」を構成するという、セジウィックの確信は最後には立証された。三葉虫からなる特徴的な「初生」動物相——この名称はそれにこめられた理論的重要性を暗示している——は、一八四〇年代にボヘミアで発見され、(34)すぐさまスカンディナヴィアでも確認された。しかしマーチソンはそれをシルル系の最下部の一部分と見なすことに固執した。ウェールズにおいて同様の動物相がセジウィックのいうカンブリア層の中で発見され、したがってそれが最終的に現代地質学のカンブリア系にとっての古生物学的基盤になったのは、のちのことでしかなかった。

だが「初生」動物相でさえ生命の起源に多くの光を投げかけることはできず、むしろその問題は以前よりも謎めいたものになった。「初生」動物相がシルルとカンブリアのいずれに分類されようと、その下にほとんどあるいはまったく生命の痕跡をもたない地層が横たわっていることに疑いはなかった。またいくつかの事例（たとえばシュロップシャーのロングマインド岩[*]）では、堆積物は化石を含む多くのシルル岩と同じく変質していなかったので、生命の痕跡がないことを変成作用の結果として逃げを打つことはできなかった。しかも化石記録は原始的・原基的な生命の形態のかすかな痕跡から始まってはいなかった。それは現在も生存するキュヴィエの綱のどれかに明らかに属している、きわめて複雑な無脊椎動物（とりわけ三葉虫）とともに急に出現したように思われた。しかし生命の起源の本質が以前より謎めいたものになったとしても、少なくとも生命が時間を追って発生した事実はいまや堅固に確立されたと考えられた。

一八四〇年にバックランドが「われわれはいわば一般囲い込み法の漸進的施行を、地質学という広大な共有地に対して広げている」と述べたとき、彼はこのようなすべての研究の動向を同時代の生き生きとした比喩を使って要約していた。[35] 時間的にも空間的にも、旧来の地層は徐々に整序されようとしていた。局地的累層のとまどいを覚えるほどの多様性や、局地的地殻変動の紛らわしい結果の背後で、主要な「系」の統一された体系は、地球のあらゆる地域で適用可能であることが証明されつつあった。この体系の妥当性が経験的に確証されるとともに、そこから導かれる理論的帰結も強化された。その痕跡の上にこの体系が築かれた生命の歴史は、大筋では「前進的」段階の明瞭な系列に従っていた。

この前進的な性格は、植物と無脊椎動物の歴史によって例証されたにもかかわらず、脊椎動物の記録において最も明確に知ることができた。マーチソンはシルル紀が脊椎動物の最初の痕跡にほぼ完全に先行することを示していた。マーチソンの協力者であり、キュヴィエの死の直前には短期間だが彼と共同研究もしたことのあるスイスの野心的なナチュラリスト、ルイ・アガシ（一八〇七―一八七三）は、そのあとにくるデヴォン紀が多様でしばしば風変わりな魚類の時代であったことを明らかにした。[36] より高等な脊椎動物は石炭系からはまだ知られていなかった。しかしいくつかの「サウルス類」（すなわち爬虫類）が、マーチソンが一八四一年に「ペルム系」と命名したその上位の地層から発見されていた。したがってペルム紀は「爬虫類の時代」の始まりを構成し、その時代は残りの第二紀層を通じて拡大し、最終的には「哺乳類の時代」としての第三紀と、「人類の時代」としての現在にいたるのである。

このような系列を要約する地質時代の最上位の区分を一八四一年に提案したのは、ウィリアム・スミスの甥、弟子、伝記作者でその任にふさわしいジョン・フィリップス（一八〇〇—一八七四）であった（図4・11）。化石証拠が最も重要であることを強調するために、漸移紀、第二紀、第三紀という従来の区分は、古生代、中生代、新生代、すなわち生命の古い形態、中間の形態、新しい形態の時代に置き換えられることを彼は提唱した。[37] 生命の記録は「無生代」の岩石の上部でシルル紀の無脊椎動物相とともに始まり、そこにはペルム紀によって古生代の幕が閉じられるまでに、魚類、陸生植物、より高等な脊椎動物が次々に加えられた。中生代までに、古生代の多くの分類群は重要性を減じるか、三葉虫のように完全に絶滅した。中生代は爬虫類によって（少数の原始的な哺乳類が存在していたのは明らかであるが）、また無脊椎動物の間ではアンモナイトやベレムナイトのような多産の軟体動物分類群によって支配されていた。新生代はその支配者である陸生哺乳類動物相、双子葉植物相、「現代的な」無脊椎動物と魚類からなる海生動物相によってよりいっそう現在に近似している。そして地質学的ドラマのまさに最終局面において、ついに人類が登場したのである。

8

これまで述べてきたのは、集中的に探索され、輝かしい成功を収めた一〇年間の研究の概要である。その発展の中で、マーチソンは明白な中心的人物として光彩を放っている。またヨーロッパの有爵貴族たちと交際したいという情熱が、最終的には地質学への情熱さえも凌駕した人物として、彼は地質学がもたらす名声や栄誉を決して嫌悪したりはしなかった。しかし世界中のさまざまな地域で化石と地層の正確な同定と記載を発表している、古生物学者と地質学者からなる着実に成長し続ける国際的共同体の忍耐強い詳細な研究がなければ、彼はその野望を実現することはできなかった。

このような科学者（scientists）――ヒューエルによって作りだされたこの用語も、ついに時代錯誤なしに用いることができる――は、その視野においても社会的地位においてもますます専門的になりつつあった。地質学と古生物学という科学は、自然界における人間の時間的位置について驚くほど新鮮な視点を提供したので、いまや大きな文化的意義をもつものと一般に認められるようになった。同時にそれらは鉱物資源の発見と開発に合理的基盤をもたらす点で目覚しい成功を収めたため、明らかに経済的にもこの上なく重要であった。したがって地質学と古生物学の研究に寄与するますます多くの者たちは、より狭い意味で専門家であった。彼らは大学や博物館、鉱山学校や地質調査所において、この研究に対して報酬を受けていた。この意味ではアマチュアであった者たちでさえ、同様の「専門家」意識を吹き込まれていた。そしてそれはより甚だしい専門化に通じる傾向があったにもかかわらず、少なくとも高い水準の厳密さや正確さを促進する源になった。このような水準は数を増しつつあった地質学会によって維持強化され、その学会は審査手続きによって専門論文の発表を管理し、また学会の与える賞牌などの名誉がその水準を満たす業績に報いることに貢献した。しだいに増大する科学の専門化は、その成果を一般人の理解からますます遠ざけがちであり、したがってこの主題に関する大衆的あるいは準大衆的な著作が大量にでまわることになった。それらの多くは最も活動的な「専門家」自身によって書かれていた。たとえばライエルは『原理』の一部を改作した、『地質学の基礎』（一八三八）と題された小冊を世にだし、彼の友人のギデオン・マンテルは化石採集の流行に応じた大衆書を出版して成功を収めた[38]。

ライエルが生命の「前進」を示す有効な証拠は存在しないと主張し続けたにもかかわらず、この主題に関する他のほとんどすべての著作は、専門書であろうと大衆書であろうと、化石記録は概して「前進的」であり、これはもはや不完全な、あるいは特異な保存の結果であるという説明は不可能であることを強調した。一八四〇年代の中頃までに、化石記録の主要な輪郭はこのように堅固に確立しており、わずかな修正さえ施せば、二〇世紀中葉の科学にまでもちこせるようになっていた。このように明白な近代性があったのなら、生命の歴史の「前進性」を説明するために、いかなる因果的説明が提起されたのか、あるいはもっと個別的には、なぜ進化的説明が受容可能ではなかったのかと問うことは自然である。

むろん神学的困難がつきまとっていた。しかし少なくとも科学者の仲間うちでは、「無からの」種の創造という概念を拒否することが主要な困難なのではなかった。ほとんどの科学者は、その多くが個人的には敬虔な人間であったが、生命の新しい形態の起源に関し「二次的」原因を受け入れる用意は充分にできていた。それどころか彼らは、満足のいく自然的原因が発見されるなら、積極的にそうしたいと熱望していた。種が他の実体と同様に、「自然法則」を介して神によって「支配」されるべきであるということは、結局のところ自然界の残りの部分に対する彼らの信念と明快に調和していた。新しい種の起源について語る際、彼らは一般にあたりさわりのない曖昧な言葉を用いた。たとえばマーチソンは「存在へと導かれた」新しい分類群について語った[39]。彼らがライエルのように「創造された」という動詞を用いた場合でさえ、それは必ずしも種が神の直接の活動によって、無から形成されたという信念をほのめかしているのではなかった。「創造」という言葉はこの時期の科学においてありふれたものであり、どのような手段が思い描かれていたかについて何も語ってはくれない。ジョン・ハーシェルが種の起源を「神秘の中の神秘」と呼んだとき[40]、彼はそれが永遠に解決できない問題ではなく、単に解決することがきわめて難しい問題であるということを言おうとしたのは確かであった。

はるかに深刻だったのは、生物が「デザインに満ちている」という感覚を維持できるような自然的原因を、考えつくのが難しいことであった。宇宙全体は実際にデザインする神の手を明示している――そのような成果を作りだすために神がいかなる二次的手段を用いたかは別として――という、当時の信念の強さと広がりを再現するのはわれわれにとって困難である。この信念は因襲的な信仰家だけのものではなかった。それはほとんどすべての思索する人々の想像力に浸透し、彼らが受け入れる用意のある科学的説明の種類に強く影響を及ぼした。すでに見たように、レイ以来生物のデザインは、この見解を擁護するのに役立つ最も説得力のある証拠であった。したがってそのようなデザインは錯覚であり、動植物の適応的構造は純粋に偶然によって生じたと宣言することは、ほとんどの人間にとって文字どおり想像も及ばないことであった。

しかも古生物学の発展は、自然界に関するこの伝統的な感情を実のところ強化していた。一八三〇年代の『ブリッジウォーター論集』は、ペイリー流の自然神学の伝統を、同時代の科学の最新の発見にもとづいて刷新しようとした叢書であったが、その中の最もすぐれた独創的な一巻において、バックランドは地球史全体にデザインが遍在していることを、地質学と古生物学がいかにして証明するかを明らかにしていた。[41] デザインは現在の世界の状態に限定されているのでもなく、世界がデザインの乏しい状態から徐々に出現したのでもなかった。それどころか彼の論じるところでは、シルル紀の三葉虫のような、知られている中では最初の生命の形態でさえ、現生の動物と同様に構造と機能の顕著な相関を示していた（図4・7）。バックランドのこの著作が大きな影響力を発揮した（アガシによる翻訳を通じて、大陸の科学者の間で広い読者層を獲得した）のは、適応――まともな科学者であれば無視することのできない生物界の特徴――の伝統的な神学的解釈を、説得力をもって強化したためであった。

適応は依然として種の起源の問題の中心に、決定的な科学的論点として残っていた。ラマルク的な「前進

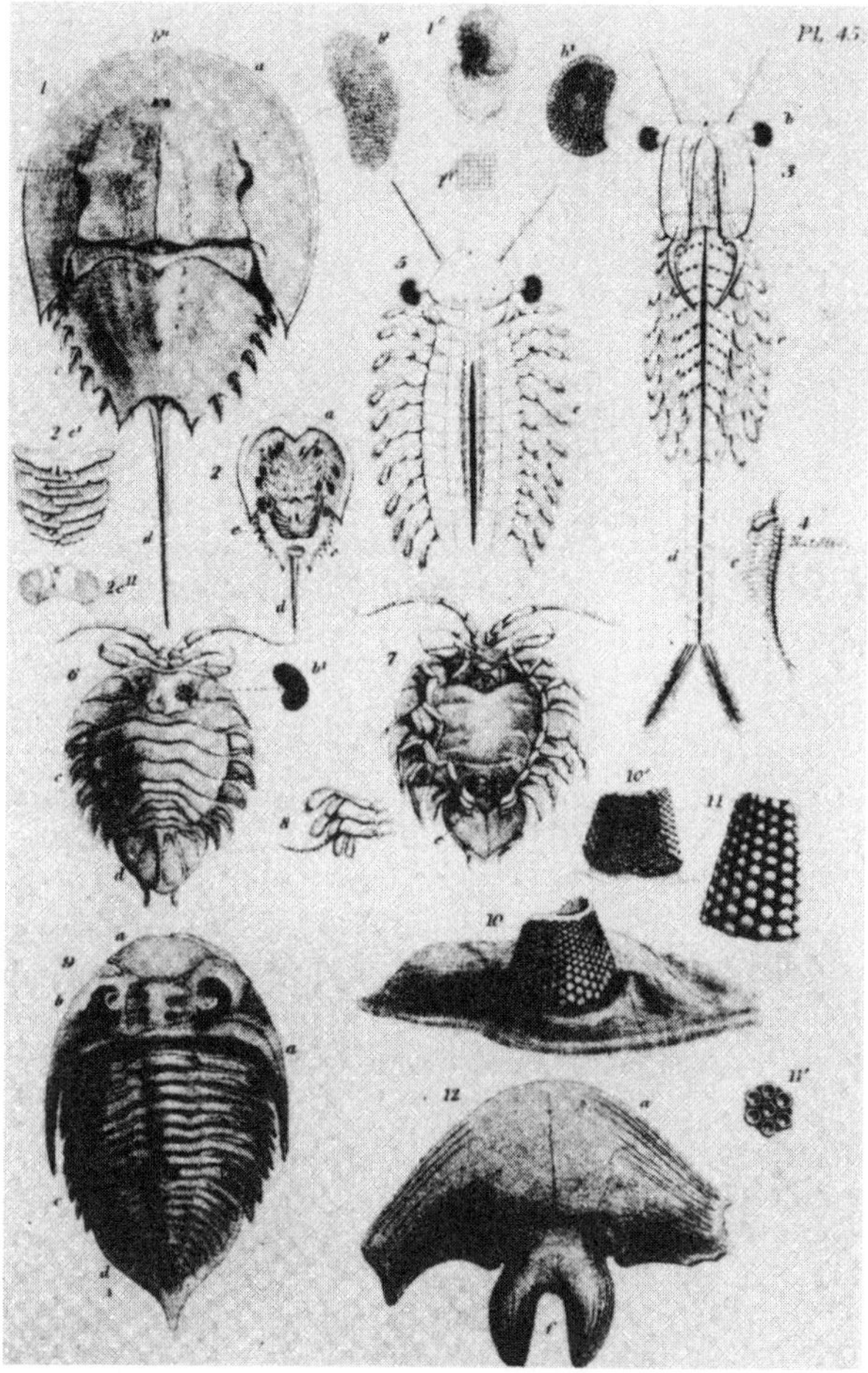

図 4.7　現生節足動物からの類推をともなった，シルル紀三葉虫の「デザインに満ちた」適応を描くバックランドの挿絵（1836）【41】．図 9, 10, 11 は三葉虫アサフスの複眼と全周視界を示している．剣尾目（カブトガニ）のリムルス属（図 1, 2）や，甲殻類のブランキプス属（図 3, 4, 5）とセロリス属（図 6, 7）は，比較のためにそれらの複眼とともに載せられている．バックランドによる三葉虫の適応の分析は，知られている生命の歴史の最初の時期においてさえ，生物界がデザインに満ちていたことを証明するために彼が挙げた最も独創的な例の一つであった．

的改良への傾向」をもちだすことは、流行遅れの種類の説明へ後退するだけでなく、利用可能な証拠に公然と反対することでもあった。たしかに化石記録に関しては、一般的かつ全体的な「前進性」が存在した。しかし細部において、それはラマルクの理論が要求するような漸進的な「発展」を示してはいなかった。マーチソンの協力者エドゥアール・ド・ヴェルヌイユ(一八〇五―一八七三)が古生代動物相の性格を要約しながら述べているように、それは最初の生物が「自然による不完全な下書き(ébauches)」にすぎないという、「古い観念」(すなわちラマルクの)を明らかに支持しなかった。[42] 疑わしい推論によらなければ、たとえばシルル紀の三葉虫が後代の節足動物より、あるいは精巧な甲冑を身にまとったデヴォン紀の魚が後代の魚より、いかなる意味でも「完全さが劣る」とか「単純」だとか「下等」だとか断言することはできなかった。ジョフロワによるラマルク説の修正も、よりよい結果をもたらさなかった。新しい形態の起源を説明するためにジョフロワは奇形を利用したが、正確な適応がいたるところで起こっている理由はほとんど解明されなかった。また適応的構造の驚くべき複雑さと美しさを、発生の偶発的異常を援用して説明することは、正道を踏みはずした忌まわしい行為とさえ思われたに違いない。

さらに自然界に個別的単位として種が実在することは、以前よりも堅固に確立されたように思われた。種内変異は一般に認められた現象であるとはいえ、固有の明確な限界を有し、種の個別的性格は化石証拠によって確証されるように見えた。したがって無限小の漸進的移行が種間の境界を越える可能性は、ほとんど想像することができなかった(まさにこの点についてのライエルの主張を、個人的に問いただしたときのダーウィンにとっては別であるが)。しかしそうなると残された唯一の――ただし不満足な――代案は、ジョフロワのいう種を越えた突然の「跳躍」しかないように思われた。

結局のところ、新しい種の起源が満足のいく形で解決されたとしても、はるかに深刻な問題に依然として直面しなければならなかったであろう。ある種が同一の属、さらには同一の科の内部において、似たような形態のものに——何らかの方法で——変化したかもしれないと推測することと、根本的に異なる解剖学的構造をもった生物の主要分類群（キュヴィエのいう分枝、すなわち現代分類学の門*）が、共通の起源をもっていたかもしれないと示唆することとはまったく別の事柄であった。キュヴィエの比較解剖学の妥当性は、彼が種の個別的性質を強調したことと同様に、より新しい古生物学的研究によってものの見事に立証されたように思われた。動物のすべての主要分類群は、化石記録の中に出現した時点で、それ以後と同じく他と明瞭に異なっていた。時間をさかのぼっても、共通の祖先に向かって収斂する徴候は微塵も示さなかったのである。

9

このようなあらゆる困難を前にしては、この時期に広く喧伝されたある進化論の試みが、科学者共同体から物笑いの種にされたのも驚くには及ばない。スコットランドのジャーナリスト、ロバート・チェインバーズ（一八〇二—一八七一）は、彼の匿名の著作を『創造の自然史の痕跡』（一八四四）と題していた(43)。その表題の「痕跡」とは、主として同時代の古生物学によって記録された化石であり、チェインバーズがその書の主要な部分においてむらのある正確さで要約していた記録のことであった。彼が提唱した種の「創造」の自然的説明は、胎児の奇形を利用し、環境の直接的影響を強調し、種を越える「跳躍」を受容している点でおそらくジョフロワのものに最も近い。といってもチェインバーズがジョフロワの著作をじかに知っていたか否かは定かではなく、チェインバーズの直接の典拠のほとんどは英語のものなので、原典にあたっていたようには見えないのであるが。しかしいずれにせよ彼の理論には、たとえば「化学・電気的作用」（当時流行の科学的うたい文句）による生命の起源についてとか、ダニの自然発生とライ麦から小麦への自然突然変異についてといった、軽信にもとづく思弁の驚くべき寄せ集めも含まれていた。したがって科学者共同体の一般的な反応が、こんにち「通俗科学」の多くの著作によって引き起こされるような苛立ちと憤慨であったのも無理はない。チェインバーズがたとえば旧赤色砂岩の魚類に見られる骨質の甲冑は節足動物の外骨格によく似ているので、最初の魚類は節足動物から進化したのかもしれないと述べたとき、あるいは単純から複雑へと向かう個体の胚発生と、「下等」から「高等」へと向かう生物の階梯と想定されるものと、最初の生命の形態から最新の生命の形態へと向かう化石記録の「進歩」との間に存在する、三重の平行関係と推定されるものを勝手気ままに利用したとき、そのような議論を読まされたほとんどの科学者が、それらは注意深い比較解剖学と発生学がきっぱりと論破した、無責任な思弁の類であると感じたのも当然であった。

それでもチェインバーズの書に対する激越ともいえる反応は、彼がプロの科学者たちの自尊心を傷つけただけではないことを示唆している。チェインバーズがもっと根本的な脅威を体現していたことは、『痕跡』を論駁しようとしたそれに類似の大衆書が、その後まもなく出現したことからも知ることができる。『痕跡』とよく似た社会環境から生まれた『創造者の足跡』（一八四九）は、『痕跡』に対する科学者の批判が熾烈をきわめた背景に、「創造」についてのチェインバーズの自然主義的説明によって、人間自身の身分が脅かされるという恐怖が横たわっていたことを暗示している。もうひとりのスコットランドのジャーナリストだが、古生物学の直接的知識を有するという強みのあったヒュー・ミラー（一八〇二―一八五六）は、その書の副題を「ストロムネス〔オークニー諸島のメーンランド島にある港町〕のアステロレピス」としていた[44]。また彼はチェインバーズ説の最大の弱点を突くために、みずから行なった旧赤色砂岩魚類の研究を用い、これら最初期の脊椎動物は、その後のいかなる魚類にも劣らず複雑かつ高度に適応しており、チェインバーズが仮定したような原始的生物ではまったくないことを指摘した（図4・8）。だがミラーは、科学的議論を超えたところで実際に争点となっているのは、責任のある道徳的行為者としての人間の尊厳であることをあからさまに主

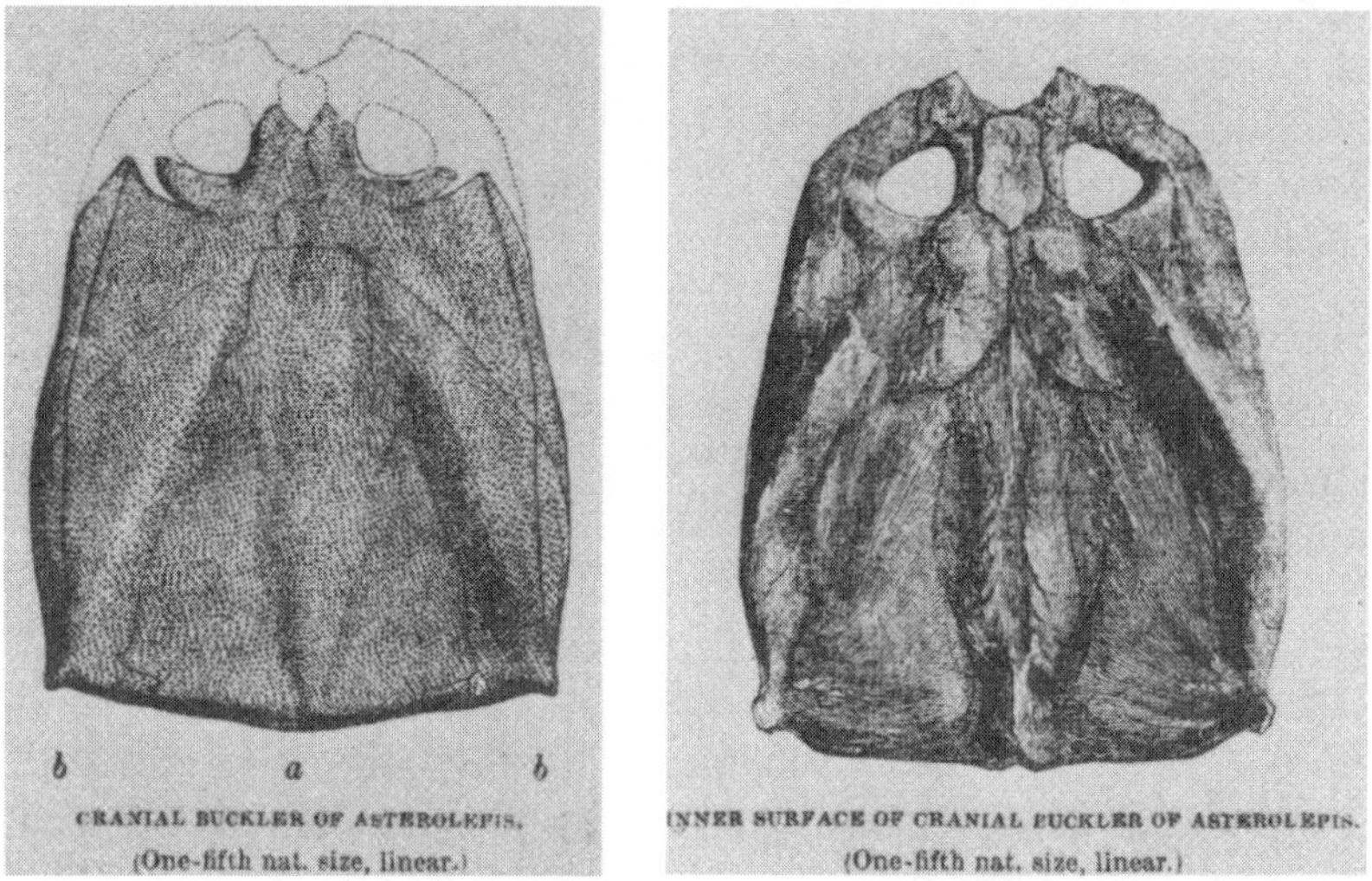

図 4.8　アステロレピスの「頭甲」のヒュー・ミラーによる素描（1847）【44】．旧赤色砂岩から産したこの古代魚の構造の複雑さは，最初期の脊椎動物は比較的単純で「原始的」であったに違いないとする，ロバート・チェインバーズの進化論に反論するためにミラーによって使用された．

張した。もし人間がチェインバーズがほのめかすような偶然の過程によって存在するようになったのなら、人間はおのれの行動に対する道徳的責任を保てず、それゆえ社会全体の仕組みが脅かされることになる。生物界の賢明なデザインという感覚に対する、チェインバーズ的理論の脅威の背後に横たわっていたこのような感情こそが、進化論争に深さと真剣さを吹き込んだのであった。

10

だがチェインバーズの進化論を拒絶したからといって、一八四〇年代の古生物学者たちが、合理的に満足のいく、研究のための説明枠をもたないままでいたわけではなかった。それどころかダーウィンが、彼の進化論に対する唯一の代案は素朴な創造説だけだとのちに述べているにもかかわらず、実際にはダーウィンの説明に引けをとらないほど高い知的評価と、当時の人々にとってはむしろダーウィンのものをかなり上まわる信用性を備えた、もう一つの入手可能な説明が存在した。この代案はダーウィンの協力者として出発しながらも、のちには最も仮借なき敵対者のひとりとなった人物――解剖学者にして古生物学者であったリチャード・オーウェン（一八〇四―一八九二）――によって十全に発展させられた。

オーウェンは専門家としての職歴――彼はこのときロンドン王立外科学校のハンター教授職についていた――によってだけでなく、より深くは科学的関心の方向全体によっても、何よりもまず比較解剖学者であった。並はずれた学問的活力の背後にある認識することへの情熱は、動物の形態と機能を理解したいという、実際には特定の形態と個々の機能の背後に存在する、動物界の根本的な本性の理解に到達したいという欲求となって現われた。理解のための可能な一段階として、オーウェンは一般的な進化の観念には少しも反対しなかった。ほとんどの友人科学者とは異なり、彼は『痕跡』非難の大合唱には加わらなかった。逆に彼はその書の全般的意図に賛同し、新しい種産出のための六つもの代替仮説を、彼自身が当時もてあそんでいたと述べていた。だが彼の考えでは、生命の新しい形態が存在するようになった手段は、生命の形態の自然誌の中に具現されているような、動物界の多様性というより深遠な問題にはほとんど関係しないと思われた。オーウェンにとって、ほとんどの同時代人にとってと同様、「自然誌」の概念は依然として意味のある統一されたものであった。それはこんにちの多くの科学者にとってそうであるような、侮蔑的な地位にまだおとしめられてはいなかった。「自然誌」は依然として、一八世紀のリンネやビュフォンにとってと同じく、多様な自然的実体の全範囲を体系的に秩序づけるものであった。その実体のいくつかがこんにち生物と呼ばれるものであり、他のいくつかが非生物と呼ばれるものであることは完全に無関係であった。鉱物界の多様性は、動植物界の多様性とまったく同じ意味で整序される必要があった。分類は目的のための手段、たとえば進化的関係を探る手がかりではなかった。分類それ自体が目的、自然界の真の秩序を知るという目的そのものであった。

このような知の様式は、ダーウィン以後の見地に立つわれわれにとっては再現するのが容易ではない。われわれにとって、動植物の多様性が鉱物の多様性とはまったく異なる問題であるように見えるのは、われわれは前者が時間をかけて、まったく異なる手段によって生みだされたと信じているからである。それでも「自然誌」と呼ばれていたこの自然を知る方法は、オーウェンの時代にすでに長い歴史を有していたとはいえ、決して古臭いものではなかった。オーウェンの時代に「生きている化石」の類ではなく、その自然観はほとんどの同時代人の自然観であった。オーウェン自身が認識論的に「生きている化石」の類ではなく、その自然観はほとんどの同時代人の自然観であった。このような観点の実際的な効果は、種の起源の問題を、ダーウィンの心中で占めていたような中心的な位置から移動させ、さほど急を要するものではないと思わせたということだけにあるのではなかった。それはオーウェンの関心を、一般には自然的実体が、個別には動物が提示する、秩序の種類と多様性の種類に集中させることにもなった。さらにそれは彼が非常に有能な古生物学者として、地質学的研究によって明らかにされた時間の大きさを充分に知っていたにもかかわらず、これらの問題を動的というよりは静的な観点から見る素地を彼に与えた。彼は生物の多様性がどのように生じたかよりもその様式の方を気にかけ、機能的適応の起源よりもその本性の方に関心を抱いていた。

生物の秩序と多様性の問題は二つの異なる要素で構成されているとオーウェンは信じており、彼がその二つを統合したことこそ、彼と彼のほとんどの同時代人によって、彼の最大にして最も恒久的な業績であると感じられていた。第一の要素は個々の生物の構造と機能に明示された適応とデザインであった。デザインに満ちた機能的適応についてのオーウェンの強烈な感覚は、彼の英雄であるキュヴィエから直接かつきわめて明瞭に受け継いだものであった。またキュヴィエ的伝統がいかに発見に役立つかは、オーウェンの研究において、彼以前のキュヴィエの研究においてと同様、化石脊椎動物の復元に最も目覚ましい形で表現されている。

図 4.9　リチャード・オーウェンによってクリスタル・パレスの敷地に設置された，復元された化石動物の当時のスケッチ（1854）【45】.

皮肉にも、オーウェンによる最も有名な化石動物の復元は、キュヴィエ的方法に対する彼の信頼が行き過ぎてしまったものであった。一八五一年の万国博の建造物がクリスタル・パレスとして再建された際、敷地に展示するために、「古代世界の住人たち」の一連の実物大復元像を、オーウェンが構想を練りベンジャミン・ホーキンズ（一八〇七―一八九四）が制作した（図４・９）。効果的な宣伝用の催しとして、ホーキンズはオーウェンと他の二〇人の客を、自分が復元したイグアノドンの内部で開かれる晩餐会に招待した。(45) オーウェンはこの件では非常に不完全な素材をもとに作業しなければならず、イグアノドンを鈍重な四足歩行の動物として復元してしまった。この世紀においてのちに完全な骨格が発見された際には、この動物は巨大ではあってもそれなりに優雅な二足歩行爬虫類であることがわかったのだが。しかし概してオーウェンの予測は健全であった。おそらく最も目を見張る例は、ニュージーランドのモアの特性についての予測だったであろう。大腿骨の短い破片ひとつにもとづいて、オーウェンは一八三八年に、それが巨大な飛べない鳥のものであることが判明するだろうと述べた。動物学会の編集者たちは当然ながら、そのような見るからに無謀で根拠薄弱な見解を公にすることに疑念を抱いた。しかし五年後に、比較的完全な骨格が到着したことにより、オーウェンの正しさは見事に立証された。[46]同様のキュヴィエ的原理は、ダーウィンが南アメリカからもち帰った絶滅哺乳類についての同じく初期の研究において、オーウェンによって使用された。一八三八年にこの研究が、地質学会の最高の賞であるウォラストン・メダルをオーウェンにもたらした。王立協会もベレムナイトの機能的構造の才気あふれる解釈に対し、一八四六年にロイヤル・メダルを授与した。現在でもほとんど価値を失っていないこれらすべての研究と、さらに多くの研究は、すべての多様な生物はいかなる手段によって形成されたにせよ、「神的な機械作用の標本」であるという信念の顕著な影響のもとで、この時期に達成されたのであった。生物は「創造力」の顕現であっても、それに劣らず機械論的なのであった。

したがってこれはオーウェンと彼のほとんどの同時代人によって解釈されていたように、生物の形態という問題を構成するひとつの要素であり、あらゆる生物の構造の中にデザインに満ちた適応を知覚するということであった。しかしそれはどのようにして種々の生物の多様性と関連していたのか。解剖学的には、キュヴィエの四つの主要分類群——脊椎動物、軟体動物、体節動物、そして下等無脊椎動物——はオーウェンにとっても、キュヴィエにとってと同様に互いに明瞭に区別されるものであり続けた。しかしジョフロワの「構成の一致」の原理は、各主要分類群の内部でますます有効になるように思われた。たとえば脊椎動物の内部では、トカゲの前肢、鳥の翼、トラの前肢、アザラシのひれ足、そしてヒトの腕に、同等の骨を認めることができた。オーウェンが相同と名づけたそのような比較は、むろん古代からなされてきたものだが、この原理の誤った適用がそれに悪評をもたらしていた。オーウェンはその比較解剖学において、以前になされていたよりも徹底的に、細心の注意を払ってその原理を追究し、結果としてこれまでよりも首尾よく、脊椎動物の骨格を構成する多くの骨の相同を確認することができた。

だが相同の決定は単なる経験的行為でも、同一の構造の機能的解釈でもなかった。その根底には深遠な形而上学的信念も横たわっていた。オーウェンは各主要分類群内部のすべての動物が、単一の主題の変奏、単一の「理想型」の変形であると考えていたため、相同は異なる綱の動物の中にも見出すことができると確信していた。一八四一年に早くもオーウェンは、脊椎動物のあらゆる多様性の根拠となる、「理想的原型」が発見される可能性について語り始めていた。これが重要であると考えた英国科学振興協会は、この主題に関する「報告」を書くようオーウェンに依頼し、一八四八年に彼は最も重要な理論的論文『脊椎動物骨格の原型と相同について』を発表した。その前年には、英国科学振興協会のモデルとなったドイツの団体の創始者で、シェリング（一七七五―一八五四）などロマン主義的哲学者たちの友人にして弟子であった、ローレンツ・オーケン（一七七九―一八五一）の観念論的自然哲学の翻訳が出版されていた。オーウェンは自分がより厳密かつ詳細な比較解剖学によって確立した原理を、オーケンが数年前に直感的に認識し素描していたことにすぐに気づいた。脊椎動物の内部に「構成の一致」が存在し︑て︑い︑た︑。たとえば典型的哺乳類のさまざまな骨は、すべてが他の綱の骨格において認められ同定されるのであり、脊椎動物のすべての多様性は単一の「理想型」や「原型」に由来しうるのであった（図4・10）。「原型」とはかつて存在した、あるいは存在しえた動物のことではなかった。それは現実のすべての脊椎動物が機能においてさまざまに体現している、プラトン的な構造のイデアであった[47]。

動物の最も高等な分類群、すなわち人間自身が属する分類群の真の「原型」と信じるものを、オーウェンが忍耐強い比較解剖学によって発見したことは、彼の目にはこの上ない達成と思われた。キュヴィエ的な機能的解剖学は、動物のデザインに満ちた適応性を明らかにしたが、機能的類似に帰すことができない、根底にある構造の相同を説明することには失敗した。たとえばキュヴィエ的原理は、鳥とコウモリの翼の驚くべき適応を飛翔のための仕組みとして説明することはできたものの、それらの翼が同じ骨格の要素のさまざま

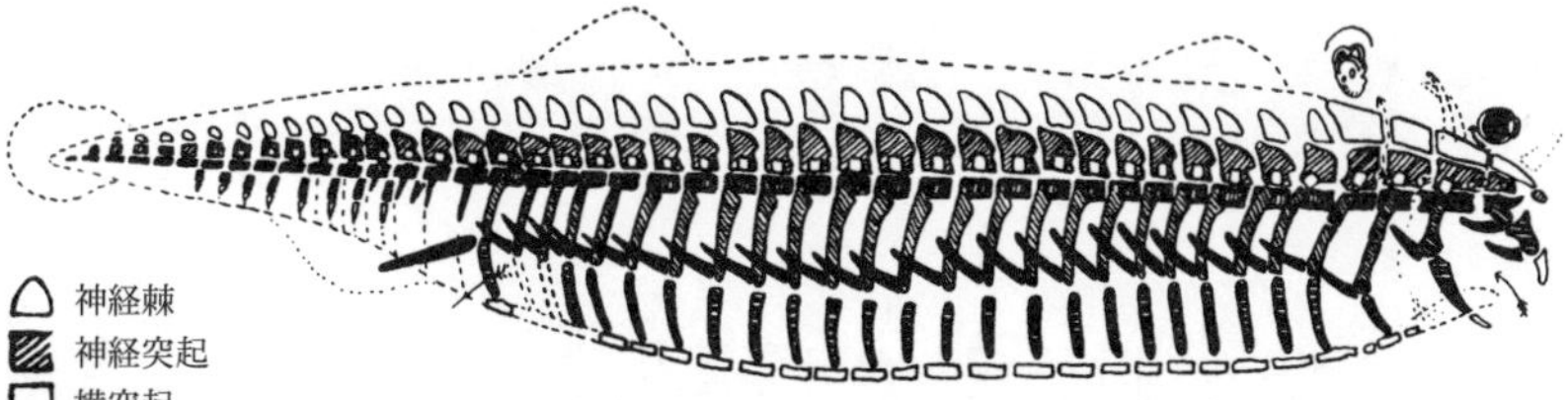

図 4.10　脊椎動物骨格の「原型」を示すオーウェンの図解（1848）【47】. これは現生および化石脊椎動物の骨格の間にたどることができる相同の純粋に形式的な表現であった. それは生存可能な共通の祖先の形態を描写しようとしたものではなかったが, 次第に「高等」かつ多様になり, 人間において頂点に達する形態の中にこの原型が具現されていることは, 化石記録から明らかであるとオーウェンは確信していた（ラッセルが描き直した図より）.

な変形によって、いかにしてあるいはなぜ形成されたのかは解明できなかった。ところが「原型」の光に照らして見るなら、すべての脊椎動物の多様に適応した前肢は、単一の先在するプラトン的イデアを顕現するものとなったのである。

　このような抽象的で大げさな思弁から古生物学的研究の日常的な細部までは、長い道のりがあると思われるかもしれない。しかしオーウェンは現生生物の多様性を、根底に隠された先在的イデアが時間を通じて徐々に具現した結果と見なしていたので、彼の心中でその距離はさほど大きなものではなかった。そしてその過程の具体的証拠をもたらすのが古生物学であった。脊椎動物の「原型」は、脊椎動物の共通の祖先ではなく、連続的で驚くほど多様で複雑に適応した、現実の生命の形態の中に具現した神的なイデアであった。気まぐれな経路をたどりながらも人間においてその頂点に到達する、計画や予定表がすべての時期に存在した。そしてこの計画こそが自然の真の計画であった。

　オーウェンの視点は、ダーウィンが『種の起源』を出版するちょうど一〇年前の一八四九年に行なわれた、『肢の本性について』という講演の結びの節で見事に要約されている。

> 脊椎動物にとってのイデア的範例が認められることは、人

間のような存在についての知識が、人間が出現する以前に存在したに違いないことを証明している。なぜなら原型を計画した神の御心は、そのすべての変形を予知してもいたからである。原型的イデアは、それを実際に［すなわち現在］例示している動物種が存在するはるか以前に、さまざまな変形を受けながら肉のうちに明示されていた。そのような生物的現象の整然とした連続や前進が、いかなる自然的・二次的原因に委ねられてきたかを、われわれはまだ知らないでいる。しかし神の力を傷つけることなく、そのような代行者の存在を想像し、それを自然という言葉によって擬人化できるなら、われわれはわれらが地球の過去の歴史から学ぶのである。自然は脊椎動物のイデアが太古の魚類の外衣の下で初めて具体化されたときから、それが人間という形態の輝かしい装いのもとに整えられたときまで、諸世界の残骸の間を原型の光に導かれながら、ゆるやかな堂々とした足取りで進んできたことを。(48)

キリスト教とプラトン主義の奇妙な融合の内部において、前進的な受肉を表現しているこの一節に対するわれらが二〇世紀の反応は、「それは素晴らしい、でもそれは科学ではない」というものであろう。しかしダーウィンも「この生命観の中には荘厳なものがある」と述べながら、華麗な散文をもってその著書を結んでいた。たしかにダーウィンの見解の中には荘厳なものがあったが、オーウェンの見解の中にもそれはあったのである。オーウェンの研究が要点を示しているような、対抗的自然観の知的強靭さを認識しなければ、『種の起源』が一般に批判的に受容され、とりわけオーウェンが反対した事実を理解することは確実に不可能である。生物の多様性を生みだした因果的機構への関心が比較的欠如していた点、後代の生物学が拒絶した観念論的形而上学に依拠していた点において、この代案はわれわれには遠い昔の疑わしいものに見えるかもしれない。しかし当時にあってそれは説得力も魅力も兼ね備えていた。何よりもそれは化石生物と現生生物についての証拠を、調和がとれ統合されデザインに満ちた自然という観点から、そして明瞭かつ意義深い

累層	1790年頃	1840年頃	（1840年頃・紀）	（1840年頃・代）	現代	（現代・紀）	（現代・代）
沖積層	大洪水以後	沖積世	第三紀	新生代	完新世	第三紀	新生代
氷河堆積物	大洪水期	新鮮新世			更新世		
シチリア層		古鮮新世			鮮新世		
サブアペニン層	第三紀	中新世			中新世・漸新世		
パリ層		始新世			始新世・暁新世		
チョーク		白亜紀	第二紀	中生代	白亜紀		中生代
ウーライト							
ライアス		ジュラ紀			ジュラ紀		
ムッシェルカルク（新赤色砂岩）	第二紀	三畳紀			三畳紀		
含銅頁岩		ペルム紀		古生代	ペルム紀		古生代
コールメジャーズ							
石炭紀(山稜)石灰岩		石炭紀			石炭紀		
旧赤色砂岩		デヴォン紀			デヴォン紀		
ウェンロック石灰岩					シルル紀		
「グレイワッケ」	漸移紀	シルル紀	（原生代）		オルドヴィス紀		
		初生紀（カンブリア紀）			カンブリア紀		
ロングマインド層							
スカンディナヴィア片岩など	第一紀	無生代（第一紀）			先カンブリア時代		

図 4.11　1840年頃の地質学的時間尺度の区分と，現代の同様の区分を示す図表．本文で言及したいくつかの特徴的累層は左端の欄に記されている．1790年頃に認められていた主要な区分は2番目の欄に与えられている．ただし次の点に留意されたし．(a) この頃もっと詳細な区分が特定の地域に適用されていたが，それらの間の対比は不確実であった．(b)「漸移紀」と「第一紀」のカテゴリーは，のちの時代の体系では正確に対応するものが存在しない．それらは多くの時代の（主として図表に示されたそのカテゴリー内の時代であるが）わずかに，あるいは大いに変成した岩石を含んでいるからである．

「計画」に従って、悠久の地質時代を通して発展してきた自然という観点から解釈していたのであった。

第五章　生命の祖先

1

一八五七年二月二日、パリ科学アカデミーの公開の会合の席上で、三〇〇〇フラン相当の金メダルが授与される、「物理学」部門の大賞受賞者が発表された。生物界の「発展の法則」に関する試論に与えることが七年前に決められたその賞は、「自然に教えられる」(Natura doceri)という題辞を掲げた論文の執筆者が獲得することになった。エリ・ド・ボーモン、ジョフロワの子イジドール(一八〇五—一八六一)、息子の方のブロンニャールを含む選考委員会は、題辞の形式的な匿名性を見抜き、その著者が実際にはハイデルベルク大学の自然史学教授、ハインリヒ＝ゲオルク・ブロンであると推測するのにさして困難は覚えなかったであろう。[1] おそらくこの時代の古生物学者で、地質時代における生物の分布の最新知識をこれほど熟練した手際で総合し、その情報からこれほど価値のある一連の一般化を抽出できるほど、幅広い経験を有していた者は他にいなかったと思われる。従来の歴史記述の規範に照らせば、ブロンは「負け組」であった。彼は現代的な意味での種横断的進化が現実のものであることを疑い、生命の歴史の中に彼が観察したさまざまな傾向に、満足のいく因果的説明を提起しなかったからである。しかしブロンが試みたような総合がなかったなら、古生物学者たちが数年のうちに、進化は実際に起こったという理論をダーウィンから受けいれることができたかどうかは大いに疑問である。たとえブロンの総合が、ダーウィンが提唱した機構の妥当性に対する、古生物学者たちの継続的な——そして多くの点でもっともな——懐疑主義にも貢献したとしても。

一八五〇年の懸賞問題で使用されていた用語は、この時代の古生物学的論争の状態をあざやかに注釈するものとなっている。試論に求められていたのは「さまざまな堆積層の中の化石生物の分布の法則を、地層累重の順序に従って研究すること、化石生物の連続的あるいは同時的な、出現または消滅の問題を議論すること、生物界の現在の状態と過去の状態との関連の本性を検討すること」であった(2)。選考委員会はこれらの問題に新たな緊急性が生じている点と、それに対する満足のいく——化石記録を参照することによってのみ発見できる——解答を見出すことが科学にとって重要である点を強調していた。

このような新たな状況は、地層とそこに含まれる化石についての事実にもとづく情報の量そのものが、急増したことに間接的には起因していた。それこそが関連する主要な問題を際立たせていたからである。たとえば新たな動植物相が記載され、地殻の歴史における造構*活動の新たな事変が認識されることによって、連続的「革命」という概念は曖昧といえるほどのものに改変されつつあった(3)。もしエリ・ド・ボーモン（選考委員会の審査員であった）に従って、造構的革命をかなり局地的な山の隆起の事変と見なすなら、それらはいかにして地球規模で動植物相——とりわけ海生動物相——の全体を突如破壊できたのか。ましてライエルの現在主義的原理に従い、人間の歴史において目撃されたものより強烈な「革命」を認めないなら、大量絶滅のように見えるこの事変を何が引き起こせたのか。それともそのような事変は、現実ではなく見かけだけのものなのか。連続的累層の間に見られる動植物相の断絶は、正確にはどれほど鮮明なのか。すなわちどれほどの種が実際に単一の累層に限定され、どれほどの種が想定された複数の革命にまたがる幅を有しているのか。単一の累層に限定されている種にとってさえ、それは種の真の生存期間の尺度なのか、それとも断片的な地質記録の反映なのか。すなわちそのような種はその累層が堆積する直前に生まれ、堆積が終了した直後に絶滅したのか、それともそれが化石として発見される地層によっては部分的にしか表現されない、もっと長い生存期間を有していたのか。

実際には種の概念そのものが不確実になってきたため、化石種の層序学的範囲は正確に決定することが困難になりつつあった。よく知られ確立された化石種は、さらに詳細に研究されるにともない、分類学的「細分」が必要になり始めていた。しかし逆に古生物学者の間で専門化が進むと、単一の種が異なる累層や系において、異なる名称を与えられるという事態も容易に起こった。いずれにせよ新しい種が、以前の地層の中で発見される類似の種に取って代わったと見える場合、これは新たな「創造」（それが正確には何を意味するにせよ）に帰すべきなのか、それとも何らかの転成や（現代的な意味での）進化のせいなのか。

最後に、たとえ類似した種の間の何らかの転成を認めたとしても、そのような仮説はラマルクが想定したような、最も単純な「単細胞生物」から最も複雑な哺乳類への「発展」という充分に成熟した概念に外挿できるのか。時の経過の中での「前進的発展」という観念に、どのような経験的支柱があるのか。それは特定の主要分類群内部における、「高等」な形態の前進的出現に限られるのか。もし「発展」が現実のものなら、それは非生物的環境における証明可能な変化と相関しているのか。それともその発展は環境とは独立し、生物それ自身になぜか固有であるという徴候を示しているのか。

このような問題を満足のいく形で取り扱うためには、事実にもとづくデータが本来的に重要であることを考慮するなら、ブロンが大賞を獲得したのもさほど驚くべきことではない。たしかにこの職務に対する彼の卓越した資質と、彼が賞を勝ち得たという事実は、一九世紀中葉の数十年間における古生物学の職業化を適切に例示している。才能に恵まれたジェントルマン・ナチュラリストの全盛期は過ぎ去っていた（ダーウィンは他の多くの点でと同様にここでも、規則の存在を証明する例外となっている）。ヨーロッパのすべての宮廷から名誉と勲章を飽きることなく収集していたマーチソンでさえ、デ・ラ・ビーチの跡を継いで英国地質調査所の所長という管理職につくことにより、のちに科学行政機関となるはずのものに参画していた。イギリスにおいてさえ、だが大陸やにわかに活況を呈したアメリカ合衆国においてはなおのこと、大部分の古生物学的研究は、国の地質調査所や博物館の職員としてであれ、大学の教員や研究者としてであれ、それを行なうことによって報酬を得る人々の手にますます委ねられるようになっていた。ブロンの経歴は、この科学者という新たに職業化された階級の典型であった。彼はハイデルベルクにおいて学生の身分から直接に下級教育職に移り、まだ二〇代のうちにそこで教授となった。一八三〇年、彼は地質学と古生物学の研究を発表するための雑誌として最も重要なものの一つ、有名な『新年鑑』(Neues Jahrbuch) の編集者になり、三〇年以上ののちに没するまでその職にとどまった。それは彼を同業者の内部で大きな影響力を行使できるようにしただけでなく、この科学における空前の「情報爆発」に遅れないようについていくことをも可能にした、戦略上重要な地位であった。彼は学者としての長い経歴を通じて、この地位を存分に利用しながら、資料収集の細部において豊かであると同時に理論的探究において示唆に富む、驚くべき量の研究を発表した。[4] 彼の受賞論文は、このような一連の古生物学的総合の頂点であった。

ドイツ人であるブロンがフランスの科学アカデミーからこれほど価値のある賞を与えられたという事実は、この時期に科学者共同体の国際化が進展したことをはっきりと物語ってもいる。逆説的なことに、この国際化は「国家意識」の急速な成長や、近代的国民国家の政治的発展と同時に起きていた。たとえばドイツ民族統一のための運動は、英国科学振興協会の原型となった、オーケンの手になる意図して政治的であったドイツ科学者医学者協会(一八二二年創設)の中に反映されていた。しかしたとえば一八四〇年に早くもマーチソンは、そのような国家的な団体は別々に開催している年会を、ときには科学者の単一の国際会議によって置き換えるべきであるとの提案を吹聴していた。また多くの科学の分野で、国際的な科学プロジェクトがすでにかなり進行していた。著名な科学者たちの国際的な「通勤」は、われわれの時代においてとほぼ同様にありふれたものになり（同じくらい迅速ではなかったにせよ）、ある国から他国民に対して学問的に非常に名誉のある賞が贈られることも、ブロンの受賞が発表されるずっと以前に確立した慣行となっていた。それでもブロンの勝利は、一九世紀中葉までに科学者共同体の国際化——古生物学のような科学においては明白な理由によってとりわけ重要であった過程——が、完成していたことを際立たせるのにちょうどよく役立っている。

2

ライエルの研究との類似についてすでに言及した、最初期の研究のいくつかにおいてさえ、ブロンは異なる累層が含む動物相間の類縁の度合を評価するという問題に、数量的手法を適用しようとしていた。またの編纂的な著述はどれも、生物の変化はいつでもどこでも基本的に漸進的な過程をとり、漸次的な古い種の絶滅と新しい種の生成によって行なわれるという変わらぬ信念を表明している。だが彼は漸進的変化の「斉一性」が、生命の歴史の定常的描像という斉一性を必然的にともなうと仮定する、ライエルの誤りを決して犯さなかった。漸進的変化は全体の定向的発展と結びつけられるかもしれないが、その真偽を決めるのは事実そのものであった。ブロンの自意識過剰の経験主義——当時の科学者の間ではたしかにありふれたものであったが——は、彼が受賞論文のために「自然に教えられる」という題辞を選んだことの中に意図的に要約されていた。しかしそれはあらゆる理論化を忌避する不毛な経験主義ではなかった。それどころかブロンは自然の活動の一般化された「法則」を引きだすために、自然が彼に教えた証拠を順序よく配列したのであった——実際に懸賞の文言が要求していたように。

事実にもとづく証拠を大部の目録の形で紹介したのち、ブロンはあらゆる理論的問題の核心、すなわち新しい種の生成に責任のある「創造力」(Schöpfungs-Kraft)の本性へとただちに突き進んでいった。ブロンがこの「創造力」という語を使用したことはきわめて重要である。ダーウィンが種の起源に関する著書の出版を準備していた当時、その問題が一般にはどのような用語で議論されていたかをこれは示しているからである。大陸の科学を知らなかったためか、あるいは自己の案件の説得力を強化するためか、ダーウィンは自説をそれに反対するただの藁人形とともに提出した。すなわち「自然選択」を用いた緩慢な種横断的進化か、さもなくば大地の無機的な塵をもとにした、神みずからの新種の創造かというように。ダーウィンによる自己の案件のこのような陳述は大成功を収めたので、後世の科学者や歴史家は、少なくとも英語圏の国では、彼の基本的に論争的な議論をしばしば額面どおりに受けとめてきた。しかし実際には、この論争はそれほど明確に分極化していたわけではない。一八五九年以降、リチャード・オーウェンのような科学者が、自分たちはある種の進化を受けいれる用意は充分にできているものの、それはダーウィンの進化の機構ではないと抗議したとき、彼らは理屈に合わない新たな立場にあわてて退却していたのではなく、ダーウィンが自然選択のアイデアを導入する以前に彼らが抱いていた見解を再説していたにすぎなかった。したがってブロンの「創造」という語が、彼がすべての種の「特殊創造」を信じていたことを表わしているという結論に飛躍するのは誤りである。それどころか彼はそのようなものをはっきりと否定し、「二次的」作因を使用して創造の結果を生みだす創造主の方が、被造物に対し連続的あるいは周期的に干渉しなければならない創造主よりも崇高であるという、一九世紀の一般的な見解を(ダーウィンと同様に!・)採用していた。「創造力」は、その結果が革新的であるという意味で創造的であった。しかしそれは断固として自然的作因であった。

むろん真の困難は、いかなる種類の自然的作因でありうるのかを定めようとするときに始まった。(5) ブロンはラマルクの転成説にも、ジョフロワによるその修正にも、またそれが植物学者フランツ・ウンガー(一八〇〇―一八七〇）のような同時代の少数の科学者から支持され続けていることにも充分に気づいていた（ブロンはチェインバーズの通俗版には言及していないが、おそらく知らなかったのであろう）。だがそのような理論はすべて、堅固な事実という岩礁に乗り上げて水没するようにブロンには思えた。種内変異が一時的に区別される品種以上のものにかつて行き着いたとか、生命の最も単純な形態が非生物的素材からかつて「自然発生的」に生じたなどという、現在主義的な証拠は少しも存在せず、古生物学も化石証拠を提示することがまったくできなかったからである。

転成は科学として受け入れ難かったため、ブロンは方向を転じ、ニュートン物理学の方法論的伝統を利用しながら、解決に向けなんとか突き進もうと努力した。ここがブロンの「創造力」という語の後半の部分――「力」――について正確な解釈が必要な箇所である。この語が関連しているのは物理的なものであって「生気論的」なものではない。ブロンは創造力と、重力や化学的親和力などの物理的な力との類比を明確に使用した。われわれはそのような力すべての究極の本性をまだ知らないままであるかもしれないが、その成果を研究することにより、それらを理解しようと努めることは可能であると彼は論じた。最初期の発現においてさえ、創造力の「原初の産物」は多様でそれらなりに「完全」であったとブロンは主張した。言い換えれば「初生の」種すなわち初期「シルル紀」の種は、生物の不完全な原基ではなく、のちの任意の種と同じく明らかに環境に適応していた。その後の地質学的な歴史は、ある種の合理的計画に従って作用するように見える、創造力の連続的成果の刻印を帯びている。生命の歴史におけるこの計画ないし様式は、均衡のとれた生態学的集団を常に維持しながらも、絶滅種がより多様かつ「高等」な生命の形態によって、連続的に置き換えられたことを特徴としていた。

だがこのようなすべての定式化は、用いられている概念についていくつかの非常に大きな問題を回避しているので、ブロンは自己の解釈の中の二つの重要な変動要因を明確にするよう努めた。その第一は「相対的完成度」の概念であった。すなわち生物の形態の階層性というなかば直観的なかば伝統的な生物学的概念に、どのような正確な意味が付与されるのか。生物の異なる分類群に関してであれ、器官や生物全体の異なる形態についてであれ、あるいは個々の生物の異なる成長の段階に関係してであれ、「下等」と「高等」、「単純」と「複雑」という語によって何が意味されるのか。[6] また階層性の概念は、環境に対する適応の概念とどのように関連しているのか。ここで何らかの明確化がなされなければ、化石記録が生命の「前進的発展」の証拠になりうると考えることは不可能であろう。第二の基本的な変動要因は地質学的なものであった。すなわち「発展」とは生物の外的環境との関連で何を意味するのか。生物の潜在的な生息環境として、地表は地質時代の間にどのように変化してきたのか。

ブロンは古生物学の具体的な証拠が、生命の歴史に関する一〇個の「二次的法則」や一般化の系列を例示し、そのすべてが前述の基本的変動要因の一つあるいは双方を内包していることを示そうと努めた。利用可能な最善の証拠にもとづき、植物と動物はその生態学的な相互依存から予想されるように、地球史の同じ（初生すなわちシルル紀の最初の）時期に初めて出現したことを示唆した。次いで彼はその後の化石記録と、徐々に冷却する地球についての地質学的証拠とを関連づけ、連続的な動植物相が、漸進的な気温の低下と増大する気候の多様化をいかに示しているかを明らかにした。種が客観的な自然の単位として実在していることを説きながら、彼は次に種の生成と消滅は連続的に起こり、速度の変動はほんのわずかしかなかったこと、したがって生物界はきわめて漸進的に現在の状態に近似するようになったことを示した。言い換えれば、大量絶滅や大規模な新種生成の時期はまったく存在しなかった。幾分かは、この発展は増大する分類学的多様性の一部であり、それは地表の前進的な物理的多様化に、また間接的には、その結果として生物間の生態学的関係がますます複雑になったことと関連づけることができた。だが生物界の発展は、陸上の生息環境への定着が次第に増大する顕著な「向陸的」傾向と、さらに各主要分類群の内部ではより複雑な生命の形態へと向から真に「前進的」な傾向も示していた。

化石記録の詳細な記載と解釈に根拠を置くこれらすべての一般化から、ブロンは二つの結論的な「基本法則」を導いた。一つは生物が提示する特定の適応とはかかわりなく、各生物分類群の歴史の中に明瞭に見分けることができる、前進的傾向を支配する内因的「法則」であり、もう一つは利用可能な環境に関連し、生物の適応的潜在能力を支配する外因的「法則」であった。第一の法則は、真に新しくより複雑な形態の生物の出現を説明するという意味で、「肯定的かつ生産的」であった。第二の法則は、過去においてそうであったような、また時間の経過とともにそうなったような世界が与えられれば、生物のいかなる潜在的形態が実際に生き残れるかを決定するだけであるという意味で、「否定的かつ禁止的」であった。これらはその成果において観察された、創造力の基本的な特性であった。その力の正確な本性は知られないままだったにせよ、たしかに知りえないものではなかった。

3

ブロンが化石記録の解釈を提示した一般的な形式は、彼の読者になじみのないものと感じられることは少しもなかったであろう。彼が創造力の働きを、率直に因果的な理論によってではなく、現象学的な「法則」によって定義しようと努めたのは、この時代に特有の風潮であった。そうすることで彼は生物諸科学において確立していた伝統に従ってもいた。その伝統は発生学においてとりわけ適切であり、発見に大いに資することが判明していた。一九世紀を通じて発生学と古生物学との概念的なつながりは、類比の豊かな源泉を提供した。これは胚の成長と地質時代双方における生物の定向的な変化を記述するために、同じ用語(evolution, development, Entwickelung など)が使用されたことに反映している（ついでに言えば、これは歴史的混乱と誤解の絶えまない原因でもあった[7]。二つの科学は生物が誕生する過程を理解することにかかわるものであり、どちらも異なった水準で、生物の形態と機能における多様性や斬新さが、時間の経過とともに出現することを説明するという問題に取り組んでいた——個体の生活史という短い時間尺度か、化石記録という長い時間尺度かの違いはあったにせよ。

発生学において、発生という極度に複雑な現象を、粗雑な因果的・機械論的用語によって説明しようとした初期の試みは、不毛なものとして捨て去られていた。そして発生を特徴づける現象学的「法則」や規則性を引きだすために、発生の実際の様式をより正確に記載することへと関心は移っていた。このような伝統の最も影響力を発揮した著名な例は、カール・エルンスト・フォン・ベーア（一七九二—一八七六）による四つの「法則」の定義であり、それは実際には胚発生を、より一般的なものからより特殊なものが徐々に分化する過程として要約したものであった[8]。この上なく詳細な記載をもって、フォン・ベーアは個々の生物が発生の間に「存在の階梯」を上昇するという、旧来の信念を効果的に粉砕した。それどころかキュヴィエによって定義された主要な区分（embranchements 門）は、成体においてと同じく発生の初期の段階でも明瞭であった。

こうしてフォン・ベーアが他の何人かの著名な科学者（たとえばジョフロワ、パンダー〈一七九四—一八六五〉、アガシ）と同様に、発生学と古生物学双方において研究していたことや、ブロン自身が古生物学的研究の成果を、発生学において確立していたものと類似した「法則」の言葉で表現していたことは偶然ではない。チェインバーズの例に見られるように、そのような類比がときにひどく誤用されたとしても、二つの分野で因果的機構より現象学的「法則」に関心を集中させたことは、疑いもなく研究にとって賢明な方針であった。胚発生の過程で起こる形態の変化や、地球の歴史において起こった動植物相の変化について、不充分な事実資料にもとづいて因果的説明を試みるより、その変化の根底にどのような規則性が存在するかを、まず第一に正しく確立することの方が重要であった。

このような伝統は、のちにダーウィンの理論に留保を表明した人々だけの特色と解されるべきではない。それどころか同種の定式化は、アルフレッド・ラッセル・ウォーレス（一八二三―一九一四）が一八五五年にサラワク〔ボルネオ島北西部の州〕から送付した、有名な論文の中にも見ることができる。この簡潔な試論においてウォーレスは、種が地理学的・地質学的に分布している事実が、「すべての種は先在するきわめて近縁の種と、空間的にも時間的にも符合して誕生した」という「法則」を示唆していると主張した。ほぼ間違いなく、彼はある種類の種横断的進化が、この「法則」に対し因果的に責任を負っているとすでに確信していた。だが彼が「創造」という用語や「法則」を使用していることは、彼の真の信念を隠すための策略だったと推測する理由はない。それどころか彼は「創造」の性格を現象学的な規則性の観点から定義し、種の起源の本性を限定しようと努めることにより、同時代の科学者の多く（ブロンも含めて）と同じことをしていたのであった。この問題のこのような議論は、宗教的理由によって禁忌なのではなかった。少なくとも科学者の間では、「創造」はある種の自然的な過程でなければならないと一般に考えられていた。科学者共同体において疑いの目で見られていたのは、この過程に関する節操のない思弁だけであった。一八五五年のウォーレスは、提起すべき因果的機構がないことを知っていたので、何一つ示唆することができなかった。しかし三年後に、自然選択のアイデアが突如彼の心に浮かんだとき（およそ二〇年前、それとは独立にダーウィンに同じ事態が訪れたように）、ウォーレスは科学雑誌の一つに発表されることを期待して、その主題に関する論文をイギリスへ送ることにためらいを感じなかった。その問題についてのこの第二の試論こそ、ダーウィンとの共同論文に形を変えて一八五八年にリンネ協会で読みあげられ、自然選択説の最初の公的な解説となったものである。[9] これがその際物議をかもさなかったという事実は、当時の生物学者たちの知的無気力や蒙昧主義を示すものと受けとめられるのが通例である。しかしそうではなく、それは種の起源の様式をめぐるそのような議論がすでになじみのあるものであり、この論文に提示されている事例だけからでは、この新しい仮説が他の仮説より妥当なものであることは、即座に明らかではなかったことを示していると見なすことも可能である。だがいずれにしろ、自然選択に関するウォーレスの論文が登場したため、ダーウィンは「自然選択」と題された大著のゆっくりとした準備を取りやめ、『種の起源』として一八五九年に出版される説得力のある「要約」を急いで仕上げることになったのである。

4

古生物学が提供する証拠をダーウィンがどのように取り扱ったかを考察する前に、ブロンによる総合は当時の古生物学的見解の一般的状況を正確に表現しているので、その主要な特徴を要約しておくのがよいだろう。彼以前のライエルやキュヴィエと同様に、ブロンをはじめとする一八五〇年代のほとんどの生物学者は、自然誌における単位として種が客観的に実在していることを確信していた。部分的には、狭い種の限界を越える変異性について積極的証拠が存在しなかったからであるが、もっと根本的には、他のいかなる結論も、すべての種が適切な生活様式に「適応」しているという強い感覚に矛盾すると思われたからである。この感覚はときには――常にではないが――「デザイン」という伝統的な言葉で表現された。しかしそれは自然神学のためにデザインの証拠を利用したいという欲求に劣らず、適応の驚くべき複雑さについての生物学者たちの経験に根拠を置いていた。ジョフロワ的な理論が含意していると感じられていたように、これほど複雑に調整された生物の機構が「運」や「偶然」によって誕生したという考えは、文字どおり想像もつかないことであった。ブロンとその同僚たちは、創造力がどのようなものであれ、それには新たに生成されたそれぞれの種の正確な適応を、統御する力が含まれていなければならないと感じていた。ひとたび生成されれば、種は変異性の限界の外部ではもはや生存できないため、必ずやその変異性の内部に限定されるであろう。

ブロンは種が実在することだけでなく、地質時代の動植物相の変化が漸進主義的かつ漸次的であったことについても、ライエルの立場を受けいれた（より正確にいえば、両者とも意見が一致することに固執した）。ここから必然的に、両者は累層間の突然のように見えるすべての変化を、純粋に偶然のものと解釈することになった。そのような変化は、エリ・ド・ボーモンやアガシといった次第に少数派となっていた科学者が信じたような、広範囲ないし地球的な規模でさえある、紛れもない突然の出来事に起因するのではなかった。それらは生物界が通常どおり少しずつ変化していた期間を表示する地層が、局地的に欠如していたことの当然の結果にすぎなかった。

だが化石記録の不完全さの度合について、ライエルとブロンは鋭く対立していた。ライエルは生物界が定常的な歴史を有するという独自の信念に依然として固執していたため[10]、化石記録がきわめて不完全——生命の歴史において「進歩」のように見えるものは純然たる錯覚にすぎないほど——であるという見解を、これまた執拗に主張しなければならなかった。だがこの見解は年を経るごとにますます批判に耐えられなくなっていた。皮肉にも、生命の歴史に「進歩」はなかったとするライエルの信念の信用性を失わせる主な原因となったのは、緩慢で漸次的な生物の変化に対する彼の信念が立証されたことであった。既知の系列の中に挿入することができる、動植物相をともなった新たな累層の発見は、どれも漸進的な生物の変化だけでなく、化石記録が比較的完全であることに対してもさらなる証拠を提供した。むろんブロンをはじめとする古生物学者たちは、記録が本来的に不完全であること、すなわち生物の分類群全体が、例外的な条件のもとでしか保存されなかったり（たとえば昆虫）、そもそも化石としては保存されなかったりすることをライエル同様によく知っていた。だがこのことは、容易に化石化される骨格部をもつ分類群の歴史の概略を示す証拠として、化石記録が適切であることに対する彼らの信頼の増大に影響を与えなかった。言い換えれば、化石記録は完全とはほど遠いものの、一定の限界の内部では、生命の過去の歴史の見本として、年を追うごとにより信頼できるものになりつつあることを彼らは認めていたのである。

この見本は、生命の歴史にある種の「進歩」がかつてあったことを明示しているように思われた。いくつかの分類群（とりわけ脊椎動物）の内部では、ますます「高等」かつ複雑な体制をもつ綱が時間の経過とともに次々に誕生し、もっと多くの分類群では、少なくとも分類と適応の多様性の増加が見られた。他方でこの「進歩」には一定の限界が存在した。とりわけ知られている最初期の生命の形態は、主要分類群のいずれかにすでに明白に属しており（フォン・ベーアが語る胚の初期の段階と同様に）、その後の形態に比べて明らかに「不完全」でも、不充分に適応しているのでもなかった。それが原基的な「単細胞」から徐々に発展してきたという証拠は存在しなかった。しかしライエルが、すべてのラマルク的な理論は以前にもまして支持されないという確証を得て満足したとしても、彼は最初期の地層についての同様の地質学的研究が、生命の歴史の最初の「数章」は変成作用によって破壊されたとする彼の仮説に対する反証を、ますます頻繁に語っていることを知って困惑させられたに違いない。変成作用が火成活動や造構活動に付随するという事実は、地質学において認められるようになっていた。しかしマーチソンやセジウィックなどが記載していた非変成堆積物は、古生代の最初期の地層までさかのぼったとき化石記録が減少するという現象を、変成作用のみでは説明できないことを如実に示す累積的証拠であった。これは地球上の生命の始まりが、その歴史ののちの時代と同様に、適切に（完全にではなくとも）保存されてきたことの紛れもない証拠と思われた。ライエルはこの証拠の存在を巧みに釈明するために、知的曲芸にますます磨きをかけ、化石記録は極端に不完全で信頼できないことを繰り返し主張しなければならなかった。しかしブロンと他のほとんどの古生物学者にとって、そのような曲芸は必要ではなく、化石記録はたしかに欠けた部分はあるが全体を誤解するほど断片的ではない、一冊の本として（すべての党派の著述家にとってお気に入りの比喩）ありのままに読むことができたのであった。

化石記録のこのより楽観的な評価によれば、すでに暗示されていたように、種の漸進的転成というラマルク的な理論は決定的に根拠を欠いていた。連続する地層をくまなく探しても、ある種が別の種へ徐々に変化したという化石証拠はなかった。また――はるかに深刻なことに――異なった型の解剖学的体制をもつどの主要分類群も、共通の祖先をもっていたという化石証拠は存在しなかった。

むろん異なる綱の生物の間にある種の「類縁」があることを示唆するような、他の資料からの証拠が存在しなかったわけではない。それどころかキュヴィエが比較解剖学の研究を体系化して以来、各門の内部の異なる綱（たとえば脊椎動物の内部の哺乳綱、鳥綱、爬虫綱など）は、解剖学的構造の多くの特徴を共有し、そのような類似は個々の種の適応的かつ一時的な変異とは独立していることがよく知られていた。現在から見ればこのような相同の存在が、当該の綱に共通する進化的起源があったことを示す証拠へと、いかにして変貌したかは容易に理解できる。しかし当時にあってこの結論は自明ではなかった。原型の観点からするオーウェンの代替的説明の方が、はるかに満足のいくものと一般に感じられていたからである。

5

進化論は科学としてまともなものであるだけでなく、妥当なものでさえあることをダーウィンが科学者共同体に納得させねばならなかったのは、このようにいくぶん不都合な知的風土においてであった。一八五〇年代のなかばまでに、ダーウィンは著名なナチュラリスト、多少の独創性を備えた地質学者、有能な生物分類学者として知られ尊敬を集めていた。二〇年前のビーグル号による航海は、たとえば山の隆起や生物地理学の問題のような、当時のほとんどのナチュラリストの心を動かしていた大規模な地質学的・生物学的現象について、彼に生き生きとした直接的体験を与えたという点でとりわけ重要であった。彼自身による観察は、独創的というより注意深く適切なものであり、種に関する彼の思考がとくに非正統的であった証拠はほとんど見あたらない。その航海に由来する、科学的論争に対する彼の数少ない独創的貢献の一つは、サンゴ礁と環礁のきわめてライエル的な解釈であった。イギリスへ帰国したあと、彼が科学界にはじめて知られるようになったのは、かなり前途有望な地質学者としてであった。

だがその後出版するために航海の科学的成果を詳述するうちに、彼はますます種の問題の重要性に気づくようになり、有名な一連のノートにおいて、その題材について自由に思索し始めた（その方法は、自分の取り組み方は冷静な「ベーコン的」事実収集の一つだったとするずっとのちの回想とは、奇妙なほど対照をなしている）[11]。種内変異に本来的な限界があるという慣習的な信念をひとたび疑い始めると、彼には食糧供給と人口の繁殖率との相互作用に関するマルサス（一七六六—一八三四）のかなり以前の論評と、動植物の種との関連が理解できるようになった[12]。一八四二年までに、育種家が動植物の血統を改良するために行なっていた人為選択と直接的に対比される、野生における「自然選択」という彼の仮説は、種生成の因果的機構を明らかにする理論の中心的公準として、概略を記される用意が整っていた[13]。

この最初の「スケッチ」においてさえ、彼が以前に行なった地質学的研究は決定的役割を演じている。変種や品種から新しい種が生成されるという彼の仮説は、裾礁*や環礁を漸進主義的な単一の過程の異なる段階とする彼の解釈に類似していた。しかしより重要なのは、彼が大陸の隆起と沈降の斉一説的な仮説を、ラマルク的転成に対するライエルの反論を回避するための装置として利用したことである。ライエルはたとえ変異に本来的な限界がないとしても（彼はそれを疑っていたが）、環境の変化は新しい形態への種の転成を生みだしはしない、なぜならその新しい形態は、新しい条件にすでによりよく適応している他の種の侵入によって、根絶させられてしまうからであると主張していた。だがダーウィンは、海面下から徐々に出現する大陸には、この議論は適用できないことに気づいた。そのような大陸の最高地点が、徐々に拡大する島域というかたちで出現するあいだに、当初は限定されていたその地の動植物相は、絶えず多様性が増大する生息環境を与えられるであろう。それでも地理的に隔離されているおかげで、その動植物相は新しい生息環境にすでに適応している種との競争は免れていると思われる。したがってそのような島域ほど「新しい種の発生に好都合な場所はなかった」。逆に海面下に徐々に沈降している（熱帯地方に位置していれば、沈降のしるしとして裾礁や環礁をあとに残しながら）大陸は、種形成に最も適していない地域であろう。

この仮説のライエル流の定常的形式が、次にはダーウィンに思いがけない説明の仕方をもたらした。というのも陸生生物が化石化する機会は、種形成が起こっている隆起地域で最も少ないのに対し、そのような生物が最も保存されやすい条件は、種形成が行なわれていない沈降地域にあると彼は確信していたからである。この議論は、すべての漸進的転成仮説に対する最も強力な反論の一つを、巧みに処理するように思われた。すなわち仮定された状況では、転成の直接的な化石証拠が著しく欠けていても不思議ではなかったからである。実際にダーウィンは「もし過渡的な形態が」少しでも保存されていたら「驚くべきことだろう」と記していた。

ダーウィンはこの段階にあっても、古生物学が進化論に援軍を送れずにいることに明らかに悩んでいた。「一部の地質学者の見解が正しいなら、わたしの理論は放棄されねばならない」と自戒の言葉を書き綴っていた。ここで言及されている見解とは、化石記録は明白な地域的空隙と本来的不完全さを有するにもかかわらず、年ごとに信頼性が高まり（相対的に）完全になりつつある、生命の歴史の見本であるという一般的な意見にすぎなかった。このような意見をものともせず、きわめて緩慢な種横断的進化に対するダーウィンの信念は、彼が「極端にまで押し進められたライエルの教義」と呼ぶもの、すなわち化石記録はライエルが信じていた以上に断片的で、信頼に値しないという主張を彼に強制することになった。先に見たように、化石記録はたしかに多くのページが失われているが、さらなる探究が徐々にその空隙を埋め、全体としては本文を改善しつつある一冊の本と一般に想像されていた。ライエルはこの自信に満ちた楽観主義に反対し、各章では数ページだけが保存されてきたように思われると論じていた。ダーウィンは記録の断片的性質をよりいっそう強調せざるをえなかった。しかし彼はいかにも彼らしく「地質学が物語の終わり近くの［一つの］章の数ページしか提供しないなら……事実はわたしの理論に完全に一致するのである」と結論し、困難な状況においても最善を尽くしたのであった。

このように一八四二年の自説の「スケッチ」においてさえ、種の問題に対する古生物学の寄与を考察する際に、ダーウィンはすでに消極的証拠に大きな期待を寄せなければならなかった。二年後の一八四四年に、彼はその「スケッチ」を注意深く構成された「エッセイ」へと増補したが、それはもし（恐れていたように）その主題に関するもっと完全な論文を完成する前に自分が死んでしまったなら、公表されるはずのものであった。[14] いくつかの要因が重なり、ダーウィンはこの完全な版の出版を遅らせていた。気質からして彼は慎重であった。彼は自説が、大事に育てられてきたいくつかの科学的前提、とりわけ変異性には本来的に限界があるという前提を必然的に拒絶することに気づいていた。その説が、正確に協調しデザインに満ちた適応のすべての側面を、運と偶然に依拠していると見えるような、したがってとくに人間に適用された場合には形而上学的にも神学的にも不快と感じられるような、機構によって説明すると主張していることをも自覚していた。それゆえその理論は大量の詳細な証拠によって支えられない限り、説得力をもちえないことを彼は理解していた。だが結局のところこのようなすべての要因は、チェインバーズの思弁が、ダーウィンの大いに尊敬するほとんどすべての科学者によって、当然ながら冷笑的に取り扱われたことで強められた。ダーウィン自身の理論は、科学者共同体を説得したいと思うなら、チェインバーズの思弁とはまったく異なった種類のものと見なされねばならなかった。その議論の重要性と科学的権威だけによって、潜在的な批判を圧倒する必要があった。

この権威を獲得するためには、ダーウィンは自分が種内の変異や種間の識別にかかわる実際的問題について、直接的な知識を有する完全に有能な分類学者であることを示すしかなかった。そこで彼は八年におよぶ堅実な分類学的研究に着手した。だが彼が取り扱うことにした分類群は、彼の意図が単に自分の学問的資格を証明する以上のものであったことを表示している。フジツボ（蔓脚類）は無脊椎動物の初期の分類において「過渡的」な位置に置かれていただけでなく、満足のいく進化の理論で説明される必要がある、生物多様性のいくつかの特徴をとりわけ明瞭に例示していたことによっても、きわめて適切な分類群であった。フジツボは生活史の初期の段階ではかなり標準的な甲殻類型の幼生であるが、後期の段階では恒久的に固着性となり、脚を複雑な食物収集装置に変換し、標準的な自由遊泳生活に関連した機能と器官の多くを失うことがすでに知られていた。「下等」あるいはより複雑でない存在形態と見なされるものへのこの奇妙な「退行」が、進化の観点から説明されるべきであるなら、「進化」は前進的な傾向に加えて、退行的な傾向をも考慮しなければならないであろう。だがこの退行は、他の生物における前進的傾向と同様に明白に適応的である――フジツボは明らかに成功を収めた分類群であり、その固着性の生活様式に見事に適応している――ので、これは複雑性へ向かう進化的変化と同じく単純性へ向かう進化的変化の根底にも、単一の因果的説明が存在することを示唆していた。言い換えればフジツボは、同じ種類のマルサス的な選択圧が、双方の種類の変化の原因でなければならないという、ダーウィンの仮説を確認する証拠となるように思われた。

これは問題全体の調査事項に、決定的な変更が加えられたことを含意していた。ラマルクは環境の要請によって二次的に修正された、生物本来の「前進的改良へ向かう傾向」を仮定することが必要であると感じていた。ブロンの二つの「基本法則」は、たとえ彼がラマルク的転成の可能性を拒否していたとしても、概念のレベルでは驚くほどそれに似ている。先に見たように、ブロンは本質において定向的な一つの「法則」と、本質において適応的なもう一つの「法則」を仮定していた。ダーウィンは実際には、本質において適応的な性格をもつ単一の「法則」が、特定の生物の適応的特徴だけでなく、生命の歴史における「前進的」傾向と、フジツボのような時おりの「退行的」実例双方を同時に説明すると示唆することによって、問題を語り直さねばならなかった。

この問題の古生物学的側面に対するダーウィンの関心において特徴的なのは、彼が現生と化石のフジツボの分類学に同時に取り組んだことであった。後者の研究における[15]「多様だが一定の形態を生みだす自然の尽きることのない豊かさ」への常套句的な言及は、彼の未発表の理論の急進的な性格をなんら暗示していない。だがこの沈黙は、科学においては慎重であるべしという彼の深慮だけでなく、化石フジツボは緩慢な種横断的進化のための積極的証拠をもたらさないという、単純な事実のせいでもあった。逆にそれらは種内変異には明確な限界があり、種は地質時代を通じて追跡すれば、たしかに「多様だが一定の形態」を示すという一般的見解を確証していた（図5・1）。

ダーウィンは自然の種の探究という経験的難題に専念しながら、彼の理論にとってはるかに重大な意味をもつ研究も遂行していた。彼は育種によって獲得される変異の範囲を、とくにハトにおいて考究することにより、彼にとって中核をなす人為選択と自然選択との類比の含意を探索していた。彼自身の育種実験と、育種の実際的経験を有する者たちとの広範な文通は、種の問題に関係するまったく新しい領域の証拠をもたらすはずであった。とはいえむろんその証拠の適否は、この類比の妥当性にかかっていた。ダーウィンの心中では、それは厳密な類比として妥当であるばかりか、ライエル的な現在主義に最も近い利用可能なアプローチとして、方法論的にも重要であると思われていた。ラマルクが主張していたように、種の転成はあまりにも緩慢で、人間の時間尺度ではその働きが観察できないのであれば、現在主義はまったく適用することができない。だがダーウィンは、自然の条件のもとではるかに緩慢に起こったに違いないことの加速された複製

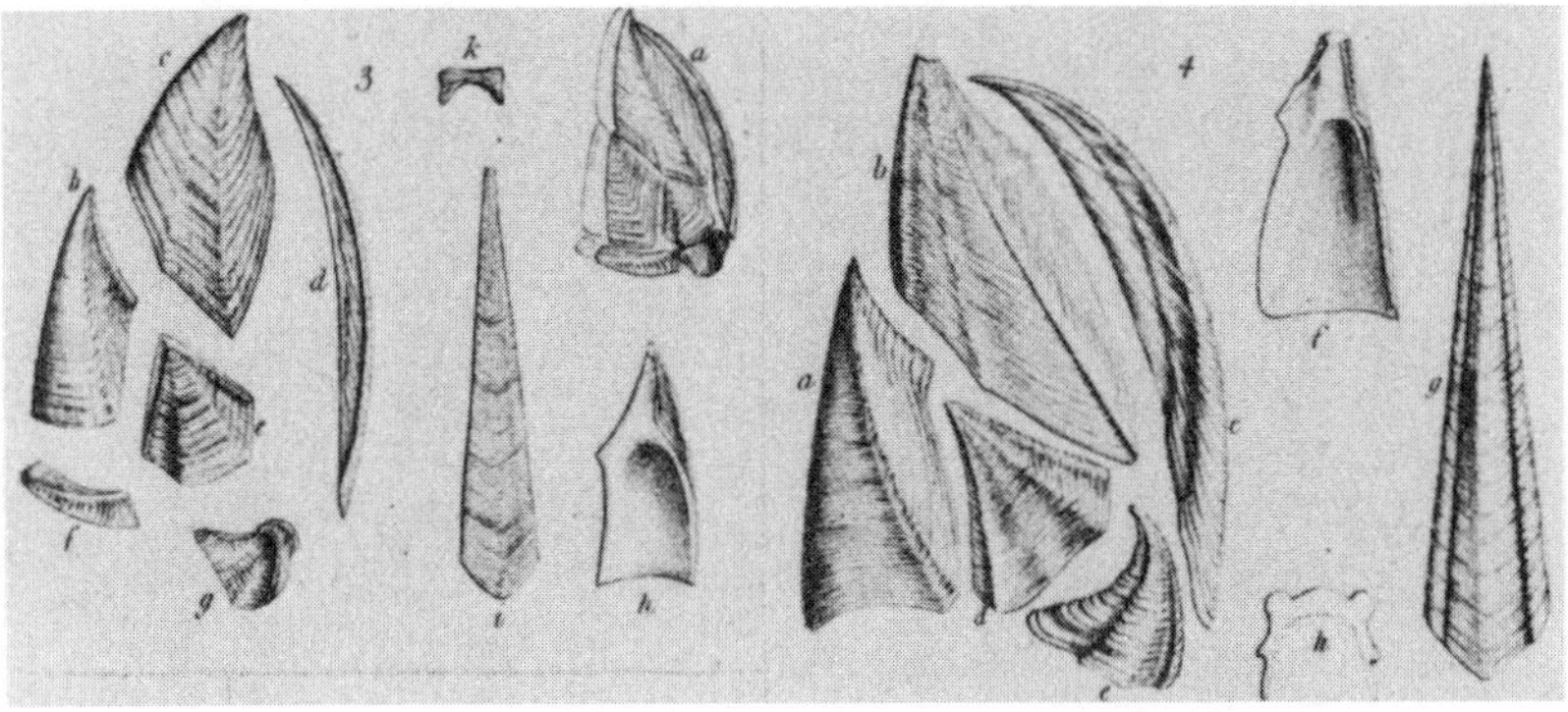

図 5.1　化石フジツボの 2 つの同族種を描いたダーウィンの挿絵，古生物分類学に関する彼の著作（1851）【15】より．始新世のスカルペルム属クアドラトゥム種（左）と白亜紀の同属フォッスラ種（右）における，相同的な「板」の形状のわずかだが重要な相違に注意．ダーウィンはこのような分離した種を「多様だが一定の形態」と呼んだ．この当時彼は自然選択の仮説に取り組んでいたにもかかわらず，漸進的な種横断的進化の化石証拠をもちあわせていなかった．

として、人為的な育種実験が役立つと感じていた。しかしこの確信は、その類比をきわめて真剣に受けとめ、「自然」（ダーウィンにおいてこの語は擬人化されがちである）が育種家の意識的な活動と直接対比できるような仕方で、「選択する」と想定できるかどうかに依存していた。[16]

6

ダーウィンは一八五六年に『自然選択』と題する大部の論考を書き始めた。しかし先に見たように、その作業の途中で彼は思いがけない事態に見舞われ、急いで「要約」である『自然選択による種の起源』を世に問うことになった。[17] より完全な著作は出版されないままであったが、そのいくつかの部分は特定の話題を扱うのちの著作の中に組み入れられた。

『起源』は実際にはダーウィンの一八四四年の「エッセイ」の拡大版であり、特徴的な議論の構造や内容の配分をその初期の草稿から受け継いでいる。全一三章（全体の要約をなす最後の章を除く）のうち八章までもが、飼育下と野生における生物の変異性、人為選択と「自然」による選択との類比、そして種レベルでの関連する問題に当てられていた。しかもそれらはこの書の核心をなす最初の八章であり、種横断的進化の機構として自然選択が妥当であることを確立しようとするものであった。その後の五章においてようやく、ダーウィンはこの小進化の理論を、化石記録や生物地理学、比較解剖学や発生学が提出する、大規模な証拠に適用することの意味を簡潔に考察している。

そのような「付随的な」話題の中で、ダーウィンの視点からすると化石記録が依然としてこの上もなく面倒なものであった。変種や品種が時間の経過の中でかつて本当に新種を生みだしたとか、種よりも高位のレベルにおける進化が、生命の歴史において観察されるすべての多様化を実際に説明できるとかいうことの直接的かつ積極的な証拠は、その素材の本来の性質ゆえに、古生物学だけが提供できることは彼も充分に承知していた。しかしすでに見たとおり、まさにこの積極的証拠こそ、古生物学が提供しないものであった。したがってその理論の初期の草稿において予示されていたように、ダーウィンは化石記録の極端な不完全さを弁護する超ライエル的な議論を、最後の拠り所とせざるを得なかった。類似した種の間の中間的な形態の欠如と、生物の主要な綱の間のよりいっそう厄介な中間的な形態の欠如を説明するために、彼は消極的証拠に大幅に頼ることを余儀なくされた。一八四二年には、そのような議論はそれなりにもっともで理にかなっていた。しかし一八五九年までに、とくに初期古生代の地層に関する古生物学的研究の進捗により、ダーウィンの見解は手前勝手な抗弁の事例にひどく似たものとなっていた。

彼の議論は生物地理学の解釈においてはより説得力をもっていた。また比較解剖学と発生学に関しては、オーウェンによる原型にもとづく解釈の「形而上学的」性格に不満を覚え、したがって解剖学的多様性の進化論的説明を好意的に見る傾向のあった読者にとって、ダーウィンの議論は納得のいくものと思われたに違いなかった。だが基本的には、彼の理論の将来性は、その書の前半が信頼できるものであるかどうか——とりわけ人為選択と自然選択との類比が妥当であるか否か――と、きわめて漸進的な種横断的進化を示す積極的証拠の欠如を回避するために、地質記録が不完全であることを全面的に利用したダーウィンを、受け入れられるかどうかにかかっていた。

『起源』が異例の状況のもとで出版されたことは、他の場合では得られなかったであろう大きな利点をダーウィンの理論に与えた。その書は短く、さほど専門的でもなかったため、プロの科学者共同体だけでなく、広範な読者層にとっても近づきやすいものであった。その理論は当初予定されていたような形態で発表されていたら、生物学の外部の思想の潮流にあれほどの衝撃をもたらしたかどうかは疑問である。これに対してその理論が実際に発表された形態は、当然ながらダーウィンの同僚科学者たちを失望させた。彼の著作の文体は、ライエルの著作以上に弁護士の文体であった。しかし読者があとを追うようにと促されている、説得力に富み想像力豊かな思考の流れは、ライエルの場合とは異なり、包括的で詳細な証拠や、他の科学者の著作の完全な引用によって支えられてはいなかった。それでも他方では、『起源』は独創的な科学的研究の著作であることを主張し、元来は科学の通俗化のための作品ではなかった。

だがダーウィンの同僚科学者たちは、その発表の形態が慣例に従っていないことを理由にして、彼の議論を拒絶するほど狭量ではなかった。詳細な証拠資料の欠如を残念に思い、より完全な著作の出版を期待したとしても、彼らはダーウィンの仮説の重要性を認めていた。たとえばブロンは、その仮説は科学者共同体によってできる限り広範に考察される価値があることをすぐに見てとり、当時の科学界の主要言語において利用可能になるようにと、早くも一八六〇年に最初のドイツ語版を出版した。ブロンはダーウィンが実際には、「自然選択」はそれを通じて「創造力」が作用できる機構であると提案していることに気づいた。その機構が完全に満足のいくものであることをブロンは納得しなかったものの、それはたしかに心から賛同できる種、類の仮説であった。それが「創造力」の自然的作因の性格をめぐって続けられていた論争に対する、重要な貢献であることを彼は明確に理解した。

ダーウィンの理論を、同様の観点から眺めていたもう一人の著名な古生物学者がフランソワ＝ジュール・ピクテ（一八〇九―一八七二）――ダーウィンと同年齢の――である。広く読まれていたスイスの定期刊行物に、一八六〇年に発表されたピクテによる『起源』の書評は、フランス語圏の人々の関心をその書に向けさせることになった（『起源』のフランス語版そのものは一八六二年に出版された）。「この難解で論争の的となっている問題に関する、これほど完成された興味深い著述は久しく読んだことがない」とピクテは記し、とりわけその問題が「新しい形式で」、また進化論的思弁に「ありがちな定型的議論からいわば解き放たれて」提示されているという理由で、ダーウィンの著作を賞賛したのだった。言い換えれば『起源』の前半は、現生種の変異性に考察を集中し、自然選択の概念を導入することにより、その問題に関係する新しい分野の証拠をもたらしたのであった。(18)

ピクテはダーウィンの議論が非常に説得力に富んでいると考えた――といってもある点まででであった。すなわち「彼の想像力がわたしの想像力より迅速に進み、わたしには既知の事実に合致するとは思えない、いくつかの結論を彼が導く瞬間が訪れた」。ピクテには一時的な変種が、自然選択の影響のもとで、実際に恒久的な新種になりうることを信じる用意はできていた――彼自身がずっと以前に、高い評価を受けた『古生物学概論』（ダーウィンが草案的「エッセイ」を書いたのと同じ年に出版された）の中で、種間進化の何らかの機構が可能であることを表明していた。(19) しかし次いでダーウィンの書の中には「事実の注意深い検討から最も極端な理論的帰結へと、読者が移ることを求められる突然の飛躍」が存在した。「かたくなな論理」に駆り立てられてダーウィンは、種間変化のレベル――これはピクテも即座に受けいれた――から、少数あるいは単一でさえある原初の類型に由来するすべての生命の形態の進化までの、あらゆる局面に自己の仮説を外挿した。理論のこのような極端な拡張は、重大な困難を引き起こした。根本的に新しい機能をもった器官が、中間の段階で生物の生存能力を致命的に失わせることなく、いかにして漸進的な推移によって形成されたのか——鰓《えら》から肺、前肢から翼というように。実は生存のための闘争を（ダーウィンがしたごとく）強調すればするほど、この長年にわたる反対意見は激しくならざるをえなかった。それでもピクテはより大きな各分類群内部では、すべての種が共通の起源をもつことを示す、強力な間接的証拠をダーウィンが整理したことには同意した。その理論は比較解剖学や発生学、さらには古生物学のいくつかの証拠に適用した際、説明として大いに役立っていた。このことは奇妙なジレンマを引き起こした。すなわちある根拠によって非常に魅力的な理論が、他の根拠によれば科学として受け入れられないことになるのである。それでもどのようなよりよい代案が提起できるのか。「ここではわたしはより無力であり、ほとんどなす術がないと感じているというのが、この不可解な問題に対するありきたりの結論である」とピクテは述べる。にもかかわらず彼は自己の見解をためらいがちに次のように言い直している——変異性に関するダーウィンの研究が、その効果を実質的に拡大した「通常の発生」[*]の「力」は、「創造力」の作用によって時おり補完されねばならないが、この「創造力」だけが、基本的に新しい型の体制が突然生成されるように見える事態を説明できるのであると。この第二の「力」の本性は知られないままであるにしても、ピクテは（ブロンと同じく）それが物理的世界の他の力と同様に自然的なものに違いないことを強調した。ピクテによればダーウィン自身も、動物のすべての主要分類群の共通の起源、まして動物と植物の共通の起源を仮定することには気が進まなかった。だとすればダーウィンでさえ、ピクテのいう創造力に対し限定的な役割を暗黙のうちに認めていたのであり、両者の不一致は、実際にはその二つの作因に割りあてるべき相対的役割の違いだったことになる。

ピクテの書評は、ダーウィンの理論に対する古生物学者たちの——そして他の多くの生物学者たちの——典型的な反応を例示している。その理論は小規模の変化の説明としては妥当なものであった。しかし適用される規模が大きくなればなるほど、それを信じることは困難になった。自然選択によって作動する種内変異が、かなり類似した形態や習性をもつ新種を生みだすかもしれないと想像することは比較的容易であった。だがたとえその目的のために何百万年という年月が認められたとしても、主要分類群の生物の根本的に異なる解剖学的・生理学的体制が、同様の手段によってどのようにして生じえたのかを、思い描くことははるかに困難であった。よりいっそう深刻なことに、化石記録はそのような漸進的推移の証拠を何ひとつ提供できなかった。

この最後の論点はジョン・フィリップスによっても採りあげられた。彼はいまやイギリスにおける指導的な古生物学者の一人であり、オックスフォードの地質学教授にまで昇進していた。一八六〇年、地質学会の会長でもあったときに、彼はケンブリッジで「地球上の生命、その起源と変遷」についてリード講義を行ない、その中でダーウィンの理論に照らして最近の古生物学の証拠の再検討を試みた[20]。ダーウィンは化石記録の不完全さをひどく誇張していると彼が主張したとき、当時のほとんどの古生物学者は同意したであろう。化石記録はたしかに不完全だったが、大体のところでは、とりわけ有殻海生動物については、きわめて緩慢な種横断的変化に対するダーウィンの信念が妥当であるか否かを、充分に検証できるものであった。そのような推移を示す積極的な化石証拠が存在しなかっただけでなく、もっと深刻なことに、古生代の生命の知られている最初期の形態が、すでに非常に複雑な生物だったことはいまや明らかであった。またより単純な先行者の不在を、最初期の岩石が変成したせいにすることはもはやできなかった。フィリップスによる化石記録の再検討は、彼が地質時代の長大な規模に充分に気づいていたことを明示している。だがだからといって、記録の空隙を強調し、その記録が提示する難問を回避するためだけに、ダーウィンが時間尺度を法外に増大させたことは正当化されないとフィリップスは感じていた（図５・２）。

7

一八六〇年にオックスフォードで開かれた英国科学振興協会の会合において、ダーウィンの友人トマス・ハクスリー（一八二五―一八九五）がサミュエル・ウィルバーフォース（一八〇五―一八七三）を攻撃した有名な挿話のメロドラマ的性格は、現在から回顧すると、科学と宗教との単純な衝突と見なされたダーウィン論争の象徴となりがちであった。実際には、そのおりに何が起こったのかを正確に知ることは困難である。ほとんどの報告はその出来事の二、三〇年後になされたものであり、それまでに発生していたひどく粗雑なイデオロギー的区分によって明らかに潤色されているからである。だがその挿話から神話的要素をはぎ取っ

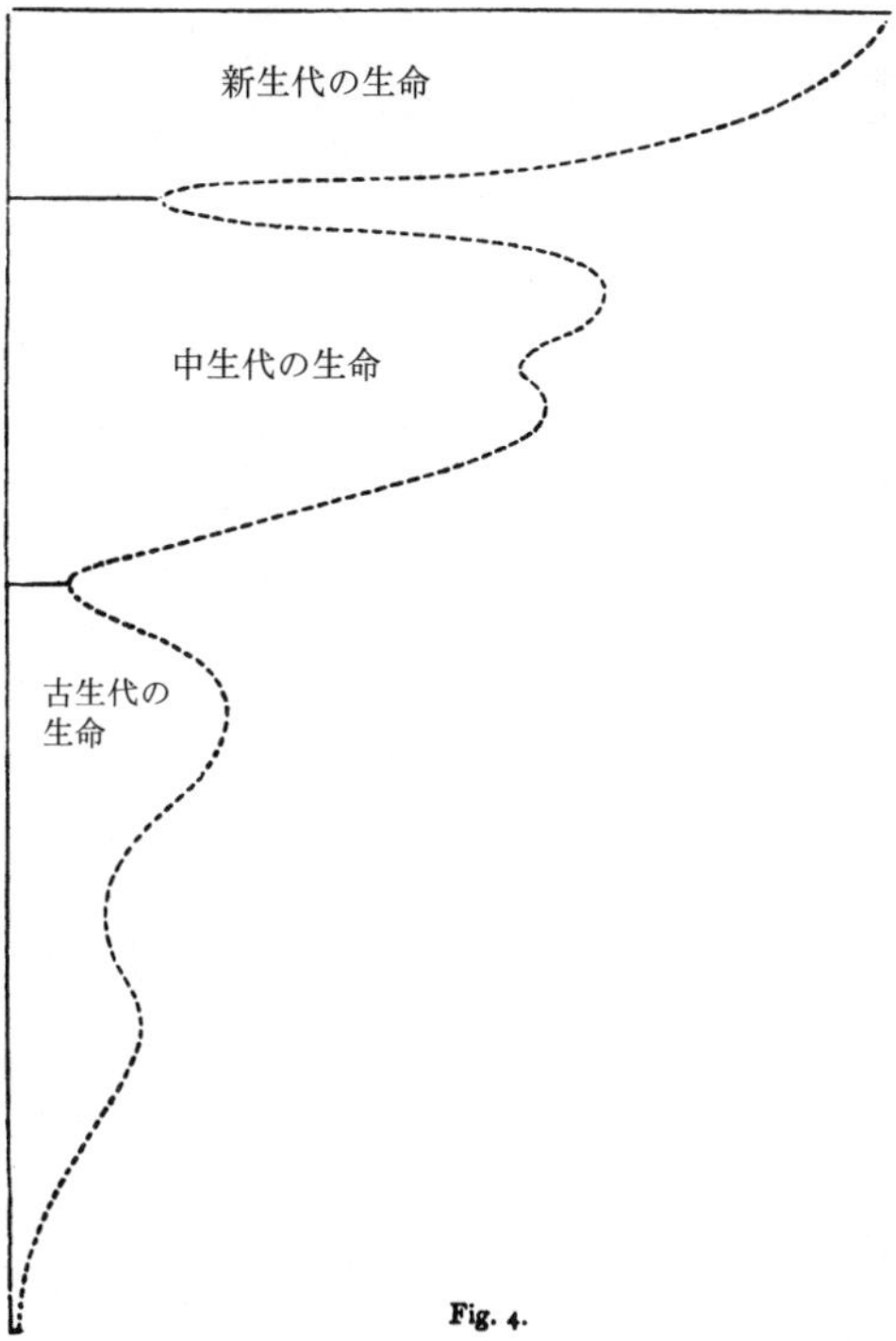

図 5.2　地球史においては生命の多様性が，変動しながらも次第に増大することを示すフィリップスの図（1860）【20】．変化の主要な局面が，生命の歴史における 3 つの大きな「代」の境界を定めている．各「代」の相対的な長さは，知られている地層の最大の厚さから推定され，総計でおよそ 1 億年と考えられていた（これは現在の*放射年代測定による値の 5 分の 1 から 6 分の 1 の短さだが，ダーウィンの見積もりは現在の 5 倍から 6 倍の長さであった）．

たとき明らかであるように思えるのは、進化論に関する当時のオックスフォード主教の滑稽な論評が、ダーウィンの擁護に立ち上がったハクスリーにとって不快であったのと同様に、出席していたほとんどの科学者にとっても当惑させられる体のものだったことである。ダーウィン論争の展開においては、科学者や学者の共同体の反応と、それほど洗練されていない階層の反応とを区別することが重要である。[21] たとえば宗教的反対と想定されたものの多くは、イギリスの知的孤立によって大陸における批判神学の急速な発展から防護されてきた、通常の聖職者や信心深い人々の保守的な反応であった。ダーウィンの『起源』は、快適に身を落ち着けてきた正統信仰の直解主義に対するより広範な脅威、すなわち『試論と評論』〔リベラルな聖職者たちによる神学論文集。原題は Essays and Reviews〕（一八六〇）の中にはるかに実質的に具現されているような脅威の、一部にすぎないと一般に見なされていた。イギリスの読書人たちの関心を、学問的なドイツ神学へとついに無理やり向けさせたこの『試論と評論』がなければ、ダーウィンの著作も科学界の外部では、即座の反響はほとんど得られなかったであろう。

だからといって『起源』に対する最初にして最も重要な批判的書評の一つを書いた（そして英国科学振興協会の演説についてはウィルバーフォースを指導したといわれている）、リチャード・オーウェンのような科学者の反対意見の中に、形而上学的・神学的要素がまったくなかったというわけではない。[22] しかしオーウェンによるダーウィン理論の批判は、聖書直解主義や特殊創造の擁護ではなかった。俎上に乗せられていたのは進化の過程の本性、とりわけそのデザインに満ちた性格であった。生物界の「計画性」に対するオーウェンの強い感覚が、どの程度まで神学的確信にもとづき、どの程度まで生物学的経験に根ざしていたのかを解明することはほとんど不可能であるし、その区別は結局のところ無意味であろう。しかしオーウェンの――そして同時代のほとんどの科学者の――胸中にあったその根拠が何であれ、彼らがそれに促されて進化の観念そのものよりも、ダーウィンによる進化の機構に反対したことは明らかである。ダーウィンの理論に不満を抱かせ、嫌悪感すら覚えさせたのは、それが偶然の変異と気まぐれな環境変化の相互作用によって、生物界のすべての「計画性」――個々の生物の複雑な適応と、生物の全歴史という壮大なドラマの双方――を説明すると主張した点であった。

したがって一八六〇年にオーウェンは『古生物学』という総括的な著作を出版した際、時間の経過とともに多様な生物が進化することの原因として、「連続的に作用する二次的な創造力」の可能性を公然と受け入れていた。[23] オーウェンの言葉は、彼がその著作にほぼ間違いなく親しんでいた、ブロンやピクテの言葉を想起させる。彼らは全員が、関係する因果的作因が「二次的」なもの、すなわち自然的なものであることをいささかも疑っていなかった。しかしオーウェンは「連続的に作用する二次的原因の結果である種」という命題と、「そのような創造的原因が作用する様式」という問題を明確に区別する必要があることを強調した。目下流布している後者の説明が妥当であると確信していなくても、前者を受け入れることは可能であった（オーウェン自身がそうしていたように）。ダーウィンとウォーレスが提示した説明は、オーウェンの見解では、主として「ある種が別の種に実際に変化したという観察は……いまだ記録されていない」ゆえに現在では不適切であった。言い換えればオーウェンは、ライエルが提供した方法論の杖でダーウィンを打擲していた。しかも進化を示す化石証拠の欠如という、最大の弱点を突いていた。むろんダーウィンは、地質時代の長大な規模と化石記録の不完全さをライエルが強調したことに訴えてその弱点を覆い隠そうとしたが、それは手前勝手な抗弁のように見えざるを得なかった。

ダーウィンの理論に対するライエル自身の立場は――無理からぬことだが――非常に複雑であった。数年前にライエルは種の安定性に関する当初の見解を再考し始め、ダーウィンに自説を公表するよう促したのは主としてライエルの意見の重みであった。[24] ダーウィンはライエルの方法論に深く影響を受けていた。それでもライエルは、どのような進化論も――ダーウィンのものでさえ――受け入れるのは当然ながら気が進まなかった。受容することは結局のところ前進主義者が（少なくとも部分的には）正しく、生命の歴史の定常的見解にいつまでも固執した点でライエルが誤っていたことを、意味するように思われたからであろう。一八六八年になってようやく、ライエルはダーウィンに賛同する旨を明確に表明した。そのときでさえ、ライエルの支持が比較的生ぬるいものであったことはダーウィンを失望させた——実際にはすでに六〇代後半にさしかかっていたライエルが、かくも困難な方向転換を公表したこと自体大いに尊敬に値するのだが。

ダーウィンの理論に関するライエルの最初の重要な陳述が、彼のなかば大衆的な著作『人間の古さ』[25]の中に、ほとんど余談のようにして含められていたことは示唆的である。人類についての古生物学は、主として一八五八年にデヴォンシャーのブリクサム洞窟で行なわれた発掘の結果として、つい最近科学論争の最前線に再登場したばかりであった。以前に発掘されたほとんどの洞窟とは異なり、ここでは道具を製作する原始人と絶滅した更新世哺乳類が共存していたことを示す証拠に議論の余地はなかった。ほぼ同じ頃、人間の歴史における「旧石器」時代の妥当性は、フランスの税関吏でアマチュア考古学者であったブーシェ・ド・ペルト（一七八八—一八六八）の長年の主張が、遅ればせながら立証されたことによって確かなものとなった。彼はソム川〔フランス北部ピカルディー地方を流れる川〕の含骨砂礫層内の「その場で」、フリントの道具を発見したと述べていた（ブーシェ・ド・ペルトの主張が科学者共同体から極端な懐疑的態度で扱われてきたのは、おそらく彼が——その頃までに——時代遅れになっていた洪水説を擁護するためにそれをあからさまに利用したからであろう）。いまや充分に確立していた層序学的古生物学の手法を用いることにより、早くも一八六〇年には、旧石器時代は原始人が種々の哺乳動物群とともにあったいくつかの亜期に細分さえされていた。その間に考古学的研究は、より新しい「新石器時代」「青銅器時代」「鉄器時代」の文化に新たな光を当てつつあった。[26]

このような研究の集積は、人間の歴史を長大な地質学的時間尺度の中へと後方に拡張し、さまざまな人種がきわめて徐々に分化するためにも、文明化した社会がゆっくりと発展するためにも、豊富な時間が存在したことを示したがゆえに非常に重要であった（この結論の政治的含意は取るに足りないものではなかった。さまざまな人種が別々の起源をもつという同時代の――現在と同じく当時も、人種差別的態度に「科学的」体面を施すために使用された――理論を突き崩すのに役立ったのだから）。

だがライエルは人類に対しては「進化的」歴史を素描したものの、その起源については積極的証拠を提出できなかった。人間の骨格化石は、早くも一八三〇年代に絶滅哺乳類とともに実際に発見されていたが、それらは現生人類の変異の範囲内にうまく収まるものであった。最初の化石霊長類がほぼ同じ頃発見されていたとはいえ、一つの例外を除いてヒト科の化石は知られていなかった。その例外とは、一八五六年に発掘された最初のネアンデルタール人の頭蓋骨であった。しかしこの化石の地質年代は非常に不確かであり、ハクスリーはそれを研究したとき、これは人間と類人猿の中間型ではないと結論せざるをえなかった――彼はダーウィンの最初にして最も熱心な支持者の一人になっていたのだから、この結論には多少の内心のためらいとともに到達したのであろう[27]（最初のかなり本物らしい中間型のピテカントロプスすなわち「ジャワ原人」は、一八九〇年代まで発見されなかった）。

だが人類の起源を示す積極的証拠が不在であるにもかかわらず、進化論は最終的に人間自身にも適用可能であろうという明白な含意をもった一節を、進化論の一般的問題に関する叙述の中に挿入できるとライエルは感じていた。ダーウィン自身は賢明にも、ことのついでにほのめかしただけであった進化論のこの適用は、ハクスリーとウィルバーフォースとの公開の対決も含めた、多くのダーウィン論争の背後にむろん存在していた感情的要因であった。しかし実際に俎上にのぼった問題は、人類の起源そのものではなく、むしろ心や意識の身分であり、物質界に対する精神的領域の位置だったことに留意しておくのが重要である。したがって心の進化が同様の説明の枠組みの中に収まるかどうかは疑いながら、人類の進化的起源を説くことは可能であった。明らかにこれは精神と物質のデカルト的二元論をこの局面に適用することを意味していたが、そのような態度はデカルトの時代以来、生物学における発見に寄与したことによって是認されるようになっていた。言い換えれば、人間の研究を「身体的」な観点からのみ行なって自然誌の内部に含めることにより（比較解剖学や生理学におけるように）、人間の精神についての形而上学にはまり込むことなく、人間の本性と歴史を生物界の一部として研究することが可能になった。むろん知識のこのような区分の代償は非常に大きく、人間科学はいまだにその影響をこうむっている。しかしだからといって、その歴史的利点に目を閉ざしてはならないだろう。

進化的視点への転向を釈明するにあたり、ライエルは種の緩慢な転成を示す積極的な化石証拠が欠如していることを説明しながら、ダーウィンにならって困難な状況にあっても最善を尽くした。すなわち化石記録の極端な不完全さがすべてを説明するというのであった。だがライエルはそこで古生物学が進化のための証拠を提供できないことを強く信じるという奇妙な立場に身を置いたため、古生物学が断片的な証拠をもたらすかもしれないことの考察さえ怠ってしまった。こうして中間的な環の不在を弁明するにあたり、彼は化石種の境界を決定するのは分類学者にとって困難であることに言及しただけであった（主にトマス・デイヴィッドソン（一八一七―一八八五）による腕足類の見事な研究を利用しながら）。それでもこれはラマルクがずっと以前に使用していた議論にすぎなかった。たとえ化石種の遷移があまりにも不完全なため、種横断的変化を詳細に示すことはできないとしても、進化にとって意味のある順序で起こる遷移については、探究が可能であることをライエルは示唆しそこなってしまった。同様に彼は例外的な条件のもとで保存されていた化石の最近の発見、たとえばスイスのエーニンゲン産中新世の昆虫と植物に関するオスヴァルト・ヘーア（一八〇九―一八八三）の研究に触れながらも、そのような保存の気まぐれはすべての分類群に等しく適用されるものではないという事実を無視していた。またライエルは記録の中の空隙を埋めるのに役立つ化石動物相の最近の発見、たとえばムッシェルカルクとライアスの間の空隙を満たしている、ドロミテ・アルプスにおけるサン・カッシーノ産の豊富な後期三畳紀動物相を引用した。ところが彼はこれを化石記録が次第によく知られるようになり、不完全さを減じている徴候と解するかわりに、いかに多くのことが発見されないまま残されているか、したがって古生物学から期待できる進化のための直接的証拠がいかに少ないかを強調しただけであった。なによりも皮肉なことに、彼は最近発見された爬虫類に似た鳥である始祖鳥に言及しながらも、鳥類が推測されていたよりずっと以前から存在していたことを確認し、それゆえ化石記録は実質的に無用であることをいま一度力説しただけであった。彼はハクスリーがその後すぐに気づいたようには、個々の綱の境界さえ越えた漸進的進化のための貴重な証拠を、この有名な化石がもたらすと考えることはできなかったのである。

8

科学論争の過程ではしばしば生じるように、ダーウィンの仮説と、積極的証拠を求める古生物学者たちの要請との間に起こりそうであった手詰まりの状態は、証拠が探索される範囲を変更することによって回避された。ダーウィンは非常に緩慢な種横断的変化の機構を提唱していた。古生物学者たちはそのような過程を支持する化石証拠は存在しないと答えた。ダーウィンはそうした小規模の変化が長期間作用すれば、最も高度の生物多様性についての進化さえ、累積的に達成されると確信した。古生物学者たちは主要分類群（後世の生物学でいう門）が、最古の含化石層においてすでに区別されていると応じた。だが種のレベルと門のレベルとの間には、分類学的・形態学的な多様性の中間的なレベルが存在し、それは一般的な進化論の妥当性を検証するためのはるかに有望な根拠を提供した。化石記録は種横断的変化を記録するには細部においてあまりにも不完全であり、門の起源を記録するには最古の岩石においてあまりにもわずかしか知られていなかったかもしれない。しかしそれが生命の歴史の過程を大筋において記録できるほどに、完全であることについては一般に合意が得られていた。したがって化石記録は、属や科のレベルで追跡するなら、進化論にもとづいて期待されるような系列の中で、さまざまな生物が継起したのかどうかを明らかにするある程度の可能性は提供したのであった。

このような研究方法を最も熱心に推進した一人が、フランスの著名な古生物学者アルベール・ゴードリ（一八二七―一九〇八）であった。一八五五年から一八六〇年にかけてパリ科学アカデミーは、ギリシアのピケルミで以前発見された中新世の豊富な含骨堆積物を調査するために、ゴードリも参加する大規模な探険隊を後援した。ピケルミでの発見が決定的に重要なのは、それまでに最もよく知られていた新生代の二つの――キュヴィエが初めて復元に着手した始新世と更新世の――動物相の中間の時代における、最初の豊富な化石哺乳動物相の一つをそれが提供したためであった。探険の成果を詳述する運びになると、ゴードリは彼の調査の「不断の目的」は、化石哺乳類における「中間的形態」の本性を研究することにあったと述べた。(28) 現役の科学者には珍しく歴史に対するある程度の共感をもって、彼は種の明確な区別に対するキュヴィエ的な強調が、古生物学の進歩にとって不可欠であったことを力説した。しかしゴードリが論じるところでは、いまでは中間的形態の存在によって暗示される潜在的な統一性が、よりいっそう崇高な生命史観を明らかにしていた。たしかに連続する時期の種や属の間にある「親密な絆」(liens intimes) の発見が、「派生」（すなわち進化）の一般的な理論に対する最も重要かつ検証可能な基準を構成するのであり、いずれにせよその理論こそ化石証拠の最も満足のいく説明であるとゴードリは感じていた。

ピケルミの堆積物は中間的形態の例を大量にゴードリにもたらし、そのおかげで彼はさまざまな哺乳類の科の「派生」についての証拠を、複数の系統「樹」の形で提示できるようになった（図5・3）――それら

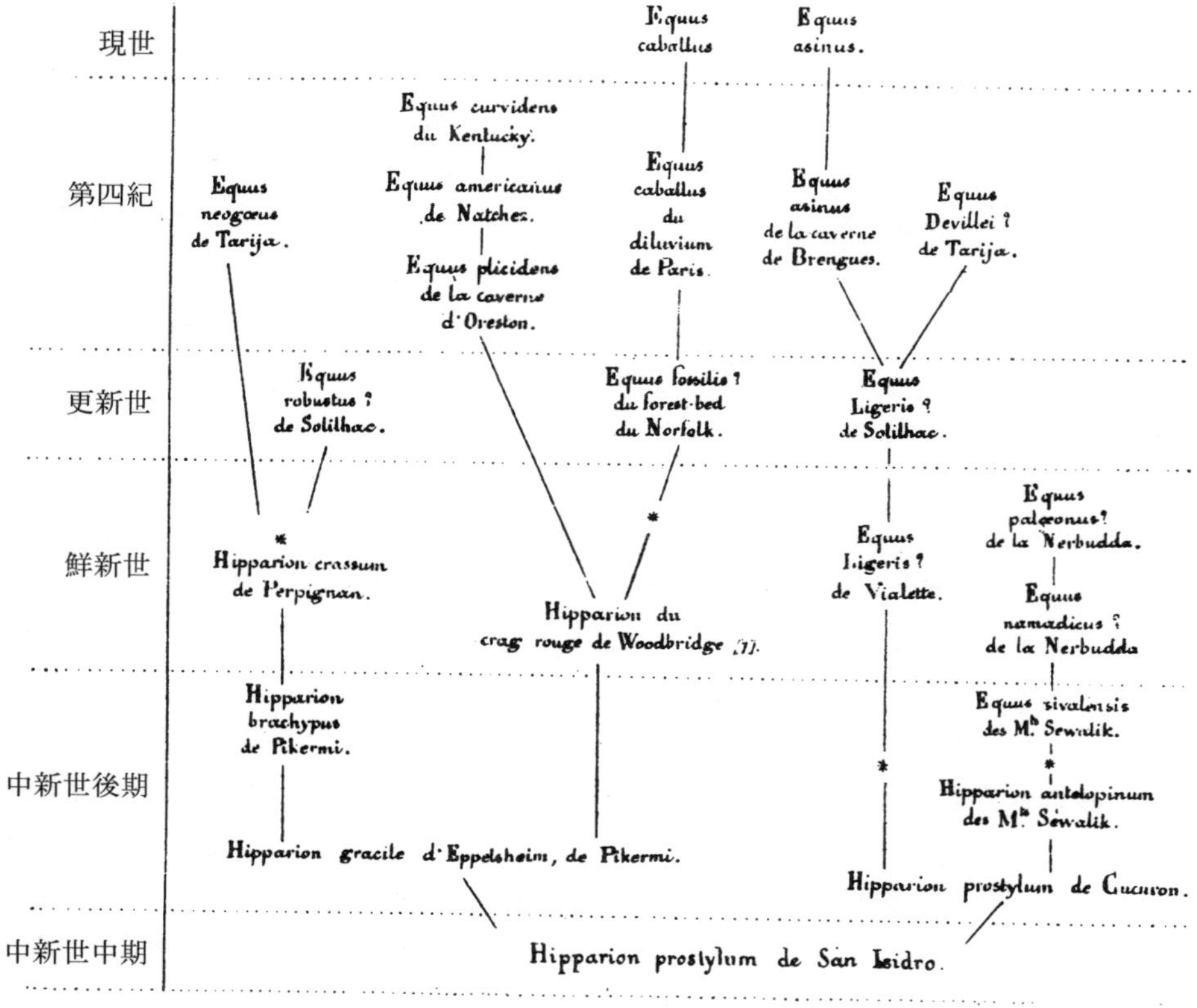

図5.3　第三紀中期のウマであるヒッパリオンから，現代のウマであるエクウス（最上部）まで，アルベール・ゴードリによる分岐的進化の試験的再構成（1866）【28】．＊はより疑わしい進化的連結を示す．ゴードリによる複数の図は，化石資料に対して進化的解釈が詳細に適用された最初のいくつかの例であった．

は進化の結果をこのような形式で視覚的に表現した最初のいくつかの例であった（ブロンとダーウィンも「樹形」図を用いていたが、仮説的なものにとどまっていた）。ゴードリはこれらの「系図」が暫定的なものにすぎず、さらなる発見に照らして修正されねばならないことを承知していた。しかし重要なのは、新たな発見の明確な傾向が、既知の種や属の間の空隙を埋める方向へすでに向かっていたことであった。たとえば更新世堆積物――および現生動物相――の中のウマ属（エクウス）は、他のすべての奇数の蹄をもつ有蹄類*（奇蹄目）から解剖学的に奇妙なほど孤立していた。だがそれほど特殊化していない、ウマに似た哺乳類の属（ヒッパリオン）の遺骸が多数ピケルミで発見されたことにより、この孤立状態は終わりを告げた、あるいは少なくとも大幅に緩和された（図5・4）。それらの形態は解剖学的構造において中間的だったのみならず、ある進化の系列に当てはまる適切な地質時代に明らかに属していたのである。

さらにゴードリは化石における種内変異の重要性に気づいていた。ピケルミの堆積物が豊富だったため、彼は明らかにヒッパリオンという単一の生物学的種であるものの内部に、広いながらも連続した変異の領域が存在することを証明できた。また彼はそのような変種は、もしすべてが一緒に発見されていなければ、容易に別々の種名が与えられていただろうと註釈を加えた。言い換えれば、利用可能な化石資料が多ければ多いほど、異なる時期の種の間に見られる空隙は、ますます埋められていく傾向にあった。

このような見解を抱懐するのであれば、ゴードリはダーウィンの立場に論理的に近かったと思われるかもしれない。それでも同世代の他の古生物学者たちと同様に、彼は進化の「有無」と「方法」とを明確に区別していた。進化と彼の構築した系統発生が現実のものであることを確信しながらも、進化の機構に関するダーウィンの仮説には重大な異論が生じると感じていた。彼が自然選択を疑う理由は典型的なものであった。すなわち自然選択は「生存のための闘争」を中心に据え、結局のところ運と偶然の規則だったのに対し、ゴードリによるピケルミ動植物群の生態学的復元は、逆にその時代の世界は現在と同様に、ある種の生態学的

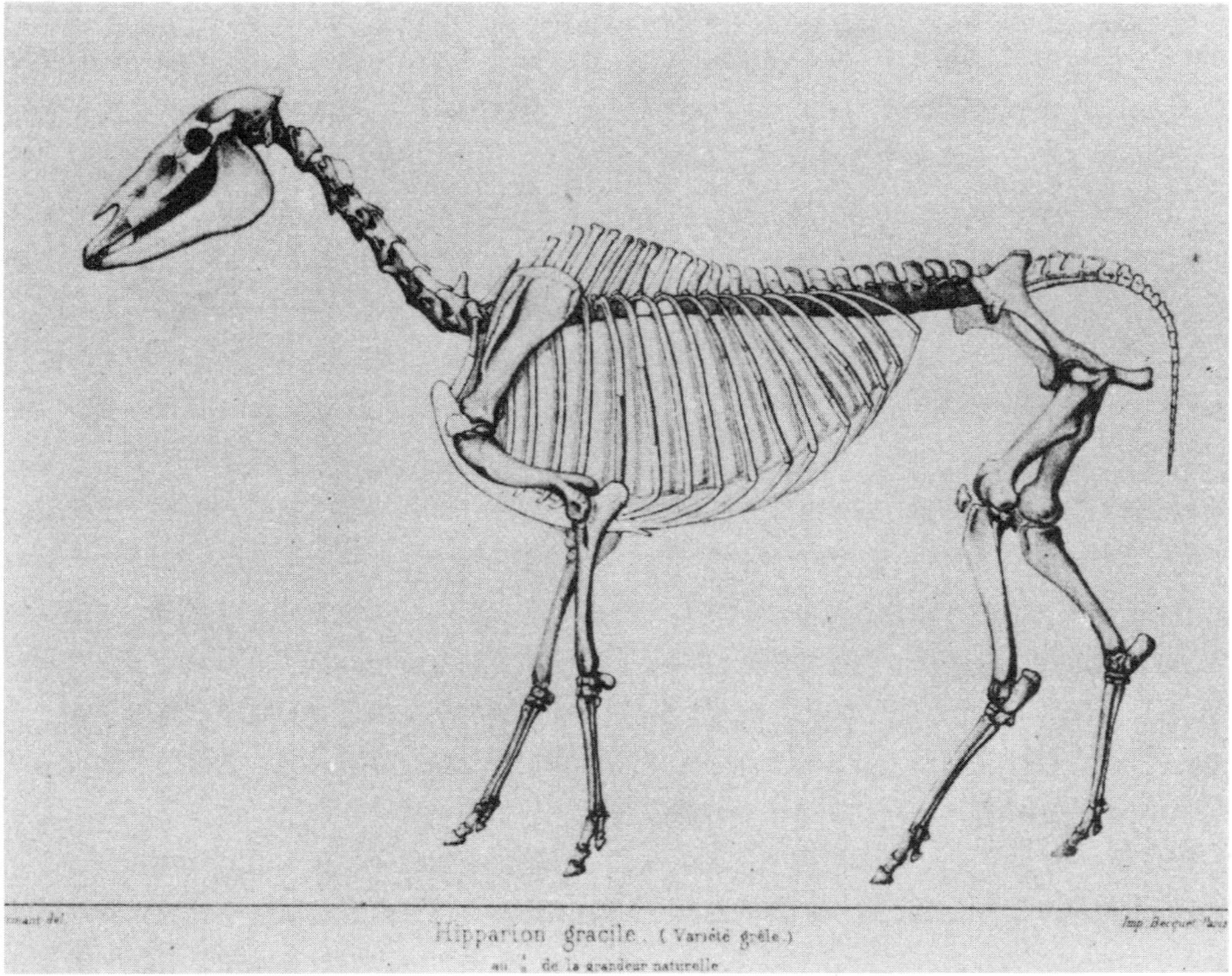

図5.4　中新世の化石ウマであるヒッパリオンの骨格のアルベール・ゴードリによる復元(1862)【28】．彼はこれを機能的・生態学的に分析し，現代のウマの進化的祖先であると解釈した．

な均衡と調和の状態にあったことを示していた。ダーウィン的進化に対するゴードリの感情は、「運まかせ」と推測されたがゆえの自然選択に対する異論が、いかに広く蔓延していたかを暗示している。自然神学によって補強された生態学という科学が、自然の均衡と調和を強調しながら成長してきたのに対し、ダーウィンの研究はこの自然の描像を、ある種の絶えまない闘争と不協和によって置き換えるように思われた（この対立する見解を和解させ、自然の均衡をいま一度強調することのできる新たな総合をうち立てるためには、ダーウィン以後の生態学者の研究が必要であった）。

たしかにダーウィンの友人のハクスリーは、一般的な進化論のみならず、その機構についてのダーウィンの仮説をも受容するための、古生物学的経験を有するごく少数の科学者の一人であった。ハクスリーはオーウェンに引けをとらない広範な専門的知識を、論争にもちこむことが可能であった。しかし生物の多様性の説明として超越的原型を採用するオーウェンの理論には満足せず、明確な物理的原因にもとづく仮説の方を明らかに好んだハクスリーは、ダーウィンの視点へ改宗する用意がすでに整っていた。比較解剖学の素養と古生物学の経験を兼ね備えたハクスリーは、ダーウィン理論の含意をその方面でさらに追究し、そのために最新の証拠を活用するには絶好の立場にあった。

ハクスリーの考えでは、化石記録の価値に関するライエルの極端な懐疑主義は不当に悲観的であり、動植物相の以前の空隙を新たな発見が埋めていく傾向が、ダーウィン的進化に味方する一連の証拠を同時に増大させることは明らかであった。したがってハクスリーは、科や目のレベルで進化の原因となりうるものを素描しようとしたゴードリの努力を歓迎しただけでなく、より高位の分類学的レベルにおいて、中間的形態の証拠が見つかる可能性を期待したのであった。*

始祖鳥の発見は、戦略的に重要なこの時期に、まさにそのような証拠をハクスリーにもたらした。一九世紀初頭の石版印刷の発展以来、最高品位の石版石はバイエルン地方のゾルンホーフェンで大規模に採掘されてきた。またこのジュラ紀石灰岩から産する化石は、量は多くないものの、保存の質が並はずれてよいため有名になっていた。だが羽毛に覆われた鳥の最初の標本は、一八六一年にようやくその地で発見された（第二の標本は一八七七年まで発見されなかった）。他のゾルンホーフェン産化石のコレクションとともに、その標本は一八六二年にいまやオーウェンが自然史関連収蔵品の責任者となっていた大英博物館によって購入された。この驚くべき化石のオーウェンによる大家にふさわしい記載は、これを「紛れもなく鳥」と結論づけたが、他方で彼はそれが現生鳥類の胚の段階でのみ知られている特定の形質を提示していること、概してそれは「一般的な脊椎動物の類型により近似している」ことを認めていた。[29] その後まもなく、さらなる研究がそれには歯の生えた顎のあることを明らかにし、ハクスリーはオーウェンの類型学的な言語が進化論的な術語に容易に移し換えられることに気づいた。こうして歯の生えた顎、長い尾、そして「胚の」形質は、多かれ少なかれ真の鳥であるもの（このことにはハクスリーも同意していた）における、単なる爬虫類的特徴ということになった（図5・5）。

だがゾルンホーフェンの採石場からは、小型の二足恐竜コンプソグナトゥスも産出し、それは一八六一年に、ミュンヘン自然史博物館館長のアンドレアス・ヴァーグナー（一七九七―一八六一）によって記載されていた。ハクスリーはすぐさま、驚くほど鳥に似た解剖学的特徴（たとえば骨盤において）も幾つかもつコンプソグナトゥスのような小型二足爬虫類は、たとえ始祖鳥と同時代の動物として直接的な進化の経路の中にいなくても、爬虫類と鳥類の間の空隙を反対側から埋めるのに何らかの点で役立つのではないかと考えた。したがって一八六八年に王立研究所で行なわれた一般聴衆向けの講演において、ハクスリーは始祖鳥とコンプソグナトゥスを、進化論の妥当性を論じるためのテストケースとして利用した。[30] 重要なことに、失われた証拠にもとづいているゆえ検証が不可能であるという――ダーウィンとライエルの議論を考慮すればもっともな――非難に対し、彼は進化論を擁護しなければならないと感じていた。不動産に関心の高いヴィクトリア朝の聴衆にふさわしい比喩を用いて、むしろその理論の「権利証書」は、許容された資料本来の性質と同様に完全かつ正当であるとハクスリーは主張した。コンプソグナトゥスおよび始祖鳥の発見と、それぞれを鳥に似た爬虫類および爬虫類に似た鳥とする解釈は、非常に異なった解剖学的・生理学的体制をもつ別々の綱の動物さえ、共通の祖先をもつと想像することに克服しがたい困難はないことを明らかにした。ひとたびこのような可能性が認められると、比較解剖学や発生学、さらには生物の地理的分布に由来するすべての強力な一連の証拠も、進化による説明の枠組みの内部にすんなり収まることになった。

ハクスリーの議論の流れは、科学者共同体内部における進化論的再解釈の進展が、本質的には漸進的な事柄であり、累積的な状況証拠の問題、新発見の一般的傾向に対する信頼性の増大の問題であったことを例示している。ピクテはダーウィンの想像力が自分の想像力より迅速に進むと告白したとき、そのような状況を鋭敏に表現していた。ほとんどの古生物学者を進化論的思考法へ改宗させるために必要だったのは、突然の閃きではなく、想像力の漸進的伸張だったからである。しかしダーウィンがほとんど予言者の幻視のような仕方で、想像力による可能性を概説したにすぎないのに対し、新たな化石の発見という文字どおり地に足の着いた証拠は、より科学的に訓練された想像力のために新鮮な領域を徐々に提供していた。たしかに化石種と化石属は、真の進化の系列として解釈するのが最善である時間的連続の中で発見されるということが、ますます認められるようになった。しかも進化論は、それまで未発見であった中間型（「ミッシング・リンク」）がどのような形態をとりそうなのかを示唆することができたので（むろん無謬ではなかったが）、実際に予言の能力を備えていた。

古生物学が進化論の水路へと舳先を向け直した例として、ウマ科の系統の研究のさらなる発展を挙げることができる。ゴードリはさほど特殊化していない形態のヒッパリオンを記載していたが、これはまだ初期第三紀のいかなる哺乳類とも非常に異なっていた。だが一八七一年に、ロシアの若き古生物学者ウラジーミ

図 5.5　バイエルン地方ゾルンホーフェンの石版石から産出した，爬虫類に似た鳥である始祖鳥【28】．この最初の標本は，ダーウィンの『種の起源』が出版された 2 年後の 1861 年に発見された．その解釈には論争の余地があったものの，それは異なる動物の綱の間の進化的連結の可能性に対し，最初の化石証拠をもたらした．

ル・コワレフスキー（一八四二―一八八三）は、パリでキュヴィエの資料のいくつかを再検討し、アンキテリウムがヒッパリオンとキュヴィエによる始新世のパレオテリウムをつなぐ、疑う余地のない中間型であることを明らかにした[31]。次いでコワレフスキーと同様に、以前研究のため西ヨーロッパを訪れたことのあるアメリカの古生物学者O・C・マーシュ（一八三一―一八九九）は、故国の豊かな化石動物相の中に進化の系列を探し始めた。一八七四年までに、彼は新世界におけるウマ科の化石記録がヨーロッパのものより完全であること、また特殊化していない始新世のオロヒップスから高度に特殊化した現生のエクウスまでの、すべての適切な系列を自己が所有していることを、自信をもって発表できるようになっていた。そこで彼は「系統の道筋は直線的であったように見え、現在知られている化石はすべての重要な中間的形態を供給している」と結論した[32]（図5・6）。二年後、講演旅行のため合衆国を訪れていたハクスリーは、ウマの進化に関する講演の際に、マーシュの解釈を充分な確信を抱いて採用し、ヨーロッパの化石は新世界から時おり移住してきたウマの遺骸にすぎないという考えを受け入れた。同時にハクスリーは祖先となるエオヒップスの予想される形態を予言したが、それはわずか二ヵ月後におりよく発見されたのであった。

ヨーロッパにおける従来の発見を、アメリカにおける進化の本線の支脈の地位に追いやった――その後のすべての研究によって確かめられてきた状況――マーシュによるウマ科の系統発生の再解釈は、アメリカの古生物学がこれまでの半植民地的な地位から、完全な知的成熟の状態へと抜けだしたことを適切に象徴している。新世界は旧世界の研究拠点に大量の化石資料を長らく供給してきたが、知的レベルでは多分に派生的なものと見なされがちであった。マーシュによって代表される世代は、最初の訓練のいくつかはまだヨーロッパに依存していたとはいえ、ヨーロッパの外部に彼ら自身の重要な研究学派を作りだすようになった。同様の傾向は、パリから帰国し、ロシアで古生物学者としての輝かしい経歴を積み始めたコワレフスキーによってても例示される。このような傾向はむろんこの時期に科学的事業が一般に拡大し、西ヨーロッパの外にで

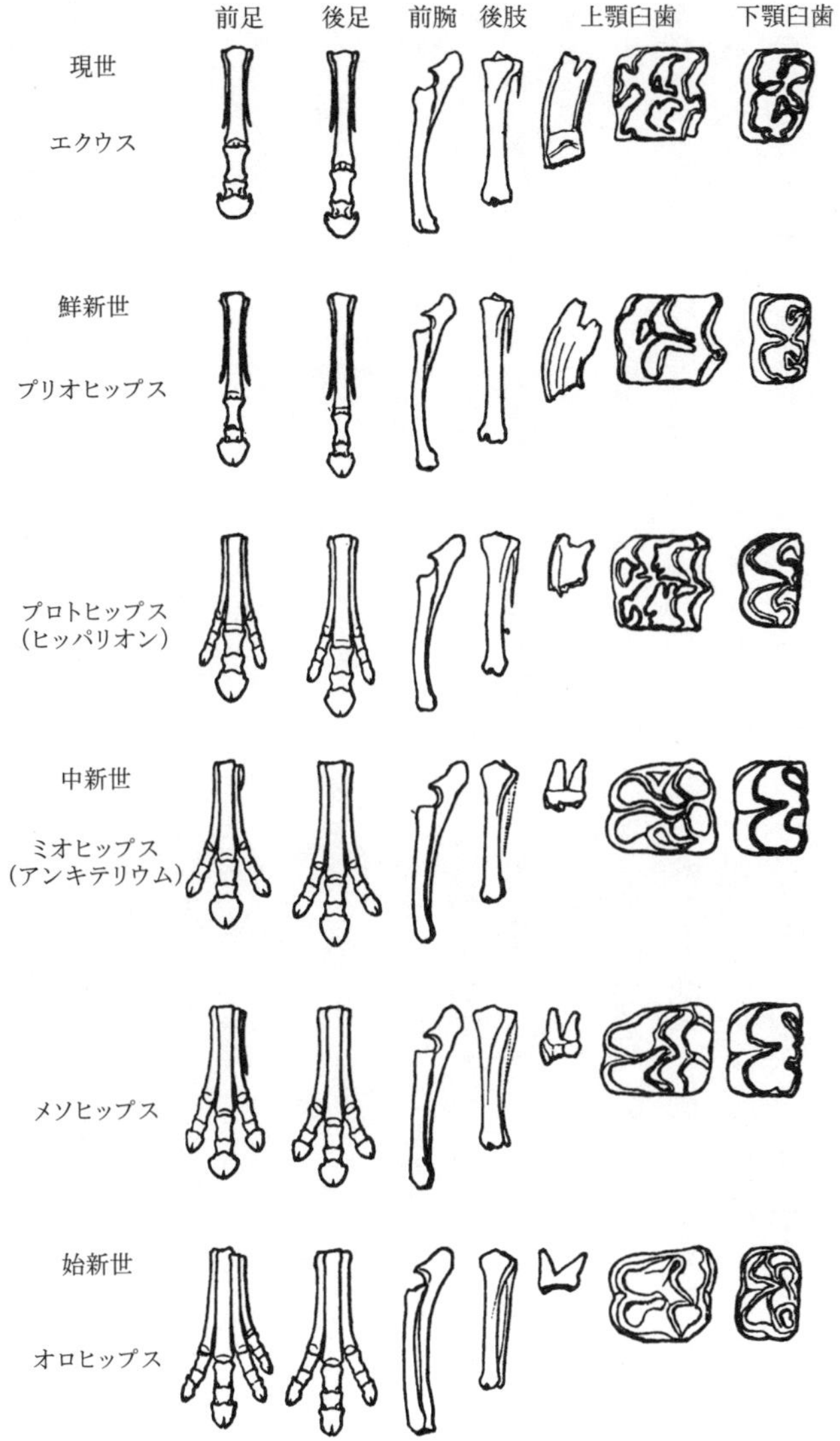

図 5.6　新生代のウマの進化の主要な，北アメリカの系列のO・C・マーシュによる概略図（1879）【32】. 1870 年代にはこれは属レベルにおける進化の最も証拠の整った，説得力のある実例の一つであった.

て、地球規模で完全に国際的になりつつあった事態の一部にすぎない。

一八七七年までに、マーシュはアメリカ科学振興協会に対し、アメリカ産脊椎動物の化石記録について、全面的に進化の観点にもとづいた権威のある調査報告を提出することができた。彼は彼自身が行なって成功を収めたウマ科の復元だけでなく、ハクスリーと彼が指摘した爬虫類と鳥類をつなぐ絆をもさし示すことができた。そのような中間型は、彼の言によれば「こんにちの進化論者が、疑念を抱いている同僚を導いて、かつては越えられないと考えられていた深淵の名残りの浅瀬を渡れるようにする踏み石」であった。[33]

9

踏み石というマーシュの比喩は適切であり、それは進化論の立証が明らかに首尾よくなされているレベルのことをさしていた。化石資料は類似した属や科をつなぐ系統発生的系列については説得力のある多くの例を、また綱の間に存在するより広い深淵をどのように渡るかについては少なくとも若干の手がかりを提供していた。だがそのレベルの下位と上位では困難はまだはるかに大きかった。

下位には、ダーウィンの理論全体において決定的な段階である種間進化の問題があった。自然選択の仮説が含意するきわめて緩慢かつ漸進的な過程によって、種が新しい形態へと進化した積極的証拠は存在するのであろうか。すでに見たように、ダーウィンとライエルは記録がきわめて断片的であることに訴えて、そのような推移を示す化石証拠が欠如していることを弁明したが、ほとんどの古生物学者は納得しなかった。第三紀石灰岩の連続する一〇の岩層から採集された、非常に多様な淡水生軟体動物を用いて、種レベルにおける系統発生を構築するある試みがなされた。[34] しかしこの例は、集団全体が著しく変異に富む単一の個体群を構成しているのかもしれないという理由で、疑念をもたれる余地があった。一八七五年になってようやくウ

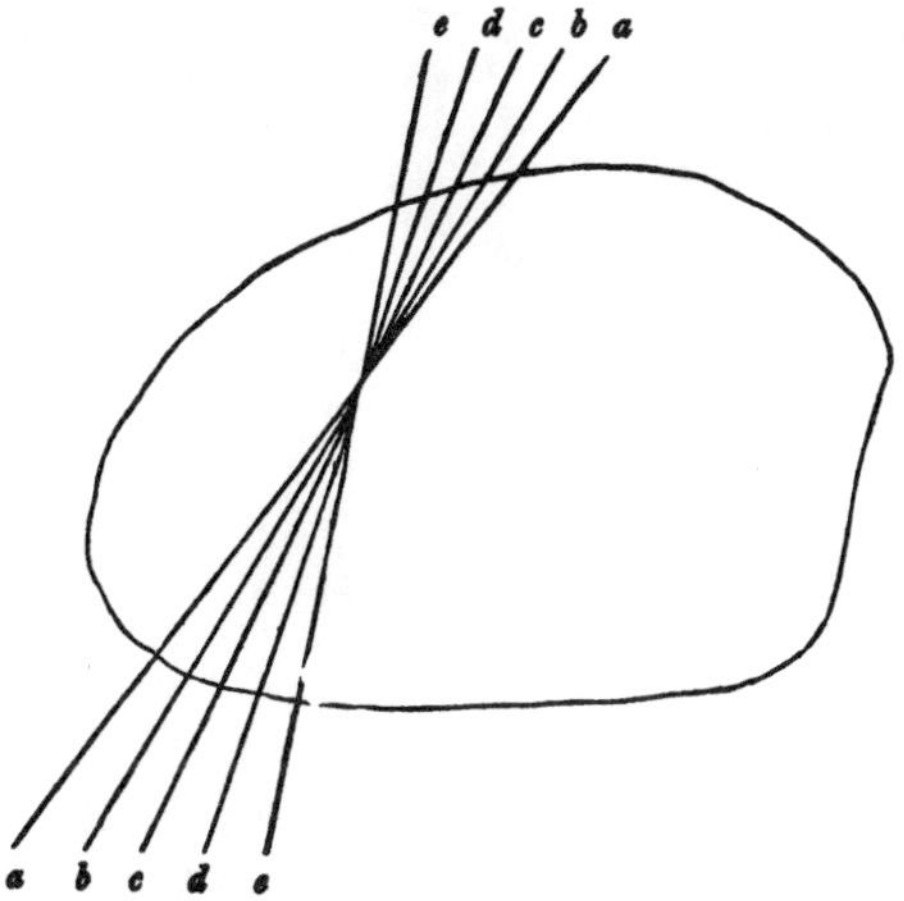

FIG. 3.—In which the changing relative positions of the mouth and apical disk are indicated by the lines *a-a*, *b-b*, etc.

図 5.7　イングランドのチョークの連続的層準から産出した，化石ウニであるミクラスターの口器と頂盤の位置に見られる，漸進的な定向的変化（a から e へ）のマイヤーによる図（1878）【36】．これは 19 世紀後期に報告された，緩慢な種横断的進化の数少ない化石の例の一つであったが，ダーウィン的進化に反対する他の証拠の重みのため無視されることとなった．

イーンの古生物学教授メルヒオール・ノイマイア（一八四五―一八九〇）が、化石種をつなぐ最初の申し分なく途切れのない「形態の系列」（Formenreihe）と思われるものを発表した。ノイマイアは論文の副題をあからさまに「由来の理論への寄与」としていた。確信に満ちた進化論者として、種が地質時代を通じて不変であったと想像することは不可能であると主張しながら、彼はある第三紀の非海生軟体動物が、進化的系列を形成するように配列されうることを示した[35]。その後まもなく一篇の簡潔な論文がイギリスで発表され、チョークの連続的な層から産出した化石ウニ、ミクラスター属の形態の漸進的変化を記載し、その変化の定向的性質は「単なる変異よりも前進的な発展を示唆している」ことを指摘した（図５・７）。

　だがこのような例はきわめて稀であった。しかもそれらは種横断的進化が漸進的であることの決定的証拠としては、奇妙なことにほとんど関心を引かなかった。こんにちでも小進化が化石において、最も詳細に記録された事例の一つであるミクラスター系列は、二〇年間実質的に忘れ去られたのち、個別的により詳しく再検討がなされた——しかし皮肉にも、そのときそれは進化の実例としてよりも、主として化石が層序学的に正確に利用されうる実例として提示されたのであった。[36] 小規模の進化を示す証拠がこのように無視された理由は完全には明らかでない。ことによると古生物学者たちは、ダーウィン的な議論に説き伏せられ、地層の堆積は一般にあまりにも不連続であるに違いないので、そのような証拠を発見できる望みはあまりないと感じていたのかもしれない。それでもある種の累層(とくにチョーク層)の均一さは、かなり連続的な堆積の可能性を指示していたのだから、緩慢な進化の証拠を探索する価値はあると考えられてもよかったはずである。もっとありそうな理由は、先ほど言及した実例が発表された一八七〇年代までに、ほとんどの古生物学者は、自然選択のみによるきわめて緩慢な進化という、ダーウィン独自の概念に対する信頼を失っていたというものである。彼らは進化が起こったことは依然として確信していたが、その機構がダーウィン的なものだとは信じていなかったのである。

ダーウィン自身にさえ影響を及ぼした、このような見解の急激な変化の原因は、最高の分類学的レベルの化石記録が提起した問題を背景にしたとき、最もよく理解できる。先に見たように、進化を示す化石証拠の探索は、中間のレベルにおいて見事な成功を収め、比較解剖学や発生学や生物地理学、さらには古生物学自身の従来の「法則」と一般化の多くは、進化の観点から納得のいくように説明できることが明らかになった。しかしこれら生物学のすべての分科からの証拠が、突如途絶えてしまう地点がいまだ存在した。オーウェンの原型の理論において近代化されたような「類型の一致」という古い概念は、共通の進化的起源を示す証拠として再解釈することもできたが、それはその概念自体が有効な限りにおいてであった。キュヴィエがずっと以前に明示し、オーウェンがはるかに大量の証拠にもとづいて再確認したように、類型の一致は動物界の大きな「分枝」、すなわち門のレベルより上位では有効ではなかった。したがって比較解剖学は、動物の主要分類群すべての共通の起源に対しては証拠を提供しなかった。フォン・ベーアは同様の限界が胚発生にも適用されることを示していた。きわめて深刻なことに、より最近になり古生代の地層が解明されると、最古の含化石堆積物において、主要分類群は明瞭に区別されることが明らかになっていた。

ダーウィン的想像力ならこうした障壁を跳び越え、明瞭に区別されるそのような生物でさえ、緩慢な進化によって分化したと思い描くことはできただろうが、残念ながらその結論を支える証拠が欠けていた。すでに見たとおり、ハクスリーは進化を支持する化石記録を可能な限り援用した。しかしこの点では、彼でさえダーウィンやライエルよりわずかだけ極端ではない形で、化石記録の不完全さを最後の拠り所とせざるをえなかった。地質学会の会長演説において、一八七〇年の進化論の状況を概観した際、ハクスリーはきわめて長大でほとんど記録されていない、先古生代（すなわち先カンブリア時代）の生命の歴史を仮定しなければならなかった。たとえば知られている最初の（シルル紀の）魚類でさえ、すでに高度に複雑な脊椎動物であり、その体制はハクスリーが原初の脊椎動物の種族はこのようでなければならないと考えたものからかけ離れていた。「脊椎動物の起源が、その出現が最初に記録されている時期より、どれほど前にあったに違いないかに思いを馳せると愕然とさせられる」とハクスリーは述べた[37]。だが他の科学者たちは、ハクスリーが消極的証拠にどれほど頼ろうとしているかにもっと愕然とさせられたのである。

それでも公平を期するなら、ハクスリーは先古生代の地層が結局は積極的証拠をもたらすと信じていたこと、しかも一つの事例でそれはすでになされたと思われていたことを付言しておくべきであろう。彼は一八六三年に、カナダのきわめて古い（「ローレンシア紀」〔先カンブリア時代の前半〕の）岩石の中で、生物の構造と思しきものが発見されたことを全面的に活用した。その構造は期待をこめてエオゾーン（すなわち暁の動物）と命名され、カンブリア紀の動物相がこんにちの動物相より古いのと同じ程度に、それはカンブリア紀の化石より古いと考えられた（図5・8）。だが数年のうちに、エオゾーンは変成作用に由来する非生物的構造であることが証明され、この証拠は瓦解した。一九世紀の残りの期間を通じ、先カンブリア時代は本物であると認められた化石を欠いた状態にあり、古生代の生物の(地質学的に)突然の出現も依然として謎に包まれたままであった。

だがその間に、動植物の主要分類群の緩慢な分化を収容するために、ハクスリー(とダーウィン)が先カンブリア時代の長大な期間を召喚したことは、別の方面からの非常に深刻な攻撃にさらされた。著名な物理学者ウィリアム・トムソン(一八二四—一九〇七)、のちのケルヴィン卿は、一八六〇年代に太陽エネルギーの起源の問題から地球物理学にかかわる副次的な問題へと関心を転じた。これはフーリエが以前行なった地球の熱的歴史の計算を、最近定式化された熱力学の法則に照らして再検討することを意味していた。トムソンが何よりも気にかけていたのは、地質学者と生物学者——トムソンの研究の時期からすると、ライエルとダーウィンが念頭にあったことが強く示唆される——の思弁が、物理学の基本的原理を侵害してはならないということであった。地温勾配と岩石の物理的特性に関する利用可能な最良のデータを用い、また地球は原初の溶解した状態から徐々に冷却してきたと仮定しながら、トムソンは地殻が固結して以来およそ九八〇〇万年が経過したと算定した。計算には多くの仮定が必要であり、二〇〇〇万年から四億年までの誤差が見込まれることを彼は認めていたので、その数値の精度は見かけ倒しの趣もあった。しかしその上限の値でさえ、説明装置として際限のない時間をもちだすライエルにとってはきわめて厳しい制約であった。なぜならその四億年の相当の部分は、地殻が最初に固化したときから、生命が存在できるほど地表の温度が低下するときまでの、冷却期間のためにとっておく必要があったからである。[39]

トムソンの議論は、最も「基本的な」科学と目されるものがもつすべての威光を身にまとい、その数学的厳密さは強い印象を与えるように思えた。それはライエルによる地球史の定常的解釈に対する痛烈な打撃であったが、その含意はダーウィンの生物学理論にとってはなおさら災厄となるものであった。ダーウィンは

Plate IV.

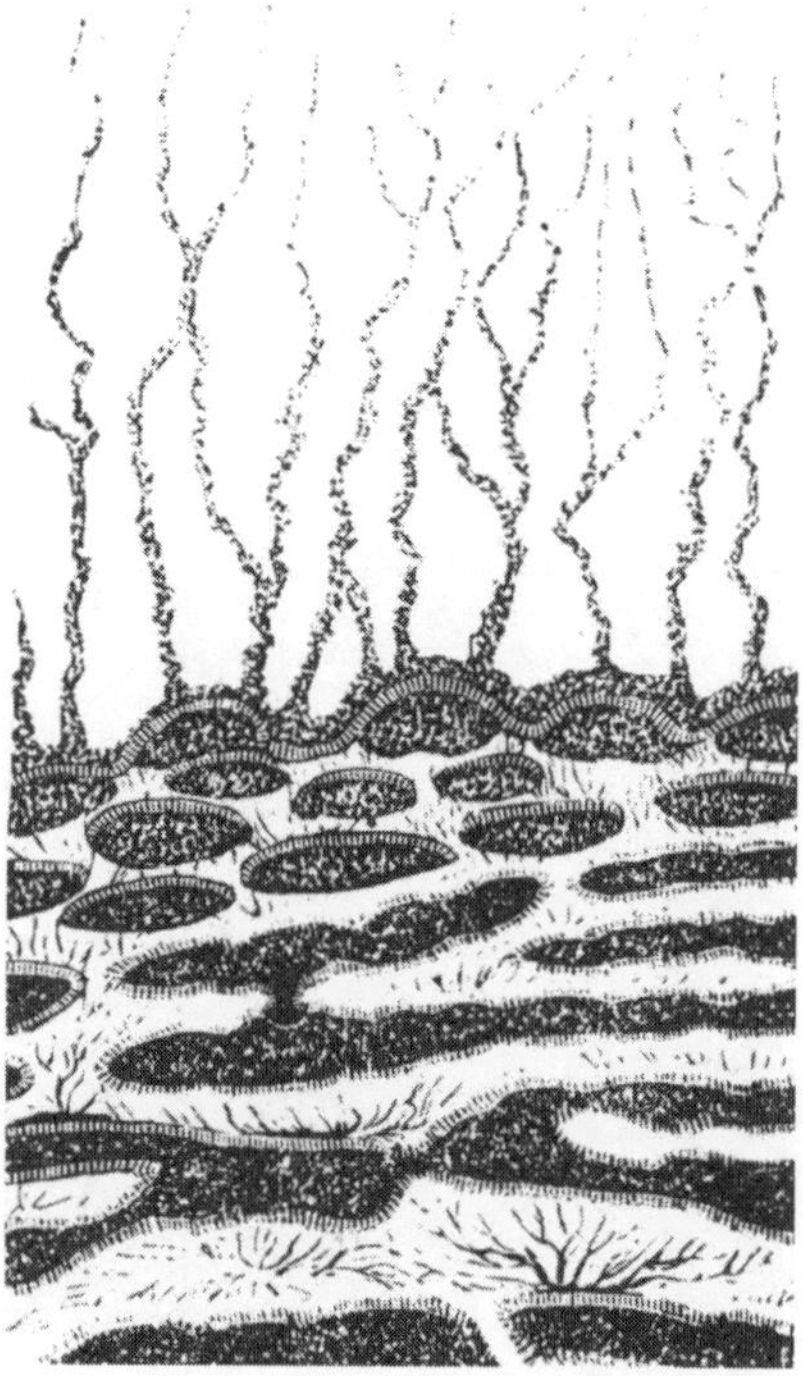

Magnified and Restored Section of a portion of Eozoon Canadense.

The portions in brown show the animal matter of the Chambers, Tubuli, Canals, and Pseudopodia; the portions uncoloured, the calcareous skeleton.

図 5.8　先カンブリア時代の「化石」エオゾーンのドーソンによる復元(1875)【38】．エオゾーンの生物起源は論争を呼び，最終的には否定されたものの，ドーソンはそれを原生動物として復元し，それが既知のいかなる化石よりも，化石記録をはるかな過去へ拡張すると信じていた．他の人々はこれを動物の門が緩慢な進化によって分化させられるために，あり余るほどの時間が存在したことの証拠と見なした．

イングランドのウィールド地方の侵食に対し（すなわちおおよそ新生代のみに対し）性急に三億年もの期間を見積もっていた――むろんきわめて緩慢かつきわめて記録に乏しい生物進化の作因として、自然選択が有効であることを主張するための見積もりであった。ダーウィンがライエル的な時間尺度を気前よく利用したことは、純粋に地質学的な根拠にもとづきすでにフィリップスによって批判されていた。現在の侵食と堆積の速度を指標として用いて（それゆえ現在主義という最良のライエル的方法に従いながら）、フィリップスは知られている地層の全系列が堆積するには、およそ九六〇〇万年を要したと算定していた。他の地質学者たちによるその後の見積もりは、避けがたい誤差の範囲内で、地質学的証拠と物理学的証拠がほどよく一致することを示していた。どのような正確な数値が提案されたとしても、ダーウィン的進化に合わせて現象を救うために、時間尺度を思いのままに拡張することはもはや不可能であった（放射能の発見がトムソンの基本的前提を覆すまで、時間尺度は比較的圧縮されたままであったが、こんにちでさえダーウィンの初期の見積もりの規模にまでは拡大されていない）。

トムソンの親しい仕事仲間の一人であった、物理学者で技師のフレミング・ジェンキン（一八三三―一八八五）は、自然選択の仮説にあからさまに反対するために、トムソンの物理学を利用した最初の人物であった。またジェンキンによる『起源』の書評は、融合遺伝[*]が自然選択を機能させなくするというこれまた数学的な証明を与えることにより、その攻撃をよりいっそう深刻なものにしていた。次いでトムソンは、生物学が物理学の基本的な「自然法則」を無視するつもりでないなら、その内部では自然選択による進化が不可能な、制限された時間尺度を受け入れなければならないと一八六九年に主張して、自らの攻撃を一段と明確なものにした。トムソンは進化それ自体ではなく、そのダーウィン的な機構だけを攻撃していたのであった。

他の多くの自然選択の批判者と同様に、トムソンは彼自身の形而上学的動機をもっていた。自然選択は生命の発展を最終的には偶然の領域へ追いやるように見えたので、自然界の一般的な「合法則性」そのものが脅かされていると彼は信じていた。しかしどのような動機が働いていたにせよ、多くの科学の分野から寄せられる議論の圧倒的な隊列に直面し、自然選択の仮説は『起源』の最初の発表から十数年のうちに、総退却の憂き目にあっていた事実に変わりはない。その妥当性についてほとんどの地質学者が物理学者に同意する、大幅に制限された時間尺度の内部では、化石記録のあらゆる不備を説明するために、記録されていない長大な期間を安易にもちだすことはもはや不可能であった。化石記録の進化論以前的な解釈に戻りたいという気になる科学者はいなかったが、進化が常にきわめて緩慢かつきわめて漸進的だったに違いないというダーウィンの前提には、巨大な疑問符が付されるようになっていた。

ダーウィン自身はその問題にますます悩まされるようになり、時間尺度の以前の見積もりを取りさげ、自然選択への依存は徐々に少なくなっていった。[40] ウォーレスは事態の新たな展開をより熱心に受け入れ、トムソンが許容した時間の約四分の一（二四〇〇万年）を、保存されている化石記録（カンブリア紀から現在まで）に割りあてることを提案しながら、残りの時間を先カンブリア時代における生物の主要分類群の分化のために利用できるようにした。しかしこれは必然的に、過去の進化の速度がはるかに速かったと仮定することを意味していた。

10

このような展開によって、自然選択という機構の考察は一九世紀の残りの期間実質的には棚上げにされた。しかしそれには進化についての思索を、精神の拘束衣に容易になりかねないものから自由にするという有用な効果もあった。たとえば一八七〇年にハクスリーは、有胎盤哺乳類のほとんどの目《もく》が新生代はじめに突如出現したことを説明する唯一の方法は、非常に漸進的な（しかも記録されていない）分化が行なわれたきわめて長い先行期間を仮定することであると感じていた。だが一様に緩慢な進化という前提がひとたび疑問に付されると、「適応放散」という（地質学的には）急激な事変の観点から、化石証拠を再解釈する道が開かれた。そこにおいては原始的な有胎盤類が、ほとんどの中生代爬虫類の絶滅によって空白にされた、さまざまな生態的地位へと進出できたのかもしれなかった。

さらに比較的急激な、すなわち「跳躍的な」種横断的進化の可能性も探索された。そしてすでに示唆したように、きわめて漸進的な種横断的変化の事例研究が欠如していたのは、このことによって説明されるかもしれない。たとえば一八六九年に、明敏な進化論者であったドイツの若き古生物学者ヴィルヘルム・ヴァーゲン（一八四一―一九〇〇）は、ジュラ紀アンモナイトの単一の「種」を進化の系列として再解釈する際に、連続的「突然変異」の観点からそれを行なっていた。[41] ヴァーゲンの「突然変異説」（後世における同じ用語の遺伝学的使用法とは異なる）は、連続的な化石種の間の進化的つながりを、記録されていない中間的形態を仮定せずに説明したため、古生物学者たちから多くの支持を得た。この時代の進化の用語法において「鎖」の比喩が頻繁に使用されたのは（たとえばゴードリの「絆」liens や「連鎖」enchaînements）、進化的変化は一つの充分に適応した種から次の種へという一連の小さな「量子的」飛躍として、一般に思い描かれていたことを示していると真摯に受けとるべきなのかもしれない。

だが進化についての思索の急増には、さほど有用ではない側面も存在した。化石記録が進化のための積極的証拠をより高位の分類学的レベルで提示できなかったことが、多くの進化論者が比較発生学のより間接的な証拠を最後の拠り所とする原因になった。多くの生物の発生において観察される驚くべき「変態」は、進化的変化に対して適切なモデルを提供した。また「存在の階梯」に並行する個体の発生という古い概念が、「系統発生」を反復する「個体発生」という概念として磨き直され進化の形式の中に速やかに収納された。この「生物発生原則」はドイツの生物学者エルンスト・ヘッケル（一八三四―一九一九）によって、創始されたわけではないにせよ大衆化され、生物学者たちを惑わすという悪影響を及ぼした。彼らは生きている生物の進化的祖先を明らかにする、ほとんど誤ることのない鍵を手にしたと信じ込んでしまった。結果として生じた形態学と発生学の再解釈がもたらした強い高揚感の中で、進化を示す化石証拠はしばしば無視されるか、せいぜい予想された結論に合致するよう根拠もなく作りあげられた。「原型」は生きている生物としての適応的生存能力があまり顧慮されない、仮説的祖先となった。また古生物学者がそのような所産を化石記録の中に発見できずにいる理由は、いつものようにその断片的性格のせいにされた（図5・9）。

古生物学者自身も、進化についての思索のこのような流行と無縁のままではなかった。逆説的であるが、その結果としてダーウィンが表象していたものの多くが失われるか、少なくとも覆い隠された。キュヴィエによる生物の機能的完全さの強調は、ペイリー流の自然神学によって補強され、ダーウィンによる適応とその因果関係が中心的課題であることの強調へと、かなり直線的に発展していた[42]。しかしこの機能の強調は、化石の研究からほぼ完全に姿を消してしまった（そしてごく最近になってようやく復活し始めた）。ほとんどの古生物学者は、彼らの扱う化石がかつては生きている生物であったこと、それらはある生活様式に適応していたことを――少なくとも実際的には――忘れてしまった。そして彼らは自分たちの標本を、進化的祖先を示す証拠とのみ見なしがちであった。

だがこのような力点の移動は、はるかに広範な傾向の一部にすぎなかった。一八六〇年代に科学として尊重されるようになった生物進化の理論は、すぐさまこの時代の包括的な哲学体系の中に吸収された。『起源』が出版される以前でさえ、漸進的「発展」の観念は統一をもたらす哲学原理として利用されていた。それは世紀なかばの自信に満ちた、進歩に対する楽観的信念に巧みに適合していた。時代の流行をつかんだイギリスの哲学者ハーバート・スペンサー（一八二〇―一九〇三）は、ダーウィンの進化論――あるいはそのいくつかの部分――をはるかに広範な「発展」の原理の単なる生物学的側面として、安易に自己の体系の中へ吸収した。こうした統合はハクスリーのような進化論的生物学者によってさえ、大目に見られただけでなく積極的に歓迎された。始祖鳥をダーウィンの理論を支える鮮やかな証拠として紹介するにあたり、ハクスリーは自分をスペンサーによる発展の教説の断固たる信奉者とあからさまに宣言し、進化をこの包括的原理の一部にすぎないと見なしていることを表明した。

ダーウィンの理論を哲学体系の中に吸収しようとする同様の傾向は、ドイツではよりいっそう明瞭に見ることができる。かの地では「ダーウィン主義」(Darwinismus) 礼賛が、ダーウィン自身の思想を、一元論的唯物論哲学を唱道するはるかに広範なもくろみの内部の副次的立場へと、またたくまに追いやってしまった。ダーウィンの理論は、長年の科学の謎を首尾よく解きうる解答というより、哲学の舞台から有神論の名残を一掃するための弾薬として重んじられた。このことは進化哲学を大衆向けに解説した、ヘッケルの『自然創造史』(一八六八年)によって例示される。そこでは慣例として「創造的」と称される発展の、純粋に自然的な性格が強調された。しかしその書の副題はダーウィンを進化哲学者の殿堂に最も新しく参入した人物として、奇妙な仲間たち——ラマルクやゲーテ(一七四九—一八三二)——の間に置いていた[43]。言い換えればヘッケルにとっては進化に関するダーウィン独自の理論より、ダーウィンが「機械論にもとづいた」、したがって科学的に尊重すべき、任意の種類の進化論をついに作りあげたということの方が重要だったのである。

11

一九世紀後期の古生物学の発展を、その概要だけでもたどるためには、ここで可能であるよりはるかに詳細な取り扱いが必要であろう。この試論を一八七〇年代で終わらせても不適切でないのは、ここ一〇〇年間で古生物学が広範かつ長足の成長を遂げたにもかかわらず、その主たる特徴はこの年代までにすでに明らか

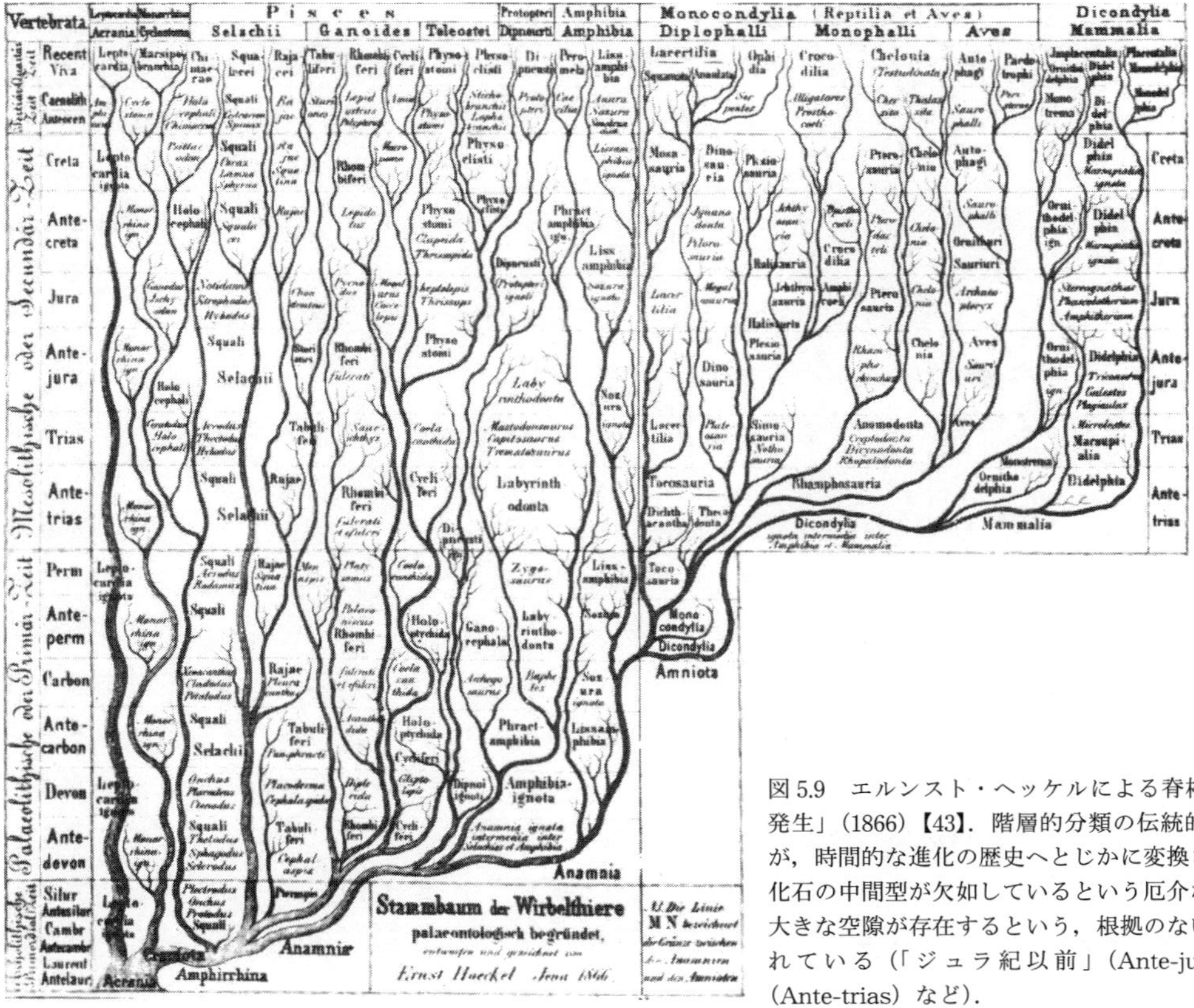

図5.9　エルンスト・ヘッケルによる脊椎動物の思弁的「系統発生」(1866)【43】. 階層的分類の伝統的・非時間的な「樹」が，時間的な進化の歴史へとじかに変換されていることに注意. 化石の中間型が欠如しているという厄介な問題は，層序記録に大きな空隙が存在するという，根拠のない仮定によって除去されている（「ジュラ紀以前」(Ante-jura)「三畳紀以前」(Ante-trias) など）.

になっていたからである。制度の面では、それは西ヨーロッパからすべての「先進」工業国へと外に広がり、研究所・学会・協議会・定期刊行物・国際交流といったわれわれになじみのすべての特徴によって示される、世界的な科学的事業の一部になっていた。古生物学が層序学にとって、したがって鉱物資源の開発にとって実用的価値を有していたため、地質調査を通じての政府の支援は着実に増大した。ただしそのような恩恵には代償もあった。層序学への従属により、古生物学はその主要な共感を他の生物諸科学に注がず、知的視界を狭める事態がすでに始まっていた——この傾向はごく最近になってようやく覆された。概念の面では、進化の機構は依然として議論の余地のあるものだったとしても、進化の一般的理論は説明として大いに有用な統一的原理を古生物学に提供し、ますます大量になる詳細な記載を、生命の歴史の一貫した描像へと統合することを古生物学に可能にしていた。ただしこれも従来の解釈の伝統に含まれていた貴重な洞察を無視し、理論的活力を不毛な思弁に——何十年にもわたって——費やすという高い代償を払って達成されたのであった。

同時に古生物学が、一九世紀前期には大衆の心の中で占めていた、知的に重要な立場からますます退却しつつあったことは否定できない。部分的にはそれはおそらく専門化と職業化が増大したことの避け難い帰結であり、そのために研究の成果は関心をもった非専門家の直接的な理解からよりいっそう遠ざけられ、彼らがアマチュアとしてこの科学に実質的な貢献をなす機会も減少してしまった。だがもっと根本的には、古生物学が大衆の注目を浴びなくなったのは、思索する人々を激しく揺り動かしてきた問題に、化石記録がさしたる啓発を与えなかったからであった。

一九世紀前期には、この方面での古生物学の影響力は甚大であった。古生物学は人間の自己理解にとって明らかな含意を有する、生命の歴史の少なくとも概略は明確にしていたからである。生命の歴史はほとんど想像を絶する長さをもつこと、地球上の生命は多くの奇妙な段階を経てより複雑に、より多様に、そして現在の生物の世界により近似したものに次第になったことを古生物学は示した。人間はその舞台に最も新しく登場した者であるが、歴史全体の頂点をきわめる至高の主役と解することができた。そして何よりもこの歴史は本質的に理解可能で意味深いものであった。人間はおのれに先行する地質時代の長大さによって矮小化されたように見えたかもしれないが、それらの時代は少なくとも、人間が出現するための長く忍耐強い準備期間と見なすことが可能であった。

　だが新しい種類の生命が存在するようになった方途にひとたび注意が向けられると、古生物学は思索する人々が求める洞察をもたらさないことが判明した。化石記録の不完全さが、そのような洞察が発見される期待さえ失わせるために意図的に利用された。しかしとりわけ人間自身の起源と本性について、化石記録はあまりにもわずかな光しか投げかけなかった。実のところ自然における人間の位置に対する関心は、われわれが「科学者」と呼ぶ人々の心の中においてさえ、彼らの公表された専門的著作から読みとれるよりはるかに枢要な課題であった。また自然界の意味に対する形而上学的関心は、従来の実証主義的科学史が認めるより急を要するものであった。しかし人類と霊長類の化石の研究は例外になりうるとしても、そのような関心は一九世紀後期の古生物学の成果からは、明白な満足を比較的わずかしか受けとれず、そのためにこの科学への大衆の興味は薄れてしまった。おそらくその結果、古生物学は——そして実際に地質学も——一流の知的能力を備えた新たな人材を、その分野にふさわしい数だけ獲得することに失敗したのだと思われる。専門論文やモノグラフの生産量は急激に増加し続けたとはいえ、その性格は型にはまったものとなり、知的水準も停滞していた。古生物学がその歴史の初期にあれほど顕著に所有していた広範な関心と視野を、若い世代において取り戻しつつあるという有望な徴候がでてきたのは、つい最近のことでしかないのである。

12

したがって古生物学はいまやコンピューター時代へ向けて大いなる飛躍を準備しているため（この科学は題材の性質ゆえにこの時代に非常に適している）、ことによると科学の「蒸気機関の時代」とそれ以前に存在した、自己の歴史的起源を見失う危険があるかもしれない。古生物学がその視野において非歴史的になってはならないのは、懐古的な骨董趣味のためではなく、歴史的視点の喪失は概念の貧困に行き着くだろうからである。その歴史のあらゆる時期において、古生物学はすべての他の科学の分野と同様に、哲学的前提（しばしば暗黙のものであるか認識さえされていない）と、あらゆるレベルにおける理論構築と、着実に蓄積される観察にもとづく証拠との間の、一連の複雑な相互作用を通じて発展してきた。このうちの最後の要素だけに心を奪われることは、現今の情報爆発の渦中では無理からぬものであるにせよ、それが行き着く先はより確実に事実にもとづいた科学ではなく、吟味されていない、おそらく薄弱な概念的基盤の上に築かれた巨大な上部構造でしかないだろう。古生物学が現在の複雑な織地の種々の織り糸を獲得してきた、さまざまな思想の世界を想起しながらこの科学の歴史を振り返ることは、古生物学の現在の基盤の批判的検討と再評価の助けになり、したがって事実情報の巨大な蓄積に対するコンピューターを用いた取り組みが、この上なく発見に資するものになることを保証するであろう。

科学史家にとって、古生物学の概念的発展における連続性と不連続性との、複雑な関係を熟考することは有用であろう。古生物学では他の科学の分野におけるより、累積的連続性の要素は、博物館や研究機関に保存された着実に増加する化石資料として、目で見て手で触れられる表現となっている。それでもこれをこの科学の概念的成長と、単純に並行していると見なすことはもはや適切ではない。化石の「意味」は、異なる時代に多くの異なる方法によって理解されてきた。実際には同じ化石標本（たとえばサメの歯）が、異なる準拠枠の内部で何度も再解釈されてきた——それらはいわば異なる目で眺められてきた。だが現在では、解釈の不連続性を強調する最近の流行が、過度に及んでしまう危険が存在する。歴史家としては、以前の準拠枠のほとんどは、現代の古生物学においてもまだ——たとえ認識されていなくても——使用されているという事実を、古生物学者に思い起こしてもらうことが有益であろう。化石解釈をめぐるある「パラダイム」の洞察と方法は、全体が放棄されたのではなく、次にくるものの中に吸収されたのであった。ゲスナーの時代に、将来古生物学となるものの中心に位置していた化石の起源に関する論争は、化石化の問題やプロブレマティカの起源が議論されるときには現在でもまだ生きている。ステノとフックの時代に中心に位置し、その霊感を同時代の歴史的学問から汲みあげていた、地球史の年代学を構築するために化石を利用するというアイデアは、古生物学者が層序学的対比の問題に取り組む際にはいつでもまだ生きている。キュヴィエとバックランドの時代に中心に置かれていた、絶滅種の「デザインに満ちた」適応的完全性という概念は、化石生物の機能的形態や生態環境が復元されるときには現在でもまだ生きている。ライエルとマーチソンの時代に中心に位置していた、生物の変化の速度が漸進的か突発的か、斉一的か変動的かに関する論争は、進化と絶滅における「速度と様式」の問題が討議されるときにはいつでもまだ生きている。最後に、ブロンとダーウィンの時代に中心に置かれていた、種の生成の正確な本性に関する論争は、古生物学が進化的変化の機構についての継続的研究に貢献する際には、現在でもまだ生きているのである。

訳者あとがき

本訳書の原著は初版がいまから四〇年以上も前の一九七二年に刊行された（第二版は一九七六年の出版だが、内容にかかわる大きな異同は生じていない）。一九七〇年代初頭に身を置いてみると、古生物学や地質学の歴史を書こうとする者にとって状況は決して恵まれたものではなかった。なによりも「地球科学の歴史の研究は、たとえば物理学や宇宙論の歴史の研究に比べれば、全体としてはまだ初期の段階に」（本書一〇頁。以下本書からの引用は頁数だけで示す）あったからである。その結果として「古生物学の歴史についてのもっと利用しやすい著作の大半は、その他の科学史はすでに脱却してしまった従来の歴史的伝統の内部で書かれている」（一〇）。たとえばその頃はツィッテルの『地質学と古生物学の歴史』、ギーキーの『地質学の創始者たち』、アダムズの『地質科学の誕生と発展』が三大概説書とされていたが（一九七〇年代においてさえ、三作とも刊行からすでにかなりの年月を経ていた）、ラドウィックによればツィッテルのものは「徹底的な資料収集がなされているが、歴史的解釈はほとんどない」（「文献案内」四〇）。アダムズはヴェルナー以前の、すなわち実証的知識ではなく想像力にのみもとづいた（とアダムズの考える）バーネットやビュフォンの著作に関し「それらは大衆の喜びのための〈不思議物語〉wonder stories である」と述べ、続けて「このような初期の寓話は、精神の気晴らしを必要とし、そのための余暇と多少のユーモアの感覚をもちあわせているすべての人々に読まれるべきである」（一〇）と記していた。[1] ラドウィックによれば地質学史へのこのような向きあい方は「［一九世紀以前の地質学の歴史が］些末なものであることを認めて自己の題材を侮辱する」（一〇）に等しかった。ギーキーの記述も「科学とは人間の知識を、蒙昧主義的な態度の足枷から解放するための、啓発された知性の前進的な闘争であった。そして一般に過去の名士は、〈正しかった〉者とその意見が〈誤っていた〉者とに区分できる」（一〇）といういわゆる「ホイッグ史観」に貫かれていた。ラドウィックの厳しい言葉によれば「こんにちの科学史家にとって、この種の歴史記述はもはや鞭打つ価値のない死馬である」（一〇）。

ラドウィックの判断では他の二次資料の多くも「時代遅れで頼りにならなかった」（九）。むろん「文献案内」に挙げられている著作や「参照文献」で言及されている著作・論文のように、参照するに値する研究も七〇年代初頭までにいくつか現われていた。なかでもシュニーアが編纂した『地質学史のために』（*Toward a History of Geology*）は、広範な人物と時代を対象とした二五編のすぐれた論文を集めたもので、ラドウィックもそのうちの多くを参照している（彼も『エトナにおけるライエルと地球の古さ』という論考を寄稿している）。だが参考にすべき研究の絶対量が足りなかった。そこでラドウィックは一次資料を読むことに没頭した。「参照文献」を見ればわかるようにそれは徹底したものであった。そしてその作業はそれまでの地質学史・古生物学史における「通説」を覆すためにも不可欠なことであった。

科学史家のローダ・ラパポートは原著初版の書評の中で次のように述べた。[2]「ラドウィックの研究方法を解く手がかりは、彼が機転をきかせて〈従来の歴史的伝統〉としてほのめかしたものへの明らかな嫌悪の中に見られる」。たしかに本書には「従来の歴史的伝統」「従来の歴史記述」という表現が何回か登場する。そのような表現がなされていない多くの箇所でも、ラドウィックは「従来の古生物学・地質学史」に対して根本的な異議を唱えている。「これらの試論は歴史記述における二、三種類の実験であった」（三）という自負の言葉もそのことに関してのものであろう。そこで以下ではラドウィックの「異議」の内実を明らかにするために、古生物学や地質学の歴史になじみのない方、あるいは「従来の歴史記述」になじみすぎている方を対象として、著者の文章に対する註釈という形で簡単ながら補足的説明を試みることにしよう。なくもがなの追記に堕すことなく、本書を読むうえでなにがしかの参考になってくれれば幸いである。

（1）Frank Dawson Adams, *The Birth and Development of the Geological Sciences*, Dover Publications, 1954, pp.209-210.

（2）Rhoda Rappaport, 'Book Review on *The Meaning of Fossils*', *The British Journal for the History of Science*, March 1975, pp.71-73.

一【化石の本質という問題は、「正しい」意見と「誤った」意見との単純な闘いにおいて解決したのではなかった。それは「化石物」の全スペクトルの意味と分類をめぐる、はるかに微妙な論争だったのである】（一五）

ギーキーは「化石がいかに理解されてきたかの歴史」を、科学と宗教との闘争という史観にあからさまにもとづいて記述した。(1) たとえば「教会が人々の精神を支配するようになっていたため、正統的信仰に反するように見える意見は表明することが許されなかった。したがって大量の貝殻が、山脈の中心を形成する岩石の中に埋め込まれているのを発見した観察者が、この山は生物が地上に登場したあと海中に堆積した物質で構成されており、それらの化石はそのことを証明しているという結論をあえて表明しようとしたら、ただちに異端として迫害されたであろう。聖書によれば陸と海は創造の三日目に分離されたのに、動物は五日目まで誕生しなかったのだから」。それでも化石がかつて生きていた動植物であることを否定できない者たちは「教会のドグマに直面し、それらに対する不信を表明しなければならないことに気づいた。このような正統的精神に突きつけられるジレンマから逃れる唯一の方策は、ノアの洪水に頼ることであった」。「一六、七世紀と一八世紀の大半には、生物の遺骸と大洪水が果たした役割についての論争は……地史の基本的事実に関する合理的概念が前進することを明らかに妨害した。この学問分野の進歩にとって、それが聖職者たちの敵意を引き起こしてしまったのは非常に不幸なことであった」。ギーキーはそのあとにこのような圧力にもめげず化石の生物起源に言及した人物としてレオナルド、フラカストーロ、カルダーノを挙げる。だがゲスナーに関しては脚注において「化石の起源についてはさほど明確な考えをもっていなかった。いくつかの化石は動植物の遺骸だろうと考えたが、他の化石はむしろ鉱物や鉱石が形成されるような、無機的な過程によって作られたのだろうと見なした」と言及しているのみである。

化石が生物の遺骸であるという現在では明白な事実だけを基準として正誤を判定し、宗教の圧力に屈して「誤った」意見しかもてなかった者と、その圧力をはねのけて「正しい」意見に到達できた者を分類するギーキーのこのような記述では、「挿絵の使用、標本コレクションの確立、学者共同体の形成」（三〇）というゲスナーの新機軸に触れられることはないし、物質（化石が石質であること）、形態（生物に似ていること）、位置（海から離れた高所にも存在すること）という化石に関する当時の本質的問題は充分に論じられない。それらを説明する装置としてその時代には「刷新されたアリストテレス主義と総合的な新プラトン主義」（六六）という有力な思潮が存在したことも考慮されない。化石には生物に酷似しているものからほとんど似ていないものまでのスペクトルがあり、当時のナチュラリストがそのうちのどれに直面していたかを知ることが重要であるという、古生物学者ラドウィックならではの指摘も視野に入ってこない。だがなによりも「彼らを彼ら自身の時代の人間として、すなわち解くために必要な証拠はめったにもてなかった問題にもあえて取り組み、彼ら自身の世界観にもとづいて少しでもそれを解こうとした人間として理解しようとする」（一〇）という、過去の歴史に対する敬意や共感が抜け落ちてしまうように思えるのである。

（1） Archibald Geikie, *The Founders of Geology*, Macmillan, 1905, pp.43-52.
二【ウッドワードもステノも、化石を含む地層は「大洪水」のときに、連続的に堆積したに違いないことを強調していた。それはこのような地層の概念を保持するための、だがそれを「大洪水」の観念からいっそう遠くへ引き離すための小さな一歩であった】（一一六）

ステノは『プロドロムス』（一六六九）でトスカーナの六段階の地史を述べる際に、各段階ごとに聖書の記述と自然の観察が一致することを確かめている。第四のすべてが海で覆われた段階では、その水は明らかにノアの洪水に由来するとされている。[1]また「ウッドワードの体系はその欠陥にもかかわらず、化石と生物との類似についてほどよく説得力のある説明を提供し、したがって化石遺骸の注意深い記載と分類整理を促進した」（一一二）。ステノやウッドワードにおいて「大洪水」の観念は化石・地層の探究と分かちがたく結ばれていた。ド・リュックやバックランドなど多くの者もノアの洪水を前提として理論を組み立てていた。こうした「説明のための大きな枠組み」があったからこそ、化石や地層の探索は刺激され、その枠組みをめぐる議論がなされることによって探索はより深みを増した。ギーキーの言葉とは異なり、ノアの洪水は単に科学の進歩を遅らせたのではないのである。

だがテルトゥリアヌス（一六〇頃―二二〇頃）以来続けられてきたノアの洪水の利用もついに終焉を迎えるときが訪れた。当時最大の洪水論者であったバックランドは『自然神学との関連で考察された地質学と鉱物学』（一八三六）の脚注において、前作『大洪水の遺物』（一八二三）ではノアの洪水と同一視していた出来事についてこう述べた。「それゆえ問題となっている出来事は、〈霊感による物語〉で記述されている比較的穏やかな浸水であるよりも、水の激しい侵入によって引き起こされた多くの地質学的革命の最後のものであったように思われる。この二つの重大な歴史的・自然的現象を同一視する試みに反対し、次のことが正しく主張されてきた。すなわちモーセの大洪水の水の上昇と下降は漸進的かつ短期間であったと記述されているのだから、それらはそれが氾濫した地方の表面に比較的わずかな変化しか生みださなかったであろう」[2]。これ以後ノアの洪水は科学的議論から姿を消した（グールドの主張に従えば、現代のファンダメンタリストのように疑似科学において使用することは許されなくなった）[3]。バックランドが前言を撤回するもとになったのは、新たに得られた化石と地層についての知見であった。ノアの洪水に刺激されて発展してきた探究がこうしてノアの洪水を無用のものとした。バックランドは大洪水の原因を『大洪水の遺物』の続編において解明するつもりであった。だが「この第二巻が書かれることはなかった。なぜなら彼は原因が水ではなく氷にあることを確信するにいたったからである」（一六八）。アガシが提唱した氷河説にイギリスで最初に賛同し、その普及に熱心に取り組んだのがバックランドだったのは偶然ではないだろう。「大洪水」も氷河も類似した現象を引き起こすのだから、それまで探究してきた現象の原因として両者を取り替えるだけでよかったのである。

（1）ニコラウス・ステノ『プロドロムス』山田俊弘訳、東海大学出版会、二〇〇四、一三五―一四四頁を参照。
（2）Buckland, *Geology and Mineralogy Considered with Reference to Natural Theology*, 1836, pp.94-95, note.
（3）スティーヴン・ジェイ・グールド『フラミンゴの微笑』（上）、新妻昭夫訳、早川書房、一九八九、第七章「ノアの冷凍」を参照。

三【聖書的な時間の概念は、化石の意義の理解が発展することを阻害する拘束衣になるどころか、当初は正反対の効果をもたらした】（九〇）

聖書に登場する人物の年齢を合計して「世界の年齢」を算出しようとする聖書年代学は、二世紀のアンティオケイアのテオフィロスから一七世紀中葉のアッシャーまで、一五〇〇年もの長きにわたり西欧の「地球の年齢」に関する思考を支配し続けた。紀元前四〇〇〇年から六〇〇〇年頃に世界が創造されたとするこの年代学は、現在ではあざけりの対象にしかならない。しかし実際には、聖書年代学は単に聖書の記述をなぞっていただけではなく、それを検証するために、あるいは補完するために世俗の歴史を援用しなければならなかった。たとえば聖書が語る年代にはいくつかの齟齬があった。また旧約聖書で語られる年代記は紀元前五世紀のエズラとネヘミアの時代をもって突如終了するため、そこから新約聖書が語るイエスの時代までは俗史の記述によって補わなくてはならなかった。年代学者たちはそれぞれ創意工夫をこらして、最も正確と思われる年代を確定することに努めた。結果として聖書年代学は知られている限りの「世界の歴史」を再構成しようとする、きわめて緻密な学問となった。

「地質学史についての初期の注釈者たちは、ステノを近代地質学の先駆者と讃えることから、地球史を数千年という限界の中に収納した彼を弁解することへと、残念ながら転じざるをえないとしばしば感じた」（八八）。しかし彼ら注釈者たちに、そのように困惑する必要はなかったのである。「ほとんどすべての思索する人々に、地球がごく最近誕生したという見解に賛同させたのは、単に精神的保守主義の威力でも、まして教会による裁可という脅威でもなかった」（九〇）のだから。ステノやフックたちが素描した地球史は、聖書年代学が与える「短時間尺度」の中に無理なく収まるものであった。むしろキリスト教が有する「歴史が直線的あるいは定向的であるという強烈な感覚」（九一）が、地球にも歴史が存在するという感覚を涵養するのに貢献したのであり、聖書年代学はその中で思考する枠組みとして、少なくともこの時代には桎梏と感じられることはなかったのである。

ラドウィックの指摘によれば、地球の年齢を数千年とする「短時間尺度」と、たとえば数百万年とする

「長時間尺度」が単純に対立したのではなかった。正統的信仰にとって「脅威と感じられたのは単なる時間の長大さではなく、永遠の観念であった」(一一八)。すなわち「長時間尺度」を採用する者にとっては、『創世記』の字義通りの解釈から逸脱しているという非難を受けるよりも、キリスト教教義の根幹である「無からの創造」を否定する、永遠主義(eternalism)を許容しているという嫌疑をかけられる方が危険だったのである。たとえばラドウィックも挙げている(一一八)ハリーの論文『海の塩分の原因の簡潔な説明』(一七一五)の末尾にはこう書かれている。「前述の議論は万物の永遠という、最近ある者たちが抱いている古い観念を、反駁することを主たる目的としている。この議論により、世界はこれまで多くの者が想像していたよりはるかに古くなるかもしれないが」[1]。すなわちハリーは聖書年代学が要請する短時間尺度はすでに難なく凌駕している。だがそれが永遠主義と誤解されることは絶対に避けなければならなかった。

また一八世紀フランスでは、短時間尺度に拘泥せず、もっと長大な年数を想定する者も何人か登場しており、たとえばブノワ・ド・マイエは『テリアメド』(一七四八)のための手稿において、世界の持続期間を「二〇億年」と記していた。だがそれを著者の死後編纂して出版したル・マスクリエはその年数を「二〇〇万年」に切り詰めた[2]。教会の検閲を恐れたのであろうか。だがラドウィックによればそうではなく、「長大な時間尺度を支持する動かしがたい証拠はいまだなく、何百万年という時間を示唆する者は、その見解ゆえに迫害されるより嘲笑される」(一一八)ことを危惧しなければならなかったからであった。ビュフォンも『自然の諸時期』(一七七八)の刊本では地球の年齢に七万四八三二年を与えているが、手稿ではその四〇倍の時間を想定していた。彼が手稿の中で「時間を広げれば広げるほど、自然が実際に採用している真の時間に近づくというのはきわめて正しいにもかかわらず、われわれの限られた知性の力に合わせるために、できる限りそれを縮めなければならないのである」[3]と記したのは、人々の間に存在する「理性と想像力にとっての障壁」(一一八)を顧慮したためであった。

（1） Edmond Halley, ‘A Short Account of the Cause of the Saltness of the Ocean’, *Philosophical Transactions*, 29, 1715, pp.296-300.

（2） Benoît de Maillet, *Telliamed*, Fayard, 1984, p.233. Claudine Cohen, *Science, libertinage et clandestinité à l'aube des Lumières. Le transformisme de Telliamed*, PUF, 2011, p.348 を参照。

（3） ビュフォン『自然の諸時期』（菅谷暁訳、法政大学出版局、一九九四）、「解説」四〇三―〇四頁。

四【イギリスのほとんどの科学人（およびそれ以来英語圏のほとんどの科学史家）は、キュヴィエの革命の理論をジェイムソンの版を通して学んだ】（一六一―六二）

ジェイムソンはキュヴィエの『序説』（*Discours préliminaire*）を『地球の理論に関する試論』（*Essay on the theory of the earth*, 一八一三）というように改題して刊行した。しかもその「序文」では次のように述べ、キュヴィエが自己の理論を聖書の記述、とくに「ノアの洪水」にもとづかせていると解説した。「世界の創造についてのモーセの報告は霊感によって書かれており、したがって人間の観察や経験とは完全に独立した証拠にもとづいているにもかかわらず、それが鉱物界で観察される種々の現象と符合しているのを知ることは興味深く、多くの点で重要である。地球の構造と、外来化石や石化物の分布の様式は、地球の形成についての聖書の報告が真実であることの多くの直接的な証拠である。……モーセが記述した六日という期間さえ、われわれの地球の理論と矛盾しない。……聖書に記されたきわめて大きな自然的出来事の一つである大洪水も、その広がりと発生の時期について、地表の上や近くで観察される種々の現象の注意深い研究によって確証されている。……これらの問題、とくに〈大洪水〉に関する事柄が、イギリスの読者にいま提供されるキュヴィエの〈試論〉の主題を構成している」[1]。ラドウィックによれば「キュヴィエの著作を自分自身で読んだ科学史家や科学者はわずかしかいない。そのわずかな者の多くはキュヴィエの『序説』しか読んでいない。

しかもそのうちの英語圏の者のほとんどはジェイムソンの版しか読んでいない」[2]。もしそれが本当なら、英語圏においてキュヴィエは当初から誤解にさらされていたことになる。キュヴィエの理論は「少なくとも意識のレベルでは、科学を聖書に適合させようという欲求には何ひとつ負っていなかった」(一六二)し、『序説』の末尾には「人間の存在に先立つ数千世紀の歴史(l'histoire des milliers de siècles)」[3]というように、聖書年代学とは異なる長時間尺度が明言されていたにもかかわらず。さらにのちにライエルの斉一説が近代地質学の原理とされるにおよび、それと対立する激変説の主唱者キュヴィエには前近代的・非科学的・宗教的な人物という評価が下されるようになってしまった。

しかもキュヴィエは進化論を拒絶したため「従来の科学の歴史では反動的悪人の烙印を押されていた」(一四〇)。だがキュヴィエがラマルクの進化論に反対したのは、根本的には「生物は機能的に安定した機構であり、したがって種は時間的に安定した自然の単位である」(一四五)という生物観にもとづいてであり、生物が現在の形態のまま神によって創造されたとする「特殊創造」(special creation)を擁護するためでは決してなかった。キュヴィエは最初期の論文においてすでにそのことを明らかにしている。「動物を変化させるための気候の影響がどれほどになりえようと、それがさほど強くないことは確実である。またそれが骨格の比率や歯の内的組織すべてを変えうると述べることは、すべての四足動物は唯一の種に由来するしかなく、それらの動物が示す相違は連続的な退化でしかないと主張することであろう。一言でいえば、それは自然誌全体を無に帰せしめるであろう。その対象は変わりやすい形態と移ろいやすい類型のみで構成されていることになるのだから」[4]。キュヴィエにとって「すべての自然的存在は絶えまない流動という同一の過程に参画している」(一四二)とするラマルクの信念を拒絶することは、自然誌(すなわちここでは生物学)を実証的科学として成立させるために決して譲れない事柄だったのである。

ラドウィックはキュヴィエの著作に初めて出会った頃のことをこう回想している。「その当時わたしは歴史家ではなく古生物学者であり、キュヴィエに対するわたしの当初の関心は厳密に科学的なものであった。……キュヴィエによる化石骨の素晴らしい版画と、彼の著作を読んだ埃っぽくかび臭い大冊は、わたしにとって化石腕足類の美しい彫刻的形状と同じくらい魅惑的なものになり始めた。同時に、偶然ではないが、科学史の知的挑戦が古生物学の知的挑戦と同じくらい抗しがたいものになり始めた。ついに数年後には、実際的制約のために、この二つの等しく魅力的な研究分野の間で選択をしなければならなくなった。わたしはいまでも、わたしをその決断の瞬間へと押しやった歴史上の人物として、キュヴィエに対し偏愛を抱いている」[5]。誤解に包まれ、まともな翻訳もほとんど存在しない状態から偏愛するキュヴィエを救うために、ラドウィックはキュヴィエの主要論文と『序説』の英訳、および詳細な解説からなる本を上梓したのであった。

（1） Cuvier, *Essay on the theory of the earth, with mineralogical notes, and an account of Cuvier's geological discoveries, by Professor Jameson*, 1813, preface v-vii. Rudwick, *Bursting the Limits of Time*, The University of Chicago Press, 2005, pp.596-597を参照。ジェイムソンは初版の序文を第三版（一八一七）で削除し、それ以降は聖書と地質学の結びつきには触れていない。松永俊男『ダーウィン前夜の進化論争』、名古屋大学出版会、二〇〇五、三四―三八頁も参照。ただし「〈大洪水〉の問題が、この優雅な論説の主題を構成している」という文言は第三版の序文にも残されている。

（2） Rudwick, *Georges Cuvier, Fossil Bones, and Geological Catastrophes*, The University of Chicago Press, 1997, p.258.

（3） Cuvier, *Recherches sur les Ossemens Fossiles de Quadrupèdes*, Tome Premier, Culture et Civilisation, 1969, p.116.

（4） Cuvier, 'Mémoire sur les espèces d'éléphans vivantes et fossiles', *Mémoires de l'Institut National des Sciences et des Arts, sciences mathématiques et physiques* (*mémoires*), vol. 2, (1799), p.12.

（5）Rudwick, *Georges Cuvier*, p.xii.

五【だが実際には、ライエルは二つの根本的に異なる原理に言及していた。第一のものは、過去に作用した過程は現在作用している過程と同じであるという現在主義の原理であった。……第二の原理、すなわちそのような過去の過程は「現在の過程が用いているものと異なる活力の度合では作用しなかった」という原理は、その含意においてはるかに議論の余地のあるものであった】（二〇六）

このことは『地質学原理』刊行直後から多くの者が気づいていた。たとえば『地質学原理』第一巻（一八三〇）に対する書評においてスクロープは次のように述べていた。第一の原理は「［過去の出来事は］現在も存在している原因の働きによって生起した」というもので、これには「われわれは大多数のヨーロッパの地質学者とともに無条件で同意する」。しかし第二の原理は「変化と産出のこの系列にはいかなる始まりの痕跡も、全体としてはその進歩の度合が変化したという痕跡もまったく存在しない。だが反対に、現在存在する変化の原因は永遠の過去から絶対的な斉一性によって働いてきたようである」とするもので、これには「これまでに遭遇したものよりはるかに決定的な証拠によって支持されるまでは、われわれは同意を差し控えなければならない」[1]。ヒューエルも『地質学原理』第二巻（一八三二）の書評においてスクロープと同様に二つの異なる原理が存在することを認め、第一の原理には賛意を表明した上で次のように述べた。「一つの地質学的状態からもう一つの地質学的状態へとわれわれを導く変化は、長期間平均して、その強度において斉一的だったのか、それとも比較的平穏な時期の間に挿入された、突発的かつ激変的な作用の時期からなっていたのか。この二つの見解はしばらくの間、地質学界を斉一論者（Uniformitarians）と激変論者（Catastrophists）と呼ぶことができる二つの党派に分離するであろう[2]」。すなわちヒューエルの造語による斉一説と激変説の対立が生じるだろうとされているのは、第二の原理をめぐってだけなのである。第一の原理はスクロープもヒューエルも、他のほとんどの地質学者も正しいと認めることをしぶりはしない。しかし時がたつにつれ、二つの原理は区別されるべきであることが忘れ去られ、ライエルの理論全体に斉一説の名称が付与されるようになった。しかも第一の原理はほぼ全員が認めるものだったため、それを含むと（誤って）見なされた斉一説が地質学そのものの原理の位置に据えられ、斉一説を提唱したライエルを「近代地質学の創始者」とする「神話」がまかり通ることになったのである（単にライエルを必要以上に称揚することが咎められるべきなのではない。ライエル以前の地質学がすべて「前近代的」とされてしまうことが問題なのである）。

長い間続いたこの混乱を解きほぐす先鞭をつけたのが科学史家のホーイカースである。[3] ラドウィックも本書以前の論文において詳しい分析を行なっているが、[4] ここでは二四歳の大学院生であったスティーヴン・ジェイ・グールドの『斉一説は必要か？』という勇ましい表題の論文を紹介しよう。[5] グールドは第二の原理、すなわち「度合や物質的条件の斉一性を仮定している検証可能な地質変化の理論」を「実質的斉一説」、第一の原理、すなわち「自然法則の空間的時間的不変性を主張している手続き上の原理」を「方法論的斉一説」と呼ぶ。「実質的斉一説」は「新しいデータによる検証に耐えず、厳密に維持することはもはやできない」ためあっさりと放棄される。また「方法論的斉一説」は結局のところ「帰納と単純性を主張することに帰着する。しかしそのような原理は経験科学一般の近代的定義に属するので、斉一説は〈地質学は科学である〉という単純な陳述に包摂される。……しかしわれわれは地質学を科学だと考えているのだから、この主張はすでに定義によってなされてきた。それを再び口にすることは、良くて余計であり、悪くて混乱のもとである」。したがってグールドの結論では「斉一説は必要ではない」のである。

グールドはまとめとして次のように記している。科学がその内部の超自然的な要素と闘っていたときには「方法論的斉一説」は有効であった。「神が介入するなら、法則は不変ではなく、帰納は無効となるから」。

しかしライエルたちの闘いは勝利を収めた。「その勝利を確実にした武器は、原子力時代の石弓のように思われないために、名誉の引退をしてもらうのが適当である」。だがこの論旨から判断する限り、この頃のグールドには激変論者についての誤解がまだ残っていたように思われる。なぜならライエルの時代でも、グールドが想定するほど「超自然的な要素」を信じる地質学者（激変論者も含めた）は多くなかったであろうし、（キュヴィエを含めた）ほとんどの者はすでにグールドのいう「方法論的斉一説」、ラドウィックのいう「現在主義」を採用していたのだから。とするとライエルの武器はそれほど多くはない敵に対して向けられていたことになる。おそらくラドウィックのいうように、ライエルの書は「知的綱領を主張する」（二一九）ものであった。新しい原理を打ち立てたのではなく、すでに確立していた原理を詳説し、多数の応用例を披瀝するという性格のものだったのであろう。

（1）Scrope, '[Review of] *Principles of geology* by Charles Lyell', *Quarterly Review* 43, 1830, pp.411-69. 引用は pp.464-65 より。Rudwick, *Worlds Before Adam*, The University of Chicago Press, 2008, pp.323-24 を参照。

（2）Whewell, '[Review of] *Principles of geology* ... by Charles Lyell', *Quarterly Review* 47, 1832, pp.103-32. 引用は p.126 より。Rudwick, *Worlds Before Adam*, p.358 を参照。

（3）R. Hooykaas, *Natural Law and Divine Miracle*, E. J. Brill, 1959, chap.1 The Principle of Uniformity in Geology, pp.1-66.

（4）Rudwick, 'Uniformity and Progression: Reflection on the Structure of Geological Theory in the Age of Lyell', in Roller, *Perspectives in the History of Science and Technology*, University of Oklahoma Press, 1971, pp.209-27.

（5）Stephen Jay Gould, 'Is Uniformitarianism Necessary?', *American Journal of Science*, vol. 263, March

1965, pp.223-28.

六【自然神学は科学的問題の「正しい」解答を覆い隠したのではなく、むしろ取り組むべき問題の選択と、満足のいくと見なされる解答の種類に対し、影響力を行使した】（一八七）

のちに数多く現われる自然神学的著作の範例となった、レイの『創造の御業に明示された神の英知』（一六九一）には次のような一節がある。「神の御業に思いをめぐらすことは、永遠にわれわれがなすべき職務の一部であるだろう。……机上の学問にふけり、他人が書いたものを読み、真実より虚偽に信頼を寄せるだけで満足しないようにしよう。機会がある限りわれわれ自身で物事を調べ、書物ばかりでなく自然と会話をしよう。……学問の限界がヘラクレスの柱のように定められているとか、そこに〈これ以上は不可〉Ne plus ultra と刻み込まれているなどとは考えないようにしよう。……自然の宝は無尽蔵である。……もし人間がすべての被造物の栄光を創造主に帰すべきであるなら、彼はそれらすべてに注目し、彼の認識に値しないものがあるなどと考えるべきではない。そしてまさしく全能の神の英知と技巧と力は、ウマやゾウの体の構造においてと同じく、最も微小な昆虫の体の構造においても明らかに輝いているのである」[1]。宗教は科学的探究を妨げたという「通念」とは異なり、この自然神学的説諭ほど適切で熱のこもった「自然探索の勧め」には、めったに遭遇できないのではないだろうか。神が森羅万象を創造したのなら、神の英知を森羅万象の中に見つけださなければならない。レイはこの考えにもとづいて、天体、地球、動植物、人体など自然のすべての部分に、神によるデザインの証拠を探し求めた。

自然神学的議論（デザイン論）の系譜はレイのあと、ウィリアム・デラムの『自然神学』（*Physico-Theology*, 一七一三）や『天文神学』（一七一四）などを経て、ペイリーの『自然神学』（*Natural Theology*, 一八〇二）と八つの著作からなる『ブリッジウォーター論集』（一八三三―三六）へと続く[2]。その『論集』

の中の一冊、バックランドの『自然神学との関連で考察された地質学と鉱物学』は地質学・古生物学に関する最高の自然神学書であった。『地質学と鉱物学』と題されているにもかかわらず、実際には「化石動物の構造におけるデザインの証拠」の列挙がほとんどの部分を占めていた。たとえば「三葉虫の目」については次のように語られている。「われわれはこの［三葉虫の目という］道具が、いわば一連の試験的変化を経て、より単純な形態からより複雑な形態へと前進してきたとは思わない。この種類の目がかつてそしていまでも適合している、被造物の集合の用途と条件に完全に適応した状態で、それはまさしく最初に創造されたのである。もしわれわれが顕微鏡や望遠鏡をエジプトのミイラの手の中やヘルクラネウムの廃墟の下で発見したら、そのような道具を考案した精神の中に、光学の原理の知識が存在したことを否定するのは不可能であろう。化石三葉虫の複眼の中に、およそ四〇〇の極微のレンズが並べられているのを見るとき、同様の推論がより強力に導かれるのである。……〈創造主の知性と力〉のこうした累積的証拠によってこのように確証されている、共通の〈作者〉の〈デザインの統一〉に関する結論に抗することは不可能であるように思われる」[3]。バックランドにとって、「およそ四〇〇の極微のレンズが並べられた」複雑精緻な三葉虫の複眼は、「より単純な形態からより複雑な形態へと」変化したはずはなく、「光学の原理」を知悉する全能の存在によって創造されるほかはなかった。ラドウィックがいうように、そしてレイやバックランドにおいて見られるように「それぞれの種に神が与えたデザインの豊かさを強調することは」、「個々の化石種（そして現生種）の機能の分析と生態の復元に対し、強力な誘因として作用した」。だが同時に「種の起源の予想しうる機構について、思索することを思いとどまらせがちであった」（一八七）のである。

意外に思われるかもしれないが、バックランドを最大の論敵としていたライエルの著作にも自然神学的言辞は見られる。スクロープは『地質学原理』刊行直後にライエルに宛てた書簡で次のように述べていた。「過去の変化の終わりのない、あるいはむしろ始まりのない連続を主張するとき、あなたはあなたの原理をあまりにも遠くまで運んでしまったように思えます」。先に触れた『原理』第一巻の書評でも、第二の原理を正しいとするなら「変化と産出のこの系列にはいかなる始まりの痕跡も存在しない」と記していた。「始まりがない」ということは忌むべき永遠主義の徴候であり、スクロープはライエルのそのような論調を危惧せざるを得なかった。ライエルは『地質学原理』第三巻末尾の「結びの言葉」(Concluding Remarks) において、スクロープの批判に対し次のように答えた。ハットンのように「始まりの痕跡を発見できない」と考えたからといって、「世界には始まりがない」ということを主張しているのではない。「星空を探索しようが、顕微鏡によって明らかにされる微小動物の世界を探索しようが、空間において創造の御業に限界を設けようと願っても無駄である。したがってわれわれは時間においても、宇宙の境界は死すべき人間の理解を超えたところに横たわっていることを発見する用意がある。しかし時間においてであろうと空間においてであろうと、どちらの方向に探究を行なっても、われわれはいたるところに創造主の知性と、彼の先見、英知、力の明らかな証拠を見出す。地質学者として、われわれは地球の現在の条件が、無数の生物を収容するのに適してきたことだけでなく、多くの前代の状態も、以前の生物の体制や習慣に同様に適応していたことを学んでいる。海、大陸、島の配置と気候は変化してきた。種も変化させられてきたが、それでもすべての種は現存する動植物の類型に似た類型にもとづいて作られ、完璧なデザインの調和と目的の一致を全体にわたって提示しているように思われる」。すなわち人間には、空間的に宇宙の果てを知ることができないように、時間的に世界の始まりを認識することはできない。しかしわれわれはいたるところに神の英知を見出す。とりわけ地球も生物も変化してきたが、全体としてそれらは常に一定の均衡状態を保ってきたということの中に。「ライエルは要するに、定向的に変化する地球と前進的に変化する生命を示す証拠は妥当でないと宣言した。彼は地球と生命の歴史の定向的な (directional) モデルを、ハットンのものと同様の定常的な (steady-state) モデルによって置き換えた」(二〇八)。だが先に触れた「第二の原理」、そしてそこから帰結するこの定常的体系に、ラドウィックの推測によればライエルは「不可避の論理だけによって押しやられたのではなかった」(二〇八)。ライエルにとって定常的体系は神学的にもすぐれたものであった。「理神論的自然神学の枠組みの内部」では、すなわち地球と生命の根本的な前進や進化を認めることができない思考の枠組みの内部では、「定常状態だけが自然の英知を証明できた」(一四四)。そして「調和のとれた永続する均衡の中にある世界の方が、時間的始まりと終わりを思い描くことが可能な世界よりも、創造の英知をより効果的に証明できると感じられた」(二〇八)のであった。

(1) John Ray, *The Wisdom of God Manifested in the Works of the Creation*, 1691, Garland Publishing, 1979, pp.124-30.

(2) イギリスの自然神学全般については松永俊男『ダーウィンの時代——科学と宗教』、名古屋大学出版会、一九九六を参照。

(3) Buckland, *Geology and Mineralogy Considered with Reference to Natural Theology*, 1836, pp.402-04.

(4) Scrope to Lyell, 11, June, 1830, Rudwick, *Worlds Before Adam*, p.322より。

(5) Lyell, *Principles of Geology*, vol. 3, 1833, Cambridge University Press, 2009, pp.382-85.

七**【実際にはダーウィンの説明に引けをとらないほど高い知的評価と、当時の人々にとってはむしろダーウィンのものをかなり上まわる信用性を備えた、もう一つの入手可能な説明が存在した】**(二四一—四二)

『種の起源』(一八五九)の最終章「要約と結論」において、ダーウィンは自然選択に対立するのは特殊創造だけであるかのように、多くの箇所で両者を対置させた。たとえば「彼らはある場合には変異を真の原因であると認め、別の場合にはそれを恣意的に拒否し、二つの場合にいかなる区別も設けない。これは先入観が人を盲目にした奇妙な例だとされる日がきっと来るだろう。これらの著述家たちは、通常の出産に驚かないのと同様に奇跡的な創造行為にも驚かないように見える。しかし彼らは地球の歴史の数え切れないほどの時期に、いくつかの基本的原子が生きた組織に急変するよう突如命じられたなどと本気で信じているのか。彼らはそれぞれの創造行為と想定されたものにおいて、一つの個体や多くの個体が生みだされたと信じているのか。無数の種類の動植物すべてが、卵や種子として、あるいは完全な成体として創造されたのか。また哺乳類の場合には、母の子宮から栄養を得たという偽のしるしを帯びて創造されたのか」[1]、「最も卓越した著述家たちが、それぞれの種は個々に創造されたという見解に、すっかり満足しているように見える」[2]という具合に。まさしく「ダーウィンは自説をそれに反対する［特殊創造という］ただの藁人形とともに提出した」（二五六）のであった。

また『種の起源』の別の章では、ダーウィンは「最もすぐれた古生物学者たちすべてが、すなわちキュヴィエ、オーウェン、アガシ……などが、異口同音に、しばしば激しく種の不変性を主張した」[3]とも記していた。特殊創造論者のように扱われたことを知って憤慨したオーウェンは、一八六〇年の『種の起源』の書評において次のように反論した。「ダーウィン自身や他の転成論者の意見に同意しない者はすべて、〈地球の歴史の数え切れないほどの時期に、いくつかの基本的原子が生きた組織に急変するよう突如命じられたなどと本気で信じている〉と記されている。ところでそのようなものは、外的影響による自然選択の仮説や、例外的な誕生や発達の仮説と同様に、観察とほとんど一致しない種の生成方法に関するもう一つの見解にすぎないのである」[4]。このようにオーウェンは特殊創造も自然選択も拒絶する。ダーウィンは自然選択以外の進化論はありえないように読者に印象づけていたが、オーウェンによればそのような進化論も考察することが可能であった。「［前世紀のド・マイエ、今世紀前半のラマルク、後半のダーウィンのような想像力豊かな者たちは、さまざまな仮説を公表してきた］。その時期に、動物学を帰納により着実に前進させてきた著名な学者たちは、種の起源についての仮説にはかかわらないできた。……ただ一人だけが［オーウェンのこと。書評が匿名で書かれていたため］、連続的に作用する創造的法則による、種の起源という見解に好意を表明してきた。しかし彼は同時に、前進的かつ漸次的な転成という法則の仮説に対しては、きわめて強力な反対あるいは異議を唱えてきた」(5)。「ダーウィン陣営」の資料にもとづき、オーウェンは進化論に反対する創造論者であり、この書評は悪意に満ちたものであるという「通説」がしばしば繰り返されてきた。だが実際にはオーウェンは「われわれは法則による創造に対する聖書的反対者たちや、そのような法則を説明する人々を聖職者的に罵る者に対していかなる共感も覚えていない」(6)と明確に述べていたし、全体としては（論旨がたどりにくいという「通説」は認めるにしても）自然選択に代わる進化の理論が可能であるという持論を反復していただけなのである。科学史家のルプケによれば「さんざん罵られきたオーウェンの一八六〇年の書評は、ダーウィン神話においてそう見なされるようになったもの、すなわち誠実にして迫害された真理の予言者に対する蒙昧主義的な攻撃などではなかった」のである(7)。

ダーウィンは『種の起源』の末尾で「［自然選択による進化という］この生命観の中には荘厳なものがある」(8)と記した。オーウェンはその一〇年前の『肢の本性について』の結びの節で、「原型的イデア」が先在すること、「原型の光に導かれながら」生物が発展することを華麗な筆致で描いていた。バックランドのように各種動物の具体的な適応にではなく、（たとえば）脊椎動物の抽象的なプランの中にデザインの証拠を見出す、新しい型の自然神学を展開していた。ラドウィックによれば「当時にあってそれは説得力も魅力も兼ね備えていた」「たしかにダーウィンの見解の中には荘厳なものがあったが、オーウェンの見解の中にもそれはあったのである」（二四八）。その後『種の起源』に衝撃を受けたオーウェンは、「運と偶然に依拠していると見えるような」（二六八）自然選択に代わる進化の機構を探し続けた(9)。のちに「派生仮説」(derivative hypothesis) という独自の理論を提唱したが、結局のところそれは種が「内的な傾向」にもとづき、

「予定された道筋」を通って派生するという「目的論的過程[10]」でしかなかった。『肢の本性について』の末尾で述べられていたような、自然神学的見解を抜けでることはかなわなかった。その意味ではオーウェンは、自然選択説に直面して凋落する自然神学と、運命をともにしたといえるのかもしれない。

（1）Darwin, *On the Origin of Species*, Dover Publications, 2006, pp.302-03.

（2）Ibid., p.306

（3）Ibid., p.195.

（4）Owen, 'Darwin on the *Origin of Species*', *Edinburgh Review*, 111, 1860, pp.487-532. 引用は p.500 より。

（5）Ibid., pp.503-04.

（6）Ibid., p.511.

（7）Nicolaas Rupke, *Richard Owen : Biology without Darwin, a Revised Edition*, The University of Chicago Press, 2009, p.164.

（8）Darwin, *On the Origin of Species*, p.307.

（9）オーウェンと進化論との関わりについては Rupke, *Richard Owen*, chap.5 Eclipsed by Darwin, pp. 141-81を参照。

（10）Ibid., p.171

以上の七つの註釈ははじめに述べたように、「従来の歴史記述」に対して著者が修正を促していると思われる箇所を、訳者が恣意的に選んで説明を加えたものにすぎない。そのほかにも著者が「通説」に異を唱えている箇所はあるだろう。しかし実をいえば、本書が「従来の歴史記述」に対する批判・修正の書としてのみ読まれることは訳者の本意ではない。そのように遇することは、本書をあまりにも矮小化してしまうと感じられるからである。従来の古生物学史の著作に不満を覚えたため、それらとは異なる歴史を語りたいという思いがはじめ著者にあったことは間違いないが、完成したものは他者の批判・修正というレベルをはるかに超えた、豊穣な内容をもつ作品であった。訳者としては、余計な予備知識なしに、著者の繊細かつ明晰な記述をまず味読していただきたいというのが第一の希望である。むろん本書刊行以後、著者のいう「従来の歴史記述」とは一線を画した多くの古生物学・地質学史関連の著作が登場したし（そのうちのいくつかは「文献案内」に掲げておいた）、これからも一九七〇年代当時の「通説」などとは無縁の若い世代によって、多くの研究書が書かれるであろう。だが本書ほど、広い視野と鋭い分析と魅力的な文章をあわせもつ著作には、なかなか出会えないのではないだろうか。前に言及したラパポートは本書の書評の中で「この書は研究における深みと、解釈の独自性、歴史への共感、豊かな想像力とを結びつけている」と賞賛した。本書が科学史研究の古典として高い評価を受け、刊行から四〇年以上を経たこんにちでも読み継がれている理由もそこにあるのであろう。だが著者の文章の引用を全体にちりばめたこの「訳者あとがき」は、やはり著者自身の言葉で締めくくってもらうのがよいだろう。本書の最後の節には次のような一文が置かれていた。「古生物学がその視野において非歴史的になってはならないのは……歴史的視点の喪失は概念の貧困に行き着くだろうからである」（三〇八）。これこそ古生物学史のみならず、科学史そのものの存在理由を開示する言説であり、古生物学者から転じた科学史家である著者の強い信念であり、本書を執筆する上での確たる根拠であったと思われるのである。

＊

著者マーティン・J・S・ラドウィック（一九三二―）はケンブリッジ大学トリニティ・カレッジで地質

学・古生物学を学び、一九五八年に地質学の博士号を取得。当初は腕足類の研究を行なっていたが、次第に研究の力点を科学史に移す。ケンブリッジ大学、アムステルダム自由大学、プリンストン大学などで科学史を講じたのち、カリフォルニア大学サンディエゴ校の科学史担当教授となる。一九九八年に同大学を退職しイギリスに戻る。二〇〇七年には、科学史学会（History of Science Society）が、「生涯の学問的功績」に優れた科学史家に毎年贈る最高の賞、「サートン・メダル」を授与した。現在はカリフォルニア大学名誉教授、ケンブリッジ大学科学史・科学哲学科所属の研究員の職にある。

著作のリストは

Living and Fossil Brachiopods（1970）『現生および化石腕足類』　腕足類の現生種と化石種について、その形態、生理、繁殖、分類、進化などを記述した著作。

The Meaning of Fossils : Episodes in the History of Palaeontology（1972）2d. ed.（1976）『化石の意味――古生物学史挿話』　本訳書

The Great Devonian Controversy : The Shaping of Scientific Knowledge among Gentlemanly Specialists（1985）『デヴォン系大論争――紳士階級専門家間における科学知識の形成』　デヴォン系という地層区分の概念がいかに形成されたかの歴史を、膨大な資料を駆使して再構成したもの。

Scenes from Deep Time : Early Pictorial Representations of the Prehistoric World（1992）『太古の光景――先史世界の初期絵画表現』　一九世紀に「太古の光景」がいかにして誕生し、初期の発展を遂げたかを一〇五枚の貴重な図版を例示しながら語る（邦訳、菅谷暁訳、新評論、二〇〇九）。

Georges Cuvier, Fossil Bones, and Geological Catastrophes（1997）『ジョルジュ・キュヴィエ、化石骨と地質学的激変』　キュヴィエの『地表革命論』をはじめとする主要な論文を英訳し、解説を付したもの。

The New Science of Geology : Studies in the Earth Sciences in the Age of Revolution（2004）『地質学という

新科学——革命時代における地球科学の研究』　これまで学術誌などに発表した論文の集成。

Lyell and Darwin, Geologists : Studies in the Earth Sciences in the Age of Reform（2005）『地質学者、ライエルとダーウィン——改革時代における地球科学の研究』同右。

Bursting the Limits of Time : The Reconstruction of Geohistory in the Age of Revolution（2005）『時間の限界を破砕する——革命時代における地史の復元』　地球とそこに住む生物に「歴史」のあることが明確になっていく過程を描く大作。

Worlds before Adam : The Reconstruction of Geohistory in the Age of Reform（2008）『アダム以前の世界——改革時代における地史の復元』　前作の続編。両作で扱われる時期は一七八九年から一八四五年まで。

（なお各著作の詳しい紹介と、著者の受賞歴は邦訳『太古の光景』の「訳者あとがき」を参照していただければ幸いである）。

本書の翻訳は風間がまず全体の一次稿を作成し、次に菅谷がそれに手を入れて完成稿とした。両名の語彙が補いあって、単独訳より表現が豊かになっていればよいのだが。みすず書房編集部長の守田省吾氏には本書の企画から完成まで、同編集部の宮脇眞子氏には編集の実務において大変お世話になった。心から感謝する次第である。

二〇一三年八月

菅谷　暁

マーティン・J・S・ラドウィック
化石の意味
古生物学史挿話
菅谷 暁
風間 敏
共訳

2013年 9月 3日 印刷
2013年 9月13日 発行

発行所 株式会社 みすず書房
〒113-0033 東京都文京区本郷5丁目32-21
電話 03-3814-0131(営業) 03-3815-9181(編集)
http://www.msz.co.jp

本文印刷所 萩原印刷
扉・表紙・カバー印刷所 リヒトプランニング
製本所 誠製本

ISBN 978-4-622-07767-1
[かせきのいみ]

著者略歴

(Martin J. S. Rudwick 1932-)

ケンブリッジ大学トリニティ・カレッジで学び，1958年に地質学の博士号を取得．腕足類の研究から出発したが，次第に科学の歴史・哲学に研究の力点を移す．カリフォルニア大学サンディエゴ校教授をつとめたのち，1998年に同大学を退職しイギリスに戻る．現在はカリフォルニア大学名誉教授，ケンブリッジ大学科学史・科学哲学科所属の研究員．本書以外の著作に『現生および化石腕足類』(1970)，『デヴォン系大論争』(1985)，『太古の光景』(1992)，『時間の限界を破砕する』(2005)，『アダム以前の世界』(2008) など，解説付訳書に『ジョルジュ・キュヴィエ，化石骨と地質学的激変』(1997) がある．

訳者略歴

菅谷 暁〈すがや・さとる〉1947年生まれ．東京都立大学大学院人文科学研究科博士課程退学．科学史専攻．訳書コイレ『ガリレオ研究』(法政大学出版局，1988)，ビュフォン『自然の諸時期』(法政大学出版局，1994)，ゴオー『地質学の歴史』(みすず書房，1997)，コーエン『マンモスの運命』(新評論，2003)，バロー『宇宙のたくらみ』(みすず書房，2003)，ラドウィック『太古の光景』(新評論，2009) など．

風間 敏〈かざま・さとし〉1957年生まれ．筑波大学大学院地球科学研究科博士課程退学．地質学専攻．長野県立高校教諭．共著『はじめての地学・天文学史』(矢島・和田編，ペレ出版，2004)．

索　引

ア

アイヒホルン　Eichhorn, Johann Gottfried　162
アイルランド「ヘラジカ」　195, 200, 201
アヴィセンナ　Avicenna　41
アウグスティヌス　Aurelius Augustinus　56, 57
アガシ　Agassiz, Louis　232, 236, 260, 263
アグリコラ　Georgius Agricola　18, 25, 32, 33, 40, 43, 45
アステロレピス　240, 241
アダムズ　Adams, Frank Dawson　10
アッシャー　Ussher, James　92, 163
アユイ　Haüy, René Just　193
アリストテレス　Aristoteles　13, 16, 17, 32, 41-44, 48, 51, 53-55, 57, 58, 60-62, 66, 84, 90, 93, 100, 110, 111, 118, 126, 133, 184
アルドロヴァンディ　Aldrovandi, Ulisse　17, 21, 22, 34, 38, 75
アルベルト（ザクセンの）　Albert von Sachsen　41
アルベルトゥス・マグヌス　Albertus Magnus　60
アンキテリウム　292, 293
アンモナイト　45-47, 50, 73, 83, 85, 86, 97, 105, 119, 121, 128, 152, 233, 302
イグアノドン　173, 244
イクチオサウルス　173, 175, 186
隠花植物　176, 189
ヴァーグナー　Wagner, Andreas　289
ヴァーゲン　Waagen, Wilhelm　302
ウィストン　Whiston, William　110, 120
ウィルバーフォース　Wilberforce, Samuel　277, 278, 281
ヴェサリウス　Vesalius, Andreas　20, 53
ヴェルナー　Werner, Abraham　151, 154, 176, 222
ヴェルヌイユ　Verneuil, Edouard de　238
ウェンロック石灰岩　223
ヴォルテール　Voltaire　114
ヴォルム　Worm, Ole　68
ウォーレス　Wallace, Alfred Russel　261, 262, 279, 301
宇宙論　10, 32, 41, 90, 98-100, 125
ウッドワード　Woodward, John　106, 108-10, 112, 114, 116, 117, 120, 163, 193, 195
ウニ　22, 23, 46, 50, 51, 76, 77, 295
ウマ　285-87, 290, 292-94
ウミユリ　45, 47, 50, 52, 85, 115, 224
ウンガー　Unger, Franz　256
エーアハルト　Ehrhart, Balthasar　114
永遠主義　57, 58, 93, 101, 118, 144, 208
英国科学振興協会　224, 246, 254, 277, 278
英国地質調査所　254
エオゾーン　297, 299
エオヒップス　292
エクウス　285, 286, 292, 293
エラスムス　Erasmus, Desiderius　17
エリ・ド・ボーモン　Élie de Beaumont, Léonce　170, 213, 217, 219, 221, 251, 252, 263
オーウェン　Owen, Richard　201, 242-48, 256, 272, 278, 279, 288, 289, 296
オウムガイ　73, 86, 114, 148
王立協会　72, 80, 81, 96, 111, 166, 192, 245
王立外科学校　242
工立研究所　289
オーケン　Oken, Lorenz　246, 254
オリゲネス　Origenes Adamantius　56
オルデンバーグ　Oldenburg, Henry　72, 80, 81
オロヒップス　292, 293

カ

サ

タ

天地創造　57, 69, 91, 101, 118, 120, 135
天然磁石　35, 40, 60
天文学　28, 32, 92, 118, 123, 146, 159, 192, 208, 214, 217
銅版画　21-23, 65
特殊創造　140, 145, 160, 256, 278
ドーソン　Dawson, John William　299
突然変異　239, 302
ドーバントン　Daubenton, Louis Jean Marie　128, 137
トムソン　Thomson, William (Lord Kelvin)　298, 300, 301
ド・リュック　De Luc, Jean-André　133-35, 150, 163, 164, 194, 204
ドロミュー　Dolomieu, Déodat de　134, 135

ナ

軟体動物　45, 48, 59, 73, 78, 80, 82, 83, 87, 114, 147, 148, 154, 157, 172, 184, 207, 212, 213, 215, 221, 233, 245, 294, 295
ニュートン　Newton, Isaac　91, 97, 101-04, 110, 114, 120, 125, 132, 138, 158, 159, 257
ネアンデルタール人　281
ネオピリナ　130
年代学　2, 58, 91, 92, 94, 96, 98-101, 108, 111, 118, 120, 121, 135, 215, 309
ノイマイア　Neumayr, Melchior　295

ハ

ハイエナ　164, 165, 203
ハーヴィ　Harvey, William　53
ハクスリー　Huxley, Thomas Henry　277, 278, 281, 283, 288-90, 292, 294, 297, 298, 301, 304
博物館　17, 23, 25-27, 29, 110, 123, 125, 142, 143, 146, 147, 159, 192, 195, 234, 254, 289, 308
ハーシェル　Herschel, John　217, 225, 235
バックランド　Buckland, William　164-67, 174, 193, 194, 197, 199, 200, 202, 203, 209, 223, 232, 236, 237, 309
ハットン　Hutton, James　134, 144, 146, 157, 166, 208
パドヴァ　33, 53, 58, 61, 67
バーネット　Burnet, Thomas　101-06, 108-10, 120
パラケルスス　Paracelsus　32-34
パラス　Pallas, Peter Simon　134
ハリー　Halley, Edmund　118
パリシー　Palissy, Bernard　24, 32, 42, 62
パレオテリウム　152, 153, 172, 183, 292
バンクス　Banks, Joseph　192
パンダー　Pander, Christian Heinrich　260
ハンニバル　Hannibal　94
ヒエロニュムス　Hieronymus　56
比較解剖学　125, 127-30, 138, 146, 155, 164, 239, 240, 242, 245, 246, 265, 272, 275, 282, 288, 290, 296
ピクテ　Pictet, François-Jules　274, 275, 279, 290
ヒッパリオン　285-87, 290, 292, 293
ピテカントロプス　281
百科全書　16, 17, 25, 36, 71, 75, 125
ヒューエル　Whewell, William　216, 218, 234
ピュタゴラス　Pythagoras　37
ビュフォン　Buffon, Georges Louis Leclerc, comte de　120-22, 125, 126, 128, 132-34, 136, 138, 143, 151, 177, 242
ファロッピオ　Falloppio, Gabriele　33, 42, 61
フィットン　Fitton, William　192, 193
フィリップス　Phillips, John　233, 276, 277, 300
フェルディナンド二世　Ferdinand II　67, 68
フォジャス・ド・サン＝フォン　Faujas

de St-Fond, Barthélemy　124, 152, 155, 173
フォン・ベーア　von Baer, Karl Ernst　260, 264, 297
フォン・ホフ　von Hoff, Karl　197-99, 210
ブーシェ・ド・ペルト　Boucher de Perthes, Jacques　280
フジツボ　269, 270, 271
フーコー　Foucault, Michel　2
フック　Hooke, Robert　72-75, 81-86, 96-99, 108, 112, 121, 122, 309
フックス　Fuchs, Leonhart　20, 23, 33
プトレマイオス　Ptolemaios Klaudios　90
フュクゼル　Füchsel, Georg Christian　151
フライエスレーベン　Freiesleben, Johann Carl　156, 168
フラカストーロ　Fracastoro, Girolamo　60, 61
プラトン　Platon　35, 52, 97, 99, 101, 246-48
フランス学士院　123, 125, 127, 132, 138, 150, 152, 192
フーリエ　Fourier, Jean-Baptiste　177, 178, 298
『ブリッジウォーター論集』　236
プリニウス　Gaius Plinius Secundus　16
ブリンガー　Bullinger, Heinrich　25
ブルーメンバハ　Blumenbach, Johann Friedrich　176, 196
プレイフェア　Playfair, John　146, 157, 194, 196, 197, 199, 202, 204, 208
プレシオサウルス　173, 175, 186
フレミング　Fleming, John　166, 167, 199, 200, 202, 203, 206, 209, 211
プロティノス　Plotinos　37
プロテスタント　24, 31
プロブレマティカ　15, 309
ブロン（ハインリヒ＝ゲオルク）　Bronn, Heinrich-Georg　221, 251-64, 269, 273, 275, 279, 286, 309
ブロン（ピエール）　Belon, Pierre　48
ブロンニャール（アドルフ）　Brongniart, Adolphe　176-79, 209, 251
ブロンニャール（アレクサンドル）　Brongniart, Alexandre　154, 156-59, 168, 169, 193, 203
ヘーア　Heer, Oswald　282
ペイリー　Paley, William　185, 236, 303
ヘイル　Hale, Matthew　93, 101
ベーコン　Bacon, Francis　125, 166, 209, 266
ヘッケル　Haeckel, Ernst　302, 304, 305
ベリンガー　Beringer, Johann　115, 116
ペルム紀（系）　48, 151, 173, 233, 249
ヘルメス　35-38, 43, 52, 60, 61, 96
ベレムナイト　43, 45-47, 50, 106, 114, 128, 152, 233, 245
変異　126, 147, 211, 262, 263, 265, 268, 269, 272, 274, 279, 281, 294, 295
変成　214, 218, 223, 230-32, 249, 264, 276, 297
ボイル　Boyle, Robert　80, 81
放射能　300
宝石　13, 14, 31, 36, 37, 39, 40, 44, 81
宝石誌　18, 36
ホーキンズ　Hawkins, Benjamin Waterhouse　244
ホッブズ　Hobbes, Thomas　90
ホール　Hall, James　157, 166, 197

マ

マイエ　Maillet, Benoît de　118
マイヤー　Meyer, C. J. A.　295
マーシュ　Marsh, Othniel Charles　292-94
マストドン　128, 130, 139
マーチソン　Murchison, Roderick　190-92, 194, 206, 221, 222-35, 238, 254, 264, 309
マルサス　Malthus, Thomas Robert

266, 269
マンテル　Mantell, Gideon Algernon　173, 193, 234
マンモス　130-33, 135-37, 152, 154, 172
ミクラスター　295, 296
ミクロコスモス　34, 75
ミラー　Miller, Hugh　240, 241
無生代（界）　230, 231, 233, 249
メガテリウム　128-30, 137
メガロニクス　183
メルカーティ　Mercati, Michele　26, 69, 70
メルトリュ　Mertrud, Jean-Claude　124, 127
モア　More, Henry　99-102
モア　244
木版画　18, 20-23, 38, 44, 46, 51
目的論　73, 85, 86, 108, 110
モササウルス　155, 173, 183

ヤ

山猫学会　30, 68
有袋類　138, 141, 160, 174, 180, 188

ラ

ライエル　Lyell, Charles　134, 190-94, 196-98, 200, 202-22, 224-27, 229, 230, 234, 235, 238, 252, 255, 262-64, 266-68, 270, 272, 273, 279-82, 288, 289, 294, 297, 298, 300, 309
ライプニッツ　Leibniz, Gottfried Wilhelm　80, 117-19, 120, 151
ラヴォワジエ　Lavoisier, Antoine Laurent de　138, 143, 145, 168
ラッセル　Russel, Edward Stuart　247
ラプラス　Laplace, Pierre Simon　159
ラ・ペレール　La Peyrère, Isaac de　93, 95
ラマルク　Lamarck, Jean-Baptiste　124, 140, 142-48, 150, 154, 161, 162, 175, 181-87, 203, 211, 236, 238, 253, 256, 264-66, 269, 270, 282, 304
ラング　Lang, Karl　112
陸地測量部　227
リスター　Lister, Martin　81-86, 110
両生類　113, 174, 188
リンネ　Linné, Carl von　125, 242, 261
ルイド　Lhwyd, Edward　107, 110-12, 114
レイ　Ray, John　84-86, 96, 98, 101, 105, 106, 108-12, 115, 118, 128, 184, 185, 236
レオナルディ　Leonardi, Camillo　36
レオナルド・ダ・ヴィンチ　Leonardo da Vinci　59-61
レオポルド・デ・メディチ　Leopoldo de' Medici　67
レーマン　Lehmann, Johann Gottlob　151
ローレンシア紀　297
ロンズデール　Lonsdale, William　228
ロンドレ　Rondelet, Guillaume　48
ロンドン地質学会　191, 192, 194, 209, 221, 222, 225, 226, 228, 245, 276, 297
ロンドン動物学会　244

ワ

ワニ　152, 155, 173, 175, 182, 186
腕足類　224, 228, 282

参照文献

第1章

1. Conradus Gesnerus, *De Rerum fossilium, Lapidum et Gemmarum maxime, figuris et similitudinibus Liber*, Tiguri, 1565. Willy Ley, 'Konrad Gesner, Leben und Werk', *Münchener Beiträge zur Geschichte und Literatur der Naturwissenschaften und Medezin*, Heft 15/16, München, 1929. Gerald P. R. Martin, 'Conrad Gesner. Zu seinem vierhundertsten Todestage am 13. Dezember 1965', *Natur und Museum*, Frankfurt, 1965, vol. 95, pp. 483-494.
2. M. J. S. Rudwick, 'Problems in the Recognition of Fossils as organic Remains', *Actes du Xe Congrès internationale de l'Histoire des Sciences* (1964), pp. 985-7.
3. Conradus Gesnerus, *Historiae Animalium*, Tiguri, 1551-8, 4 vols.
4. Ulyssus Aldrovandus, *Musaeum Metallicum in Libros IIII distributum ...*, Bononiae, 1648. これはおそらく Aldrovandi の遺書において '*Geologia* ovvero *De Fossilibus*' として言及されている資料から，Bartolomeo Ambrosino によって編纂されたものである（Adams, *Birth and Development*, p. 166 を参照）.
5. Georgius Agricola, *De Natura Fossilium Lib. X*, Basiliae, 1546. 現代の英訳については M. C. Brandy and J. A. Brandy, 'De Natura Fossilium (Textbook of Mineralogy) by Georgius Agricola', *Geological Society of America, Special Paper* no. 63（1955）を参照.
6. Gesner, *De Rerum fossilium, Epistola dedicatoria.*
7. Leonardus Fuchsius, *De Historia Stirpium Commentarii*, Basiliae, 1542; Andreas Vesalius, *De Humani Corporis Fabrica Libri Septem*, Basiliae, 1543.
8. Christophorus Encelius, *De Re metallica, hoc est. de Origine, Varietate & Natura Corporum Metallicorum, Lapidum, Gemmarum, atq. aliarum, quae ex Fodinis cruuntur, Rerum, ad Medicinae Usum deseruientium, Libri III*, Francofurdi, 1557.
9. Fabius Columnis, *Aquatilium, et Terrestrium aliquot Animalium, aliarumq. naturalium Rerum observationes*, Romae, 1616.
10. C. E. Raven, *Natural Religion and Christian Theology*, first series, *Science and Religion*, Cambridge, 1953. Chapter 5, 'Gesner and the Age of Transition'

を参照.

11. Io. Kentmanus, *Nomenclaturae Rerum fossilium, quae in Misnia praecipue & in aliis quoque regionibus inveniuntur*, Tiguri, 1565.
12. Michaelus Mercatus, *Metallotheca vaticana*, Romae, 1719（編纂のずっとのちに出版されたとはいえ，手稿の形で知られ，たとえば一七世紀にステノによって利用された）; Andreus Caesalpinus, *De Metallicis Libri tres*, Romae, 1583. J. B. Olivus, *De reconditis et praecipuis Collectaneis ab Francesco Calceolario veronensi in Musaeo adservatis*, Veronae, 1584. Benedictus Cerutus and Andreus Chioccus, *Musaeum Franc. Calceolari iun. Veronensis ...*, Veronae, 1622.
13. Conradus Gesnerus, *De omni Rerum fossilium Genere, Gemmis, Lapidibus, Metallis et huiusmodi, Libri aliquot*, Tiguri, 1565-6.
14. H. M. Fisch, 'The Academy of the Investigators', in E. A. Underwood (ed.), *Science, Medicine and History*, Oxford, 1953, vol. 1, pp. 521-563.
15. Conradus Gesnerus, *Historiae Animalium Liber IIII, qui est de Piscium & aquatilium Animantium Natura*, Tiguri, 1558.
16. Gesner, *De Rerum fossilium, Epistola dedicatoria.*
17. Agricola, *De Natura Fossilium; De Re metallica*, Basiliae, 1556〔邦訳，アグリコラ『近世技術の集大成：デ・レ・メタリカ—全訳とその研究』三枝博音訳著，山崎俊雄編，岩崎学術出版会，1968〕：後者の現代の英訳については，H. C. Hoover and L. H. Hoover, *Georgius Agricola. De Re Metallica*, London, 1912 を参照.
18. Allen G. Debus, *The Chemical Dream of the Renaissance*, Cambridge, 1968.
19. Bernard Palissy, *Discours admirables de la nature des eaux et fonteines, tant naturelles qu'artificielles, des métaux, des sels et salines, des pierres, des terres, du feu et des émaux, avec plusieurs autres excellents secrets des choses naturelles, plus un traité de la marne, fort utile et nécessaire pour ceux qui se mellent de l'agriculture, le tout dressé par dialogues, esquels sont introduits la Théorique et la Practique*, Paris, 1580. 現代の英訳については，A. La Rocque, *The Admirable Discourses of Bernard Palissy*, Urbana, 1957 を参照. A. La Rocque, 'Bernard Palissy', *in* Cecil J. Schneer (ed.), *Toward a History of Geology*, Cambridge (Mass.), 1969, pp. 226-241 も参照.
20. Bernard Palissy, *Recepte véritable par laquelle tous les hommes de la France pourront apprendre à multiplier et augmenter leurs thrésors. Item, ceux qui n'ont jamais eu cognoissance des lettres pourront apprendre une philosophie nécessaire à tous les habitans de la terre ...* , La Rochelle, 1563〔邦訳，ベル

ナール・パリシー『陶工パリシーのルネサンス博物問答』佐藤和生訳，晶文社，1993〕.

21. Agnes Arber, *Herbals: their Origin and Evolution. A Chapter in the History of Botany, 1470-1670*, Cambridge, 1953〔邦訳，アグネス・アーバー『近代植物学の起源』月川和雄訳，八坂書房，1990〕.
22. [Conrad Gesner], *Thesaurus Euonymus Philatri, de Remediis secretis ...*, Tiguri, 1554.
23. Gabrielus Falopius, *De medicatis Aquis, atque de Fossilibus, Tractatus*, Venetiis, 1564. J, Bauhinus, *Historia novi et admirabilis fontis balneique Bollensis in Ducatu Wirtembergio ... Adijciuntur plurimae figurae novae variourum fossilium, stirpium & insectorum, quae in & circa hunc fontem reperiuntur*, Montisbeligardi, 1598 も参照.
24. Aldrovandus, *Musaeum Metallicum;* Liber IV, *De Lapidibus in genere* を参照.
25. A. G. Debus, *The English Paracelsians*, London, 1965, Chapter I を参照.
26. Frances E. Yates, *Giordano Bruno and the Hermetic Tradition*, London, 1964〔邦訳，フランセス・イエイツ『ジョルダーノ・ブルーノとヘルメス教の伝統』前野佳彦訳，工作舎，2010〕.
27. Frances E. Yates, 'The Hermetic Tradition in Renaissance Neoplatonism' *in* C. S. Singleton (ed.), *Art, Science and History in the Renaissance*, Baltimore, 1967.
28. Camillus Leonardus, *Speculum Lapidum*, Venetiis, 1502. L. Thorndike, *A History of Magic and experimental Science: the sixteenth Century*, New York, 1941.
29. Hieronymus Cardanus, *De Subtilitate Libri XXI*, Nuremberg, 1550 (およびのちの版).
30. Cardanus, *De Subtilitate: Liber VII, De Lapidibus* を参照.
31. Franciscus Rueus, *De Gemmis aliquot, iis praesertim quarum Divus Ionannes Apostolus in sua Apocalypsi meminit: de aliis quoque, quarum usus hoc aevi apud omnes percrebruit, Libri duo ...*, Tiguri, 1565.
32. Epiphanius, *De XII Gemmis, quae erant in Veste Aaronis, Liber graecus ... cum Corollario Conradi Gesneri*, Tiguri, 1566.
33. このような「雑多な」様相を呈する編纂物についてのより広範な議論に関しては，Michel Foucault, *Les Mots et les Choses. Une Archéologie des Sciences humaines*, Paris, 1966 (English translation, *The Order of Things*, London, 1970)〔邦訳，ミシェル・フーコー『言葉と物―人文科学の考古学』渡辺一民・佐々木明訳，新潮社，1974〕ch. 2 を参照.

34. Ioannus Kentmanus, *Calculorum qui in Corpore ac Membris Hominum Innascuntur, genera XII depicta descriptaq., cum Historiis singulorum admirandis*, Tiguri, 1565.
35. Allen G. Debus, 'Edward Jorden and the Fermentation of the Metals: An Iatrochemical Study of Terrestrial Phenomena', *in* Schneer, *Toward a History of Geology*, pp. 100-121 を参照.
36. Guilielmus Rondeletius, *Libri de Piscibus marinis, in quibus verae piscium effigies expressae sunt*, Lugduni, 1554; Pierre Belon, *La Nature et Diversité des Poissons*, Paris, 1555.
37. D. C. Allen, 'The Legend of Noah, Renaissance Rationalism in Art, Science and Letters', *University of Illinois Studies in Language and Literature*, vol. 33, nos. 3-4, Urbana, 1949 (reprinted 1963). John Dillenberger, *Protestant Thought and Natural Science. A Historical Interpretaion*, London, 1961, chs. 1-3 も参照.
38. Aristotle, *Meteorologica* (transl. H. D. P. Lee), London, 1952, book I, ch. 14〔邦訳，アリストテレス『気象論』泉治典訳，「アリストテレス全集 5」所収，岩波書店，1969〕.
39. Edward MacCurdy, *The Notebooks of Leonardo da Vinci*, London, 1938: vol. I, pp. 325-374 を参照〔邦訳，レオナルド・ダ・ヴィンチ『レオナルド・ダ・ヴィンチの手記』上・下，杉浦明平訳，岩波文庫，1954，1958〕. 主要な節は 1508-9 年頃に書かれた手稿によっている.
40. Cerutus and Chioccus, *Musaeum Franc. Calceolari*, p. 407ff.
41. Cardanus, *De Subtilitate, Liber II, De Elementis & eorum Motibus & Actionibus* と *Liber VII, De Lapidibus* を参照.
42. Palissy, *Discours admirables;* H. R. Thompson, 'The geographical and geological Observations of Bernard Palissy the Potter', *Annals of Science*, vol. 10, pp. 149-165, 1954 も参照.
43. Columnus, *Observationes:* Cap. XXI, *De varia lapidum concretione, & rebus in lapidem versis eorum effigie remanente* を参照.
44. Fabius Columnus, *De Glossopetris Dissertatio.* In *Fabii Columnae Lyncei Purpura*, Romae, 1616, pp. 31-39.

第 2 章

1. Gustav Scherz, 'Vom Wege Niels Stensens. Beiträge zu seiner naturwissenschaftlichen Entwicklung', *Acta Historica Scientiarum naturalium Medici-*

nalium, Kopenhagen, vol. 14, (1956)；および ‘Nicholaus Steno’s life and work’, *ibid.*, vol. 15, pp. 9-86 (1958) を参照.

2. Olao Wormius, *Museum Wormianum, seu Historia Rerum Rariorum, tam Naturalium quam Artificialium, tam Domesticarum, quam Exoticarum, quae Hafniae Danorum in Aedibus Auctoris servantur*, Lugduni Batavorum, 1655.
3. Nicolaus Stenonis, *Elementorum Myologiae Specimen, seu Musculi descriptio Geometrica. cui accedunt Canis Carchariae dissectum Caput, et Dissectus Piscus ex Canum genere*, Florentiae, 1667. 舌石についての試論は，次の書の中に不完全な形で再録・翻訳されている．Axel Garboe, *The earliest geological treatise (1667) by Nicolaus Steno (Niels Stensen), translated from Canis Carchariae Dissectum Caput*, London, 1958.
4. *Philosophical Transactions of the Royal Society*, vol. 2 (no. 32), pp. 627-8 (10 Feb. 1667/8).
5. V. A. Eyles, ‘The influence of Nicholaus Steno on the development of geological science in Britain’, *Acta Historica Scientiarum naturalium Medicinalium*, vol. 15, pp. 167-188 (1958).
6. Richard Waller, *The Posthumous Works of Robert Hooke, M.D., S.R.S., Geom. Prof. Gresh. etc. Containing his Cutlerian Lectures, and other Discourses read at the meetings of the illustrious Royal Society*, London, 1705 (facsimile reprint, New York, 1969): pp. 329-350 の日付のない論説を参照.
7. R. Hooke, *Micrographia: or some Physiological Descriptions of Minute Bodies made by Magnifying Glasses, with Observations and Inquiries thereupon*, London, 1665〔邦訳（抄訳），ロバート・フック『ミクログラフィア―微小世界図説』板倉聖宣・永田英治訳，仮説社，1984〕(facsimile reprint, New York, 1961): ‘Observ. XVII’, pp. 107-112 を参照.
8. Arthur O. Lovejoy, *The Great Chain of Being. A Study of the History of an Idea*, Cambridge (Mass.), 1936 (reprinted, 1960), ch. 5〔邦訳，アーサー・O・ラヴジョイ『存在の大いなる連鎖』内藤健二訳，晶文社，1975，ちくま学芸文庫，2013〕を参照.
9. Athanasius Kircher, *Mundus Subterraneus in XII Libros Digestus; quo Divinum Subterrestris Mundi Opificium ...*, Amsterodami, 1664-5.
10. Agostino Scilla, *La Vana Speculazione disingannata dal Senso. Lettera responsiva circa i corpi marini, che petrificati si trovano in varii luoghi terrestri*, Napoli, 1670. 数種のラテン語版が一八世紀に出版された.
11. Nicholaus Stenonis, *De Solido intra Solidum naturaliter Contento Dissertatio-*

nis Prodromus, Florentiae, 1669〔邦訳，ニコラウス・ステノ『プロドロムス—固体論』山田俊弘訳，東海大学出版会，2004〕. 現代の英訳については John Garrett Winter, *The Prodromus of Nicolaus Steno's dissertation concerning a solid body enclosed by process of nature within a solid*, New York, 1916 (reprinted 1968) を参照.

12. Nicolaus Steno, *The Prodromus to a Dissertation Concerning Solids Naturally Contained within Solids. Laying a Foundation for the Rendering a Rational Accompt both of the Frame and the several Changes of the Masse of the Earth, as also of the various Productions in the same. English'd by H. O.*, London, 1671.
13. Robert Boyle, *Essays of the Strange Subtilty Determinate Nature Great Efficacy of Effluviums ... Also an Essay, about the Origine and Virtue of Gems. To which is added The Prodromus to a Dissertation concerning Solids naturally contained within Solids Giving an Account of the Earth and its Productions. By Nicholas Steno. English'd by H. O.*, London, 1673.
14. Martin Lister, 'A letter ... confirming the Observations in No. 74. about Musk scented Insects; adding some Notes upon D. Swannerdam's book of Insects, and on that of M. Steno concerning Petrify'd Shells,' *Philosophical Transactions*, vol. 6 (No. 76), pp. 2281-4 (22 Oct. 1671).
15. Martinus Lister, *Historia Animalium Angliae tres Tractatus. Unus de Araneis. Alter de Cochleis tum terrestribus tum fluviatilibus. Tertius de Cochleis marinis. Quibus adjectus est Quartus de Lapidibus eiusdem insulae ad Cochlearum quandam imaginem figuratis. Memoriae et Rationi*, Londini, 1678. *Historia Conchyliorum*, Londini, 1685-92.
16. Charles E. Raven, *John Ray Naturalist. His Life and Works*, Cambridge, 1942.
17. John Ray, *Observations topographical, moral and physiological, made in a Journey through part of the Low Countries, Germany, Italy and France: with a catalogue of plants not native of England*, London, 1673: pp. 113-131 を参照.
18. Raven, *John Ray*, p. 454.
19. Francis C. Haber, *The Age of the World: Moses to Darwin*, Baltimore, 1959 を参照.
20. Suzanne Kelly, 'Theories of the Earth in Renaissance Cosmologies', *in* Schneer, *Toward a History of Geology*, pp. 214-225.
21. Oscar Cullmann, *Christus und die Zeit*, Zurich, 1946 (English translation, *Christ and Time. The Primitive Christian Conception of Time and History*, London, 1951)〔邦訳，O・クルマン『キリストと時—原始キリスト教の時間

観及び歴史観』前田護郎訳，岩波書店，1954〕を参照.
22. R. G. Collingwood, *The Idea of History*, Oxford, 1946〔邦訳，R・G・コリングウッド『歴史の観念』小松茂夫・三浦修訳，紀伊國屋書店，1970〕を参照.
23. Ernest Lee Tuveson, *Millenium and Utopia. A Study of the Background of the Idea of Progress*, Berkeley and Los Angeles, 1949 (reprinted New York, 1964) を参照.
24. Frank E. Manuel, *Isaac Newton, Historian*, Cambridge, 1963 を参照.
25. Jacobus Usserius, *Annales Veteris Testamenti, a prima mundi origine deducti: una cum rerum asiaticarum et aegypticarum chronico, a temporis historicis principio usque ad Maccabaicorum initia producto*, Londini, 1650: *Praefatio* を参照. この著作が関心を抱いているのは普遍史の「時期」であり，旧約聖書そのものではないことを強調するために，わたしは *testamentum* を‘covenant’と翻訳した.
26. Athanasius Kircherus, *Arca Noe in tres libros digesta, sive de rebus ante diluvium, de diluvio, et de rebus post diluvium a Noemo gestis*, Amsterodami, 1675.
27. [Isaac de la Peyrère], *Men before Adam, or, a discourse upon Romans V, 12, 13, 14, by which are prov'd, that the first men were created before Adam*, London, 1656 (original Latin edition, *Praeadamitae*, 1655). Allen, *Legend of Noah*, chap. 6 も参照.
28. Matthew Hale, *The Primitive Origination of Mankind, considered and examined according to the Light of Nature*, London, 1677.
29. Cecil Schneer, ‘The Rise of Historical Geology in the Seventeenth Century’ *Isis*, vol. 45, pp. 256-268 (1954).
30. Waller, *Posthumous Works of Robert Hooke*, pp. 279-328.
31. Yates, *Giordano Bruno*, pp. 416-423.
32. J. A. McGuire and P. M. Rattansi, ‘Newton and the Pipes of Pan’, *Notes and Records of the Royal Society of London*, vol. 21, pp. 108-143 (1966).
33. Marjorie Hope Nicolson, *Mountain Gloom and Mountain Glory: The Development of the Aesthetics of the Infinite*, Ithaca, 1950〔邦訳，M・H・ニコルソン『暗い山と栄光の山―無限性の美学の展開』小黒和子訳，国書刊行会，1989〕. Gordon L. Davies, *The Earth in Decay. A History of British Geomorphology 1578-1878*, London, 1969: chap. 1, 2.
34. Renatus Des-Cartes, *Principia Philosophiae*, Amsterodami, 1644: sec. 188〔邦訳，デカルト『哲学の原理』井上庄七・水野和久・小林道夫・平松希伊子訳，「科学の名著第 2 期 7」，朝日出版社，1988〕. Robert Lenoble, ‘La Géologie au

milieu du XVIIe. siècle', *Les Conférences du Palais de la Découverte*, série D, no. 27, Paris, 1954 を参照.

35. Nicolson, *Mountain Gloom and Mountain Glory*, chap. 3 を参照.
36. H. More, *Democritus Platonissans, or, an Essay upon the Infinity of Worlds out of Platonick Principles*, Cambridge, 1646: cantos 21, 76 を参照.
37. Thomas Burnet, *Telluris Theoria Sacra: Orbis nostri Originem & Mutationes Generales, quae aut jam subiit, aut olim subiturus est, complectens. Libri duo priores, de Diluvio & Paradiso* [1680]. *Libri duo posteriores, de Conflagratione Mundi, et de Futuro Rerum Statu* [1689]. Londini（この二つの部分の英語版はそれぞれ 1684 年と 1690 年に出版された）.
38. Nicolson, *Mountain Gloom and Mountain Glory*, chap. 5 を参照.
39. H. W. Turnbull, *Correspondence of Sir Isaac Newton*, vol. 2, Cambridge, 1960, letters 246-7.
40. John Ray, *Miscellaneous Discourses Concerning the Dissolution and Changes of the World*, London, 1692. *Three physico-theological Discourses, concerning I. The primitive Chaos, and Creation of the World. II. The General Deluge, its Causes and Effects. III. The Dissolution of the World, and Future Conflagration*, London, 1693. 論考 'Of Formed Stones' は前者の pp. 104-132 と後者の pp. 127-162 にある. Raven, *John Ray*, chap. 16 も参照.
41. John Woodward, *An Essay toward a Natural History of the Earth: and Terrestrial Bodies, especially Minerals: as also of the Seas, Rivers and Springs. With an Account of the Universal Deluge: and of the Effects that it had upon the Earth*, London, 1695.
42. J. A[rbuthnot], *An Examination of Dr. Woodward's account of the Deluge etc. With a comparison between Steno's philosophy and the Doctor's, in the case of marine bodies dug out of the Earth*, London, 1697.
43. Robert W. T. Gunther, *Further Correspondence of John Ray*, London, 1928: letter 214 (to Lhwyd, 1699).
44. William Whiston, *A new Theory of the Earth, from its Original, to the Consummation of all Things, wherein the Creation of the World in Six Days, the Universal Deluge, and the General Conflagration, as laid down in the Holy Scriptures, are shown to be perfectly agreeable to Reason and Philosophy*, London 1696. John Keill, *An Examination of Dr. Burnet's Theory of the Earth. Together with some remarks on Mr. Whiston's New Theory of the Earth*, Oxford, 1698. Nicolson, *Mountain Gloom and Mountain Glory*, chap. 6 と Davies, *The Earth in Decay*, chap. 3 を参照.

45. Lhwyd, *Lithophylacii Britannici Ichnographia sive Lapidorum aliorumq. Fossilium Britannicorum singulari figura insignium*, Londini et Lipsiae, 1699: pp. 128-136 に収録されているレイ宛の書簡（1698）において．この書簡のルイドによる英訳は R. T. Gunther, *Early Science in Oxford*, vol. XIV, Oxford, 1945, letter 200 で刊行されている． [Charles King], *An Account of the Origin and Formation of Fossil Shells, etc. Wherein is Proposed a Way to Reconcile the Two Different Opinions, of those who affirm them to be the Exuviae of real Animals, and those who fancy them to be Lusus Naturae*, London, 1705 も参照.

46. *Further Correspondence*, letter 151 (to Lhwyd, 1695). John Beaumont, *Considerations on a Book, entituled the Theory of the Earth. Publisht some Years since by the Learned Dr. Burnet*, London, 1693 も参照.

47. *Further Correspondence*, letter 154 (to Lhwyd, 1695).

48. Johannus Scheuchzerus, *Piscium Querelae et Vindiciae*, Tiguri, 1708; Carolus Langius, *Historia Lapidum Figuratorum Helvetiae, eiusque viciniae ...*, Venetiis, 1708.

49. Johannus Scheuchzerus, *Herbarium Diluvianum*, Tiguri, 1709.

50. Johannus Scheuchzerus, ΣΥΝΘΕΩ. *Homo Diluvii Testis et* ΘΕΟΣΚΟΠΟΣ. Tiguri, 1726.

51. Haber, *The Age of the World*, pp. 107-8.

52. Balthasarus Erhardus, *De Belemnitis Suevicis Dissertatio*, Lugduni Batavorum, 1724. ベレムナイトの生物学的類縁は何年間も議論され続けた．一八世紀の見解の要約については M. H. Ducrotay de Blainville, *Mémoire sur les Bélemnites, considerées zoologiquement et géologiquement*, Paris, 1827, section 1ère を参照.

53. Melvin E. Jahn, 'Dr. Beringer and the Würzburg "Lügensteine", *Journal of the Society for the Bibliography of natural History*, vol. 4, pp. 138-146 (1963).

54. Johannus Bartholomaeus Adamus Beringer, *Lithographiae Wirceburgensis, ducentis Lapidum Figuratorum, a potiori Insectiformium, prodigiosis Imaginibus exornatae Specimen Primum*, Wirceburgi, 1726. 現代の英語版については Melvin E. Jahn and Daniel J. Woolf, *The Lying Stones of Dr. Johann Bartholomew Adam Beringer being his Lithographiae Wirceburgensis*, Berkeley and Los Angeles, 1963 を参照.

55. Antonio Vallisneri, *De' Corpi marini, che su' Monti si trovano; della loro Origine, e dello stato del Mondo avanti il Diluvio, nel Diluvio, e dopo il Diluvio: Lettere critiche*, Venezia, 1721 (reprinted in *Opere Fisico-Mediche*, Venezia,

1733, vol. 2, pp. 305-363). Anton-Lazzaro Moro, *De Crostacei e degli altri marini Corpi che si trovano su' Monti Libri due.* Venezia, 1740. Johann Gottlob Lehmann, *Versuch einer Geshichte des Flötz-Gebürgen* ..., Berlin, 1756.

56. Godefridus Guilielmus Leibnitius, *Protogaea sive de prima facie Telluris et antiquissimae Historiae Vestigiis in ipsis naturae Monumentis Dissertatio ex shedis manuscriptis Viri illustris in lucem edita a Christiano Ludovico Scheidio,* Goettingiae, 1749〔邦訳，ライプニッツ『プロトガイア』谷本勉訳，「ライプニッツ著作集 10」，工作舎，1991〕.

57. Edmund Halley, 'A short Account of the Cause of the Saltness of the Ocean, and of the several lakes that emit no Rivers; with a proposal, by help thereof, to discover the Age of the World', *Philosophical Transactions,* vol. 29 (no. 344), pp. 296-300 (1715).

58. [Benoît De Maillet], *Telliamed ou Entretiens d'un Philosophe indien avec un Missionaire françois Sur la Diminution de la Mer, la Formation de la Terre, l'Origine de l'Homme, etc.* [edited by the Abbé J. B. le Mascrier], Amsterdam, 1748〔邦訳（抄訳），マイエ『テリアメド』多賀茂・中川久定訳，「ユートピア旅行記叢書 12」，岩波書店，1999〕. ド・マイエの原文とル・マスクリエの改変を識別している現代の英語版については Albert V. Carozzi, *Telliamed or Conversations Between an Indian Philosopher and a French Missionary on the Diminution of the Sea, by Benoît De Maillet,* Urbana, 1968 を参照.

59. Buffon et Daubenton, *Histoire naturelle, générale et particulière, avec la Description du Cabinet du Roy. Tome premier,* Paris, 1749.

60. Le Comte de Buffon, *Histoire naturelle, générale et particulière, Supplément, Tome cinquième,* Paris, 1778: *Des Epoques de la Nature.* pp. 1-254〔邦訳，ビュフォン『自然の諸時期』菅谷暁訳，法政大学出版局，1994〕. 現代の版については Jacques Roger, 'Buffon, Les Époques de la Nature. Édition critique', *Mémoires du Muséum national d'Histoire naturelle,* série C, vol. 10 (1962) および Jean Piveteau, *Œuvres philosophiques de Buffon,* Paris, 1954, pp. 117-221 を参照.

第 3 章

1. G. Cuvier, 'Mémoire sur les espèces d'Elephans tant vivantes que fossiles', *Magasin encyclopédique,* 2e année, vol.3, pp. 440-5 (1796). この予備的刊行は

発表の日付を芽月15日（4月3日）としている．雨月1日という日付は学士院自身が刊行したのちの完全な版から採っている（注12を参照）．

2. Henri Daudin, *Cuvier et Lamarck. Les Classes zoologiques et l'Idée de Série animale (1790-1830)*, Paris, 1926: chap. 1; Yves Laissus, 'Le Jardin du Roi', 'Les Cabinets d'Histoire naturelle', *in* René Taton (ed.), *Enseignement et Diffusion des Sciences en France au XVIIIe siècle*, Paris, 1964: pp. 286-341, 659-712; Joseph Fayet, *La Révolution française et la Science 1789-1795*, Paris, 1960: part 1, chap. 9 を参照．
3. William Coleman, *Georges Cuvier Zoologist. A Study in the History of Evolution Theory*, Cambridge (Mass.), 1964: chap. 1 を参照．
4. たとえばエディンバラについては John Walker, *Lectures on Geology* (ed. Harold W. Scott), Chicago, 1966 を参照．
5. A.-L. Millin, 1792: Daudin, *Classes zoologiques*, p. 9 に引用．
6. Georges Cuvier, *Le Règne animal distribué d'après son Organisation pour servir de Base à l'Histoire naturelle des Animaux et d'Introduction à l'Anatomie comparée*, Paris, 1817, 4 vols.
7. Coleman, *Cuvier*, chap. 2 を参照．
8. Cuvier, 'Discours prononcé par le citoyen Cuvier, à l'ouverture du cours d'Anatomie comparée qu'il fait au Muséum national d'histoire naturelle, pour le citoyen Mertrud', *Magasin encyclopédique*, 1re année, vol. 5, pp. 145-155 (an 4: 1795).
9. Coleman, *Cuvier*, chap. 3, 4 および E. S. Russell, *Form and Function. A Contribution to the History of animal Morphology*, London, 1916〔邦訳，E・S・ラッセル『動物の形態学と進化』坂井建雄訳，三省堂，1992〕: chap. 3 を参照．
10. G. Cuvier, 'Notice sur le squelette d'une très-grande espèce de Quadrupède inconnue jusqu'à présent, trouvé au Paraguay, et déposé au Cabinet d'Histoire naturelle de Madrid', *Magasin encyclopédique*, 2e année, vol. 1, pp. 303-310 (1796).
11. John C. Greene, *The Death of Adam. Evolution and its Impact on Western Thought*, Ames, Iowa, 1959: chap. 4 を参照．
12. Cuvier, 'Mémoire sur les espèces d'éléphans vivantes et fossiles', *Mémoires de l'Institut national des Sciences et Arts, Sciences mathématiques et physiques*, vol. 2, *Mémoires*, pp. 1-22 (1799).
13. J. A. De Luc, *Lettres physiques et morales sur l'Histoire de la Terre et de l'Homme addressées à la Reine de la Grande Bretagne*, La Haye and Paris, 1779; 'Letters to Dr. James Hutton, F.R.S., Edinburgh, on his Theory of the

Earth', *Monthly Review or Literary Journal*, vol. 2, pp. 206-227, 582-601; vol. 3, pp. 573-586 (1790); vol. 5, pp. 564-585 (1791); *Lettres sur l'Histoire physique de la Terre, addressées à M. le Professeur Blumenbach, renfermant de nouvelles Preuves géologiques et historiques de la Mission divine de Moyse*, Paris, an 6: 1798.

14. R. Hooykaas, *Natural Law and Divine Miracle. A historical-critical study of the principle of uniformity in geology, biology and theology*, Leiden, 1959 (2nd impression, 1964, 表題は *The Principle of Uniformity*); *Continuité et Discontinuité en Géologie et Biologie*, Paris, 1970 を参照.
15. G. Cuvier, 'Extrait d'un ouvrage sur les espèces de quadrupèdes dont on a trouvé les ossemens dans l'intérieur de la terre', *Journal de Physique, de Chimie et d'Histoire naturelle*, vol. 52, pp. 253-267 (an 9: 1801).
16. Charles Gillispie, *Genesis and Geology. A Study in the Relations of Scientific Thought, Natural Theology, and Social Opinion in Great Britain, 1790-1850*, Cambridge (Mass.), 1951; Milton Millhauser, 'The Scriptural Geologists. An Episode in the History of Opinion', *Osiris*, vol. 11, pp. 65-86 (1954) を参照.
17. Déodat de Dolomieu, 'Mémoire sur les pierres composées et sur les roches', *Observations sur la Physique, sur l'Histoire naturelle et sur les Arts*, vol. 39, pp. 374-407 (1791); vol. 40, pp. 41-62, 203-218, 372-403 (1791): 特に pp. 41-3 の脚注 ; Kenneth L. Taylor, 'The Geology of Déodat de Dolomieu', *Actes du XIIe Congrès international d'Histoire des Sciences*, vol. 7, pp. 49-53 (1971) を参照.
18. G. Cuvier, 'Sur les Elephans vivans et fossiles', *Annales du Muséum national d'Histoire naturelle*, vol. 8, pp. 1-58, 93-155, 249-269 (1806).
19. G. Cuvier, 'Mémoire sur le squelette presque entier d'un petit quadrupède du genre de Sarigues, trouvé dans le pierre à plâtre des environs de Paris', *Annales du Muséum national d'Histoire naturelle*, vol. 5, pp. 277-292 (1804). Coleman, *Cuvier*, chap. 5, および Russell, *Form and Function*, chap. 3 も参照.
20. 注 15 を参照.
21. C. C. Gillispie, 'The Formation of Lamarck's evolutionary theory', *Archives internationales d'Histoire des Sciences*, vol. 9, pp. 323-338 (1957) および Daudin, *Classes zoologiques*, chap. 10 を参照.
22. Lovejoy, *Great Chain of Being;* Henri Daudin, *De Linné à Jussieu. Méthodes de la classification et idée de série en botanique et en zoologie (1740-1790)*, Paris,

[1926] を参照.

23. Daudin, *Classes zoologiques*, p. 43ff を参照.

24. J. B. Lamarck, 'Discours d'ouverture du Cours de Zoologie, donné dans le Muséum National d'Histoire Naturelle l'an 8 de la République', *in: Système des Animaux sans Vertèbres* ..., Paris, an 9: 1801: pp. 1-48. *Bulletin scientifique de la France et de la Belgique*, vol. 40, pp. 443-597 (1907) に再録〔邦訳，ラマルク『共和暦八年花月二一日に述べられた開講講義』高橋達明訳，「科学の名著第2期5」所収，朝日出版社，1988〕. 現代の英訳については，D. R. Newth, 'Lamarck in 1800 : a lecture on the invertebrate animals, and a note on fossils ...', *Annals of Science*, vol. 8, pp. 229-254 (1952) を参照.

25. J. B. Lamarck, *Hydrogéologie ou Recherches sur l'influence qu'ont les eaux sur la surface du globe terrestre; sur les causes de l'existence du bassin des mers, de son déplacement et de son transport successif sur les differens points de la surface de ce globe; enfin sur les changemens que les corps vivans exercent sur la nature et l'état de cette surface*, Paris, an 9 [1802]. 現代の英訳版については，Albert V. Carozzi, *Hydrogeology by J. B. Lamarck*, Urbana (Illinois), 1964 を参照.

26. James Hutton, 'Theory of the Earth; or an investigation of the laws discernible in the composition, dissolution and restoration of land upon the globe', *Transactions of the Royal Society of Edinburgh*, vol. 1, part 2, pp. 209-304 (1788); *Theory of the Earth, with Proofs and Illustrations*, 2 vols., Edinburgh, 1795 (facsimile reprint, Weinheim and Codicote, 1959) に chap. 1 として再録されている. R. Hooykaas, 'James Hutton und die Ewigkeit der Welt', *Gesnerus*, vol. 23, pp. 55-66 (1966); および R. H. Dott, Jr., 'James Hutton and the Concept of a Dynamic Earth', *in* Schneer, *Toward a History of Geology*, pp. 122-141 も参照.

27. Desmarest, *Géographie physique: tome premier*, Paris, an 3 [1794]: pp. 732-782 (この著作は *Encyclopédie méthodique* の一部として公刊された). Rhoda Rappaport, 'Problems and sources in the history of geology, 1749-1810', *History of Science*, vol. 3, pp. 60-77 (1964) も参照.

28. Lamarck, 'Sur les fossiles', *in: Animaux sans Vertèbres;* pp. 403-411. Newth によって英訳されている (注 24 を参照).

29. 注 12 を参照.

30. [Lacépède], 'Rapport des Professeurs du Muséum, sur les collections d'histoire naturelle rapportées d'Égypte, par E. Geoffroy', *Annales du Muséum national d'Histoire naturelle*, vol. 1, pp. 234-241 (1802).

31. John Playfair, *Illustrations of the Huttonian Theory of the Earth*, Edinburgh, 1802 (facsimile reprint, New York, 1956).

32. G. Cuvier, 'Mémoire sur l'Ibis des anciens Egyptiens', *Annales du Muséum national d'Histoire naturelle*, vol. 4, pp. 116-135 (1804).

33. Lamarck, 'Mémoire sur les fossiles des environs de Paris, comprenant la détermination des espèces qui appartiennent aux animaux marins sans vertèbres, et dont le plupart sont figurés dans la collection des velins du Muséum', *Annales du Muséum national d'Histoire naturelle*, vol. 1, pp. 299-312, 383-391, 474-9 (1802).

34. Lamarck, 'Considérations sur quelques faits applicables à la théorie du globe, observés per M. Peron dans son voyage aux Terres australes, et sur quelques questions géologiques qui naissent de la connoissance de ces faits', *Annales du Muséum national d'Histoire naturelle*, vol. 6, pp. 26-52 (1805).

35. J.-B.-P.-A. Lamarck, *Philosophie zoologique, ou Exposition des considérations relatives à l'histoire naturelle des animaux; à la diversité de leur organisation et des facultés qu'ils en obtiennent; aux causes physiques qui maintiennent en eux la vie et donnent lieu aux mouvements qu'ils executent; enfin, à celles qui produisent, les unes le sentiment, et les autres l'intelligence de ceux qui en sont doués*, Paris, 1809〔邦訳，ラマルク『動物哲学』小泉 丹・山田吉彦訳，岩波文庫，1954; 高橋達明訳，「科学の名著第2期5」，朝日出版社，1988〕．現代の英訳については J. B. Lamarck, *Zoological Philosophy* ... (ed. Hugh Elliot), London, 1914 (reprinted New York, 1963) を参照． J. S. Wilkie, 'Buffon, Lamarck and Darwin: the originality of Darwin's theory of evolution', *in* P. R. Bell (ed.), *Darwin's Biological Work. Some Aspects Reconsidered*, Cambridge, 1959: chap. 6 も参照．

36. G. Cuvier, 'Sur les espèces d'animaux dont proviennent les os fossiles répandus dans la pierre à plâtre des environs de Paris', *Annales du Muséum national d'Histoire naturelle*, vol. 3, pp. 275-303, 364-387, 442-472; vol. 4, pp. 66-75; vol. 6, pp. 253-283; vol. 9, pp. 10-44, 89-102, 205-215, 272-282; vol. 12, pp. 271-284 (1804-8).

37. A. G. Werner, *Kurze Klassifikation und Beschreibung der verschiedenen Gebirgsarten*, Dresden, 1787; Alexander M. Ospovat, 'Reflections on A. G. Werner's "Kurze Klassifikation"', *in* Schneer, *Toward a History of Geology*, pp. 242-256; O. Wagenbreth, 'Abraham Gottlob Werners System der Geologie, Petrographie und Lagerstättenlehre', 'Werner-Schüler und Bergleute

und ihre Bedeutung für die Geologie und den Bergbau des 19. Jahrhunderts', in *Abraham Gottlob Werner. Gedenkschrift aus Anlass der Wiederkehr seines Todestages nach 150 Jahren am 30. Juni 1967*, Leipzig, 1967 : pp. 83-148, 163-178.

38. B. Faujas St-Fond, *Histoire naturelle de la Montagne de Saint-Pierre de Maestricht*, Paris, an 7 [1799].

39. G. Cuvier et A. Brongniart, 'Essai sur la géographie minéralogique des environs de Paris', *Journal des Mines*, vol. 23, pp. 421-458 (1808); *Mémoires de la Classe des Sciences mathématiques et physiques de l'Institut imperial de France*, an 1810, part 1, pp. 1-278 (1811).

40. Johann Carl Freiesleben, *Geognostischer Beytrag zur Kenntnis des Kupferschiefergebirges mit besonderer Hinsicht auf einen Theil der Graffschaft Mannsfeld und Thüringiens*, Freyberg, 1807-15.

41. Joan M. Eyles, 'William Smith: some aspects of his life and work', *in* Schneer, *Toward a History of Geology*, pp. 142-158 を参照.

42. Leroy E. Page, 'John Playfair and Huttonian Catastrophism', *Actes du XIe Congrès international d'Histoire des Sciences*, vol. 4, pp. 221-225 (1967) を参照.

43. G. Cuvier, *Recherches sur les ossmens fossiles de quadrupèdes, où l'on rétablit les charactères de plusieurs espèces d'animaux que les révolutions du globe paroissent avoir détruites*, 4 vols. Paris, 1812.

44. G. Cuvier, *Essay on the Theory of the Earth. With geological illustrations by Professor Jameson*, Edinburgh, 1813 (facsimile reprint, Farnborough, 1971) およびのちの版.

45. Coleman, *Cuvier*, chap. 7 を参照.

46. William Buckland, *Vindiciae Geologicae; or, The connexion of geology with religion explained, in an inaugural lecture delivered before the University of Oxford, May 15, 1819, on the endowment of a Readership in Geology by His Royal Highness the Prince Regent*, Oxford, 1820.

47. James Hall, 'On the Revolutions of the Earth's Surface', *Transactions of the Royal Society of Edinburgh*, vol. 7, part 1, pp. 139-211 (1814).

48. William Buckland, *Reliquiae Diluvianae; or, Observations on the organic remains contained in caves, fissures, and diluvial gravel, and on other geological phenomena, attesting the action of an universal deluge*. London, 1823. その書評［W. H. Fitton による］, *Edinburgh Review*, vol. 39, pp. 196-234 (1823) も参照.

49. *Edinburgh philosophical Journal*, vol. 14, pp. 205-239 (1826). Leroy E. Page, 'Diluvialism and its critics in Great Britain in the early nineteenth century', *in* Schneer, *Toward a History of Geology*, pp. 257-271 を参照.
50. Rhoda Rappaport, 'The Geological Atlas of Guettard, Lavoisier and Monnet: conflicting views of the nature of geology', *in* Schneer, *Toward a History of Geology*, pp. 272-287; Cuvier and Brongniart 注 39, Freiesleben 注 40 を参照. William Smith, *A Memoir to the Map and Delineation of the Strata of England and Wales with part of Scotland*, London, 1815; *Strata identified by organized fossils, containing prints on colored paper of the most characteristic specimens in each stratum*, London, 1816 [-19].
51. Alexandre Brongniart, 'Sur les charactères zoologiques des Formations, avec application de ces charactères à la détermination de quelques terrains de Craie', *Annales des Mines*, vol. 6, pp. 537-572 (1821); *Mémoire sur les terrains de sédiment supérieurs calcaro-trappéens du Vicentin, et sur quelques terrains d'Italie, de France, d'Allemagne, etc., qui peuvent se rapporter à la même époque*, Paris, 1823.
52. Elie de Beaumont, 'Recherches sur quelque-unes des révolutions de la surface du globe, présentant différents exemples de coincidence entre le redressement des couches de certains systèmes de montagnes, et les changements soudains qui ont produit les lignes de démarcation qu'on observe entre certains étages consécutifs des terrains de sédiment', *Annales des Sciences naturelles*, vol. 18, pp. 5-25, 284-416 (1829); vol. 19, pp. 5-99, 177-240 (1830).
53. G. Cuvier, 'Sur un nouveau rapprochement à établir entre les classes qui composent le Règne animal', *Annales du Muséum national d'Histoire naturelle*, vol. 19, pp. 73-84 (1812); *Règne animal* (注 6). Coleman, *Cuvier*, chap. 4 も参照.
54. W. D. Conybeare & H. T. De La Beche, 'Notice of a discovery of a new fossil animal, forming a link between the Ichthyosaurus and the Crocodile; together with general remarks on the osteology of the Ichthyosaurus', *Transactions of the Geological Society of London*, 1st series, vol. 5, part 2, pp. 558-594 (1821); W. D. Conybeare, 'On the discovery of an almost perfect skeleton of the Plesiosaurus', *ibid.*, 2nd series, vol. 1, part 2, pp. 381-389 (1824); Gideon Mantell, 'Notice on the Iguanodon, a newly discovered fossil reptile, from the sandstone of Tilgate Forest, in Sussex', *Philosophical Transactions of the Royal Society of London*, vol. for 1825, pp. 179-186 (1825); Gideon A. Mantell, 'The geological age of reptiles', *Edinburgh new philo-*

sophical journal, vol. 11, pp. 181-185 (1831).
55. G. G. Simpson, *A Catalogue of the Mesozoic Mammalia in the Geological Department of the British Museum*, London, 1928 : p. 3ff を参照.
56. John Lyon, 'The search for fossil Man: cinq personnages à la recherche du temps perdu', *Isis*, vol. 61, pp. 68-84 (1969) を参照.
57. E. F. von Schlotheim, *Beschreibung merkwürdiger Kräuter-Abdrücke und Pflanzen-Versteinerungen. Ein Beitrag zur Flora der Vorwelt*, Gotha, 1804.
58. Adolphe Brongniart, *Prodrome d'une histoire des végétaux fossiles*, Paris, 1828; 'Considerations générales sur la nature de la végétation qui couvrait la surface de la terre aux diverses époques de formation de son écorce', *Annales des Sciences naturelles*, vol. 15, pp. 225-258 (1828). *Histoire des végétaux fossiles, ou recherches botaniques et géologiques sur les végétaux renfermés dans les diverses couches du globe*, 2 vols., Paris, 1828-1837.
59. Fourier, 'Remarques générales sur les températures du globe terrestre et des espaces planétaires', *Annales de Chimie et de Physique*, vol. 27, pp. 136-167 (1824); L. Cordier, 'Essai sur la température de l'intérieur de la terre', *Mémoires du Muséum d'Histoire naturelle*, vol. 15, pp. 161-244 (1827).
60. M. J. S. Rudwick, 'Uniformity and Progression: reflections on the structure of geological theory in the age of Lyell', *in* D. H. D. Roller (ed.), *Perspectives in the History of Science and Technology*, Norman (Oklahoma), 1971, pp. 209-227 を参照.
61. Russell, *Form and Function*, chap. 5 を参照.
62. Geoffroy Saint-Hilaire, *Philosophie anatomique*, 2 vols., Paris, 1818-22. Théophile Cahn, *La vie et l'œuvre d'Etienne Geoffroy Saint-Hilaire*, Paris, 1962 も参照.
63. Geoffroy Saint-Hilaire, 'Recherches sur l'organisation des gavials ... et sur cette question, si les gavials (*Gavialis*), aujourd-hui répandus dans les parties orientales de l'Asie, decendent, par voie non interrompue de génération, des gavials antédiluviens ...', *Mémoires du Muséum d'Histoire naturelle*, vol. 12, pp. 97-155 (1825).
64. Geoffroy Saint-Hilaire, 'Mémoire où l'on propose de rechercher dans quels rapports de structure organique et de parenté sont entre eux les animaux des âges historiques, et vivant actuellement, et les espèces antédiluviennes et perdues', *Mémoires du Muséum d'Histoire naturelle*, vol. 17, pp. 209-229 (1828).
65. Coleman, *Cuvier*, chap. 6 および J. Piveteau, 'Le debat entre Cuvier et Geoffroy

Saint-Hilaire sur l'unité de plan et de composition', *Revue d'Histoire des Sciences*, vol. 3, pp. 343-363 (1950) を参照. ただし Frank Bourdier, 'Geoffroy Saint-Hilaire versus Cuvier: the campaign for paleontological evolution (1825-1838)', *in* Schneer, *Toward a History of Geology*, pp. 36-61 と比較せよ.
66. 注 54 を参照.

第 4 章

1. Mrs. Lyell (ed.), *Life, Letters and Journals of Sir Charles Lyell, Bart.*, London, 1881: vol. 1, pp. 233-4.
2. H. B. Woodward, *The History of the Geological Society of London*, London, 1907; M. J. S. Rudwick, 'The foundation of the Geological Society of London: its scheme for co-operative research and its struggle for independence', *British Journal for the History of Science*, vol. 1, pp. 325-355 (1963).
3. Roy Porter, 'The Industrial Revolution and the rise of the science of geology', *in* M. Teich and R. Young (eds.), *Changing Perspectives in the History of Science*, London, 1973, pp. 320-343 を参照.
4. 第 3 章注 16 を参照.
5. Charles Lyell and Roderick Impey Murchison, 'On the excavation of valleys, as illustrated by the volcanic rocks of Central France', *Edinburgh new philosophical Journal*, vol. 12, pp. 15-48 (1829).
6. C. A. Basset, *Explication de Playfair sur la Théorie de la Terre par Hutton, et Examen comparatif des systêmes géologiques fondés sur le feu et sur l'eau, par M. Murray; en réponse à l'Explication de Playfair*, Paris, 1815.
7. Karl Ernst Adolf Hoff, *Geschichte der durch Überlieferung nachgewiesenen natürlichen Veränderungen der Erdoberfläche*, 3 vols., Gotha, 1822-34 ; Zittel, *Geschichte*, p. 285 も参照.
8. G. Poulett Scrope, *Considerations on Volcanos, the probable causes of their phenomena, the laws which determine their march, the disposition of their products, and their connexion with the present state and past history of the globe; leading to the establishment of a new Theory of the Earth*, London, 1825; *Memoir on the Geology of Central France, including the volcanic formations of Auvergne, the Velay and the Vivarais*, London, 1827.
9. 第 3 章注 49 および Fleming, 'Remarks illustrative of the influence of Society on the distribution of British animals', *Edinburgh philosophical Journal*, vol. 11, pp. 287-305 (1824) を参照.

10. [Charles Lyell], 'Memoir on the Geology of Central France ... by G. P. Scrope ...', *Quarterly Review*, vol. 36, pp. 437-483 (1827).
11. Lyell and Murchison, 'On the excavation of valleys'（注 5）; Croizet et Jobert, *Recherches sur les ossemens fossiles du Département du Puy-de-Dôme*, Paris, 1826-8.
12. M. J. S. Rudwick, 'Lyell on Etna, and the antiquity of the Earth', *in* Schneer, *Toward a History of Geology*, pp. 288-304 を参照.
13. Lyell, *Life, Letters and Journals*, vol. 1, p. 234.
14. Charles Lyell, *Principles of Geology, being an attempt to explain the former changes of the earth's surface, by reference to causes now in operation*, 3 vols., London, 1830-3 (facsimile reprint, New York, 1970)〔邦訳，大久保雅弘『地球の歴史を読みとく —— ライエル「地質学原理」抄訳』古今書院，2005; ライエル『地質学原理』上・下（抄訳），河内洋佑訳，朝倉書店，2006-07〕; Martin J. S. Rudwick, 'The strategy of Lyell's *Principles of Geology*', *Isis*, vol. 61, pp. 4-33 (1970) も参照.
15. Walter F. Cannon, 'The impact of uniformitarianism. Two letters from John Herschel to Charles Lyell, 1836-1837', *Proceedings of the American Philosophical Society*, vol. 105, pp. 301-314 (1961) を参照.
16. Lyell, *Life, Letters and Journals*, vol. 1, p. 251.
17. W. D. Conybeare, 'Report on the Progress, Actual State, and Ulterior Prospects of Geological Science', *Report of the British Association for the Advancement of Science*, vol. for 1831-2, pp. 365-414 (1833).
18. [William Whewell], '*Principles of Geology* ... By Charles Lyell ... Vol. I ...', *British Critic*, vol. 9, pp. 180-206 (1831); '*Principles of Geology* ... By Charles Lyell ... Vol. II ...', *Quarterly Review*, vol. 47, pp. 103-132 (1832). Walter Cannon, 'The problem of miracles in the 1830s', *Victorian Studies*, vol. 4, pp. 4-32 (1960) も参照.
19. Conybeare, 'Report on ... Geological Science'（注 17）.
20. Adam Sedgwick, 'Address to the Geological Society ... Feb. 18, 1831', *Proceedings of the Geological Society of London*, vol. 1, pp. 281-316 (1831).
21. J. F. W. Herschel, 'On the astronomical causes which may influence geological phenomena', *Transactions of the Geological Society of London*, 2nd series, vol. 3, pp. 293-299 (1832). ハーシェルの威光については，Walter F. Cannon, 'John Herschel and the idea of science', *Journal of the History of Ideas*, vol. 22, pp. 215-239 (1961) を参照.
22. [Scrope], '*Principles of Geology* ... By Charles Lyell ... Vol. I', *Quarterly Re-*

view, vol. 43, pp. 411-469 (1830); '*Principles of Geology* ... By Charles Lyell ... 3rd Edition', *ibid.*, vol. 53, pp. 406-448 (1835).

23. Darwin, *Extracts from Letters addressed to Professor Henslow*, Cambridge, 1835; 'Observations of proofs of recent elevation on the coast of Chili ...', *Proceedings of the Geological Society of London*, vol. 2, pp. 446-449 (1837).
24. Charles Darwin, 'On certain areas of elevation and subsidence in the Pacific and Indian oceans, as deduced from the study of coral formations', *Proceedings of the Geological Society of London*, vol. 2, pp. 552-554 (1837); *The Structure and Distribution of Coral Reefs* ..., London, 1842〔邦訳，ダーウィン『珊瑚礁』永野為武訳，「ダーウィン全集第 3 巻」，白揚社，1940〕.
25. Deshayes, 'Tableau comparatif des espèces de coquilles vivantes avec les espèces de coquilles fossiles des terrains tertiaires de l'Europe, et des espèces de fossiles de ces terrains entr'eux', *Bulletin de la Société géologique de France*, vol. 1, pp. 185-187 (1831); Heinr. G. Bronn, *Italiens Tertiär-Gebilde und deren organische Einschlüsse. Vier Abhandlungen*, Heidelberg, 1831.
26. Adam Sedgwick, 'Address delivered at the Anniversary Meeting of the Geological Society of London, on the 19th February, 1830', *Proceedings of the Geological Society of London*, vol. 1, pp. 187-212 (1830).
27. R. I. Murchison, 'On the sedimentary deposits which occupy the western parts of Shropshire and Herefordshire, and are prolonged from N.E. to S.W., through Radnor, Brecknock and Caermarthenshires, with descriptions of the accompanying rocks of intrusive or igneous characters', *Proceedings of the Geological Society of London*, vol. 1, pp. 470-477 (1833); 'On the Silurian system of rocks', *Philosophical Magazine and Journal of Science*, vol. 7, pp. 46-52 (1835).
28. Roderick Impey Murchison, *The Silurian System, founded on geological researches in the counties of Salop, Hereford, Radnor, Montgomery, Caermarthen, Brecon, Pembroke, Monmouth, Gloucester, Worcester and Stafford; with descriptions of the coal-fields and overlying formations*, London, 1839.
29. Leonard G. Wilson, 'The emergence of geology as a science in the United States', *Cahiers d'Histoire mondiale*, vol. 10, pp. 416-437 (1967).
30. M. J. S. Rudwick, 'The Devonian System 1834-1840. A study in scientific controversy', *Actes du XIIe Congrès international d'Histoire des Sciences*, vol. 7, pp. 39-43 (1971).
31. R. I. Murchison, Édouard de Verneuil and Alexander von Keyserling, *The Geology of Russia in Europe and the Ural Mountains*, vol. 1, London, 1845.

32. Sedgwick and R. I. Murchison, 'On the *Silurian* and *Cambrian* Systems, exhibiting the order in which the older Sedimentary Strata succeed each other in England and Wales', *Report of the British Association for the Advancement of Science*, vol. for 1835, *Transactions of the Sections*, pp. 59-61 (1836).
33. Murchison *et al.*, *Geology of Russia*, Introduction.
34. J. Barrande, *Notice préliminaire sur le Systême Silurien et les Trilobites de Bohême*, Leipzig, 1846.
35. Buckland, 'Address to the Geological Society ... 21st of February, 1840', *Proceedings of the Geological Society of London*, vol. 3, pp. 210-267 (1840).
36. Louis Agassiz, 'On a new classification of fishes, and on the geological distribution of fossil fishes', *Proceedings of the Geological Society of London*, vol. 2, pp. 99-102 (1834); *Recherches sur les Poissons fossiles ...*, Neuchâtel, 1833-1843. Edward Lurie, *Louis Agassiz: a life in science*, Chicago, 1960 も参照.
37. John Phillips, *Figures and Descriptions of the Palaeozoic Fossils of Cornwall, Devon and West Somerset: observed in the course of the Ordnance Geological Survey of that District*, London, 1841 ; 'Notices and Inferences', pp. 155-182 を参照.
38. Charles Lyell, *Elements of Geology*, London, 1838（およびのちの版）. Gideon Algernon Mantell, *The Wonders of Geology; or, A Familiar Exposition of Geological Phenomena*, London, 1838; *Medals of Creation; or, First Lessons in Geology, and in the Study of Organic Remains*, London, 1844; *Thoughts on a Pebble; or, A First Lesson in Geology*, London, 1849.
39. Murchison *et al.*, *Geology of Russia*, vol. 1, Conclusion を参照.
40. 注 15 を参照.
41. William Buckland, *Geology and Mineralogy considered with reference to natural theology*, 2 vols., London, 1836.
42. R. I. Murchison, Edouard de Verneuil et Alexandre de Keyserling, *Géologie de la Russie d'Europe et des Montagnes d'Oural*, [vol. 2], Paris, 1845: Avant-Propos. を参照.
43. [Robert Chambers], *Vestiges of the natural history of creation*, London, 1844（およびのちの多くの版 : facsimile reprint of first edition, Leicester, 1970）; *Explanations: a Sequel to 'Vestiges of the Natural History of Creation'*, London, 1845.
44. Hugh Miller, *Foot-Prints of the Creator: or, the Asterolepis of Stromness*, Edinburgh, 1849; *The Old Red Sandstone; or, New Walks in an Old Field*, Edin-

burgh, 1841; W. M. Mackenzie, *Hugh Miller. A Critical Study*, London, 1905 も参照.

45. Richard [S.] Owen, *The Life of Richard Owen*, 2 vols., London, 1894; Richard Owen, *Geology and Inhabitants of the Ancient World*, London, 1854 (Crystal Palace Guidebooks).
46. Owen, 'Notice of a fragment of the femur of a gigantic bird of New Zealand', *Transactions of the Zoological Society of London*, vol. 3, pp. 29-32 (1842); 'On the Dinornis, an extinct genus of tridactyle struthious birds, with descriptions of portions of the skeleton of five species which formerly existed in New Zealand (Part I)', *ibid.*, vol. 3, pp. 235-275 (1844). オーウェンの推論は本人がそう思わせているほど単純なものではなかった. C. F. A. Pantin, *Science and Education*, Cardiff, 1963, pp. 19-26 を参照.
47. Richard Owen, *On the Archetype and Homologies of the Vertebrate Skeleton*, London, 1848; [項目] 'Oken', *Encyclopaedia Britannica*, 8th edition, vol. 16, pp. 498-503 (1858). Russell, *Form and Function*, ch. 8. と Roy M. MacLeod, 'Evolutionism and Richard Owen, 1830-1868: an episode in Darwin's century', *Isis*, vol. 56, pp. 259-280 (1965) も参照.
48. Richard Owen, *On the Nature of Limbs*, London, 1849.
49. Richard Owen, *A History of British fossil Mammals, and Birds*, London, 1846.

第5章

1. *Comptes-Rendus hebdomadaires de l'Académie des Sciences*, vol. 44, pp. 166-7 (1857). ブロンの試論は最初に *Untersuchungen über die Entwickelungs-Gesetze der organischen Welt während der Bildungs-Zeit unsere Erd-Oberfläche*, Stuttgart, 1858 として, のちにはアカデミーによって 'Essai d'une réponse à la question de prix proposée en 1850 ...', *Supplément aux Comptes-Rendus des Séances de l'Academie des Sciences*, vol. 2, pp. 377-918 (1861) として公刊された.
2. *Comptes-Rendus*, vol. 30, pp. 257-260 (1850).
3. Walter F. Cannon, 'The Uniformitarian-Catastrophist Debate', *Isis*, vol. 51, pp. 38-55 (1960) を参照.
4. Heinrich Georg Bronn, *Italiens Tertiär-Gebilde und deren organische Einschlusse, Vier Abhandlungen*, Heidelberg, 1831; *Lethaea Geognostica, oder Abbildungen und Beschreibungen der für die Gebirge-Formationen bezeichnendsten Versteinerungen*, Stuttgart, 1835-8; *Handbuch der Geschichte der*

Natur, Stuttgart, 1841-2; *Index Palaeontologicus oder Übersicht der bis jetzt bekannten fossilen Organismen*, Stuttgart, 1848-9.

5. F. Unger, *Versuch einer Geschichte der Pflanzenwelt*, Wien, 1852.
6. H. G. Bronn, *Morphologische Studien über die Gestaltungs-Gesetze der Naturkörper überhaupt und der organischen inbesondere*, Leipzig und Heidelberg, 1858 も参照.
7. G. Canguilhem *et al.*, 'Du développement à l'évolution au XIXe siècle', *Thalès*, vol. 11, pp. 1-68 (1962); Jane Oppenheimer, 'An embryological enigma in the Origin of Species', *in* Bentley Glass (ed.), *Forerunners of Darwin: 1745-1859*, Baltimore, 1959: pp. 292-322 を参照.
8. Karl Ernst von Baer, *Über Entwickelungsgeschichte der Thiere. Beobachtung und Reflexion*, Königsberg, 1828, 1837; Elizabeth B. Gasking, *Investigations into Generation 1651-1828*, London, 1967 も参照.
9. Alfred R. Wallace, 'On the Law which has regulated the Introduction of New Species', *Annals and Magazine of Natural History*, series 2, vol. 16, pp. 184-196 (1855); C. F. A. Pantin, 'Alfred Russel Wallace: his pre-Darwinian essay of 1855', *Proceedings of the Linnean Society of London*, vol. 171, pp. 139-153 (1960) に再録. Charles Darwin and Alfred Wallace, 'On the Tendency of Species to form Varieties: and on the Perpetuation of Varieties and Species by Natural Means of Selection', *Journal of the Linnean Society of London (Zoology)*, vol. 3, pp. 45-62 (1859); *Evolution by Natural Selection* (ed. Gavin de Beer), Cambridge, 1958, pp. 255-279 に再録.
10. Charles Lyell, 'Anniversary Address[es] of the President', *Quarterly Journal of the Geological Society of London*, vol. 6, pp. xxvii-lxvi (1850); vol. 7, pp. xxv-lxxvi (1851).
11. G. de Beer, 'Darwin's notebooks on the transmutation of species', *Bulletin of the British Museum (Natural History), Historical series*, vol. 2, parts 2-6 (1960-61), vol. 3, part 5 (1967); S. Smith, 'The origin of 'The Origin' as discerned from Charles Darwin's notebooks and his annotations in the books he read between 1837 and 1842', *Advancement of Science*, vol. 16, pp. 391-401 (1960).
12. Robert M. Young, 'Malthus and the Evolutionists: the common context of biological and social theory', *Past and Present*, no. 43, pp. 109-145 (1969).
13. 1842年の「スケッチ」は Darwin and Wallace, *Evolution by Natural Selection* (ed. Gavin de Beer), Cambridge, 1958, pp. 39-88 に再録されている．古生物学を扱った部分は pp. 59-65.

14. 1844年の「エッセイ」はDarwin and Wallace（注13を参照）, pp. 89-254に再録されている．古生物学を扱った部分はChapter 4, pp. 154-162.
15. Charles Darwin, 'A Monograph on the Fossil Lepadidae, or Pedunculated Cirripedes of Great Britain', *Monographs, Palaeontographical Society*, 1851; 'A Monograph on the Fossil Balanidae and Verrucidae of Great Britain', *ibid.*, 1854.
16. Walter F. Cannon, 'Darwin's Vision in *On the Origin of Species*', *in* G. Levine and W. Madden (eds.), *The Art of Victorian Prose*, New York, 1968, pp. 154-176; Robert M. Young, 'Darwin's Metaphor: does Nature select?', *The Monist*, vol. 55, pp. 442-503 (1971) を参照.
17. Charles Darwin, *On the Origin of Species by means of Natural Selection, or the Preservation of favoured Races in the Struggle for Life*, London, 1859; facsimile reprint (ed. Ernst Mayr), Cambridge (Mass.), 1964; also reprinted (ed. J. W. Burrow), London, 1968〔邦訳，ダーウィン『種の起原』上・中・下，八杉龍一訳，岩波文庫，1963-71;『種の起源』上・下，渡辺政隆訳，光文社古典新訳文庫，2009〕. Gavin de Beer, *Charles Darwin. Evolution by Natural Selection*, London, 1963〔邦訳，ド・ビア『ダーウィンの生涯』八杉貞雄訳，東京図書，1978〕も参照.
18. F.-J. Pictet, 'Sur l'Origine de l'Espèce, par Charles Darwin', *Bibliothèque universelle. Revue suisse et étrangère*, (n. pér.), vol. 7, *Archives des Sciences physiques et naturelles*, pp. 233-255 (1860).
19. F.-J. Pictet, *Traité de Paléontologie, ou Histoire naturelle des animaux fossiles considerés dans leurs rapports zoologiques et géologiques*, Paris, 1844-46.
20. John Phillips, *Life on the Earth: its Origin and Succession*, Cambridge and London, 1860.
21. A. Ellegård, *Darwin and the general reader. The reception of Darwin's theory of evolution in the British periodical press, 1859-1872*, Göteberg, 1958; Robert M. Young, 'The impact of Darwin on conventional thought', *in* Anthony Symondson (ed.), *Victorian Crisis of Faith*, London, 1970, pp. 13-35 を参照.
22. ［Owen］, *Edinburgh Review*, vol. 111, pp. 487-532 (1860); Roy M. MacLeod, 'Evolutionism and Richard Owen 1830-1868: an episode in Darwin's century', *Isis*, vol. 56, pp. 259-280 (1965) を参照.
23. Richard Owen, *Palaeontology, or a systematic summary of extinct animals and their relations*, London, 1860.
24. Leonard G. Wilson, *Sir Charles Lyell's Scientific Journals on the Species Question*, New Haven, 1970.

25. Charles Lyell, *The geological evidences of the antiquity of man, with remarks on the origin of species by variation*, London, 1863; *Principles of Geology, or the modern Changes of the Earth and its Inhabitants*, 10th edition, 2 vols, London, 1868.
26. K. P. Oakley, 'The problem of Man's antiquity', *Bulletin of the British Museum (Natural History), Geological series*, vol. 9, no. 5 (1964); J. W. Gruber, 'Brixham Cave and the antiquity of man', *in* Melford E. Spiro (ed.), *Context and Meaning in Cultural Anthropology*, New York, 1965, pp. 373-402; Boucher de Perthes, *Antiquités celtiques et antediluviennes. Mémoire sur l'Industrie primitive et les arts à leur origine*, 3 vols, Paris, 1847-64 を参照.
27. T. H. Huxley, *Evidence as to Man's Place in Nature*, London, 1863（*Collected Essays*, vol. 7, pp. 1-208, 1895 に再録）〔邦訳，T・ハックスリ『自然に於ける人間の位置』八杉龍一・小野寺好之訳，日本評論社，1949〕.
28. Albert Gaudry, *Animaux fossiles et géologie de l'Attique d'après les recherches faites en 1855-56 et 1860 sous les auspices de l'Académie des Sciences*, Paris, 1862-67.
29. Owen, 'On the *Archaeopteryx* of von Meyer, with a description of the Fossil Remains of a Long-tailed species, from the Lithographic Stone of Solenhofen', *Philosophical Transactions of the Royal Society of London*, vol. 153, pp. 33-47 (1863); S. J. Mackie, 'The Aeronauts of the Solenhofen Age', *The Geologist*, vol. 6, pp. 1-8 (1863). Gavin De Beer, *Archaeopteryx lithographica. A study based on the British Musum specimen*, London, 1954 も参照.
30. Huxley, 'On the animals which are most nearly intermediate between birds and reptiles', *Annals and Magazine of Natural History*, ser. 4, vol. 2, pp. 66-75 (1868); 'Further evidence of the Affinity between the Dinosaurian Reptiles and Birds', *Quarterly Journal of the Geological Society of London*, vol. 26, pp. 12-31 (1870); A. Wagner, 'Neue Beiträge zur Kenntnis der urweltlichen Fauna des lithographischen Schiefers [Part 2]', *Abhandlungen der königlichen bayerischen Akademie der Wissenschaften*, Klasse 2, Band 9, Abtheilung 1 (1861).
31. W. Kovalevsky, 'Sur l'Anchitherium aurelianense Cuv. et sur l'histoire paléontologique des Chevaux', *Mémoires de l'Academie imperiale des Sciences de St Petersbourg*, série 7, vol. 20, no. 5 (1873). A. Borissiak, 'W. Kowalewsky, sein Leben und sein Werk', *Palaeobiologie*, vol. 3, pp. 131-256 (1930) も参照.
32. O. C. Marsh, 'Notice of new equine mammals from the Tertiary formation', *American Journal of Science*, series 3, vol. 7, pp. 247-258 (1874); 'Polydactyl

Horses, recent and extinct', *ibid.*, vol. 17, pp. 499-505 (1879). Charles Schuchert and Clara Mae Le Vene, *O. C. Marsh, Pioneer in Paleontology*, New Haven, 1940, ch. 9; G. G. Simpson, *Horses. The Story of the Horse Family in the Modern World and through Sixty Million Years of History*, New York, 1951〔邦訳，G・G・シンプソン『馬と進化』長谷川善和監修・原田俊治訳，どうぶつ社，1979〕ch. 10 も参照.

33. O. C. Marsh, 'Introduction and Succession of Vertebrate Life in North America', *Nature*, vol. 16, pp. 448-450, 470-2, 489-491 (1877); 'Odontornithes: a Monograph of the Extinct Toothed Birds of North America', *Memoirs of the Peabody Museum, Yale University*, vol. 1 (1880).
34. Hilgendorf, 'Ueber Planorbis multiformis im Steinheimer Süsswasserkalk', *Monatsberichte der königlichen preussischen Akademie der Wissenschaften der Berlin*, vol. for 1866, pp. 474-504 (1866).
35. M. Neumayr and C. M. Paul, 'Die Congerien- und Paludinen-Schichten Slavoniens und deren Faunen. Ein Beitrag zur Descendenz-Theorie', *Abhandlungen der königlichen geologischen Reichsanstalt, Wien*, vol. 7, heft 3 (1875).
36. C. J. A. Meyer, 'Micrasters in the English Chalk–Two or more species?', *Geological Magazine*, new series, vol. 5, pp. 115-117 (1878); A. W. Rowe, 'An Analysis of the Genus *Micraster*, as determined by rigid zonal collection from the Zone of *Rhynchonella Cuvieri* to that of *Micraster coranguinum*', *Quarterly Journal of the Geological Society of London*, vol. 55, pp. 494-546 (1899).
37. T. H. Huxley, 'Anniversary Address of the President', *Quarterly Journal of the Geological Society of London*, vol. 26, pp. xxix-lxiv (1870); *Collected Essays*, vol. 8, pp. 340-388 (1894) に再録.
38. J. W. Dawson, 'On the Structure of certain Organic Remains in the Laurentian Limestone of Canada', *Quarterly Journal of the Geological Society of London*, vol. 21, pp. 51-59 (1865); *Life's Dawn on Earth, being the History of the oldest known fossil Remains, and their Relations to Geological Time and to the Development of the Animal Kingdom*, London, 1875; Charles O'Brien, '*Eozoön Canadense*, "The Dawn Animal of Canada"', *Isis*, vol. 61, pp. 206-223 (1970).
39. Joe D. Burchfield, 'Darwin and the dilemma of geological time', *Isis*, vol. 65, pp. 300-321 (1974); *Lord Kelvin and the Age of the Earth*, New York, 1975.
40. F. Jenkin, 'Darwin and the Origin of Species', *North British Review*, vol. 46,

pp. 277-318 (1867); P. Vorzimmer, 'Darwin and Blending Inheritance', *Isis*, vol. 54, pp. 371-390 (1963); B. G. Beddall, 'Wallace, Darwin and the theory of Natural Selection', *Journal of the History of Biology*, vol. 1, pp. 261-323 (1968); G. L. Geison, 'Darwin and Heredity: the evolution of his hypothesis of Pangenesis', *Journal of the History of Medicine*, vol. 24, pp. 375-411 (1969) を参照.

41. W. Waagen, 'Die Formenreihe des Ammonites subradiatus. Versuch einer paläontologischen Monographie', *Geognostische und Paläontologische Beiträge*, series 2, vol. 2, pp. 181-256 (1869).
42. Walter F. Cannon, 'The bases of Darwin's achievement–a revaluation', *Victorian Studies*, vol. 5, pp. 109-134 (1961) を参照.
43. Ernst Haeckel, *Natürliche Schöpfungs-Geschichte. Gemeinverständliche wissenschaftliche Vorträge über die Entwickelungs-Lehre im Allgemeinen und diejenige von Darwin, Goethe und Lamarck im Besonderen*, Berlin, 1868〔邦訳（抄訳），ヘッケル『自然創造史』石井友幸訳，晴南社，1944〕; *Generelle Morphologie der Organismen. Allgemeine Grundzüge der organischen Formen-Wissenschaft, mechanisch begründet durch die von Charles Darwin reformirte Descendenz-Theorie*, Berlin, 1866.

用語解説

アンモナイト Ammonite　軟体動物門頭足綱の絶滅した一目．平らに渦を巻き，複雑な形の多数の殻室に分かれた殻をもつ．現生のオウムガイの遠縁にあたる．

ウェンロック石灰岩 Wenlock Limestone　長く続く丘陵の列と急峻な崖（ウェンロック・エッジ）を構成する，イギリス中西部シュロップシャーのシルル紀の特徴的な累層．

ウミユリ Crinoid　外見は植物のような形をした棘皮動物門の一綱．化石として広く産する．現生の数種を除くすべてが茎あるいは「柄」を失い，海中を自由に泳ぐ．

ウーライト Oolite　魚卵状石灰岩ともいう．特徴的な構造（「魚卵状」）の石灰岩が顕著なイギリスのジュラ紀の累層．

黄鉄鉱 Pyrite　硫化鉄で構成された鉱物．しばしば金色に輝く結晶として産するため，「愚者の黄金」とも称される．

オウムガイ Nautilus　軟体動物門頭足綱の一目．絶滅した化石種は数が多く，現生種はその希少な生き残りである．内側に真珠光沢のある，隔壁で仕切られた渦巻き状の大きな殻をもつ．

雄型 Cast と**雌型** Mold，Mould　生物の体部が失われ，形態だけが残された印象化石のうち，もとの生物の凹凸と化石の凹凸が一致しているものを雄型，両者の凹凸が逆になっているものを雌型という．

火成 Igneous　地中において高温と若干の融解をともなう過程．この過程によって形成される岩石がたとえば溶岩．

含銅頁岩 Kupferschiefer　ドイツのペルム紀の累層．比較的高濃度の銅を含むいくつかの地層をもつ．

カンブリア紀 Cambrian　六つの紀に分かれた古生代の最も古い紀．かなり一般的な化石を含む最初の地層が見られる．

キダリス類 Cidaroid　棘皮動物門ウニ綱の中の特徴的な一目．

旧赤色砂岩 Old Red Sandstone　イギリスや他の地域におけるデヴォン紀の累層．非海成層で，初期の魚類以外は化石が乏しい．

結核 Concretion　異なる物質の堆積物の中に封入された，しばしば特徴的な形状をもつ鉱物の塊．

頁岩 Shale　粘土のような組成の堆積物．固結して容易に剥離する層構造をもつようになったもの．

結節 Tubercle　ウニにおける，可動的な棘が連結している節．

綱 Class　分類学において門の下位に位置する階級．たとえば哺乳綱や爬虫綱．

更新世 Pleistocene　新生代の地質学的には最近の時代．おおよそ「氷河時代」の期間に相当し，約 260 万年前から約 1 万年前まで．

厚皮類 Pachyderm　キュヴィエの分類における哺乳綱の一目でゾウ・カバ・サイなどが含まれる．

古生代 Palaeozoic　有効な化石記録のある地質時代の三つの代の最初のもの．現代の放射年代測定によると約 5 億 4000 万年前から約 2 億 5000 万年前まで．

コールメジャーズ Coal Measures　夾炭層ともいう．ヨーロッパと北アメリカにおける石炭紀の累層．北半球の炭田の経済的に重要な炭層のほとんどを含む．

鞘 Guard　ベレムナイトの中実の弾丸の形をした部分．外へ向かって放射状に伸びる方解石の結晶からなる．

三畳紀 Triassic　三つの紀に分かれた中生代の最初の紀．

三葉虫 Trilobite　海生節足動物門の絶滅した大きな一綱．分節した外骨格と顕著な複眼をもつ．

四足動物 Tetrapod　四肢をもつ脊椎動物．すなわち哺乳類・鳥類・爬虫類・両生類．

樹枝状模様 Dendritic markings　鉱物の結晶化によって無機的に形成された，ある種の岩石の表面に見えるシダの葉のような模様．

種形成 Speciation　新種が先在する種から進化する過程．

ジュラ紀 Jurassic　三つの紀に分かれた中生代の真ん中の紀．スイスのジュラ山脈にちなんで命名された．

小骨 Ossicle　ウミユリにおける，多くの節に分かれた茎の切片．

シーラカンス Coelacanth　硬骨魚綱の中の特徴的な一目．1938 年に現生種が発見されるまでは，白亜紀末に絶滅したと考えられていた．

新生代 Cainozoic　地質時代の三つの代のうち最も新しいもの．現代の放射年代測定によると約 6500 万年前から現在まで．

スパー Spar　方解石や蛍石のような劈開が顕著で光沢のある結晶構造をもつ鉱物．

石英 Quartz　二酸化珪素が結晶したきわめてありふれた鉱物．普通の砂の通常の成分．無色透明なものは「水晶」と呼ばれる．

石筍 Stalagmite　鍾乳洞の床面に形成される炭酸カルシウムの小尖塔や層．

石炭紀 Carboniferous　六つの紀に分かれた古生代の最後から二番目の紀．世界の主要な炭層のほとんどがこの時期に形成された．

石灰藻 Calcareous Algae　海岸に成育する通常の海藻と同族の単純な水生植物だが，炭酸カルシウムの骨格を分泌し，それが化石の状態で保存されることがある．

先カンブリア時代 Pre-Cambrian　古生代とカンブリア紀が始まる以前，すなわち約 5 億 4000 万年前より古い地質時代．この時期の岩石には化石はきわめてわ

ずかしか含まれない.

造構的 Tectonic　地殻の構造やそれに影響をおよぼす過程，たとえば造山運動に関連していう.

層序学 Stratigraphy　層位学ともいう．成層岩，および異なる地域間でのそれらの対比を研究する学問.

相同 Homology　比較解剖学において，異なる生物がもつ起源の同じ器官を相同であるという．たとえばコウモリの翼とヒトの腕.

第三紀 Tertiary　「第二紀」すなわち中生代より新しい時代を表わす用語．現在では新生代とほぼ同義（ただし「第四紀」すなわち更新世と「現世」を除く）．[2009年の国際地質科学連合の勧告により，第三紀という用語は非公式のものとなり，Paleogene紀・Neogene紀を用いることが提唱されている．ただし日本ではそれぞれに古第三紀・新第三紀という名称をあてている——訳者].

対比 Correlation　層序学において，離れた地域の同等の地層や累層を決定すること．多くは特徴的な化石を利用して行なう.

中生代 Mesozoic　古生代と新生代の中間的な特徴をもつ生物を擁する地質時代．現代の放射年代測定によると約2億5000万年前から約6500万年前まで.

頭足類 Cephalopod　海生軟体動物門の大きな一綱．現生頭足綱のほとんどはコウイカ，イカ，タコのように活発な泳者である．化石はアンモナイトとベレムナイトを含む.

ネオピリナ Neopilina　古代的な単板綱に属する海生軟体動物門の一科．この綱は希少な生き残りである現生種が1952年に発見されるまでは，古生代に絶滅したと考えられていた.

白亜紀 Cretaceous　三つの紀に分かれた中生代の最後の紀．ことに特徴的な累層としてチョークを有する.

白鉄鉱 Marcasite　硫化鉄で構成された鉱物．中央から放射状に伸びる結晶をもつ団塊として（たとえばチョークの中に）しばしば発見される.

標識層準 Marker-horizon　広い地域にわたり，ことに特徴的な岩石や化石を含む地層あるいは累層．対比に役立つ.

表層堆積物 Superficial deposits　一連の一様な地層や岩石などの上に不規則に横たわる堆積物．川砂利や漂礫土がその例.

漂礫土 Boulder-clay　氷河に覆われた地域の氷床下で形成された特徴的な堆積物．さまざまな大きさの角礫や巨礫を含む粘土からなる．更新世「氷河時代」の影響を受けた地域に「表層」堆積物として広く分布する.

腹足類 Gastropod　殻室に分かれていない渦巻き状の殻を一般にもつ，軟体動物門の大きな一綱．カタツムリやエゾバイがその例.

プロブレマティカ Problematica　生物学的類縁が不確実であったり，ある場合には

生物起源であるかどうかもはっきりしない所属不明化石.

分類学 Taxonomy　生物の分類，命名，階層的配列を研究する学問．現在用いられている分類階級は上位より，界・門・綱・目・科・属・種である.

劈開 Cleavage　ある種の鉱物の結晶が，特定の方向を向いた面に沿って容易に割れる傾向.

ペルム紀 Permian　六つの紀に分かれた古生代の最後の紀.

ベレムナイト Belemnite　軟体動物門頭足綱の絶滅した一目．殻室に分かれた円錐形の殻から，中実の弾丸の形をした「鞘」が突きでている．現生のコウイカの遠縁にあたる.

片岩 Schist　結晶片岩の語も同義で用いる．一般に薄板状に容易に割れる（片理が発達した）変成岩.

変成作用 Metamorphism　岩石の鉱物組織や組成に重大な変化をもたらす，高温や高圧あるいは両者をともなった一連の過程．粘土や頁岩が粘板岩や片岩に，石灰岩が大理石に変化するのがその例.

片麻岩 Gneiss　さまざまな粗粒の結晶鉱物が縞状に配列した，特徴的な外観をもつ変成岩．組成は花崗岩に似ている.

方解石 Calcite　炭酸カルシウムによって構成された鉱物．貝類・甲殻類・腕足類の殻を作る最も普通の鉱物.

放射年代測定 Radiometric dating　ある種の元素の放射性崩壊の生成物を測定することによって岩石の年代を決定する方法．化石にもとづいて「相対」年代を決定する旧来の方法を補完するものであるが，それに取って代わるわけではない.

ムッシェルカルク Muschelkalk　貝殻石灰岩ともいう．ドイツにおける三畳紀の特徴的な石灰岩層.

目 Order　分類学において綱の下位，科の上位に位置する分類階級．たとえば哺乳綱の食肉目，霊長目など.

門 Phylum　分類学において動物界の主要な分類階級の一つ．界の下位，綱の上位に位置する．たとえば軟体動物門，脊索動物門（すべての脊椎動物とそれに近縁の少数の動物），節足動物門など.

有蹄類 Ungulate　蹄をもつ哺乳綱のグループ（現在では正式の分類群ではない).「偶蹄」のブタ・シカ・ヒツジ・ウシ，「奇蹄」のウマ・サイなどがその例.

ライアス Lias　西ヨーロッパのジュラ紀の累層で，主として頁岩と薄い石灰岩層からなる．イギリスの採石工の用語から命名された.

累層 Formation　一連の特徴的な地層．たとえばチョークやコールメジャーズ.

腕足類 Brachiopod　無脊椎動物の一門．蝶番で結ばれた二つの殻をもち二枚貝に似ているもののそれとの類縁はない．化石種は豊富だが現生種はきわめて少ない.

[以上の原書に付された用語解説のほかに以下にいくつかのものをつけ加えた(訳者)]

裾礁 Fringing reef　島などの裾の部分に陸地を取り囲むようにできたサンゴ礁．外礁（サンゴ礁の縁）と陸地の間には水深の浅い礁池がある．外礁と陸地の間に水深の深い礁湖が形成されたものを堡礁 barrier reef，礁の中央に陸地がなく，環状の外礁と礁湖のみが残されたものを環礁 atoll という．

原生代 Protozoic　現在先カンブリア時代後半を表わす用語として使用される原生代 Proterozoic とは異なる．

証験神学 Evidential thelogy　キリスト教信仰の真なることを，聖書に記された歴史，実現された預言，奇跡（とくにキリストの復活）などにもとづいた経験的・帰納的証拠によって証明しようとする試み．理神論には敵対し，哲学的弁神論が証験神学に先行することは否定し，自然神学には補完的役割を与える．

スピルラ Spirula　頭足綱トグロコウイカ目のイカ．多くの小室に分かれた螺旋状の内殻をもつ．現生は一科一属一種のみが知られている．

前成説 Preformationism　生物，とくに動物の発生に関する古い考え．生物の個体がもつ構造や形態は，卵子や精子あるいは受精卵の中にすでに完成された状態で存在し，発生の過程でそれが成長するという説．

団塊 Nodule　堆積物の中に形成されたさまざまな形状の小さく硬い塊．周囲の母岩とは組成が異なる．

地温勾配 Geothemal gradient　地中の温度が深さとともに上昇する率．

チョーク Chalk　白亜ともいう．コッコリス（円石藻）や有孔虫などの炭酸カルシウムを主成分とする石灰岩．チョークで作られた英仏海峡両側の白い崖が有名．

通常の発生 Génération normale　ピクテによれば「生物の連続」は，「通常の発生」と「創造力」Force　créatrice という二つの力の影響のもとにある．前者は多くの世代を通じて種の永続性を保証するが，わずかの変異を引き起こし，それが蓄積すれば一つの種からきわめて近縁の数種を生じさせる．後者は原初において多彩な動物相を直接作りだした．またその作用は長い間隔を置いて，異なる類型を誕生させる．

フリント Flint　チャートの一種で，硬く加工しやすいため，石器時代には石器の材料として広く利用された．

民衆文字 Demotic character　神聖文字（ヒエログリフ），神官文字（ヒエラティック）と並ぶ古代エジプトで使用された三種類の文字のうちの一つ．

融合遺伝 Blending inheritance　両親の対立する形質は融合して子に伝えられるとする考え．メンデルの発見以前の 19 世紀にはかなりの影響力をもっていた．

ロングマインド岩 Longmynd rock　イギリス中西部シュロップシャー丘陵の西に分布する先カンブリア時代の岩石．砕屑岩はあまり変成を受けていないが，化石はほとんど見られない．

文献案内

Karl Alfred von Zittel, *Geshichte der Geologie und Paläontologie bis Ende des 19. Jahrhunderts*, München und Leipzig, 1899.（英訳の *History of Geology and Palaeontology*, trans. M. M. Ogilvie-Gordon, London, 1901 (reprinted Weinheim 1962) は，残念ながら引用されている著作の出典がすべて欠けており，実質的には縮約版である）．徹底的な資料収集がなされ，参照文献として貴重で事実関係も信頼できるが，歴史的解釈はほとんどない．

Archibald Geikie, *The Founders of Geology*, London, 1897 (second edition, London, 1905, reprinted New York, 1962)．アプローチが旧式であるとはいえ，依然として読んで面白いこの主題への入門書．

Frank Dawson Adams, *The Birth and Development of the Geological Sciences*, London, 1938 (reprinted New York, 1954)．アプローチは逸話的かつ好古家的だが，とくに初期の時代の著作については有益な言及と引用を含んでいる．

Kirtley F. Mather and Shirley L. Mason, *A Source Book in Geology*, New York, 1939 (reprinted Cambridge (Mass.), 1970)．19 世紀末までの地質学者と古生物学者の著作からとった，概してとても短い抜粋のアンソロジー．

Charles Coulston Gillispie, *Genesis and Geology. A study in the relations of scientific thought, natural theology, and social opinion in Great Britain, 1790-1850*, Cambridge (Mass.), 1951 (reprinted 1969)．19 世紀前期のイギリスの地質学においては「摂理主義」が中心に置かれていたことを主張する重要な研究．

Carl Chr. Beringer, *Geschichte der Geologie und des Geologisches Weltbildes*, Stuttgart, 1954．地球科学の歴史についての最良の短い解釈的報告．とくにさまざまな国籍の地質学者たちの研究に対し，バランスのとれた評価をしている点で貴重である．

Loren Eisley, *Darwin's Century. Evolution and the Men who Discovered It*, London, 1959．19 世紀の進化生物学についてのかなり信頼できる入門的解説．

John C. Greene, *The Death of Adam. Evolution and its Impact on Western Thought*, Ames (Iowa), 1959．とくに自然の中の人間の位置に関連する，進化論の歴史の魅力的に書かれた挿絵も豊富な解説．

Francis C. Haber, *The Age of the World. Moses to Darwin*, Baltimore, 1959．化石の解釈について多くの言及がある，主に 17 世紀から 19 世紀までを対象とした有益な研究．

Helmut Hölder, *Geologie und Paläontologie in Texten und ihrer Geschichte*, Freiburg/München, 1960. 話題ごとに配列され，広範囲の引用をともなった大部の編纂書.

Stephen Toulmin and June Goodfield, *The Discovery of Time*, London, 1965. 自然の歴史という観念の歴史に関する広範囲かつ刺激的な試論.

W. N. Edwards, *The Early History of Palaeontology*, London, 1967 (first published 1931). 短く主として派生的な取り扱い方だが，いくつかの興味深い挿絵を含んでいる.

Cecil J. Schneer (ed.), *Toward a History of Geology*, Cambridge (Mass.), 1969. 地質学史家と地質学者による専門論文集.

R. Hooykaas, *Continuité et Discontinuité en Géologie et Biologie*, Paris, 1970 (*Natural Law and Divine Miracle. A historical-critical study of the principle of uniformity in geology, biology and theology*, Leiden, 1959 の改訂版). 19 世紀の地質学と古生物学から多くの例をとった,「歴史」科学における「斉一性」の意味をめぐる重要な研究.

［1972 年以降の主な文献を以下に掲げる —— 訳者］

Leonard G. Wilson, *Charles Lyell. The Years to 1841: The Revolution in Geology*, Yale University Press, 1972.

Peter J. Bowler, *Fossils and Progress. Paleontology and the Idea of Progressive Evolution in the Nineteenth Century*, Science History Publications, 1976.

Roy Porter, *The Making of Geology. Earth Science in Britain 1660-1815*, Cambridge University Press, 1977.

Paolo Rossi, *I segni del tempo. Storia della terra e storia delle nazioni da Hooke a Vico*, Giangiacomo Feltrinelli Editore, 1979 (英訳, *The Dark Abyss of Time. The History of the Earth and the History of Nations from Hooke to Vico*, The University of Chicago Press, 1984).

Adrian Desmond, *Archetypes and Ancestors. Palaeontology in Victorian London 1850-1875*, The University of Chicago Press, 1982.

Nicolaas A. Rupke, *The Great Chain of History. William Buckland and the English School of Geology (1814-1849)*, Clarendon Press, 1983.

Janet Browne, *The Secular Ark. Studies in the History of Biogeography*, Yale University Press, 1983.

Martin J. S. Rudwick, *The Great Devonian Controversy. The Shaping of Scientific Knowledge among Gentlemanly Specialists*, The University of Chicago Press, 1985.

James A. Secord, *Controversy in Victorian Geology. The Cambrian-Silurian Dispute*, Princeton University Press, 1986.

Rachel Laudan, *From Mineralogy to Geology. The Foundations of a Science, 1650-1830*, The University of Chicago Press, 1987.

Toby A. Appel, *The Cuvier-Geoffroy Debate. French Biology in the Decades before Darwin*, Oxford University Press, 1987（邦訳，トビー・A・アペル『アカデミー論争――革命前後のパリを揺がせたナチュラリストたち』，西村顯治訳，時空出版，1990）.

Gabriel Gohau, *Histoire de la géologie*, Éditions La Découverte, 1987（英訳，*A History of Geology*, Rutgers University Press, 1990，邦訳，ガブリエル・ゴオー『地質学の歴史』，菅谷暁訳，みすず書房，1997）.

Martin J. S. Rudwick, *Scenes From Deep Time. Early Pictorial Representations of the Prehistoric World*, The University of Chicago Press, 1992（邦訳，マーティン・J・S・ラドウィック『太古の光景――先史世界の初期絵画表現』，菅谷暁訳，新評論，2009）.

A. Bowdoin Van Riper, *Men among the Mammoths. Victorian Science and the Discovery of Human Prehistory*, The University of Chicago Press, 1993.

Nicolaas A. Rupke, *Richard Owen. Victorian Naturalist*, Yale University Press, 1994.

Paula Findlen, *Possessing Nature. Museums, Collecting, and Scientific Culture in Early Modern Italy*, University of California Press, 1994（邦訳，ポーラ・フィンドレン『自然の占有――ミュージアム，蒐集，そして初期近代イタリアの科学文化』，伊藤博明・石井朗訳，ありな書房，2005）.

Claudine Cohen, *Le destin du mammouth*, Seuil, 1994（英訳，*The Fate of the Mammoth. Fossils, Myth, and History*, The University of Chicago Press, 2002，邦訳，クローディーヌ・コーエン『マンモスの運命――化石ゾウが語る古生物学の歴史』，菅谷暁訳，新評論，2003）.

N. Jardine, J. A. Secord and E. C. Spary (eds.), *Cultures of Natural History*, Cambridge University Press, 1996.

Norman Cohn, *Noah's Flood. The Genesis Story in Western Thought*, Yale University Press, 1996（邦訳，ノーマン・コーン『ノアの大洪水――西洋思想の中の創世記の物語』，浜林正夫訳，大月書店，1997）.

Rhoda Rappaport, *When Geologists Were Historians, 1665-1750*, Cornell University Press, 1997.

James A. Secord, *Victorian Sensation. The Extraordinary Publication, Reception, and Secret Authorship of Vestiges of the Natural History of Creation*, The

University of Chicago Press, 2000.

David Freedberg, *The Eye of the Lynx. Galileo, His Friends, and the Beginnings of Modern Natural History*, The University of Chicago Press, 2002.

Alan Cutler, *The Seashell on the Mountaintop. A Story of Science, Sainthood, and the Humble Genius Who Discovered a New History of the Earth*, Dutton, 2003（邦訳，アラン・カトラー『なぜ貝の化石が山頂に？――地球に歴史を与えた男ニコラウス・ステノ』，鈴木豊雄訳，清流出版，2005）．

吉川惣司・矢島道子『メアリー・アニングの冒険――恐竜学をひらいた女化石屋』，朝日選書，2003．

Martin J. S. Rudwick, *Bursting the Limits of Time. The Reconstruction of Geohistory in the Age of Revolution*, The University of Chicago Press, 2005.

Sandra Herbert, *Charles Darwin, Geologist*, Cornell University Press, 2005.

Ralph O'Connor, *The Earth on Show. Fossils and the Poetics of Popular Science, 1802-1856*, The University of Chicago Press, 2007.

Martin J. S. Rudwick, *Worlds Before Adam. The Reconstruction of Geohistory in the Age of Reform*, The University of Chicago Press, 2008.

Jane P. Davidson, *A History of Paleontology Illustration*, Indiana University Press, 2008.

Brian Switek, *Written in Stone. Evolution, the Fossil Record, and Our Place in Nature*, Bellevue Literary Press, 2010（邦訳，ブライアン・スウィーテク『移行化石の発見』，野中香方子訳，文藝春秋，2011）．